国家出版基金项目
NATIONAL PUBLICATION FOUNDATION

天然气水合物模拟开采技术丛书（第Ⅰ辑） 卷七
丛书主编 / 周守为　李清平

天然气水合物开采安全评价技术

SAFETY EVALUATION TECHNOLOGY OF NATURAL GAS HYDRATE EXPLOITATION

宋永臣　李洋辉　李清平　吴　鹏　孙　翔　刘　瑜　刘卫国　著

中国石油大学出版社
CHINA UNIVERSITY OF PETROLEUM PRESS
山东·青岛

图书在版编目(CIP)数据

天然气水合物开采安全评价技术 / 宋永臣等著. --
青岛:中国石油大学出版社,2023.12
(天然气水合物模拟开采技术丛书. 第Ⅰ辑;卷七)
ISBN 978-7-5636-7074-1

Ⅰ. ①天… Ⅱ. ①宋… Ⅲ. ①天然气水合物—气田开发—安全技术—研究 Ⅳ. ①P618.13

中国国家版本馆 CIP 数据核字(2023)第 229951 号

书　　名: 天然气水合物开采安全评价技术
TIANRANQI SHUIHEWU KAICAI ANQUAN PINGJIA JISHU
著　　者: 宋永臣　李洋辉　李清平　吴　鹏　孙　翔　刘　瑜　刘卫国

策划统筹: 李　锋(电话　0532-86983571)
责任编辑: 高　颖(电话　0532-86983568)
责任校对: 张　廉(电话　0532-86981531)
封面设计: 悟本设计

出 版 者: 中国石油大学出版社
(地址:山东省青岛市黄岛区长江西路 66 号　邮编:266580)
网　　址: http://cbs.upc.edu.cn
电子邮箱: shiyoujiaoyu@126.com
排 版 者: 三河市聚拓图文制作有限公司
印 刷 者: 山东临沂新华印刷物流集团有限责任公司
发 行 者: 中国石油大学出版社(电话　0532-86983440)
开　　本: 787 mm×1 092 mm　1/16
印　　张: 18
字　　数: 461 千字
版 印 次: 2023 年 12 月第 1 版　2023 年 12 月第 1 次印刷
书　　号: ISBN 978-7-5636-7074-1
印　　数: 1—1 000 册
定　　价: 126.00 元

序

天然气水合物是甲烷等烃类气体和水在高压、低温条件下形成的类冰状笼形化合物，俗称“可燃冰”，专家预测其远景资源量约为传统化石能源含碳量的两倍，是继页岩气、致密气、煤层气等之后最具潜力的接续能源，主要分布在陆地永久冻土带和水深超过 300 m 的海洋深水区。

天然气水合物巨大的资源潜力吸引着世界各国纷纷投入研究。进入 21 世纪以来，美国、加拿大、日本、印度、韩国、中国等先后制订了天然气水合物中长期研究计划，勘查、试验开采及风险评价、环境监测等研究工作不断深入，全球开展了 10 次试采，初步形成了由北极冻土、墨西哥湾、日本海和中国南海组成的“一陆三海”格局，但安全、经济的天然气水合物开发技术尚未得到根本突破，成为当今世界科技创新的前沿领域。

我国海域天然气水合物资源前景广阔，约占总资源量的 82%。1990 年，中国科学院兰州冰川冻土研究所首次在室内合成了气体水合物。2000 年以来，在国家“863”计划、国家“973”计划、国家重点研发计划等的支持下，我国先后启动了海域天然气水合物资源勘查、开采模拟和风险评价等基础研究、应用研究和前沿技术探索，并初步建立了相应的理论研究和实验方法。2017 年、2020 年我国先后成功实施了两轮海域天然气水合物试采，实现了从探索性试采向试验性试采的跨越，为海洋天然气水合物规模开发基础理论和核心技术的研究奠定了坚实的基础。

周守为院士带领的研究团队创作的“天然气水合物模拟开采技术丛书(第Ⅰ辑)”以南海北部海域天然气水合物目标勘探和开采模拟技术为核心，以资源勘查—钻探取样—储层刻画—多尺度开采模拟等为主线，以国家“863”计划项目课题“天然气水合物模拟开采技术研究”、国家重点研发计划“海洋天然气水合物试采技术和工艺”等项目研究成果和认识为依托，系统介绍了自主研发的天然气水合物基础物性测试分析系统、基于核磁和CT的水合物储层结构可视化测试装置、多尺度天然气水合物开采模拟系统和水合物储层力学特性测试装置，奠定了实验研究的基础；详细介绍了自主设计的南海北部海域天然气水合物资源勘探-随钻测井-钻探取样-在线检测系统，包括以宽频地震处理为主的南海北部天然气水合物目标勘探技术、2 000 m水深的保温保压水合物取样装置和在线样品检测分析系统，以及在水深1 720 m自主获取代表性层段高纯度天然气水合物样品的工程实践，为开采方法研究和试采工程实施提供了可靠的数据支撑；针对南海北部已获取的水合物样品及潜在目标区埋深浅、弱胶结、非成岩等特征，提出并阐释了海域天然气水合物开采工艺适应性评价方法，以及规模开发面临的挑战。

本套丛书集中反映了作者团队在天然气水合物开采理论与实践方面做出的出色工作，其中的许多观点和认识颇具新意，所研制的天然气水合物基础试验设备为深入研究天然气水合物储层特性、进行开采方法模拟分析及适应性和风险评价提供了国际先进的研发平台，所研制的钻探取样、试采机具已在南海北部天然气水合物钻探取样、试采工程实施中经过检验，所总结的研究认识及所提出的研究思路和方法不仅为我国南海北部天然气水合物的目标勘探和试采技术研究提供了范例，还对客观认识天然气水合物的研究现状，科学制定规范化的开发研究路径，稳步推动海域天然气水合物、浅层气等的联合开发具有参考价值。

我向读者推荐本套丛书，希望对从事海洋天然气水合物研究的人员有所启发，同时，也期望作者团队在此方面继续进行更深入的研究，今后有更多、更好的成果问世。

中国工程院院士 曾恒一

2023 年 11 月

丛书前言

天然气水合物俗称“可燃冰”，是甲烷等烃类气体和水在高压、低温条件下形成的类冰状笼形化合物，主要分布在陆地永久冻土带和水深超过 300 m 的海洋深水区，是目前尚未开发的、资源潜力巨大的天然气绿色能源的重要接续。

自 2000 年以来，我国相继启动了国家“863”计划、国家“973”计划及国家重点研发计划等海域天然气水合物资源勘探开发基础前瞻科技攻关项目。国家《能源发展战略行动计划(2014—2020 年)》提出要“加大天然气水合物勘探开发技术攻关力度，培育具有自主知识产权的核心技术，积极推进试采工程”，《能源技术革命创新行动计划(2016—2030 年)》提出要“突破天然气水合物勘探开发基础理论和关键技术，开展先导钻探和试采试验”，《第十四个五年规划和 2035 年远景目标纲要》提出要“开展南海等地区天然气水合物试采”。

进入 21 世纪以来，美国、加拿大、日本、印度、韩国、中国等先后制订了天然气水合物中长期研究计划，勘查、试验开采及风险评价、环境监测等研究工作不断深入，由北极冻土、墨西哥湾、日本海和中国南海组成的“一陆三海”格局初步形成。我国于 2017 年、2020 年先后进行了两轮海域天然气水合物试采，迈出了“万里长征”的第一步，但天然气水合物安全开发开采技术尚未得到根本性突破，距离规模开发还有很长的路要走。

初步勘查和研究表明，我国海域天然气水合物资源前景广阔，且多与油气同盆共生，国家自然资源部估测其远景资源量

约为 800×10^8 t油当量，其中南海海域天然气水合物远景资源量约占我国总资源量的78%。但我国目前已发现的天然气水合物储层大多赋存在深水陆坡区，埋深浅、弱胶结、非成岩，压力窗口窄，安全、高效开发的挑战巨大，亟待自主研发南海北部天然气水合物目标勘探、储层刻画技术，针对水合物储层特点的基础物性、多尺度开采模拟、风险评价等基础研究手段和方法，以及配套的试采技术和装备。因此，理论创新和颠覆性技术突破仍是影响全球海域天然气水合物规模开发和产业发展的重要因素，应用基础研究、前沿创新技术研发仍是稳步推动我国海洋天然气水合物早日实现开发利用的必由之路。

"十一五"到"十三五"期间，由中国海洋石油集团有限公司牵头组织，联合国内外10余所高等院校和科研院所，在国家"863"计划项目课题"天然气水合物模拟开采技术研究"、国家重点研发计划"海洋天然气水合物试采技术和工艺"等重大科研项目支持下，历经近20年的攻关研究，研制了微观-介观-宏观系列实验装置，形成了一批技术成果，有力地促进了我国海洋天然气水合物勘探开采基础研究、应用基础研究的发展，所研发的"海洋天然气水合物和油气一体化勘探开发机理和关键工程技术"入选中国科学协会"2019重大科学问题和工程技术难题"。

在此基础上，通过深度梳理和提升形成了"天然气水合物模拟开采技术丛书(第Ⅰ辑)"，它是天然气水合物相关项目所取得精华成果的体现。该丛书共八卷，以南海北部海域天然气水合物勘探和开采模拟技术为核心，以资源勘查—钻探取样—储层刻画—多尺度开采模拟等为主线，较为全面、系统地阐述了南海北部天然气水合物目标勘探、钻探取样、开采模拟技术研究领域的重要理论基础，多尺度、系列化实验装备研制，试采技术工艺优选和配套机具研发，以及试采工程实践等。丛书各卷分工为：卷一《海洋天然气水合物开采技术研究进展》由李清平、周守为、庞维新等撰写，卷二《海洋天然气水合物目标勘探技术》由李元平、施和生、朱振宇、张钱江撰写，卷三《海洋天然气水合物基础物性研究》由孙长宇、李清平、庞维新等撰写，卷四《天然气水合物开采实验研究》由李小森、周守为等撰写，卷五《天然气水合物开采数值模拟分析技术》由李淑霞、郝永卯、庞维新等撰写，卷六《海洋天然气水合物固态流化开发概念研究》由周守为、李清平、赵金洲、魏纳等撰写，卷七《天然气水合物开采安全评价技术》由宋永臣、李洋辉等撰写，卷八《海洋天然气水合物钻探取样及在线分析技术》由吕鑫、李清平等撰写。丛书由李清平教授、孙长宇教授、李淑霞教授、李小森教授、宋永臣教授、魏纳教授、吕鑫高级工程师、李元平高级工程师、王秀娟教授、李丽霞高级工程师等统稿，周守为院士、李清平教授定稿。此外，参与丛书撰写的还有陈伟、张俊斌、韦红术、许亮斌、金灏、魏剑飞、罗俊斌、谢仁军、朱振宇、陈光进、周云健、付强、孙涛、葛阳、刘健、田睁、黄婷、朱海山、郑利军、朱军龙、樊奇、刘瑜、杨磊等。本套丛书的撰写得到了中国海洋石油集团有限公司、中海油研究总院有限责任公司、中海石油(中国)有限公司深圳分公司和海南分公司、中国石油大学(北京)、中国石油大学(华东)、西南石油大学、大连理工大学、中国科学院广州能源研究所、中国科学院海洋研究所、中国海洋大学、怀柔实验室、中国科学院深海科学与工程研究所、东方电气集团控股宏华集团有限公司等的大力支持。中国海洋石油集团有限公司曾恒一院士、谢玉洪院士,西南石油大学罗平亚院士,中国石油大学(北京)李根生院士,中国工程院谢克昌院士等为丛书提出了许多宝贵的撰写和修改意见,在此表示衷心的感谢!丛书的出版无疑是项目组全体研究人员、联合研究团队科研人员、海上现场实施人员多年辛勤劳动和共同努力的结晶,在此特表示热烈的祝贺和诚挚的感谢。

本套丛书理论与实践紧密结合,内容的创新性、实用性显著,对海洋天然气水合物的开发利用、深海天然气水合物和深部油气一体化开发技术的深入研发等具有一定的指导和借鉴意义。因此,希望丛书的出版为科技界、教育界、企业界广大科研人员等提供有意义、有价值的参考,为从事海洋能源开发工程实践的科技工作者提供技术决策支持。

海洋天然气水合物目标勘探和开采技术属于深海能源科技创新的前沿和新兴战略科技领域,具有跨学科、跨领域等特点,可供参考比对的理论研究、实验方法、共性技术和现场工程实践经验有限,丛书仅对项目阶段的研究成果、研究认识和一定范围内的应用验证进行了梳理和总结,不当或疏漏之处在所难免,恳请读者和专家批评指正。

中国工程院院士 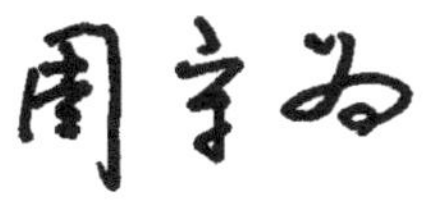

2023 年 11 月

前言

天然气水合物(也称可燃冰)是由天然气与水在高压低温条件下形成的类冰状的结晶有机化合物。据不完全统计,天然气水合物储量是世界上传统油气资源储量的2倍以上,主要分布于深海沉积物和陆域的永久冻土带。我国南海海域是天然气水合物的重要富集区,其资源量相当于我国已探明油气储量的总和。近年来,我国天然气水合物的理论研究和技术攻关进展迅速:2010年,科考人员在南海神狐海域北部钻探目标区内圈定了11个天然气水合物分布区,显现出良好的资源潜力;2013年和2015年的钻探工作进一步证实了我国南海具有丰富的天然气水合物资源开发前景;2017年、2020年,我国先后两次在南海神狐海域成功开展天然气水合物试采活动,标志着我国在海洋天然气水合物开发方面已迈入世界前列。未来,天然气水合物有望替代传统化石能源成为清洁的新能源,天然气水合物开采安全评价技术也将成为各国科技角力的新战场。本书旨在汇集多年来的理论与技术研究成果,抛砖引玉,与天然气水合物领域内广大科研工作者及工程技术人员共同探讨,以促进天然气水合物安全开发基础理论发展,并进一步推动我国天然气水合物开采技术进步。

本书共分为9章。第1章介绍天然气水合物国内外研究现状;第2章介绍多种工况参数下天然气水合物储层上覆土层剪切力学特性;第3章阐述天然气水合物沉积物剪切力学特性,包括土性、孔隙度、围压及温度等因素对水合物沉积物应力-应变响应、强度及刚度等参数的影响；第4章介绍天然气水合物沉积物动力学特性，着重对水合物沉积物动强度、动模量和动力本构等的影响因素展开系列研究；第5章主要介绍天然气水合物沉积物蠕变特性，分析围压、温度、荷载和孔隙度等参数对水合物沉积物蠕变特性的影响；第6章主要介绍天然气水合物降压及注热分解过程中降压幅度、轴向荷载、水合物饱和度、注热温度等对沉积物力学行为的影响；第7章对比介绍 CO_2 水合物沉积物及天然气水合物沉积物力学特性的差异，以及二氧化碳原位置换过程对水合物沉积物固结、剪切特性的影响；第8章构建了适用于水合物储层的强度模型和弹塑性本构模型；第9章阐述了天然气水合物开采过程储层稳定性评价方法，以期为我国南海天然气水合物安全开采提供理论和技术基础。

本书是团队成员共同努力的成果，感谢团队的教师和研究生们为本书内容提供的大量基础数据和素材。大连理工大学海洋能源利用与节能教育部重点实验室为本书内容相关研究工作提供了重要的科研平台，在此表示感谢。此外，本书得到了国家重点研发计划“海洋天然气水合物储层特征及开采特性评价”(2016YFC030401)、国家科技重大专项“水合物沉积物力学特性及对结构物影响分析”(2008ZX05026-004-09)和“深水浅层水合物分解对海底结构物基础稳定性影响与对策”(2011ZX05026-004-07)等项目的大力支持，特表示感谢。

本书在撰写过程中，由于时间与能力所限，难免存在疏漏、不当之处，希望各位读者不吝赐教。

目　录

第1章
绪　论

能源是人类社会生存和发展的物质基础。随着社会经济的快速发展，世界能源需求量增长迅速，供需矛盾日益尖锐。我国作为一个能源生产大国和消费大国，拥有丰富的化石能源资源，但是人均能源资源拥有量较低，在当前形势下面临着能源结构不合理、优质液体燃料短缺、环境污染愈发严重等诸多难题。我国的能源安全供给问题日益严峻，急需开发环境友好的新型能源产品。天然气水合物作为一种新型清洁能源，具有分布广、埋藏浅、规模大、能量密度高的特点，近年来引起世界各国的广泛重视[1]。作为我国能源战略结构调整的重要组成部分，开发天然气水合物资源势在必行。

1.1　研究背景与意义

天然气水合物(natural gas hydrate)是小相对分子质量气体分子(主要为甲烷)与水分子在一定条件(合适的温度、压力、气体饱和度、水的盐度、pH 等)下形成的一种非化学计量的笼形结晶化合物[2]，其结晶构造如图 1-1-1 所示。天然气水合物在世界范围内广泛分布于大陆外边缘和永久冻土带[3]，全球约有 27%的陆地和 90%的大洋水域是存在天然气水合物的潜在区域[4,5]。据估计，全球天然气水合物中甲烷的含量为$(1.8\sim2.1)\times10^{16}$ m^3，相当于当前已探明化石燃料(煤、石油和天然气)总含碳量的 2 倍[6,7]。此外，天然气是一种洁净能源，与煤和石油相比，其燃烧产生的二氧化碳量更少，且不会产生如二氧化硫等有害气体，因此许多研究人员认为天然气水合物能够替代煤、石油等传统化石燃料成为新一代的

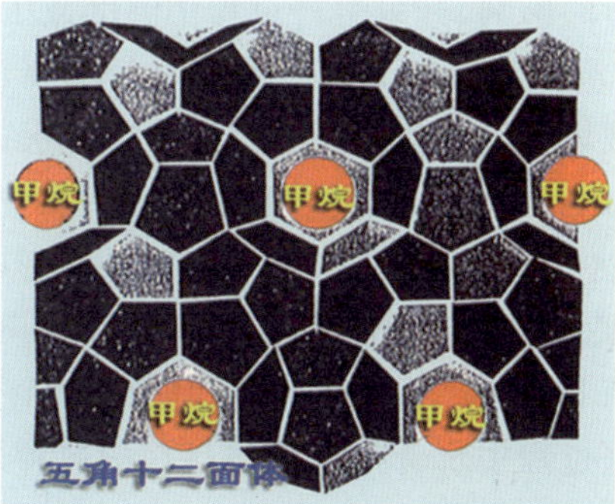

图 1-1-1　天然气水合物结晶构造

能源，有望缓解全球能源危机[8,9]。

天然气水合物是21世纪最理想、具有商业开发前景的新型能源[10]，美国、日本、俄罗斯、加拿大、韩国、印度等国相继对其制订了“国家勘探开采计划”[11-13]。目前，全球天然气水合物资源开发初步形成了“一陆三海”的格局：以北极冻土带为代表的加拿大马更些、美国阿拉斯加、西西伯利亚陆地永久冻土区；以墨西哥湾、中国南海和日本海为代表的海洋水合物区。美国能源部2000年启动了为期15年的“甲烷水合物研究与资源开发利用”研究规划[14]，在此期间，美国与日本、加拿大等国围绕北极冻土带和墨西哥湾深水区天然气水合物进行了工业联合开发项目，开展了大量的技术研发与攻关。日本政府在2001年到2016年，以每年60亿日元的科研投入，开展以天然气水合物商业开发为最终目的的著名“MH21课题计划”[13]。2013年3月12日，日本经济产业省宣布，日本在爱知县和三重县近海海域成功实现了天然气水合物的试开采，这是全球首次成功地从海底天然气水合物储层中分离出甲烷气体，迈出了国际天然气水合物商业化开采之前的“关键一步”[15]。

随着国内油气资源勘探的逐渐深入，我国的天然气水合物矿藏资源展现出巨大的应用前景。作为陆海兼备的国家，我国拥有世界10%的冻土面积[16]，是陆域天然气水合物资源的重要蕴藏区域，并拥有世界“三海”之一的南海天然气水合物富集区[17]。2007年，在多年勘探调查的基础上，中国地质调查局成功在南海北部陆坡的神狐海域实施了天然气水合物钻探，并钻取到了天然气水合物的实物样品，证实了我国南海北部蕴藏着丰富的天然气水合物资源，成为继美国、日本、印度之后第四个通过国家级研发计划获取天然气水合物实物样品的国家[17]。2008—2009年，中国地质调查局在青藏高原地区实施了“祁连山冻土区天然气水合物科学钻探工程”，并在3个钻井中成功钻取了天然气水合物实物样品，从而证实我国冻土区天然气水合物资源的存在，这也是全球首次在中低纬度高山冻土区发现天然气水合物实物样品[18]。2013年，原国土资源部宣布我国在广东沿海珠江口盆地东部海域首次钻获高纯度天然气水合物样品，并通过钻探获得可观控制储量，相当于(1 000～1 500)×10^8 m^3 的天然气储量，而且此次发现的天然气水合物样品具有埋藏浅、厚度大、类型多以及纯度高等特点[19]。随着研究的深入，合理开发利用我国的天然气水合物资源对解决我国能源安全供给、改善能源结构、缓解环境污染等问题具有重大意义。

在全球范围内，目前广泛接受的天然气水合物开采方法主要有热激发法、降压法、化学试剂法等，其基本思路都是先打破天然气水合物的相平衡条件，使其分解，然后将天然气采集至地面[20]。天然气水合物的开采过程如图1-1-2所示。然而，天然气水合物是一种亚稳态物质，极易受到温度和压力的影响，开采生产过程中温度或压力的微小变化都将不可避免地导致其发生分解[21]。海底沉积物中的天然气水合物分解释放出的游离状甲烷气泡进入海水会造成海水富甲烷化，破坏海洋生态环境[22]，而穿过海水进入大气的甲烷则会加剧全球温室效应[23,24]。更为严重的是，天然气水合物分解破坏了沉积物的胶结或骨架结构，削弱了沉积物的强度，导致天然气水合物储层发生变形，进而影响开采工程设施的安全稳定性，甚至引发海底滑坡及浅层构造变动，诱发海啸、地震等地质灾害[25-27]，如图1-1-3所示。因此，在天然气水合物进行商业开采之前，必须系统且全面地评价开采过程中天然气水合物沉积层的力学稳定性，对开采过程中水合物沉积层存在的各种风险以及对海底结构物的影响进行正确评价，从而采取有效的控制措施，建立一套安全可行的天然气水合物开采技术方案，最大限度地降低天然气水合物盲目开采带来严重后果的可能性。天然气水合物安全开采过程中的诸多力学稳定性问题目前已经引起全球范围内的广泛关注，国内外学者对此展开了一系列的研究。

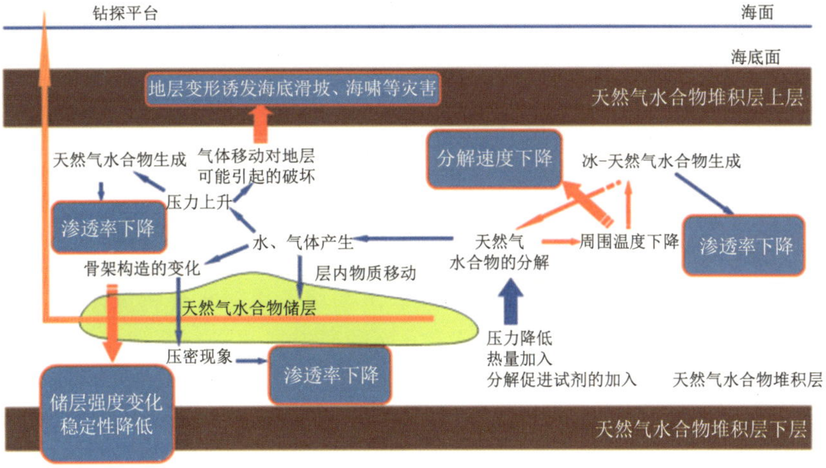

图 1-1-2　天然气水合物开采过程

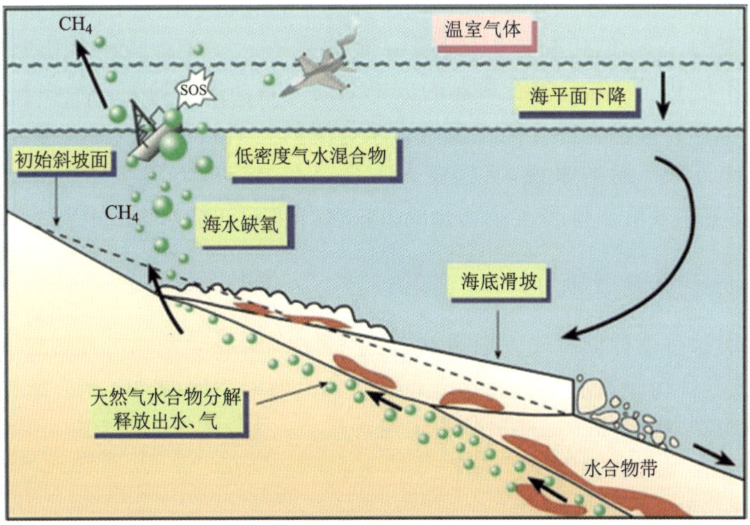

图 1-1-3　天然气水合物开采可能引发的地质灾害

1.2　国内外相关研究进展

天然气水合物广泛分布于永久冻土层及海底沉积层中，早期由于天然气水合物室内力学实验设备与实验技术的限制，国内外学者对于天然气水合物的研究主要集中在基础物性、成藏机理、模拟开采等方面，对于天然气水合物及其沉积物的力学强度、模量及变形特性等力学性质方面的研究仅仅停留在现场测量方面（地震波法、测井法）。地震波法通过测量天然气水合物沉积物的波速和衰减特性获得水合物地层的弹性模量、阻尼以及水合物含量等参数[28-31]，但是目前还没有统一的关于力学性质和波速之间的关系，提取的力学性质参数的准确性还存在较大的争议，因此对于准确获取水合物沉积物力学性质参数，水合物储层的地震波技术仍存在着较大的困难[32,33]。测井法根据在井筒中的测试获得相关水合物力学特性参数，但在目前海底水合物地层中钻井完井技术仍然不够成熟的情况下，该技术的发展受到了较大限制，同时测井方法的成本也非常高[34]。

目前，对水合物及其沉积物强度、变形特性的研究工作，尤其是实验室内全面系统的力学性质研究工作甚少，而实现水合物商业化开采之前的一项重要研究工作就是要全面系统地评价开采过程中天然气水合物沉积层的力学稳定性。伴随着水合物室内试样合成以及力学实验设备与技术的不断发展，越来越多的研究人员对水合物及其沉积物的力学性质开展了深入的实验室研究，取得了较好的研究成果。下面将着重对水合物试样的室内合成方法、力学测试实验设备以及力学特性研究进展等方面的研究成果进行介绍。

1.2.1 天然气水合物试样的制备方法研究进展

自然界中的天然气水合物一般都是经过几千年以上的时间逐步形成的，获取水合物试样最直接的方法就是钻孔取芯法，即直接向实际的水合物沉积层打孔从而获取水合物试样。近年来随着研究的深入，钻孔取芯法取得了一定的突破[4,35]，但保持水合物原位温度和压力条件的技术仍不成熟[5-7]，并且钻孔取芯的成本太高。目前用于研究水合物及其沉积物变形及强度特性的水合物试样大部分是在室内人工合成的。实验室人工合成水合物试样的时间一般为几天至十几天。总的来说，实验室人工合成水合物的方法主要有混合制样法、种冰法、水饱和法及溶解气法。这些实验室合成方法会产生不同的水合物孔隙生长习性。

1.2.1.1 混合制样法

该方法是向装有冰粉的反应釜中通入甲烷气体，将温度降低到水合物稳定区域，生成纯水合物，然后将水合物颗粒与沉积物骨架颗粒混合压缩固结成型[8]。该方法具有操作简便、相关参数容易控制、水合物在试样中分布均匀等优点，但是该方法与自然环境下水合物沉积物的形成过程存在很大的差别[9]。

1.2.1.2 种冰法

该方法是先将沉积物骨架颗粒与冰粒混合压缩成型，接着通入甲烷并将试样加压到水合物稳定区，然后缓慢升温。冰晶能够促进水合物的成核，而冰融化后产生的水能够加速水合物的生长，因此该方法能够较快地生成水合物[20]，但是该方法也和自然环境下水合物沉积物的形成过程存在很大差别。

1.2.1.3 水饱和法

水饱和法又称原位合成法，分为初始部分水饱和法与初始完全水饱和法两种。初始部分水饱和法过程如下：先将沉积物试样用生成目标饱和度所需的水量进行部分饱和，然后通入甲烷气体至试样中直至达到预设压力，最后将温度调整至水合物生成的稳定区域，生成水合物[22]。而初始完全水饱和法的过程与初始部分水饱和法的过程的区别在于:初始完全水饱和法需要将试样先进行完全水饱和,然后将甲烷气体通入试样中直至达到预设压力,并且此过程中将驱替出一定量的水,最后将温度调整至水合物生成的稳定区域,生成水合物[23]。由于水饱和法生成水合物试样与海洋中水合物沉积物的形成方式接近,因此该方法得出的实验结果更接近真实情况,但是也存在着一定的差异:水饱和法过程中生成水合物的甲烷气体为自由气,而自然环境下水合物的生成过程中主要的气体来源是溶解在孔隙水中的甲烷气体,因此室内生成的水合物更类似于具有强胶结作用的沉积物颗粒[22,24],而自然环境下的实际水合物试样大多为孔隙填充型结构与持力型结构[25,26]。

1.2.1.4 溶解气法

溶解气法是一种能精确地模拟自然界中水合物在沉积物中生成过程的方法,但是因为甲烷气体的溶解度(在水中)非常低,并且保持水合物稳定存在的温度和压力条件非常严格,所以采用溶解气法合成水合物需要很长的时间。虽然国内外研究人员对溶解气法生成水合物进行了广泛的研究,但目前仍未取得重大突破。Spangenberg 等[27]和 Priest 等[36]先后通过溶解气法在实验室内生成了高饱和度水合物试样,但是他们的研究中花费的生成时间过长,并且水合物试样的生成过程中依旧有自由甲烷气存在,与自然界中实际水合物沉积物的形成过程还是存在一定差异的。随后,Waite 等[37,38]在 Spangenberg 等[27]和 Priest 等[36]研究的基础上,巧妙地将两种生成方法相结合,在较短的时间内生成了水合物试样,从而大大缩短了溶解气法生成水合物的时间,但是 Waite 等的方法容易造成管路中水合物堵塞,并且不能精确控制水合物试样的饱和度等重要的生成参数。

总的来说,实验室条件下合成水合物沉积物试样具有一定的难度,并且由于沉积层物性的差异性,国内外研究机构采用的制样方法也不尽相同。日本山口大学进行水合物力学性质研究所采用的制样方法为原位制样法,制备天然气水合物沉积物的基质材料为丰浦砂,并且研究结果表明丰浦砂的粒径与日本 Nankai 海槽天然气水合物岩芯样品的粒径十分接近[39]。我国南海水合物储藏区域沉积层主要由细粉砂及黏土构成[40],由于细粉砂颗粒或黏土颗粒粒径极小并且渗透性较差[41],在实验室内采用原位合成法制备水合物沉积物试样是十分困难的。研究者在开展水合物沉积物力学性质研究之前对试样制备方法进行了一系列的探索,结果发现对于黏土水合物沉积物,采用混合制样法制备水合物沉积物试样是可行的。因此,针对我国南海实际水合物储层成藏物性条件,本书的实验研究工作均采用混合制样法制取水合物沉积物试样。

1.2.2 天然气水合物力学实验设备研究进展

三轴仪是用来测量土体抗剪强度的一种实验装置,主要由压力室、轴向荷载系统、围压系统、孔隙水压力测量系统等部分组成。三轴仪实验是土力学上用来考察土体工程力学性状的重要实验之一。随着水合物相关研究技术的不断发展,特别是天然气水合物安全、高效开采的重要需求,三轴仪逐渐被引用到天然气水合物的力学特性研究中。

水合物三轴仪是在传统三轴仪的基础上,设计安装水合物控制系统和压力室恒温系统,模拟天然气水合物储层结构,构成一套完整的天然气水合物物性参数与力学参数测量的联合功能实验装置。水合物三轴仪为分析研究天然气水合物开采过程中的安全特性提供了重要的实验手段[8,9,22,42-45]。进入21世纪以来，美国、英国、日本等国家的研究人员根据天然气水合物储层条件，开展了水合物及其沉积物三轴实验设备的研制，并开发了用于水合物力学特性测试的平面仪、共振柱等其他力学实验设备。

2000年，美国国家能源技术实验室(NETL)与美国地质调查局(USGS)合作研制了天然气水合物沉积物实验仪器(GHASTLI)，如图1-2-1所示。该测试装置主要用于测试水合物生成和分解前后以及期间的物理特性，同时可以对天然气水合物沉积物的强度进行测量[44,46]。该模拟实验装置采用薄膜包裹圆柱形水合物试样(直径71 mm，高度130～140 mm)，将水合物试样装配于声学检测设备端盖之间，采用循环冷浴控制压力室温度，在试样四周放置了4个热电偶与4个热敏电阻来测量试样表面的温度变化，采用4个500 mL容量的微量注射泵来调节压力室内的围压与试样的孔隙压力，在背压系统中收集由天然气水合物分解产生的气、水并测量其体积，采用专门设计的软件完成整个实验过程中各实验参数的测量与记录。天然气水合物沉积物实验仪器(GHASTLI)的主要特点是可以模拟自然界天然气水合物实际储层的环境温度与压力条件，实现水合物的原位生成与分解，并采用声波测量系统获得沉积物弹性模量。但是，此装置只适用于测试小应变情况下水合物沉积物的力学特性，无法获取试样变形曲线，且声波法获得的弹性模量等参数依赖于经验公式和模型的选择，精度受到一定程度的影响[22]。

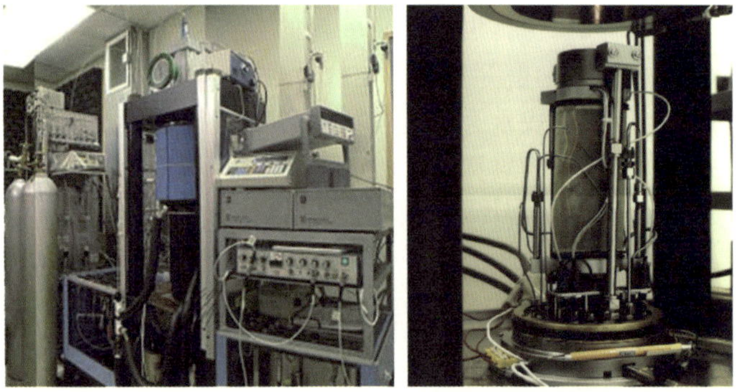

图1-2-1 天然气水合物沉积物实验仪器(GHASTLI)

进入21世纪以来，日本山口大学、日本产业技术综合研究所以及长崎大学相继研制了用于天然气水合物力学特性测试的三轴实验仪。其中，日本山口大学水合物三轴仪采用的最大轴向荷载达到200 kN，天然气水合物压力室内最大围压为30 MPa，实验系统背压达到20 MPa，压力室内部温度控制精度为0.5 ℃，实验过程中天然气水合物试样尺寸可分别为ϕ15 mm×30 mm与ϕ50 mm×100 mm，如图1-2-2所示[8,47-49]。在研究初期，日本山口大学采用混合制样法来获得天然气水合物沉积物试样，实验获得的参数还不能真实地反映原位条件下天然气水合物沉积层的力学特性。因此，日本山口大学开始了对天然气水合物三轴仪的进一步研发，并重新研制了一套能够实现天然气水合物沉积物的原位生成与分解的水合物三轴仪。

图 1-2-2　日本山口大学研制的水合物三轴仪

日本产业技术综合研究所(AIST)研发的天然气水合物力学研究三轴仪[50-55]采用的最大轴向荷载为 200 kN,压力室内最大围压为 20 MPa,实验系统背压为 20 MPa,压力室内部温度控制精度为 0.5 ℃,实验过程中天然气水合物试样尺寸为 ϕ50 mm×100 mm,如图 1-2-3 和图 1-2-4 所示。该实验装置将事先压制成型的冰粉与砂土混合试样放入三轴压力室中,接着控制孔隙压力、围压、试样温度等参数至实验值,从而在试样内部生成水合物,最后进行力学实验。此实验设备能较好地模拟沉积层中水合物的生成过程,实验数据具有较好的实际意义。但是,该三轴实验设备不能测试试样的体积变形,具有一定的局限性。

图 1-2-3　日本 AIST 研制的水合物三轴仪

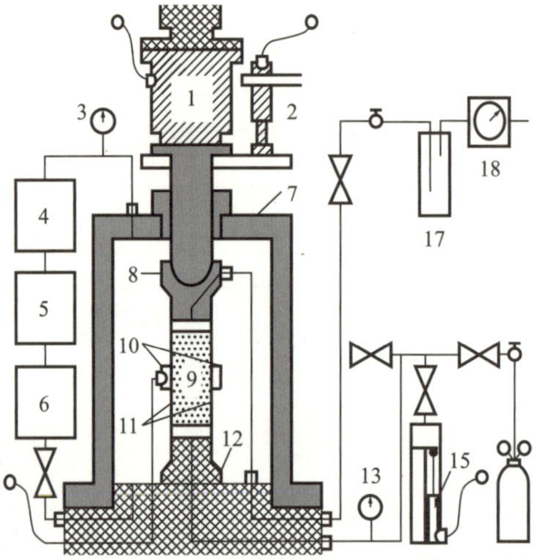

1—上加载杆；2—位移传感器；3—流量计；4—围压泵；5—压力变送器；6—围压注入介质；
7—压力室；8—上压头；9—试样；10—热电偶；11—橡皮膜；12—下压头；13—流量计；
14—氮气；15—测量计；16—高压气瓶；17—气水分离器；18—气体流量计。

图 1-2-4 实验系统示意图

图 1-2-5 所示为日本长崎大学研制的水合物三轴仪[56]，其设计原理与日本产业技术综合研究所研发的水合物三轴仪类似。此三轴实验设备的最大轴向荷载为 100 kN，压力室内最大围压为 10 MPa，实验系统背压为 10 MPa，压力室内部温度控制精度为 0.5 ℃。该三轴实验装置通过循环冷浴控制压力室内部温度，进而控制试样的温度，并通过放置在试样四周的径向位移传感器测量试样的径向位移，从而可以间接获取水合物沉积物试样的体变规律。实验过程中天然气水合物沉积物试样尺寸为ϕ50 mm×100 mm。该实验系统的最大轴向荷载与压力较低，对于数千米水深下天然气水合物储层的实验研究具有一定的局限性。

图 1-2-5 日本长崎大学研制的水合物三轴仪

除了开发三轴实验测量系统之外，国外学者在土工测试设备(共振柱、土工平面仪)研究的基础上,相继研制了水合物共振柱仪、水合物平面仪等水合物力学实验设备。英国南安普顿大学在原有的土工共振柱仪的基础上进行改装,成功研制了一套可用于测量天然气水合物力学特性的共振柱实验设备[57],如图 1-2-6 所示。

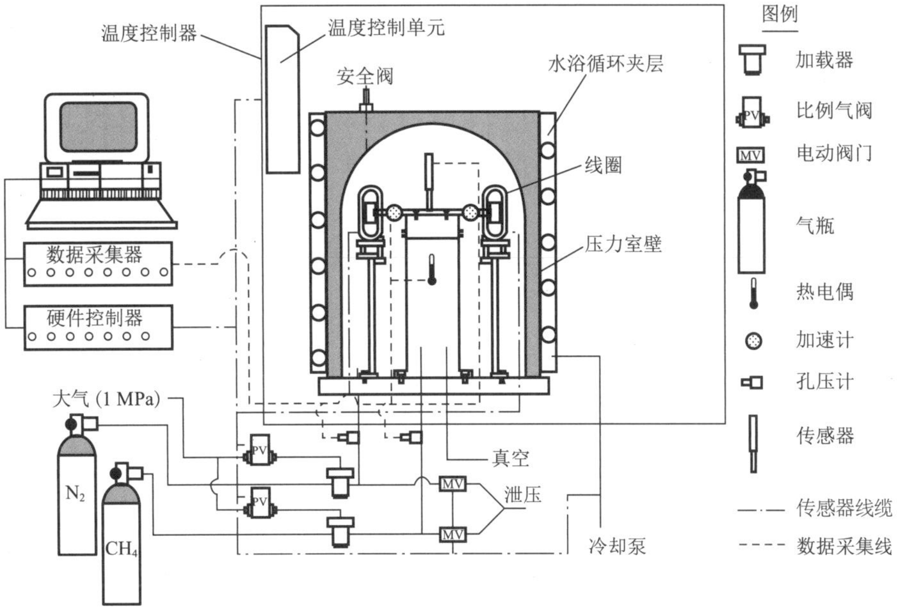

图 1-2-6　英国南安普顿大学研制的水合物共振柱

如图 1-2-6 所示,天然气水合物共振柱实验装置以标准 Stokoe 共振塔为研究基础,并进行了一定的修改,使其能够达到水合物生成的温度与压力条件并进行力学性质测量。该实验装置主要由围压系统、背压系统及环境温度与试样内部温度测试系统组成。天然气水合物共振柱实验装置压力室内部最大围压为 25 MPa,环境温度可控范围为−20～50 ℃,可以用于测量水合物沉积物试样的体积模量、剪切模量及阻尼比等实验参数。

日本山口大学 Hyodo 等在水合物三轴实验设备研制的基础上设计研发了一套低温、高压水合物平面应变仪[58],实验装置系统如图 1-2-7 所示。该装置采用的试样尺寸为 80 mm×60 mm×160 mm,可以实现水合物的原位生成与分解,完成水合物沉积物的应变测量。平面应变仪压力室表面(在试样的前后)设置了可视化窗口,可以通过可视窗观测并记录试样的变形情况。

相较国外研究人员对水合物力学性质测试装置的研发工作,国内的研究工作起步较晚,目前主要集中在中国科学院力学研究所、中国石油大学(北京)、中国石油大学(华东)和大连理工大学等研究机构。图 1-2-8 所示为中国科学院力学研究所研制的水合物沉积物原位合成与力学特性测试一体化的三轴实验装置[59,60],其主要技术参数为:最大围压 14 MPa,温度控制范围−20～20 ℃,样品直径 39.1 mm、高 80 mm。此三轴实验装置的压力室作为水合物生成的反应釜,通过加设低温控制系统与计量系统保持水合物生成所需的温度和压力条件。试样由橡皮膜包裹,与围压加载介质隔开,从而保证三轴实验的顺利进行。

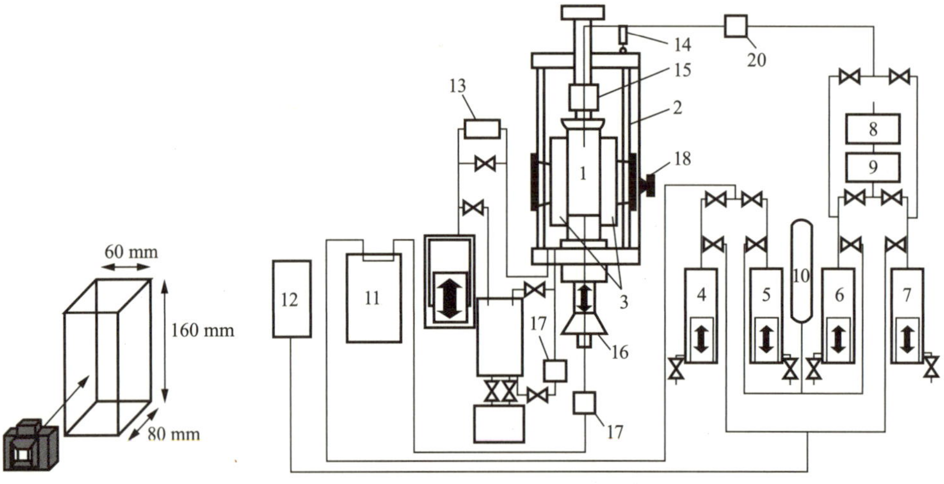

(a) 试样　　　　　　　　　　　　(b) 装置系统

1—试样；2—压力池；3—密闭板；4—下部水注射泵；5—下部气体注射泵；6—上部气体注射泵；
7—上部水注射泵；8—质量流量计；9—分离槽；10—甲烷气瓶；11—加热罐；12—加热槽；
13—细胞液体泵；14—位移传感器；15—称重传感器；16—加载设备；17—压力计；18—相机。

图 1-2-7　日本山口大学研制的水合物平面应变仪

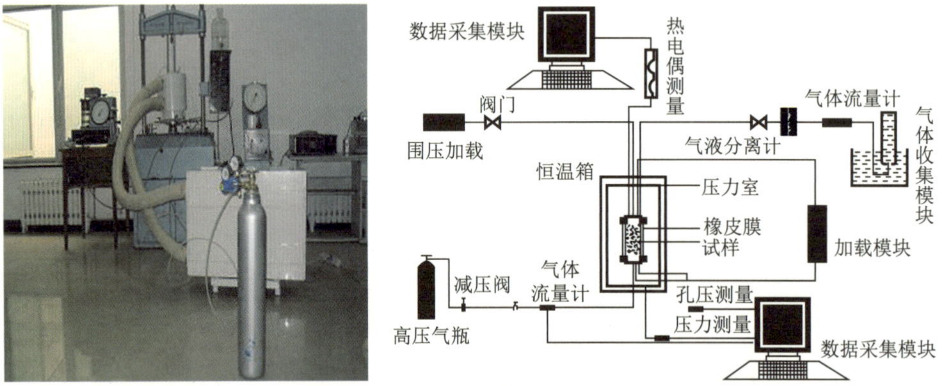

图 1-2-8　中国科学院力学研究所研制的水合物三轴实验装置

图 1-2-9 所示为中国石油大学(北京)在 2008 年研制的天然气水合物剪切强度实验装置[61]。该装置的主要组成部分是剪切室以及活塞装置。整个剪切室(包含上、下两个部分，两者通过环状活塞密封结合，并通过循环水浴以及保温套筒控制压力室及试样的温度)和活塞装置都安装在高压仓内。该装置可以测试水合物沉积物的剪切强度等力学参数，但是无法实现试样的应变测量。

在天然气水合物剪切强度实验装置研制的基础上，中国石油大学(华东)于 2010 年研制了一套低温、高压水合物三轴实验装置，如图 1-2-10 所示[62]。该三轴实验系统主要包括轴压加载系统、围压及孔压加载系统、温度控制系统以及水合物生成系统。该装置轴向最大荷载为 100 kN，最大围压可达 50 MPa，最大孔隙压力为 30 MPa，轴向变形最大测量值为 5 mm，径向变形最大测量值为 3 mm，试样尺寸为 ϕ25 mm×50 mm。

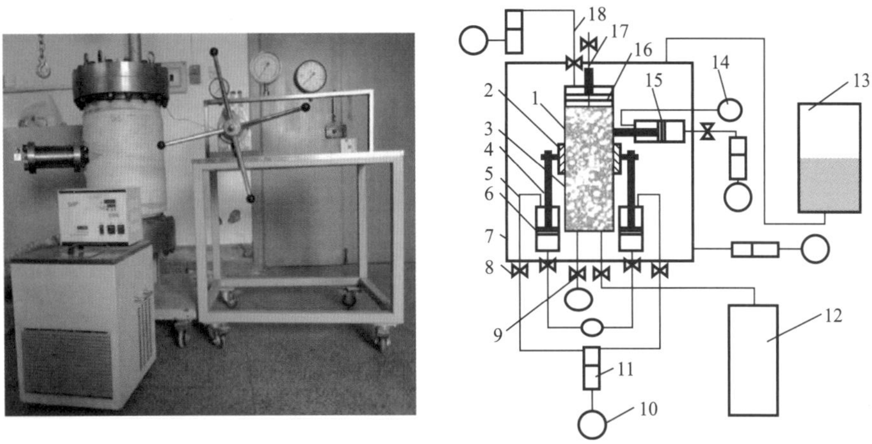

1—上剪切池；2—环形活塞；3—下剪切池；4—刚性杆；5—高压管路；6—活塞缸；
7 —压力池；8—阀门；9 —剪切池入口；10—高压泵；11—活塞容器；12—甲烷气瓶；
13—高压空气容器；14—背压阀；15—反向活塞；16—压缩活塞；17—吸入管路；18—高压管路。

图 1-2-9　中国石油大学(北京)研制的水合物剪切强度实验装置

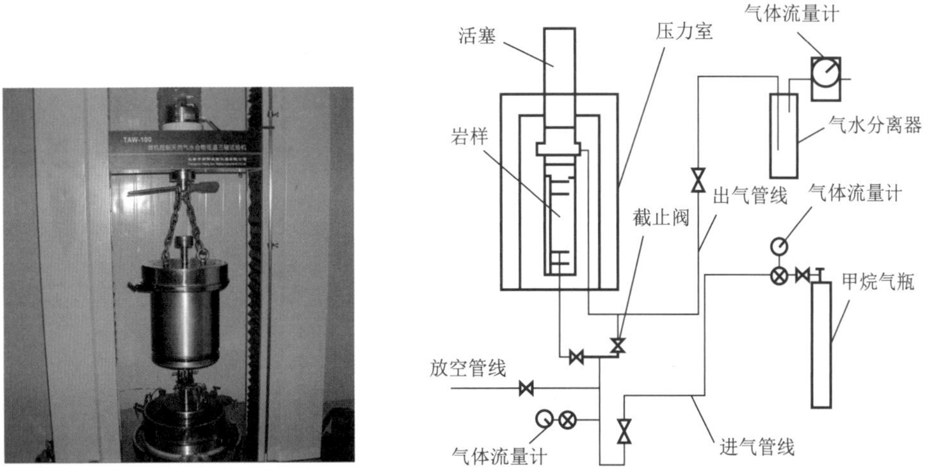

图 1-2-10　中国石油大学(华东)研制的水合物三轴实验装置

图 1-2-11 所示为中国科学院武汉岩土力学研究所研制的水合物三轴实验装置[63]。在借助国外进口的高压土工三轴仪的围压、轴向加载控制系统，以及应力应变数据采集系统的基础上，自主研发了适合水合物生成的可控温度、压力的三轴压力室。该装置通过循环冷浴及试样四周的环形换热器控制压力室及试样的温度，通过供气装置向试样内部通入反应气体。该实验系统的最大围压为 40 MPa，温度控制范围为 −20～20 ℃，温度控制精度为 0.1 ℃。

图 1-2-12 所示为大连理工大学早期研制的水合物及其沉积物低温、高压三轴实验装置 TAW-60[64-66]。该实验装置主要由轴向加载系统、围压控制系统、温度控制系统以及计算机测控系统等组成，主要技术参数为：最大负荷 60 kN，最大围压 30 MPa，温度控制范围 −30～25 ℃，温度控制精度±0.3 ℃。基于该实验装置，大连理工大学已经系统完成了含

甲烷水合物冰粉、甲烷水合物沉积物的单轴、三轴、蠕变等实验研究工作。但是，该实验装置不能实现水合物的原位生成与分解以及试样的应变测量。为了实现水合物的原位生成与分解，并进一步研究水合物沉积物的动力学性质，大连理工大学在研制 TAW-60 的基础上，设计研发了另一套大型低温、高压水合物动三轴仪 DDW-600[67-69]。

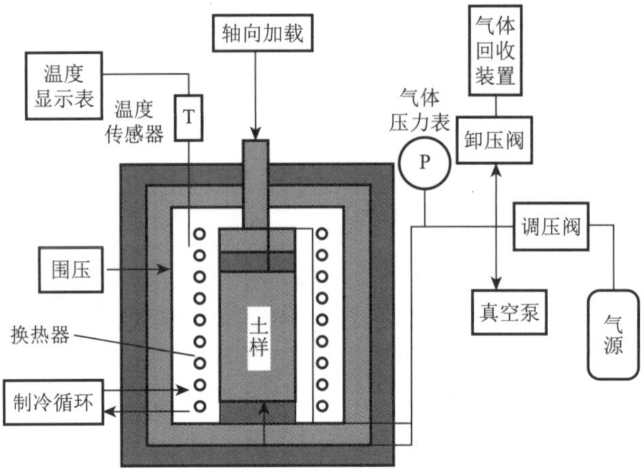

图 1-2-11　中国科学院武汉岩土力学研究所研制的水合物三轴实验装置

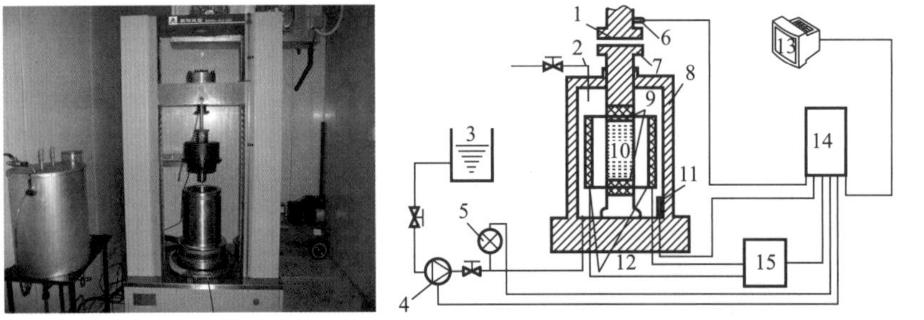

1—上加载杆；2—围压介质通道；3—油源；4—轴压泵；5—压力变送器；6—位移传感器；7—下加载；8—压力室；9—压头；10—试样；11—温度传感器；12—热交换器；13—计算机；14—数据采集器；15—水浴。

图 1-2-12　大连理工大学研制的水合物三轴实验装置 TAW-60

此外，大连理工大学在上述实验装置设计开发的基础上，成功研制了一套可以实现精确体变测量的水合物沉积物低温、高压三轴实验装置 DDW-600S，如图 1-2-13 所示。该实验装置最大轴向荷载为 200 kN，最大围压及最大孔压均为 30 MPa，温度控制范围为 −20～25 ℃，试样尺寸为 ϕ50 mm×100 mm。该装置的外压力室外壁设计了真空夹层，具有良好的保温效果，并设计了内压力室及试样上、下压垫与底座卡紧机构。三轴实验装置的内压力室体积很小，有利于提高体变测量精度，并且采用了整体式结构，大大缩减了试样安装时间，降低了工作强度。同时，内置载荷传感器，消除了动力活塞与导向套间的摩擦引起的误差，还能避免因围压过大导致的载荷传感器误差，提高了测量精度。大连理工大学研制的 3 套天然气水合物三轴实验装置（TAW-60，DDW-600，DDW-600S），在功能与技术上层层递进，最终达到了国际一流水准，并形成了一套完整的用于天然气水合物沉积层稳定性评价的力学实验系统，为天然气水合物开发过程中的风险评价提供了基础数据支撑与相关技术支持。

图 1-2-13　大连理工大学研制的水合物三轴实验装置 DDW-600S

1.2.3　天然气水合物及其沉积物力学特性研究进展

进入 21 世纪以来，随着室内实验设备与技术的不断发展，对天然气水合物及其沉积物力学性质的研究取得了一定的进展。在实验研究方面，主要体现为声波测量实验与三轴实验研究，重点是对水合物及其沉积物的强度、模量、变形特性等力学性质进行研究分析；在理论模型研究方面，基于实验数据与数值分析，国内外研究人员构建了不同水合物及其沉积物的本构模型，从而可以计算水合物储层的力学参数，进而评价天然气水合物沉积层稳定性。

1.2.3.1　声波测量实验

早期由于适用于研究水合物的三轴实验设备研发不足，传统的研究水合物力学性质的实验设备多数为声波测量设备，因此只能通过声波测量实验获取水合物及其沉积物的弹性模量等力学参数。

Waite 等[70]在实验室内合成了甲烷水合物（其孔隙度大约为 28%），然后将水合物单向压缩至孔隙度低于 2%，利用压缩波和剪切波测量技术（图 1-2-14）研究了天然气水合物的声波特性，并基于声波测量实验结果推导出波速比 v_p/v_s（v_p 为纵波波速，v_s 为横波波速）、泊松比、体积模量、剪切模量以及杨氏模量等力学参数。研究结果表明，天然气水合物的上述力学参数均小于纯冰。进一步的研究发现，温度、压力均会对压实的 sⅠ型甲烷水合物以及 sⅡ型甲烷-乙烷水合物的声波特性产生影响[71]。随后 Waite 等[22]在 2004 年利用渥太华砂在实验室内合成了甲烷水合物沉积物试样，并对试样进行了声波测量实验，研究发现气体水合物沉积物的声波特性在很大程度上受孔隙流体中水合物生成方式的影响。

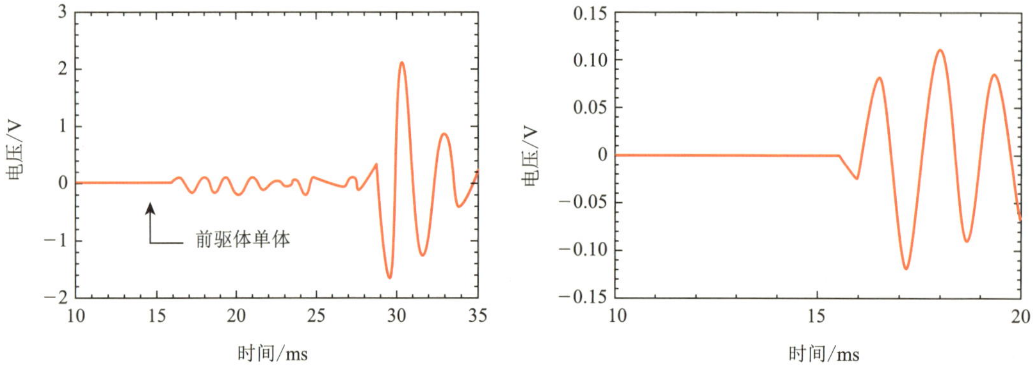

(a) 剪切波
(b) 压缩波

图 1-2-14 S 波换能器发出的测量波

在上述研究成果基础上，Winters 等[46]利用天然气水合物沉积物实验仪器(GHASTLI)，研究了甲烷水合物对其沉积物的声波特性及强度特性的影响，主要的研究内容包括：① 不同类型沉积物中气体水合物和冰对声波速率的影响；② 不同的水合物形成机制对其声波特性的影响；③ 不同孔隙填充介质对试样偏应力的影响；④ 不排水剪切实验中孔隙压力的影响。如图 1-2-15 所示，Winters 等的研究结果表明：① 天然气水合物的存在和其他固体孔隙填充材料如冰粉，增加了沉积物的偏应力，并且增大的程度取决于水合物在试样孔隙内的含量以及水合物和砂土颗粒之间的胶结特性；② 在上百米深的固结良好的沉积层中，粗粒度砂土与气体水合物形成的沉积物在剪切过程中孔隙压力会降低，而细颗粒砂土与气体水合物形成的沉积物在剪切过程中孔隙压力通常会增加；③ 沉积物内部孔隙中自由气体的存在减弱了剪切过程中孔隙水压力的响应，并且降低了气体水合物颗粒对砂土颗粒的强化作用。

Yun 等[72]利用压缩波和剪切波测量技术对四氢呋喃(THF)水合物沉积物试样进行了声波测量实验，研究结果表明，在高浓度水合物区域，相比纵波波速 v_p 而言，横波波速 v_s 显著增加，进一步表现为试样剪切强度上的显著变化。Lee 等[73]在垂直有效应力 0.04～2 MPa 范围内，对砂土、粉土、黏土和四氢呋喃水合物沉积物以及不含水合物的试样进行了声波测量实验，研究发现，水合物沉积物的应变特性受有效应力、水合物饱和度及土颗粒比表面的影响。水合物饱和度越高，试样的剪切强度越大，表现为 S 波速度增加。在沉积物的孔隙内，水合物的生成会造成试样的剪切模量及体积模量的增加，表现为 P 波速度随着水合物饱和度的增加而增大。在较低的垂直有效应力水平下，试样的泊松比大约为 0.5，然而随着垂直有效应力的增加，尤其是水合物饱和度的增加，试样的泊松比降至 0.25。

基于英国南安普顿大学研制的可用于测量天然气水合物力学特性的共振柱实验设备(GHRC)，研究人员利用弹性波衰减测量方法对甲烷水合物沉积物进行了实验测量。研究发现，地震波的衰减对试样孔隙中的水合物含量具有很强的敏感性，当水合物在孔隙中的含量为 3%～5%(体积分数)时，地震波的衰减达到一个峰值，但是波速的衰减对有效围压而言不是很敏感。对分解后的水合物沉积物试样而言，地震波的衰减并不明显，但与未分解的试样相反，有效围压会在很大程度上影响波速的衰减[74]。

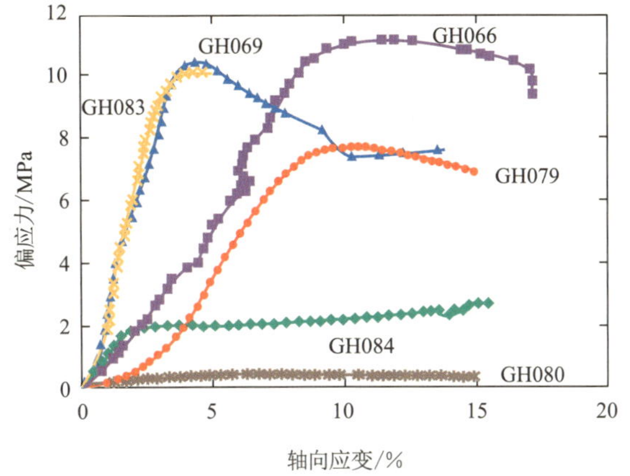

(a)

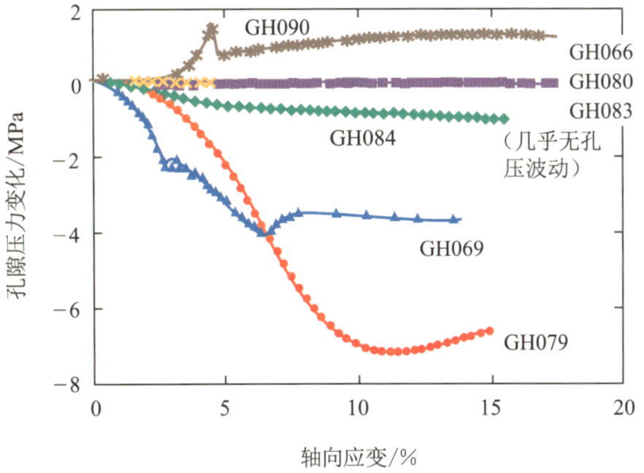

(b)

图 1-2-15　不同类型水合物沉积物的偏应力及孔隙压力变化过程

利用设备 GHRC 所进行的进一步研究表明,水合物颗粒的形态会对沉积物的声波特性产生影响[36]。实验室生成了两种不同方式的水合物(图 1-2-16),在富水状态下,生成的水合物颗粒悬浮在孔隙中,而在富气条件下,水合物颗粒在砂颗粒接触面之间生成,表现为胶结型的。研究表明:在富水状态下生成的水合物沉积物与在富气状态下生成的胶结型水合物沉积物显著不同,只有当水合物的饱和度高于 20%时,其饱和度才会对横波波速 v_s 以及波速比 v_p/v_s 产生一定的影响。随后的研究发现,地震波不仅受水合物的含量以及形态的影响,还受颗粒粒度分布以及颗粒形状的影响[75]。水合物颗粒在沉积物试样孔隙中的分布状态以及颗粒之间的胶结作用都会受到沉积物中砂土颗粒的平均粒径、球度以及表面积的影响,并且当水合物在沉积物中的饱和度为 10%时,地震波的波速增加得最少。

国内研究人员通过对中国南海神狐海域钻探获取的水合物沉积物样品进行声波特性实验研究,分析探讨了压力、温度、沉积物类型以及水合物饱和度对试样声波特性的影响。研究结果表明,温度对钻探区 SH1 以及 SH2 获取的水合物沉积物样品的纵波波速 v_p 没有显著影响,但是温度上升会导致钻探区 SH5 和 SH7 获取的试样的纵波波速 v_p 增大;水合物的饱和度对沉积物样品的纵波波速 v_p 具有显著影响,且饱和度越高,波速越大[76]。

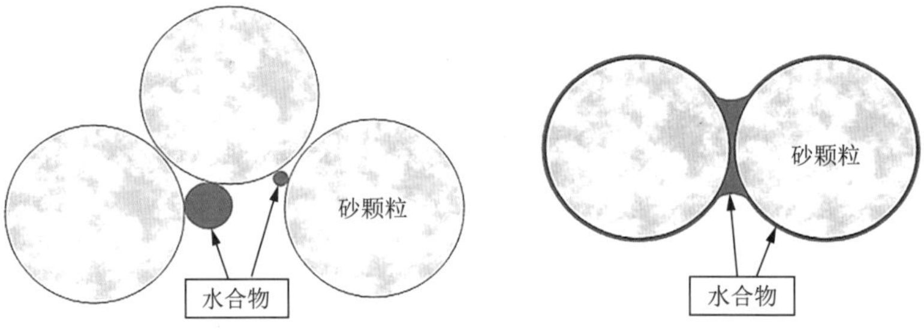

（a）富水状态　　（b）富气状态

图 1-2-16　水合物颗粒在孔隙中的不同生成形态

1.2.3.2　三轴压缩实验

采用声波测量方法不能获取水合物沉积物试样的应力-应变曲线、体变曲线等大应变条件下的水合物沉积物的变形特性。随着对水合物三轴实验设备与技术的研发，越来越多的研究人员利用水合物三轴仪对水合物及其沉积物进行力学性质研究，下面介绍近些年来的主要研究成果。

Hyodo 等[47]对纯甲烷水合物进行了三轴压缩实验研究，结果表明随着温度的降低、围压的增加，纯甲烷水合物的力学强度增加。Durham 等[77]也对纯甲烷水合物的力学强度特性进行了研究，并研究了其流变特性。研究表明，在低于冰点温度的条件下，纯甲烷水合物的强度远远高于纯冰的强度，并且温度越低，两者之间的差异越显著，如图 1-2-17 所示。

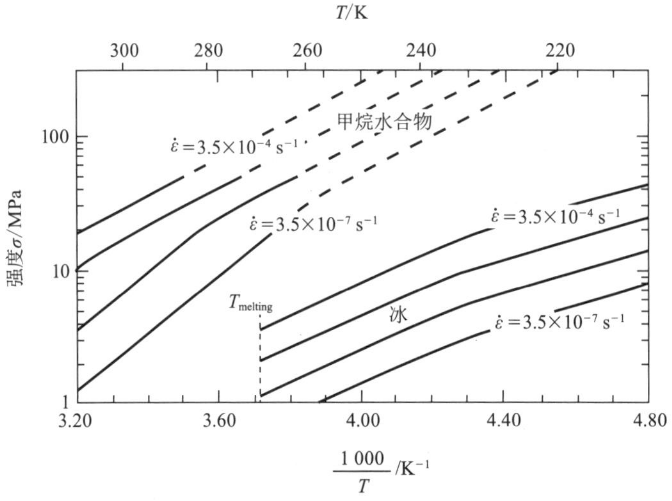

$\dot{\varepsilon}$—应变速率；$T_{melting}$—冰点温度。

图 1-2-17　纯甲烷水合物与纯冰的强度比较

Yun 等[78]利用三轴压缩实验对砂土、粉土、黏土和四氢呋喃水合物沉积物的力学特性进行了深入的研究，并获取了相应的应力-应变曲线，如图 1-2-18 所示。研究结果表明，水合物沉积物的应力-应变特性均受到沉积物颗粒粒径、围压以及水合物饱和度的影响。在较低的水合物饱和度(低于 40%)条件下，水合物沉积物的力学性质主要取决于沉积物中砂土颗粒的刚度及强度；在较高的水合物饱和度（高于50%）条件下，水合物沉积物的力学性质主要取决于水合物颗粒，此时水合物自身的力学性质决定了沉积物试样的刚度、强度，并且水合物颗粒会填充在砂土之间的孔隙中并影响颗粒之间的胶结作用，进而影响试样的剪胀趋势。此外，砂土颗粒的比表面积增加会造成试样中胶结作用的减弱，导致试样剪切强度降低，并且有效围压越低，水合物颗粒对试样归一化强度的影响越大。

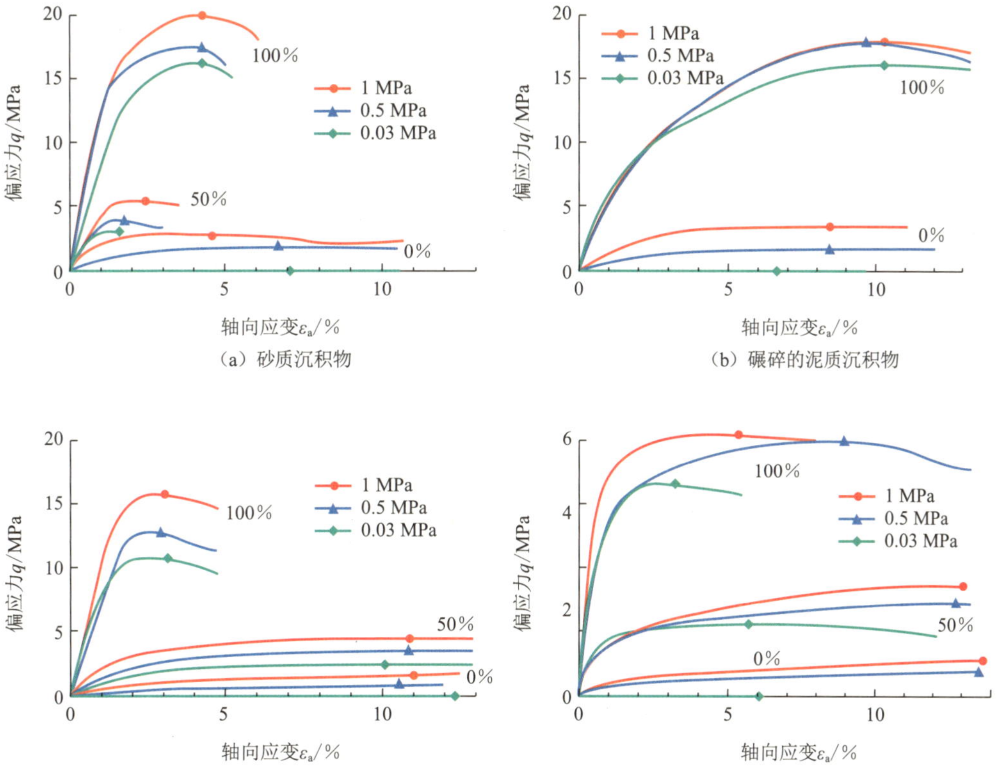

（a）砂质沉积物　（b）碾碎的泥质沉积物

（c）沉淀的泥质沉积物　（d）高岭土

图 1-2-18　四氢呋喃水合物应力-应变曲线

Hyodo 等[8]对人工合成的天然气水合物沉积物进行了一系列三轴压缩实验，并研究了温度、围压、水合物饱和度、试样密度以及应变速率等影响因素对天然气水合物沉积物力学特性的影响。研究结果表明：随着围压的增大以及水合物饱和度的增加，水合物沉积物的强度增加；随着温度的降低，水合物沉积物的强度增加。随后，Hyodo 等[79,80]基于两种水合物分解方式（注热分解与降压分解）研究了在水合物分解过程中沉积物的力学特性。研究结果表明：① 水合物注热分解后，沉积物试样的强度低于不含水合物的纯丰浦砂试样，但是其应变及初始刚度值较高；② 水合物注热分解后，若沉积物试样的强度小于初始状态下水合物沉积物所承受的载荷，水合物沉积物的强度会遭到显著破坏；③ 水合物降压分解并不会造成沉积物试样的破坏，然而之后的水压恢复过程有可能破坏水合物沉积层的强度；④ 对降压分解而言，水合物沉积层的变形不受降压速率的影响，但是受到降压幅值的影响，如图1-2-19所示。

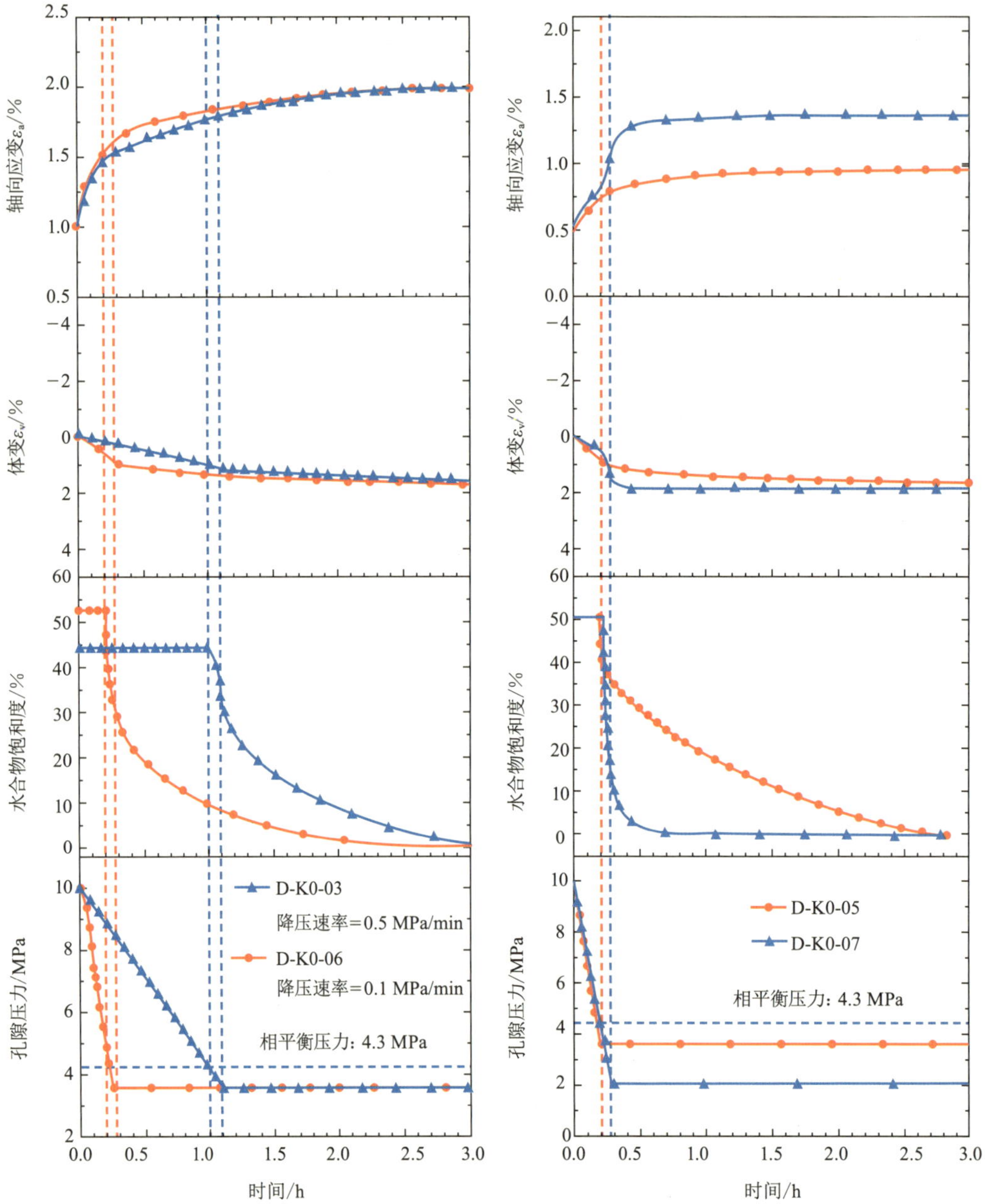

（a）　　　　（b）

图 1-2-19　降压速率与降压幅值对水合物沉积物变形特性的影响

此外，Hyodo 等[79,80]对气饱和的天然气水合物沉积物以及二氧化碳水合物沉积物的力学特性进行了深入的研究，结果发现：① 气饱和的水合物沉积物的强度与刚度随着温度的降低、水合物饱和度的增加、有效围压的增加而增大，且在相同的工况条件下，气饱和的水合物沉积物的强度与刚度均大于水饱和的天然气水合物沉积物；② 二氧化碳水合物沉积物的强度与刚度随着温度的降低、水合物饱和度的增加、有效围压的增加而增大，且二氧化碳水合物沉积物的最终强度与天然气水合物沉积物基本保持一致。

Miyazaki 等[81-84]基于三轴压缩实验，研究了水合物饱和度、围压、颗粒大小、应变速率以及加卸载对天然气水合物沉积物力学特性的影响，研究结果表明：① 应变速率对天然气水合物沉积物的峰值强度与残余强度的影响程度与冻土相似；② 在沉积物试样受到轴向荷载的初期，试样会进一步固结，从而造成了水合物沉积物卸载-再加载应力-应变曲线斜率的增加，但是进一步的轴向加载会使试样呈现出剪胀的趋势，继而造成了水合物沉积物卸载-再加载应力-应变曲线斜率的降低；③ 如图 1-2-20 所示，随着水合物饱和度(S_h)和有效围压(σ_c')的增加，水合物沉积物试样的强度与刚度均会增大，但是割线泊松比会随着有效围压的增加而降低，相比强度而言，试样的刚度会受沉积物试样骨架结构类型的影响。

Grozic 等[85]研究了气体水合物沉积物的剪切强度及应变特性，结果发现水合物在沉积物试样内部的生成方式对沉积物的强度具有显著影响，水合物可以在颗粒之间产生胶结作用，进而增加沉积物试样的内聚力与内摩擦角，但是在水合物饱和度较低的情况下，试样内部不存在内聚力。此外，Masui 等[51,54]的研究发现，水合物颗粒主要对试样内部的内聚力起显著增加的作用，对内摩擦角的影响不明显，并且他们的研究结果表明，如果实验室内人工合成的天然气水合物沉积物试样的粒径分布与自然界中实际的天然气水合物沉积物试样接近，那么利用室内三轴实验获取的沉积物试样的力学参数就可以较为真实地反映实际天然气水合物沉积物岩芯的力学特性。

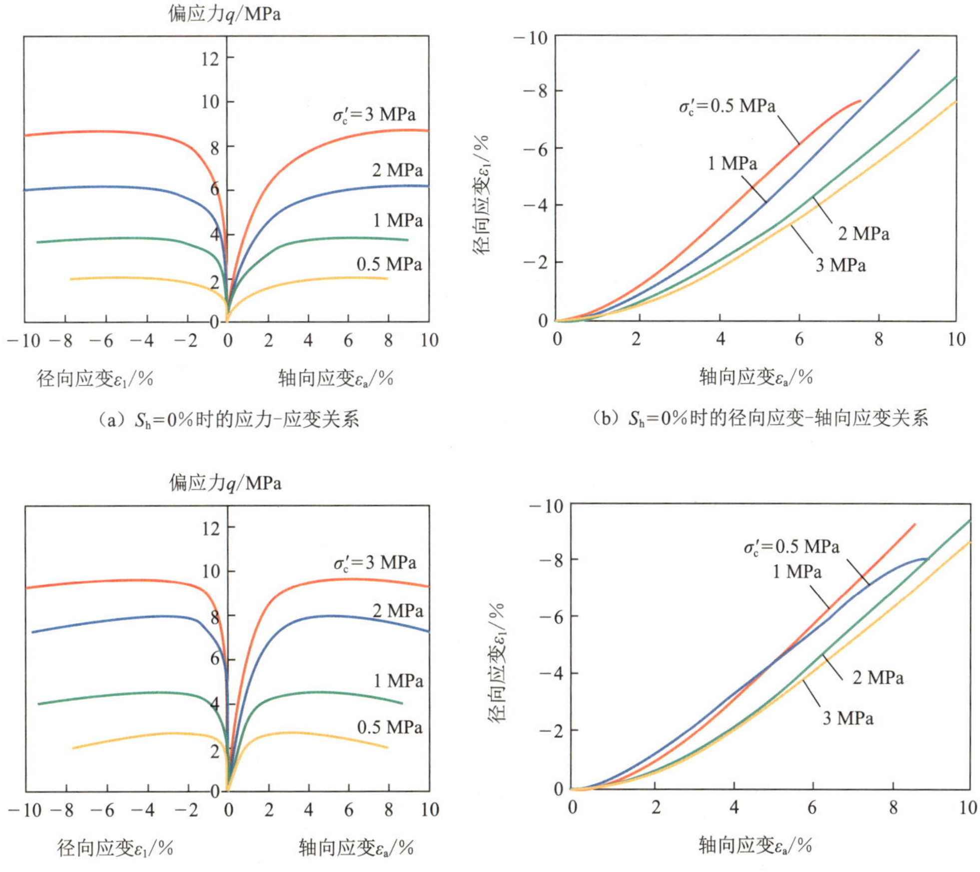

(a) S_h=0%时的应力-应变关系　(b) S_h=0%时的径向应变-轴向应变关系

(c) S_h=27%～34%时的应力-应变关系　(d) S_h=27%～34%时的径向应变-轴向应变关系

图 1-2-20　围压与饱和度对水合物沉积物力学特性的影响

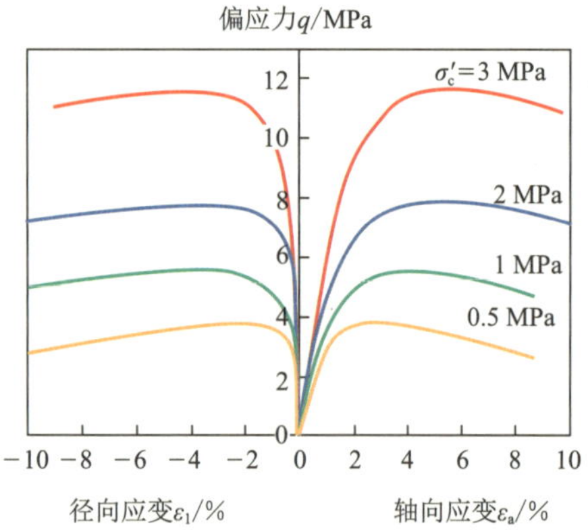

(e) S_h=41%～45%时的应力-应变关系

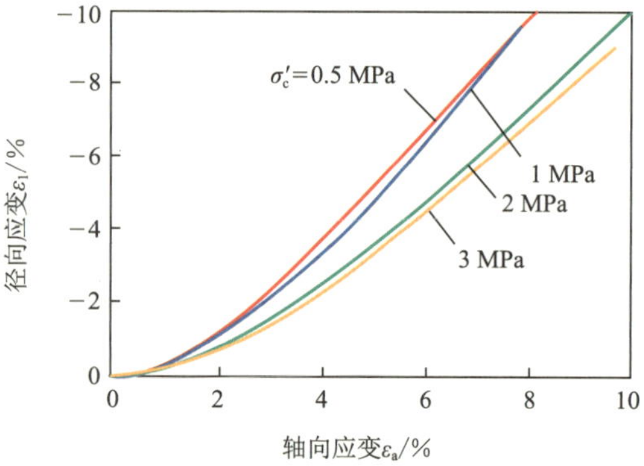

(f) S_h=41%～45%时的径向应变-轴向应变关系

图 1-2-20(续) 围压与饱和度对水合物沉积物力学特性的影响

Rees 等[86]研发了一套可视化 X 射线三轴实验装置，该装置不仅能开展三轴实验，还可以对水合物生成前后的沉积物试样进行可视化观察，如图 1-2-21 所示。基于上述实验装置，Rees 等[87]开展了一系列实验，研究发现，黏土颗粒的存在会降低水合物砂土沉积物的强度，与不含水合物的沉积物试样相比，水合物沉积物试样在较低的应变处就出现了峰值强度，并且这主要是由水合物颗粒的胶结作用引起的。

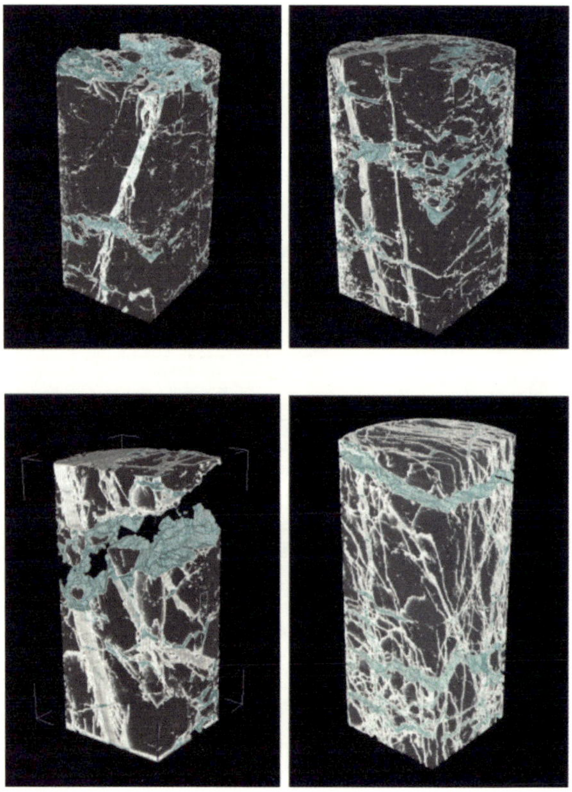

图 1-2-21 三维 X 射线扫描水合物岩芯

近年来国内相关研究人员对水合物沉积物力学性质的研究也取得了一定的进展。张旭辉等[60]利用自主研制的水合物三轴实验设备，以细粉砂作为沉积物骨架合成了水合物沉积物试样，并分别对冰沉积物、四氢呋喃水合物沉积物、CO_2 水合物沉积物以及 CH_4 水合物沉积物进行了三轴压缩实验，比较并分析了这 4 种水合物沉积物试样的应力-应变曲线和力学强度特性。研究结果表明：这 4 种水合物沉积物试样均表现为塑性破坏，并且冰颗粒的存在以及不同水合物的类型对试样的强度影响显著；无论是哪一种水合物沉积物试样，其强度均随着围压的增大而增大。由于实验条件的限制，进一步的研究工作还需完善水合物饱和度对沉积物试样强度特性的影响分析。

李令东等[62]利用三轴压力室，采用混合制样法，以覆膜砂和膨润土为实验材料，室内合成了水合物沉积物试样，并进行了三轴压缩实验研究。研究结果(表 1-2-1)表明：水合物颗粒对沉积物内骨架颗粒具有一定的胶结作用，但是试样的强度性质在很大程度上取决于骨架颗粒的性质；随着围压的增大，水合物沉积物试样的强度及弹性模量增大，但试样的泊松比与围压的关系并不显著。

表 1-2-1　水合物沉积物试样的力学实验结果

水合物沉积物类型	围压/MPa	峰值强度/MPa	弹性模量/MPa	泊松比
覆膜砂水合物沉积物	5	23.69	2 010	0.22
	10	35.75	2 550	0.23
	15	47.02	2 850	0.19
膨润土水合物沉积物	5	9.15	557	0.31
	10	15.40	678	0.31
	15	22.01	749	0.32

聂雄飞等[88,89]对甲烷水合物沉积物单轴压缩强度进行了一系列实验研究，分析了不同孔隙度沉积物试样的单轴变形特性，并揭示了沉积物单轴强度、变形特性与温度、应变速率以及孔隙度之间的关系，提出了与温度和应变速率相关的峰值强度预测方程。

Yu 等[90-92]、Li 等[93-95]对含甲烷水合物冰及人工合成的甲烷水合物沉积物进行了一系列三轴压缩实验，研究结果表明，含甲烷水合物冰与甲烷水合物沉积物的应力-应变曲线均表现为双曲线型，其强度随着围压的增大、温度的降低、应变速率的增加而增大，但是当围压大于 10 MPa 时，含甲烷水合物冰的强度反而随着围压的增大而降低。进一步的研究[96,97]表明，对于甲烷水合物沉积物，其围压存在临界值，当围压大于该值时，沉积物试样的强度随着围压的增大反而降低，这主要是由于围压过大时，试样内部的冰颗粒产生了压融现象，导致颗粒之间的摩擦力降低，并且一部分颗粒被压碎，这些破碎的颗粒会克服摩擦力而越过相邻颗粒，导致试样强度降低。在此基础上，Li 等[96,97]提出了不同阶段的水合物沉积物的分段线性强度准则，以及高围压条件下水合物沉积物的非线性强度准则，如图 1-2-22 所示。

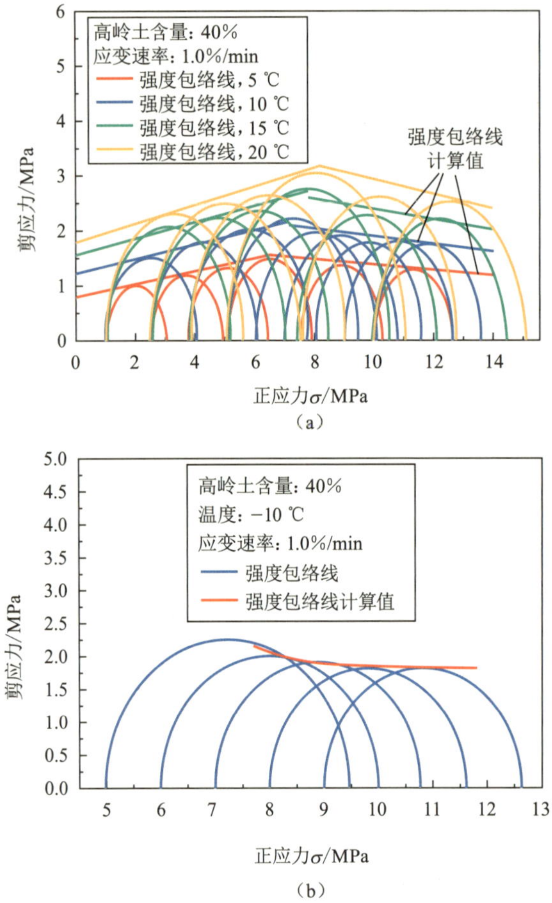

图 1-2-22　水合物沉积物的强度准则与实验值比较

1.2.3.3　水合物本构模型研究

在土力学研究中，为了更好地描述土体试样的变形特性，往往会在大量实验数据的基础上提出一种数学模型，用以表述土体应力-应变及其与时间的关系曲线，即土力学研究中的本构模型[98]。由于天然气水合物沉积物的力学特性在一定程度上与冻土试样类似，故可以参考土力学中的本构关系，构建适用于天然气水合物沉积物试样的本构模型。

Miyazaki 等[99]在大量的三轴实验数据的基础上，提出了适用于天然气水合物沉积物的变量-柔量本构模型。该模型可以较好地模拟天然气水合物沉积物的应力-应变关系曲线，从而预测水合物沉积物的强度及变形特性。Miyazaki 等进一步的研究表明，对于天然气水合物沉积物，以土力学研究中的 Duncan-Chang 本构模型为基础，可以建立适用于天然气水合物沉积物的修正非线性 Duncan-Chang 本构模型。该模型考虑了有效围压以及水合物饱和度的影响，可以较好地模拟水合物沉积物的应力-应变关系，进而准确地描述水合物沉积物泊松比、剪切强度、剪切模量等力学参数[100]。

Sultan 等[101]提出了一种假设，即水合物的生成会阻碍水合物沉积物的正常固结，并且最终沉积物试样的塑性压缩性会逐步趋向于纯水合物的压缩性。在剑桥模型的基础上，Sultan 等构建了一种包含水合物饱和度这一参考因素的水合物沉积物本构模型，并将模拟结果与 Masui 等[53]的力学实验数据进行了对比，如图 1-2-23 所示。研究发现，该模型可以大致描述水合物沉积物的应力-应变关系，并且水合物饱和度是影响水合物沉积物试样力学特性的重要参数，随着水合物饱和度的增大，水合物沉积物的弹性力学性质有所增强，并且其应变软化现象以及沉积物试样的剪胀现象也愈发明显。此外，Uchida等[102]建立了一种

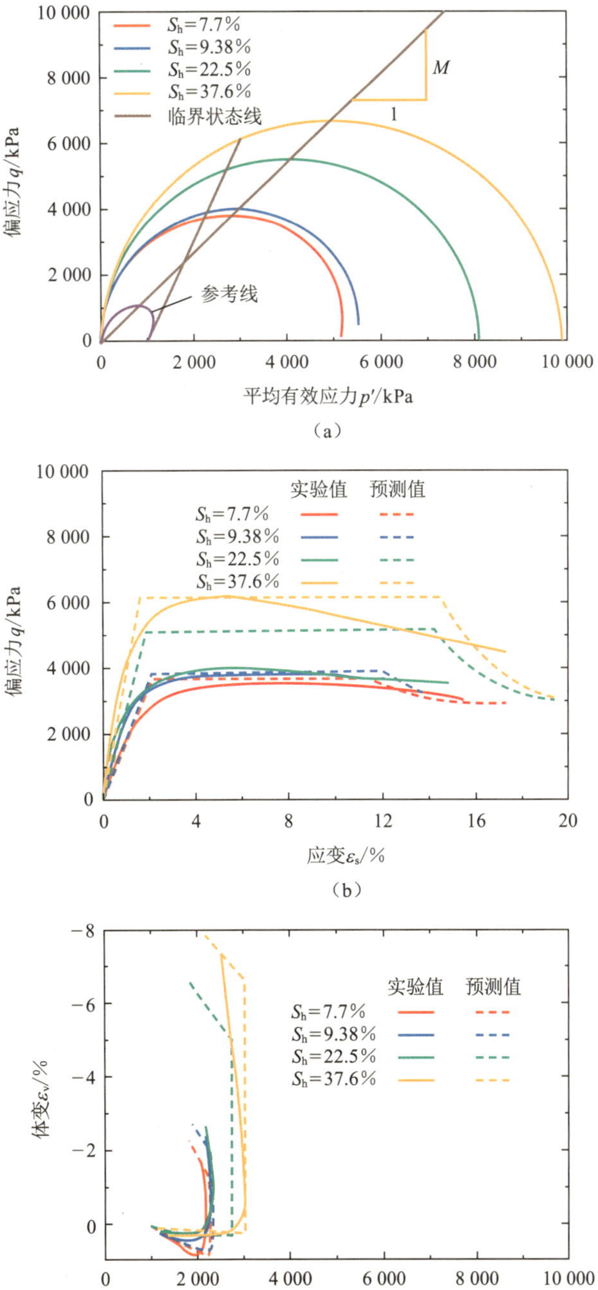

图 1-2-23　水合物沉积物力学实验值与模型预测值

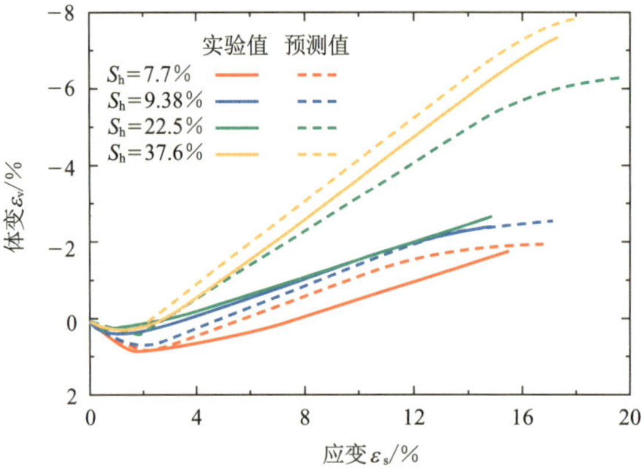

(d)

图 1-2-23(续) 水合物沉积物力学实验值与模型预测值

天然气水合物临界状态模型，考虑了体积屈服及水合物颗粒对沉积物试样黏聚力、剪胀、刚度、应变软化的影响。

Yu 等[91,92]对含冰甲烷水合物试样进行了一系列三轴压缩实验，并且基于实验数据，在 Duncan-Chang 本构模型的基础上引入温度及损伤比两个参数，建立了适用于含冰甲烷水合物试样的修正 Duncan-Chang 本构模型。此外，他们利用人工合成的甲烷水合物沉积物进行了一系列三轴压缩实验，在 Duncan-Chang 本构模型的基础上构建了适用于甲烷水合物沉积物的多影响参数(围压、温度、应变速率、孔隙度)的 Duncan-Chang 本构模型。

李洋辉[39]在修正剑桥模型的基础上，基于大量的水合物沉积物三轴实验数据，通过引入塑性功、硬化参数以及次加载面理论，同时考虑天然气水合物对水合物沉积物内聚力及剪胀特性的影响，构建了适用于海洋天然气水合物储层的新型弹塑性本构模型。如图 1-2-24 所示，该本构模型可以较为准确地预测天然气水合物沉积物的弹塑性应力-应变关系曲线，并可以较好地分析水合物饱和度对沉积物试样的强度、模量、刚度、内聚力以及体变特性的影响。

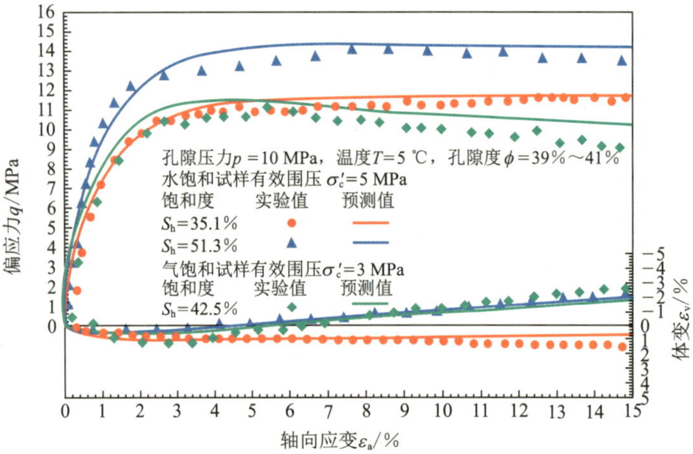

图 1-2-24 本构模型与实验值对比

Sun 等[103]在热力学准则及临界状态概念的基础上，提出了一种适用于天然气水合物沉积物的本构模型。与传统模型相比，该模型建立在更广义的耗散假定的基础上并且能描述水合物沉积物特有的力学性质，如随胶结结构破坏而引起的应力软化、剪胀以及非椭圆屈服面等。胶结行为在模型中是通过引入 2 个随有效饱和度变化的参量来描述的，非关联流动通过 Ziegler 假定导出，屈服面的椭圆性由 2 个具有物理意义的参数给出。如图 1-2-25 所示，该模型可以预测排水剪切三轴实验过程中的水合物沉积物的应力软化现象。另外，研究发现水合物沉积物的体积蠕变是由水合物饱和度变化引起的。

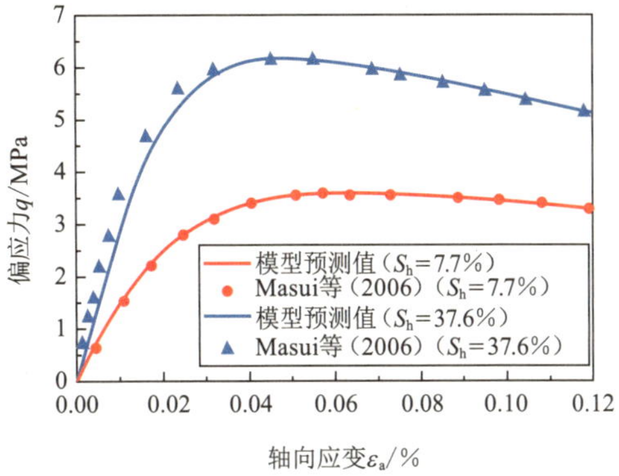

（a）南海含水合物沉积物的应力-应变关系

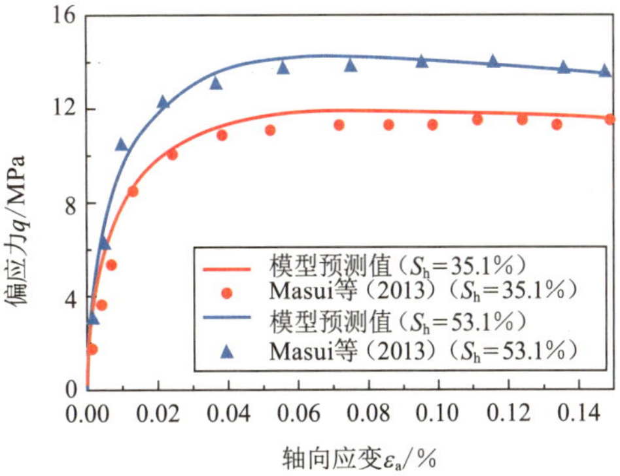

（b）含水合物的Toyoura砂样的应力-应变关系

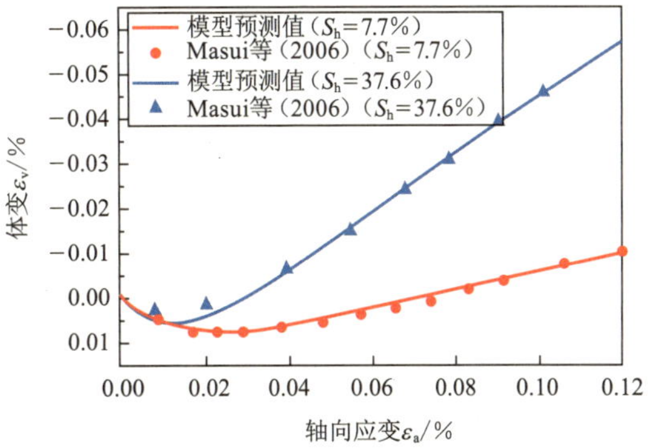

（c）南海含水合物沉积物的体变与轴向应变关系

图 1-2-25　排水剪切三轴实验结果与模型预测值对比

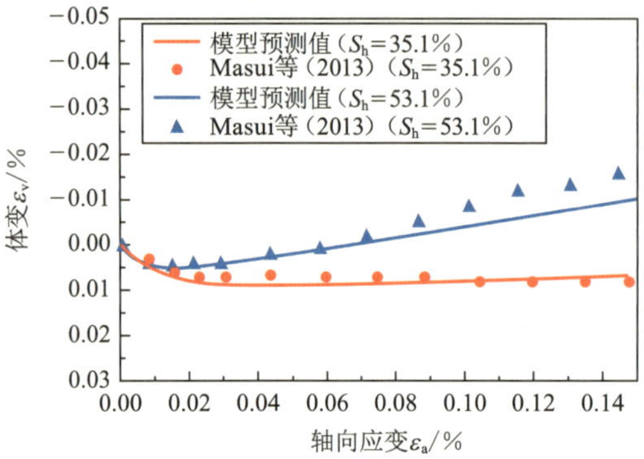

（d）含水合物的Toyoura砂样的体变与轴向应变关系

图 1-2-25(续) 排水剪切三轴实验结果与模型预测值对比

1.3 本书主要内容

综上所述，天然气水合物由于分布广泛、能清洁燃烧等优点，在全球范围内受到广泛关注，被认为是能够替代煤、石油等传统化石燃料的新一代能源。然而，天然气水合物极易受到温度和压力的影响，开采生产过程中温度或压力的微小变化都将导致水合物发生分解，进而造成环境污染、开采设施失稳、地层变形等危害，甚至诱发海底滑坡等大型自然灾害，因此，在商业化开采天然气水合物之前，必须对天然气水合物及其沉积物的力学特性进行研究，进而评价天然气水合物沉积层的力学稳定性。

目前，针对天然气水合物及其沉积物的力学性质研究主要集中在实验室条件下的力学实验研究工作。国内外研究人员对天然气水合物及其沉积物的强度、刚度、模量及变形特性开展了一系列的研究工作，取得了一定的成果。然而，对于天然气水合物分解过程中的力学问题、天然气水合物沉积物的蠕变变形测量，以及天然气水合物沉积物的动力学性质的研究，目前仍十分有限，亟须进一步开展上述研究工作。

在借鉴国内外先进技术和经验的基础上，本书针对天然气水合物开采过程中涉及的上述力学问题，阐述天然气水合物沉积物静、动力学研究成果，从而为评价天然气水合物储层稳定性提供基础数据，同时在此基础上探索天然气水合物安全开采方法。具体内容如下：

(1) 介绍天然气水合物储层上覆土层在不同孔隙度、水饱和度、有效围压和超固结比下的三轴剪切实验，结合实验结果分析应力-应变曲线的变化，分析水饱和度、有效围压、超固结比对于天然气水合物储层上覆土层强度特性的影响。

(2) 介绍孔隙度、围压、温度和应变速率对水合物沉积物力学特性的影响，并利用摩尔-库仑强度准则分析内摩擦角和黏聚力等强度参数与温度和围压的关系，对海洋土、纯高岭土、不同配比的石英砂水合物和高岭土水合物沉积物进行研究对比。

(3) 通过模拟地震荷载作用，开展天然气水合物沉积物动强度三轴实验研究，分析天然气水合物沉积物动应力-应变关系，以及动强度随围压、温度和孔隙度的变化规律；开展天然气水合物沉积物动模量三轴实验研究，分析天然气水合物沉积物动模量实验值，以及其最大动弹性模量随围压、温度、孔隙度及动应变的变化规律。

(4) 利用不同体积比的高岭土与含冰水合物制成不同孔隙度的水合物沉积物试样，分析孔隙度对水合物沉积物蠕变特性的影响，分析不同孔隙度下轴向形变和蠕变速率的变化规律；针对我国南海实际围压条件，开展天然气水合物沉积物分解蠕变实验研究，获取天然气水合物沉积物分解过程中蠕变参数与围压、温度及应力水平的关系与变化规律。同时，根据恒应力水平条件下水合物沉积物蠕变实验结果，建立了考虑水合物分解的应变势模型，给出了模型计算参数。

(5) 介绍不同分解温度和不同分解时间下的 CH_4 水合物沉积物三轴压缩实验，分析分解温度和分解时间对 CH_4 水合物沉积物三轴压缩强度的影响；考虑有效围压、温度以及分解时程对天然气水合物分解力学特性的影响，开展天然气水合物分解力学实验研究，研究天然气水合物沉积物分解前后的应力-应变关系，以及强度参数随围压、温度和分解时程的变化规律。根据获得的实验数据，建立适用于天然气水合物分解过程的摩尔-库仑强度准则。此外，基于非线性 Duncan-Chang 模型，构建考虑温度和分解时程的本构关系。

(6) 介绍不同温度、围压、应变速率和孔隙度下 CO_2 水合物沉积物的三轴压缩实验，研究温度、围压、应变速率和孔隙度与 CO_2 水合物沉积物三轴压缩强度之间的关系；将 CO_2 水合物沉积物的三轴压缩结果与前期工作中 CH_4 水合物沉积物的三轴压缩结果进行对比，重点比较它们之间的强度差异，以此对 CH_4-CO_2 置换开采法的力学安全性进行初步评价，并对产生强度差异的原因进行探究。

(7) 进行天然气水合物沉积物本构关系研究，建立水合物沉积物蠕变本构模型，初步建立考虑分解的水合物沉积物本构模型；此外，建立基于热力学原理的水合物沉积物本构模型。

(8) 进行水合物储层稳定性评价，对水合物分解对海底边坡稳定性和变形的影响进行数值分析，考虑水合物分解对桩基应力和变形的影响。

参考文献

[1] 郑永彪，肖荣阁. 天然气水合物资源潜力及其开发前景分析[J]. 科技信息(学术版)，2006，200(6)：13-14.

[2] 金庆焕. 天然气水合物——未来的新能源[J]. 中国工程科学，2000，2(11)：29-34.

[3] KVENVOLDEN K A. A review of the geochemistry of methane in natural gas hydrate[J]. Organic Geochemistry，1995，23(11)：997-1008.

[4] SCHULTHEISS P，HOLLAND M，HUMPHREYS G. Borehole pressure coring and laboratory pressure core analysis for gas hydrate investigations[C]. Houston：Proceedings of the Offshore Technology Conference，2008.

[5] YUN T，NAISILIO G，SANTAMARINA J，et al. Instrumented pressure testing chamber for characterizing sediment cores recovered at in situ hydrostatic pressure[J]. Marine Geology，2006，229(3)：285-293.

[6] FRANCISCA F,YUN T S,RUPPEL C,et al. Geophysical and geotechnical properties of near-seafloor sediments in the northern Gulf of Mexico gas hydrate province[J]. Earth and Planetary Science Letters,2005,237(3):924-939.

[7] XU W,GERMANOVICH L N. Excess pore pressure resulting from methane hydrate dissociation in marine sediments:A theoretical approach[J]. Journal of Geophysical Research:Solid Earth,2006,111(B1):B01104.

[8] HYODO M,NAKATA Y,YOSHIMOTO N,et al. Basic research on the mechanical behavior of methane hydrate-sediments mixture[J]. Soils and Foundations,2005,45(1):75-85.

[9] 李洋辉,宋永臣,刘卫国. 天然气水合物三轴压缩试验研究进展[J]. 天然气勘探与开发,2010(2):51-55.

[10] 姚伯初,吴能友. 天然气水合物——石油天然气的未来替代能源[J]. 地学前缘,2005,12(1):225-233.

[11] 钟水清,熊继有,张元泽,等.我国21世纪非常规能源的战略研究[J].钻采工艺,2005,28(5):93-98.

[12] 江怀友,乔卫杰,钟太贤,等.世界天然气水合物资源勘探开发现状与展望[J]. 中外能源,2008,13(6):19-25.

[13] 罗承先. 日本甲烷水合物开发现状与进展[J]. 中外能源,2013,18(12):30-37.

[14] 郑军卫. 美国国家甲烷水合物多年研发计划简介[J]. 天然气地球科学,2001,12(1-2):42-45.

[15] 张焕芝,何艳青,孙乃达,等.天然气水合物开采技术及前景展望[J]. 石油科技论坛,2013(6):15-19.

[16] 夏兆君. 我国冻土科学的发展综述[J]. 自然资源研究,1984(3):69-74.

[17] 邓希光,吴庐山,付少英,等.南海北部天然气水合物研究进展[J]. 海洋学研究,2008,26(2):67-74.

[18] 祝有海,张永勤,文怀军,等.青海祁连山冻土区发现天然气水合物[J]. 地质学报,2009,83(11):1762-1771.

[19] 张广凯. 珠江口发现高纯度可燃冰[J]. 珠江水运,2013(24):54.

[20] STERN L A,KIRBY S H,DURHAM W B. Polycrystalline methane hydrate:Synthesis from superheated ice,and low-temperature mechanical properties[J]. Energy & Fuels,1998,12(2):201-211.

[21] 樊栓狮. 天然气水合物储存与运输技术[M]. 北京:化学工业出版社,2005.

[22] WAITE W F,WINTERS W J,MASON D. Methane hydrate formation in partially water-saturated Ottawa sand[J]. American Mineralogist,2004,89(8-9):1202-1207.

[23] WINTERS W J. Sediment properties associated with gas hydrate formation[C]. Yokohama:The 4th International Conference on Gas Hydrates,2002.

[24] PRIEST J A,BEST A I,CLAYTON C R. A laboratory investigation into the seismic velocities of methane gas hydrate-bearing sand[J]. Journal of Geophysical Research:Solid Earth,2005,110(B4):B04102.

[25] TOHIDI B,ANDERSON R,CLENNELL M B,et al. Visual observation of gas-hydrate formation and dissociation in synthetic porous media by means of glass micromodels[J]. Geology,2001,29(9):867-870.

[26] LEE M W,COLLETT T S. Elastic properties of gas hydrate-bearing sediments[J]. Geophysics,2001,66(3):763-771.

[27] SPANGENBERG E,KULENKAMPFF J,NAUMANN R,et al. Pore space hydrate formation in a glass bead sample from methane dissolved in water[J]. Geophysical Research Letters,2005,32(24):L24301.

[28] CARCIONE J M,GEI D. Gas-hydrate concentration estimated from P-and S-wave velocities at the Mallik 2L-38 research well,Mackenzie Delta,Canada[J]. Journal of Applied Geophysics,2004,56

(1):73-78.

[29] WEITEMEYER K,CONSTABLE S,KEY K. Marine EM techniques for gas-hydrate detection and hazard mitigation[J]. The Leading Edge,2006,25(5):629-632.

[30] COREN F,VOLPI V,TINIVELLA U. Gas hydrate physical properties imaging by multi-attribute analysis—Blake Ridge BSR case history[J]. Marine Geology,2001,178(1):197-210.

[31] RAJPUT S,RAO P,THAKUR N. Two-dimensional elastic anisotropic/AVO modelling for the identification of BSRs in marine sediments using multicomponent receivers[J]. Geo-Marine Letters,2005,25(4):241-247.

[32] LU S,MCMECHAN G A. Elastic impedance inversion of multichannel seismic data from unconsolidated sediments containing gas hydrate and free gas[J]. Geophysics,2004,69(1):164-179.

[33] ANDREASSEN K,HART P E,MACKAY M. Amplitude versus offset modeling of the bottom simulating reflection associated with submarine gas hydrates[J]. Marine Geology,1997,137(1):25-40.

[34] MATHEWS M. Logging characteristics of methane hydrate[J]. The Log Analyst,1986,27(3):26-63.

[35] SCHULTHEISS P,FRANCIS T,HOLLAND M,et al. Pressure coring,logging and subsampling with the HYACINTH system[J]. Geological Society,London,Special Publications,2006,267(1):151-163.

[36] PRIEST J A,REES E V,CLAYTON C R. Influence of gas hydrate morphology on the seismic velocities of sands[J]. Journal of Geophysical Research:Solid Earth,2009,114(B11):B11205.

[37] WAITE W,OSEGOVIC J,WINTERS W,et al. Seeding hydrate formation in water-saturated sand with dissolved-phase methane obtained from hydrate dissolution:A progress report[C]. Vancouver:The 6th International Conference on Gas Hydrates,2008.

[38] WAITE W,BRATTON P M,MASON D H. Laboratory formation of non-cementing,methane hydrate-bearing sands[C]. Edinburgh: The 7th International Conference on Gas Hydrates,2011.

[39] 李洋辉. 天然气水合物沉积物强度及变形特性研究[D]. 大连:大连理工大学,2013.

[40] 张辉,卢海龙,梁金强,等. 南海北部神狐海域沉积物颗粒对天然气水合物聚集的主要影响[J]. 科学通报,2016,61(3):388-397.

[41] 叶正强,张森安. 粘性土的渗透规律性研究[J]. 东南大学学报(自然科学版),1999,29(5):121-125.

[42] 王淑云,鲁晓兵,张旭辉. 水合物沉积物力学性质的实验装置和研究进展[J]. 实验力学,2009,24(5):413-420.

[43] SONG Y,YU F,LI Y,et al. Mechanical property of artificial methane hydrate under triaxial compression[J]. Journal of Natural Gas Chemistry,2010,19(3):246-250.

[44] WINTERS W J,DILLON W P,PECHER I A,et al. GHASTLI—Determining physical properties of sediment containing natural and laboratory-formed gas hydrate[M]. New York:Springer,2000.

[45] WINTERS W J,DUGAN B,COLLETT T S. Physical properties of sediments from Keathley Canyon and Atwater Valley,JIP Gulf of Mexico gas hydrate drilling program[J]. Marine and Petroleum Geology,2008,25(9):896-905.

[46] WINTERS W J,WAITE W F,MASON D,et al. Methane gas hydrate effect on sediment acoustic and strength properties[J]. Journal of Petroleum Science and Engineering,2007,56(1):127-35.

[47] HYODO M,NAKATA Y,YOSHIMOTO N,et al. Triaxial compressive strength of methane hydrate[C]. Kitakyushu:The Twelfth International Offshore and Polar Engineering Conference,2002.

[48] HYODO M,NAKATA Y,YOSHIMOTO N,et al. Shear behavior of methane hydrate-bearing sand[C]. Lisbon:The Seventeenth International Offshore and Polar Engineering Conference,2007.

[49] HYODO M,NAKATA Y,YOSHIMOTO N,et al. Bonding strength by methane hydrate formed among sand particles[C]. Colorado:The 6th International Conference on Micromechanics of Granular Media,2009.

[50] MASUI A,HANEDA H,OGATA Y,et al. Compaction behavior of Toyoura sand during methane hydrate dissociation[C]. Seoul:The Seventh ISOPE Ocean Mining Symposium,2007.

[51] MASUI A,HANEDA H,OGATA Y,et al. Effects of methane hydrate formation on shear strength of synthetic methane hydrate sediments[C]. Seoul:The Fifteenth International Offshore and Polar Engineering Conference,2005.

[52] MIYAZAKI K,MASUI A,SAKAMOTO Y,et al. Effect of confining pressure on triaxial compressive properties of artificial methane hydrate bearing sediments[C]. Houston:The Offshore Technology Conference,2010.

[53] MASUI A,MIYAZAKI K,HANEDA H,et al. Mechanical characteristics of natural and artificial gas hydrate bearing sediments[C]. Vancouver: The 6th International Conference on Gas Hydrates (ICGH 2008),2008.

[54] MASUI A,HANEDA H,OGATA Y,et al. Mechanical properties of sandy sediment containing marine gas hydrates in deep sea offshore Japan[C]. Seoul: The Seventh ISOPE Ocean Mining Symposium,2007.

[55] MIYAZAKI K, MASUI A, YAMAGUCHI T, et al. Strain-rate dependency of peak and residual strength of sediment containing synthetic methane hydrate in triaxial compression test[C]. Osaka: The Nineteenth International Offshore and Polar Engineering Conference,2009.

[56] AOKI K,OGATA Y,JIANG Y. Compression strength and deformation behaviour of methane hydrate specimen[J]. Journal of the Mining and Materials Processing Institute of Japan,2004,120(12): 645-652.

[57] CLAYTON C,PRIEST J,BEST A. The effects of disseminated methane hydrate on the dynamic stiffness and damping of a sand[J]. Geotechnique,2005,55(6):423-434.

[58] YONEDA J,HYODO M,NAKATA Y,et al. Localized deformation of methane hydrate-bearing sand by plane strain shear tests[C]. Edinburgh:International Society of Offshore and Polar Engineers, 2011.

[59] 张旭辉,鲁晓兵,王淑云,等. 四氢呋喃水合物沉积物静动力学性质试验研究[J]. 岩土力学, 2011,32(z1):303-308.

[60] 张旭辉,王淑云,李清平,等. 天然气水合物沉积物力学性质的试验研究[J]. 岩土力学,2010,31(10):3069-3074.

[61] ZHANG W,MA Q,WANG R,et al. An experimental study of shear strength of gas-hydrate-bearing core samples[J]. Petroleum Science,2011,8(2):177-182.

[62] 李令东,程远方,孙晓杰,等. 水合物沉积物试验岩样制备及力学性质研究[J]. 中国石油大学学报(自然科学版),2012,36(4):97-101.

[63] 魏厚振,颜荣涛,陈盼,等. 不同水合物含量含二氧化碳水合物砂三轴试验研究[J]. 岩土力学, 2011,32(z2):198-203.

[64] 李洋辉,宋永臣,于锋,等. 围压对含水合物沉积物力学特性的影响[J]. 石油勘探与开发,2011,38(5):637-640.

[65] 吕炎. 气体水合物沉积物力学特性研究[D]. 大连:大连理工大学,2015.

[66] 沈治涛. CH_4-CO_2 水合物沉积物力学性质研究[D]. 大连:大连理工大学,2015.

[67] 李清平,宋永臣,刘卫国,等.一种用于天然气水合物原位生成与分解的三轴试验装置[J]. 天然气工业,2013,33(8):100-103.

[68] 唐德龙. 水合物动三轴实验仪构造及功能分析[D]. 大连:大连理工大学,2013.

[69] 陈云飞. 冻土区天然气水合物沉积物强度特性研究[D]. 大连:大连理工大学,2014.

[70] WAITE W F, HELGERUD M B, NUR A, et al. Laboratory measurements of compressional and shear wave speeds through methane hydrate[J]. Annals of the New York Academy of Sciences, 2000,912(1):1003-1010.

[71] HELGERUD M,WAITE W,KIRBY S,et al. Measured temperature and pressure dependence of v_p and v_s in compacted,polycrystalline s Ⅰ methane and s Ⅱ methane ethane hydrate[J]. Canadian Journal of Physics,2003,81(1-2):47-53.

[72] YUN T,FRANCISCA F,SANTAMARINA J,et al. Compressional and shear wave velocities in uncemented sediment containing gas hydrate[J]. Geophysical Research Letters,2005,32(10):L10609.

[73] LEE J,FRANCISCA F M,SANTAMARINA J C,et al. Parametric study of the physical properties of hydrate-bearing sand,silt,and clay sediments:2. Small-strain mechanical properties[J]. Journal of Geophysical Research:Solid Earth,2010,115(B11):B11105.

[74] PRIEST J A,BEST A I,CLAYTON C R. Attenuation of seismic waves in methane gas hydrate-bearing sand[J]. Geophysical Journal International,2006,164(1):149-159.

[75] KINGSTON E,CLAYTON C,PRIEST J,et al. Effect of grain characteristics on the behaviour of disseminated methane hydrate bearing sediments[C]. Vancouver:The 6th International Conference on Gas Hydrates,2008.

[76] 李栋梁,梁德青. 南海北部神狐海域天然气水合物声波特性实验研究[C]. 北京:中国地球物理学会年会,2012.

[77] DURHAM W B,KIRBY S H,STERN L A,et al. The strength and rheology of methane clathrate hydrate[J]. Journal of Geophysical Research:Solid Earth,2003,108(B4):2222-2236.

[78] YUN T S,SANTAMARINA J C,RUPPEL C. Mechanical properties of sand,silt,and clay containing tetrahydrofuran hydrate[J]. Journal of Geophysical Research:Solid Earth,2007,112(B4):B04106.

[79] HYODO M,YONEDA J,YOSHIMOTO N,et al. Mechanical and dissociation properties of methane hydrate-bearing sand in deep seabed[J]. Soils and Foundations,2013,53(2):299-314.

[80] HYODO M,LI Y,YONEDA J,et al. Effects of dissociation on the shear strength and deformation behavior of methane hydrate-bearing sediments[J]. Marine and Petroleum Geology,2014,51:52-62.

[81] MIYAZAKI K,MASUI A,AOKI K,et al. Strain-rate dependence of triaxial compressive strength of artificial methane-hydrate-bearing sediment[J]. International Journal of Offshore and Polar Engineering,2010,20(4):288-294.

[82] MIYAZAKI K,MASUI A,TENMA N,et al. Study on mechanical behavior for methane hydrate sediment based on constant strain-rate test and unloading-reloading test under triaxial compression[J]. International Journal of Offshore and Polar Engineering,2010,20(1):29-36.

[83] MIYAZAKI K,MASUI A,SAKAMOTO Y,et al. Triaxial compressive properties of artificial methane-hydrate-bearing sediment[J]. Journal of Geophysical Research:Solid Earth,2011,116(B6):B06102.

[84] MIYAZAKI K,TENMA N,AOKI K,et al. Effects of confining pressure on mechanical properties of artificial methane-hydrate-bearing sediment in triaxial compression test[J]. International Journal of Offshore and Polar Engineering,2011,21(2).

[85] GROZIC J L,GHIASSIAN H. Undrained shear strength of methane hydrate-bearing sand;Preliminary laboratory results[C]. Calgary:The 6th Canadian Permafrost Conference and 63rd Canadian Geotechnical Conference,2010.

[86] REES E V,PRIEST J A,CLAYTON C R. The structure of methane gas hydrate bearing sediments from the Krishna-Godavari Basin as seen from Micro-CT scanning[J]. Marine and Petroleum Geology,2011,28(7):1283-1293.

[87] REES E,KNEAFSEY T J,NAKAGAWA S. Geomechanical properties of synthetic hydrate bearing sediments[C]. Edinburgh:The 7th International Conference on Gas Hydrates(ICGH 2011),2011.

[88] 聂雄飞. 甲烷水合物沉积物单轴强度研究[D]. 大连:大连理工大学,2012.

[89] NIE X F,LIU W,SONG Y C,et al. Experimental study of uniaxial compressive strength of gas hydrate-bearing sediment at constant strain rate[C]. The ASME 2012 31st International Conference on Ocean,Offshore and Arctic Engineering,2012.

[90] YU F,LIU W,SONG Y C,et al. Study on strength of artificial methane hydrate-bearing clay sediments under triaxial compression[C]. Edinburgh:The 7th International Conference on Gas Hydrates (ICGH 2011),2011.

[91] YU F,SONG Y,LIU W,et al. Analyses of stress strain behavior and constitutive model of artificial methane hydrate[J]. Journal of Petroleum Science and Engineering,2011,77(2):183-188.

[92] YU F,SONG Y C,LI Y H,et al. Analysis of stress-strain behavior and constitutive relation of methane hydrate-bearing sediments with various porosity[J]. International Journal of Offshore and Polar Engineering,2011,21(4):316-322.

[93] LI Y H,SONG Y C,YU F,et al. Experimental study on mechanical properties of gas hydrate-bearing sediments using Kaolin clay[J]. China Ocean Engineering,2011,25:113-122.

[94] LI Y H,ZHAO H,YU F,et al. Investigation of the stress-strain and strength behaviors of ice containing methane hydrate[J]. Journal of Cold Regions Engineering,2012,26(4):149-159.

[95] LI Y H,SONG Y C,LIU W,et al. Experimental research on the mechanical properties of methane hydrate-ice mixtures[J]. Energies,2012,5(2):181-192.

[96] LI Y H,SONG Y C,LIU W,et al. Analysis of mechanical properties and strength criteria of methane hydrate-bearing sediments[J]. International Journal of Offshore and Polar Engineering,2012,22(4):290-296.

[97] LI Y H,SONG Y C,LIU W,et al. A new strength criterion and constitutive model of gas hydrate-bearing sediments under high confining pressures[J]. Journal of Petroleum Science and Engineering,2013,109:45-50.

[98] 姚仰平,张丙印,朱俊高. 土的基本特性、本构关系及数值模拟研究综述[J]. 土木工程学报,2012,45(3):127-150.

[99] MIYAZAKI K, MASUI A, HANEDA H, et al. Variable-compliance-type constitutive model for methane hydrate bearing sediment[C]. Vancouver: The 6th International Conference on Gas Hydrates,2008.

[100] MIYAZAKI K, AOKI K, TENMA N, et al. A nonlinear elastic constitutive model for artificial methane-hydrate-bearing sediment[C]. Edinburgh: The 7th International Conference on Gas Hydrates(ICGH 2011),2011.

[101] SULTAN N, GARZIGLIA S. Geomechanical constitutive modelling of gas-hydrate-bearing sediments[C]. Edinburgh: The 7th International Conference on Gas Hydrates(ICGH 2011),2011.

[102] UCHIDA S,SOGA K,YAMAMOTO K. Critical state soil constitutive model for methane hydrate soil[J]. Journal of Geophysical Research:Solid Earth,2012,117(B3):B03209.

[103] SUN X,GUO X,SHAO L,et al. A thermodynamics-based critical state constitutive model for methane hydrate bearing sediment[J]. Journal of Natural Gas Science and Engineering,2015,27:1024-1034.

第 2 章
天然气水合物储层上覆土层剪切力学特性

天然气水合物开采可能诱发地层沉降、井筒失稳等工程地质灾害，在实现天然气水合物资源商业化开采之前，必须充分认识天然气水合物矿藏的力学特性[1-3]。目前，大多数研究主要关注水合物储层或水合物晶体本身的力学特性，而忽略了作为承载大型海洋工程装备的上覆土层（盖层）的力学特性研究。海洋天然气水合物通常以胶结结构或骨架结构形式存在于水合物储层中，无论是开采过程中水合物分解导致的储层结构变化，还是开采过后的水压恢复过程，都会对上覆土层产生扰动，影响整个水合物矿藏的稳定性，进而引发海底滑坡、平台安全风险等危害问题[4,5]。在进行商业化开采前，充分掌握水合物矿藏各部分结构变形及失稳机理对于评价水合物矿藏的稳定性和筛选、评价开采方法尤为重要。因此，本章将重点介绍天然气水合物储层上覆土层的力学特性的相关研究，以期为中国南海天然气水合物开采安全评估提供一定的参考依据。本章对不同孔隙度、水饱和度变化工况下的不排水剪切实验进行介绍，并结合实验结果分析应力-应变曲线的变化；研究在不同孔隙度条件下水饱和度的变化对天然气水合物储层上覆土层强度特性的影响；进行不同孔隙度、水饱和度、有效围压工况下的排水剪切实验；研究在不同孔隙度与不同水饱和度工况下，不同有效围压对天然气水合物储层上覆土层强度特性的影响；进行相同孔隙度，不同水饱和度、超固结比条件下的排水剪切实验，研究在相同孔隙度、不同水饱和度条件下超固结比对天然气水合物储层上覆土层强度特性的影响。

2.1 实验材料与实验方法

本节主要介绍实验中使用的设备、试样的材料与制备方法。为研究水合物沉积物的力学特性，大连理工大学自主设计了 TAW-60 型天然气水合物高压低温静态三轴仪[6]，此设备能够实现本章所涉及的实验工况。实验使用的土样材料均为中国海洋石油公司提供的中国南海神狐海域天然气水合物储层上覆土层，可保证研究的最大合理程度。

2.1.1 实验设备

TAW-60 型天然气水合物高压低温静态三轴仪由 4 个系统组成：轴向压力加载系统、围压加载系统、温度控制系统及数据控制与采集系统。图 2-1-1 所示为三轴仪的系统图与外观图。

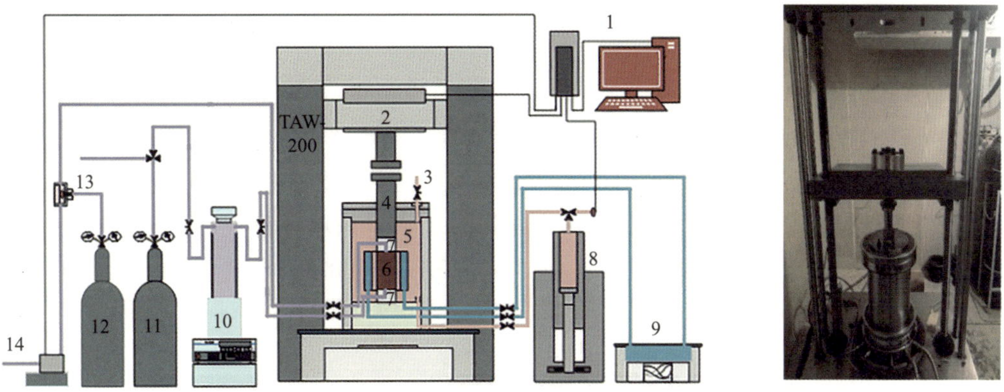

1—数据控制与采集系统;2—轴向压力加载系统;3—快接插头;4—活塞;
5—压力室;6—试样;7—上下压头;8—围压加载系统;9—温度控制系统;
10—注水/气泵;11,12—气瓶;13—流量计;14—气体测量装置。

图 2-1-1　三轴仪的系统图与外观图

轴向压力加载系统由如下模块组成:门式轴向负荷加载框架、加载活塞、滚珠丝杠、位移传感器、力传感器、伺服电机、电驱动控制器和传动系统。三轴实验仪轴向压力加载系统的技术指标如下:所能提供的最大负荷为 60 kN,轴向位移量程为 0～100 mm,试样轴向最大应变为 20 mm,轴向加载速率可以控制在 0.001～5 mm/min 之间。进行实验时,操纵数据控制与采集系统,设定实验工况并通过电驱动控制器将指令发送至伺服电机,进而带动滚珠丝杠与传动系统,最终实现对活塞的轴向加载。同时,加载框架上的位移传感器与力传感器将实时参数反馈到数据控制与采集系统。

围压加载系统由如下模块组成:三轴仪压力室、柱塞泵、减速机、注油泵、油箱、压力传感器、伺服电机、电驱动控制器。围压加载系统的技术指标如下:极限压力为 30 MPa,加载速率控制在 0.001～10 MPa/s 之间。进行实验时,由注油泵将油箱中的液压油填充至三轴仪压力室,再操纵数据控制与采集系统,设定实验工况并通过电驱动控制器将指令发送至伺服电机,通过控制减速机进而控制柱塞泵实现设定的围压条件,同时压力室内的压力传感器将同步参数提交到数据控制与采集系统。实验结束后,通过活塞上的快接插头连接空压机,沿管路逆向将液压油回收至油箱。

温度控制系统由如下模块组成:可以放置全部实验设备的冷库、恒温水浴箱、热交换器、热电偶。温度控制系统的技术指标如下:温度控制调节范围为－30～25 ℃,其精度为±0.3 ℃。实验准备阶段,将冷库与水浴箱的温度设置为实验温度,并在该温度下于冷库中完成试样的制备、转移与安装。从实验开始前的准备到实验结束,由热电偶实时监控压力室中液压油的温度,通过冷库与恒温水浴箱双层控温,以提高实验精度。

数据控制与采集系统由如下模块组成:计算机、电驱动控制柜、电控柜及各种传感器。它的主要功能为控制与采集各种实验参数。实验过程中,计算机控制软件将实验所需实验工况以数字信号发送至电驱动控制柜,进而操纵实验装置实现相应设定。反之,传感器将监控得到的数据反馈至电驱动控制柜,再传递至计算机,由相应软件记录并保存数据,并可将其以 Excel 等形式导出。

2.1.2 实验材料

本节所使用的样品均为中国海洋石油集团有限公司提供的中国南海神狐海域天然气水合物储层上覆土层，如图 2-1-2 所示。海底沉积物由于长期处于特殊的环境中，所以关于沉积物的物理化学性质的研究并不充分，而在使用岩土力学性质评价方法与实验仪器处理海洋土时，必须了解海洋土的物化性质[7]。因此，本节将从物化性质、微观结构与物质成分等方面来分析天然气水合物储层上覆土层，以期为之后相关实验的开展提供参考。

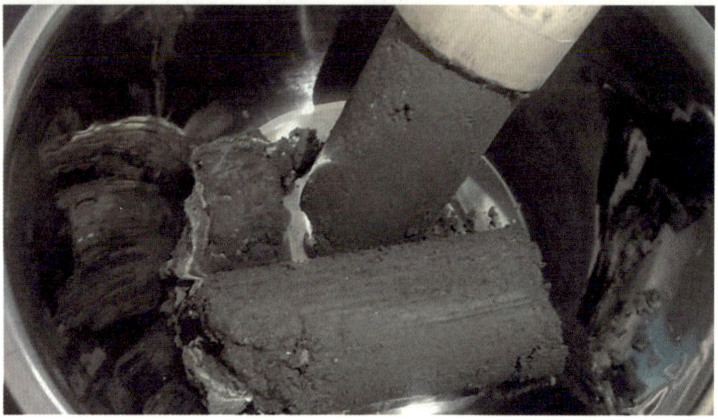

图 2-1-2　原状土样

因为样本在运输中易受到扰动，加上原位应力释放等不可避免的问题，土样与海底原状土在骨架结构上会存在差异，所以本章实验中所使用的土样均为还原原位状态后的重塑黏土，由此对土样的基础物化性质进行了测量，结果见表 2-1-1。由测量结果可知，土样的塑性指数为 12.85%。

表 2-1-1　天然气水合物储层上覆土层物理性质指标

相对密度	含水率/%	孔隙度/%	塑限/%	液限/%	塑性指数	比表面积/($m^2 \cdot g^{-1}$)
2.726 3	41.64	0.532	26.97	39.82	12.85	22.89

本节就土样的主体元素含量与微量元素含量进行了测量，结果见表 2-1-2 和表 2-1-3。在海洋条件下，由于生物基质的存在，C，Ca，Na 等元素的含量较高。

表 2-1-2　天然气水合物储层上覆土层主体元素含量

主体元素	C	S	N	H
含量(质量分数)/%	3.033	0.295	0.249	0.016

表 2-1-3　天然气水合物储层上覆土层微量元素含量

微量元素	Ca	Na	Al	K	Fe	Mg	Ti	Mn	Zn	Cr	Ni
含量（质量分数）/%	0.304 25	0.509 75	0.285 00	0.298 00	0.212 13	0.059 00	0.026 68	0.002 54	0.000 75	0.000 58	0.000 18

研究中也进行了土样的物质成分的测量实验，测量结果见表 2-1-4 和表 2-1-5。全岩分析结果表明，上覆土层主体由石英、黏土矿物、斜长石等构成，而黏土矿物中又以伊利石、高岭石、绿泥石与伊蒙混层等为主。

表 2-1-4　天然气水合物储层上覆土层全岩分析结果　　单位：%

石英（Qtz）	钾长石（Ksp）	斜长石（Pl）	石盐（Ha）	方解石（Cal）	黄铁矿（Py）	文石（Arg）	闪石（T）	黏土矿物（Clays）
54.0	3.9	11.8	1.0	7.9	0.9	0.0	0.4	20.1

表 2-1-5　天然气水合物储层上覆土层黏土矿物相对含量　　单位：%

伊利石（It）	高岭石（Kao）	绿泥石（Chl）	伊蒙混层
35	19	19	27

土体的粒径分布也是天然气水合物储层上覆土层的重要工程指标。经过实验测量，上覆土层的颗粒粒径主要分布在 0.3～150 μm 之间，超过 90% 的颗粒的粒径小于 70 μm，这说明上覆土层样品以细颗粒为主，而细颗粒中又以细粉砂（约 50%）与黏土（约 30%）为主。天然气水合物储层上覆土层的粒径级配曲线如图 2-1-3 所示。

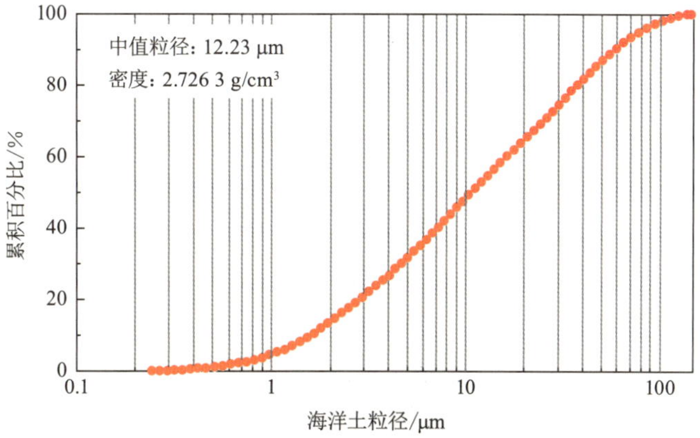

图 2-1-3　天然气水合物储层上覆土层粒径分布

在微观结构方面，主要使用扫描电子显微镜观察天然气水合物储层上覆土层的微观形貌，如图 2-1-4 所示。海洋沉积层物质来源丰富多样，所以黏土集中部位的微观结构也具有一定的差异，且多以片状的结构形态聚集，并有一定的延伸，且孔隙较大。

（a）

（b）

（c）

（d）

图 2-1-4　土样的扫描电子显微镜图像

2.1.3　实验方法

本章所开展的一系列实验均为固结排水三轴剪切实验，所使用的试样尺寸均为 ϕ50 mm×100 mm，实验温度为 5 ℃。图 2-1-5～图 2-1-7 分别为制得的试样、制样模具及真空泵实物图。具体实验流程如下：

(1) 土样处理。首先将获取的上覆土层样品捣成小块状，将其均匀铺置在呈样板上，放置于恒温箱中烘烤 3 d，烘烤温度控制在 50 ℃，这样可以在保证烘干土样时不破坏土样中的有机质，即不破坏土样的成分。烘干后，使用圆柱形铁棒将土样均匀碾碎，然后使用 2 mm 筛子对土样进行筛选，再用铁盒进行盛装，放入烘箱中于同样温度下烘干 1 d。

图 2-1-5　水合物上覆层沉积物重塑试样(实验前)

图 2-1-6　制样模具

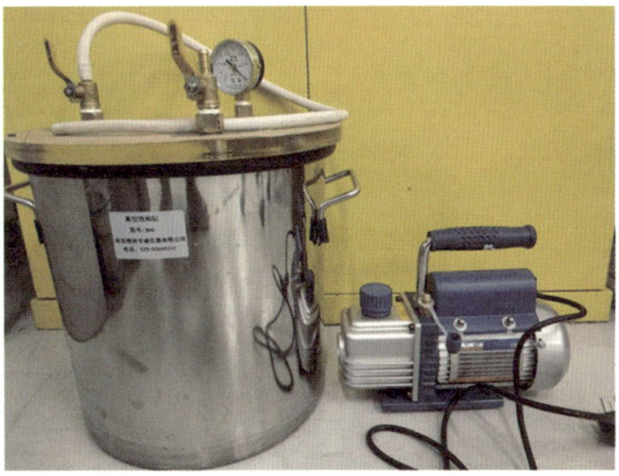

图 2-1-7　真空饱和器及真空泵

（2）试样制备。孔隙度为孔隙体积所占试样体积的百分数，水饱和度为水体积占孔隙体积的百分数。实验中假定土体与水均匀混合，且水量无损失。首先根据实验条件制作不同孔隙度（40%，60%）及水饱和度（40%，70%）的试样。已知土体的相对密度为 2.726 3，在制备 40%孔隙度的试样时，需要称取 321.45 g 土样，为使其水饱和度达到 40%，需要称取 31.4 mL 去离子水，而为使其水饱和度达到 70%，需要称取 54.9 mL 去离子水。在制备 60%孔隙度的试样时，需要称取 214.3 g 土样，为使其水饱和度达到 40%，需要称取 47.1 mL 去离子水，而为使其水饱和度达到 70%，则需要称取 82.4 mL 去离子水。将准备好的土样与去离子水缓慢、均匀地倒入密封袋中，扎紧袋口后充分混合。

标准的制样三瓣模具与击实锤在使用前需将模具壁面与底部以及击实锤底部涂抹凡士林，以使试样制作完毕后能够轻易取下。固定好模具后，每次称量相同质量的水、土混合物放入模具内，每层使用相同击实次数击实，直至将所有水、土混合物恰好填满整个模具，然后取出试样，将其迅速装填至三轴仪内，调试参数并进行实验。

(3) 饱和试样。为实现试样的完全水饱和,具体操作流程如下:将制作好的70%水饱和度试样置于三瓣模具饱和器中,在试样两端放置一张滤纸和透水石,然后将试样与模具固定,再将其整体放入真空饱和缸中,密封真空饱和缸并将其与真空泵相连,之后打开真空泵,使其维持在一个负大气压的状态,持续抽气 12 h(目的为排出试样内残留的空气);停止抽气,打开真空饱和缸的进水阀门,由于大气压差的作用,去离子水会自动流入真空饱和缸中,直至没过三瓣模具饱和器;静置 24 h 后,取出模具并将其用真空袋包裹后放置在冷冻箱中冷冻 2 h,以保证在装填过程中试样能够独立保持形态。

冷冻结束后,从模具中取出试样,快速套入橡皮膜内,两端添加滤纸和透水石,并通过橡皮圈固定在上下压头中间,之后转移至三轴仪压力室内。先保持注水管路充满去离子水,再对试样施加 200 kPa 的围压,之后使用注水泵通过注水管路对试样的一端注水(注水压力恒定为 100 kPa)。持续注水至试样进出口水流量相同,且注水量已经达到试样孔隙体积的 3 倍以上时,关闭出水口,观察注水泵示数(其流量应为零),同时压力显示为 100 kPa(即孔隙水压力)。在之后的实验过程中保持注水泵位移不变。

(4) 实验过程。根据各自的实验条件,选择适合的固结压力对试样进行固结(时间为 12 h),此时观察围压泵位移随时间的变化曲线,当曲线逐渐趋于水平时,说明对于试样的固结基本已经完成,可以根据实验要求进行三轴剪切实验。

2.2 水饱和度对天然气水合物储层上覆土层力学特性的影响分析

对非饱和土的研究已证实其强度特性受孔隙水饱和度的影响较大,同时天然气水合物沉积层中通常蕴含较多的伴生气,大量伴生气的存在会导致沉积层的含气量较高,因此不同区域上覆土层的水饱和度必然不同。另外,依据已经获取的上覆土层样本,也证实了这种判断。因此,本节将研究水饱和度的变化对天然气水合物储层上覆土层力学性质的影响。

2.2.1 实验内容

本实验对上覆土层进行了孔隙度分别为 40%和 60%,水饱和度分别为 40%,70%与完全水饱和,实验温度为 5 ℃,应变速率为 0.1 %/min 的三轴固结排水剪切实验(表 2-2-1)。孔隙度与水饱和度的选择取决于样品实际测量结果。在对未完全水饱和的试样进行实验的过程中,保持管路与大气相连,使其孔隙压力等于大气压力,提高围压至 1.1 MPa,在有效围压为 1 MPa 条件下固结 12 h,然后在相同围压下进行剪切实验。对于完全水饱和的试样,通过注水泵控制其孔隙压力,使孔隙压力为 100 kPa,围压控制在 1.1 MPa,在有效围压为 1 MPa 条件下固结 12 h,再进行实验。

表 2-2-1　试样的参数及实验工况

孔隙度 ϕ/%	水饱和度 S_w/%	有效围压 σ_c'/MPa	温度 T/℃	应变速率 $\dot{\varepsilon}$ /(%·min^{-1})
40	40	1	5	0.1
40	70	1	5	0.1
40	完全水饱和	1	5	0.1
60	40	1	5	0.1
60	70	1	5	0.1
60	完全水饱和	1	5	0.1

2.2.2　水饱和度对天然气水合物储层上覆土层强度特性影响分析

本节主要对上节所设计的一系列实验的结果进行分析，研究在水饱和度变化的影响下，天然气水合物储层上覆土层强度特性的变化，绘制其应力-应变曲线，探究在不同孔隙度、不同水饱和度条件下上覆土层的破坏强度变化规律，同时得到其弹性模量。

图 2-2-1 为上覆土层试样实验后的照片，可以看出试样的形状与实验前有较大差别。本节的一系列实验均为固结排水三轴剪切实验，实验中试样的侧面承受均匀恒定的径向荷载，轴向控制应变速率以 0.1 %/min 进行加载。由图 2-2-1 可以看出，实验前后试样保持中心轴线一定，试样表现为鼓状破坏，并未出现剪切带。

图 2-2-1　天然气水合物储层上覆土层沉积物重塑试样(实验后)

图 2-2-2 和图 2-2-3 分别为孔隙度 40%和 60%的天然气水合物储层上覆土层在水饱和度变化工况下的应力-应变曲线。由图可以看出，在整个剪切过程中，孔隙度不同的两种试样在相同工况下具有相似的趋势，所有实验得到的应力-应变曲线均呈现塑性破坏，且整个曲线的变化可以分为 3 个阶段。第一阶段为起始点到轴向应变达到 5%左右处，这一阶段为准弹性变形阶段，应力-应变曲线近似呈现直线的形状。第二阶段为轴向应变从 5%左右变化到 12%左右，这一阶段为弹塑性变形阶段，应力-应变曲线以抛物线形态发展，偏应力仍随着轴向应变的增大而增大，但其增幅越来越小。这一阶段不可逆的塑性破坏出现在试样内部，塑性变形逐渐增加，弹性变形逐渐消失，试样整体表现为弹塑性变形。第三阶段为

轴向应变 12%处之后的部分，这一阶段为屈服阶段，应力-应变曲线的斜率近似为零，偏应力大小趋于稳定，在发生较大应变时，应力变化不明显，试样内部只发生塑性破坏，试样呈现完全的塑性变形。第三阶段轴向应变 15%时的偏应力大小通常视为试样的破坏强度值。

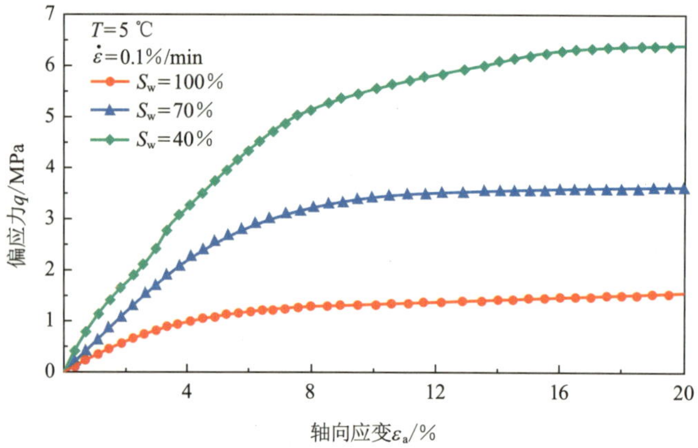

图 2-2-2　40% 孔隙度下不同水饱和度试样的应力-应变曲线

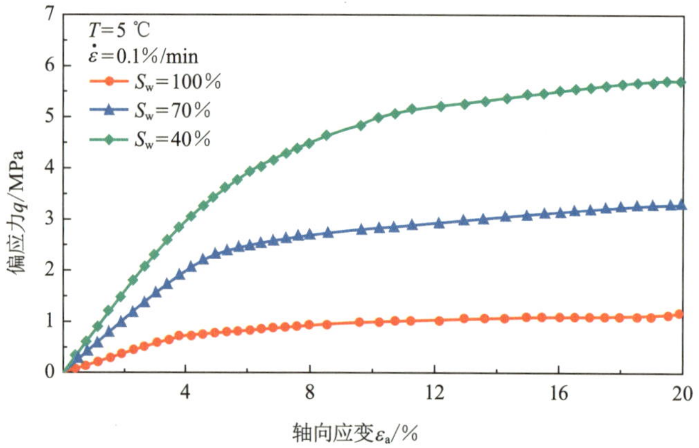

图 2-2-3　60% 孔隙度下不同水饱和度试样的应力-应变曲线

图 2-2-4 所示为孔隙度分别为 40%和 60%时上覆土层试样破坏强度与水饱和度的关系曲线。对于孔隙度为 40%的试样，水饱和度从 40%变化到完全水饱和时，上覆土层的破坏强度受水饱和度的影响较大，即完全水饱和状态时，破坏强度较小，为 1.55 MPa；当水饱和度为 70%时，破坏强度增大，为 3.63 MPa；当水饱和度降低至 40%时，破坏强度进一步增大，为6.40 MPa。对于孔隙度为 60%的试样，其破坏强度与水饱和度的关系与孔隙度为 40%的试样具有相似的趋势，水饱和度的大小对试样破坏强度也有较大的影响，即完全水饱和状态时，破坏强度为 1.16 MPa；当水饱和度为 70%时，破坏强度增大至 3.31 MPa；当水饱和度降低至 40%时，破坏强度增大至 6.05 MPa。

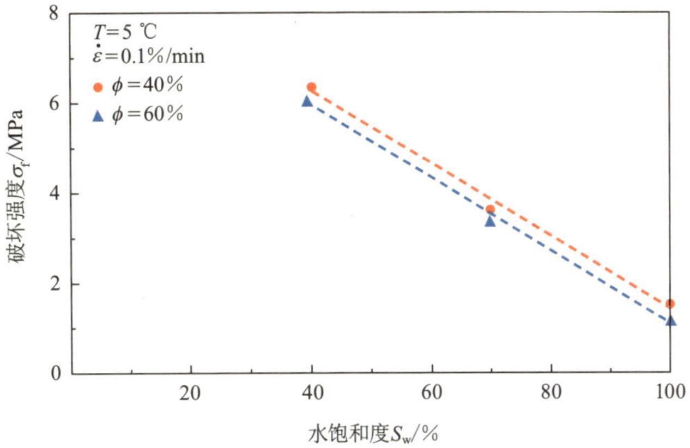

图 2-2-4　不同孔隙度试样破坏强度与水饱和度关系曲线

分析可知，在固结排水条件下，天然气水合物储层上覆土层的破坏强度随水饱和度的增大而降低，但降低的幅度却逐渐减小；在相同的工况下，孔隙度越大，上覆土层的破坏强度越大，这是由于水饱和度较低时，孔隙中空气的占比较大，孔隙内的基质吸力升高，土体强度提高，而在孔隙度较小的情况下，土体颗粒分布较为密集，剪切应力多作用在土体骨架上，土体颗粒之间更不容易发生相对位移与重新排布，所以破坏强度较大。

取应力-应变曲线原点处的切线模量为上覆土层的初始弹性模量。弹性模量能够衡量材料抵抗弹性变形的能力，在土力学领域，可以用它来描述组成试样的土体颗粒之间的胶结强度、摩擦能力、抗挤压能力等，进而反映试样抵抗变形的能力[8]。图 2-2-5 为 40%和 60%孔隙度下试样的初始弹性模量与水饱和度的关系曲线。由图 2-2-5 可以看出，在水饱和度为单一变量的实验条件下，试样的初始弹性模量随着孔隙度的减小而增大，且其变化的幅值较为相近，这也反映了试样破坏强度的增大。当取孔隙度为单一变量时，孔隙度的降低会导致其初始弹性模量升高。综上所述，初始弹性模量的变化趋势与破坏强度的变化趋势相似。

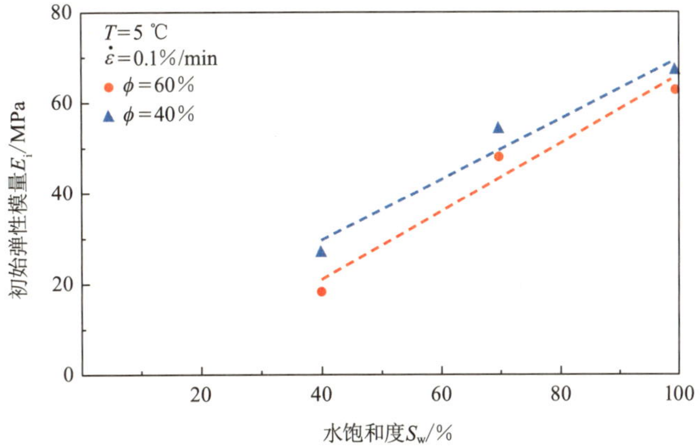

图 2-2-5　不同孔隙度试样的弹性模量与水饱和度关系曲线

2.3 有效围压对天然气水合物储层上覆土层力学特性的影响分析

有关土体强度特性的研究表明，土体所受的围压是影响其强度的重要因素。根据南海水合物沉积物的探明结果，上覆土层即使处于同一埋藏地点，也会因为其埋深不同而导致不同层的土体受到的围压显著不同，因此本节主要从有效围压变化的角度出发，研究其对天然气水合物储层上覆土层力学特性的影响。

2.3.1 实验内容

本实验对上覆土层进行了孔隙度分别为 40％和 60％，有效围压分别为 0.5 MPa，1 MPa 与 1.5 MPa，实验温度为 5 ℃，应变速率为 0.1 ％/min 的三轴固结排水剪切实验（表 2-3-1）。有效围压根据神狐海域上覆土层深度选取。对于未完全水饱和的试样，同样采用上一节的方法控制其孔隙压力，但由于本实验的变量为有效围压，所以围压应相应进行调整，例如对于有效围压为 0.5 MPa 的实验，控制其围压至 0.6 MPa 固结 12 h，再保持同样条件进行实验。

表 2-3-1 试样的参数及实验工况

孔隙度 ϕ/％	水饱和度 S_w/％	有效围压 σ_c'/MPa	温度 T/℃	应变速率 $\dot{\varepsilon}$/(％·min^{-1})
40	完全水饱和	0.5	5	0.1
40	完全水饱和	1.0	5	0.1
40	完全水饱和	1.5	5	0.1
60	40	0.5	5	0.1
60	40	1.0	5	0.1
60	40	1.5	5	0.1
60	完全水饱和	0.5	5	0.1
60	完全水饱和	1.0	5	0.1
60	完全水饱和	1.5	5	0.1

2.3.2 三轴剪切应力-应变曲线分析

图 2-3-1 和图 2-3-2 分别为完全水饱和状态下孔隙度 40％的试样与完全水饱和状态下孔隙度 60％的试样的应力-应变曲线。由图可知，试样在不同有效围压下的应力-应变曲线依然表现为弹塑性，变形的过程可以分为准弹性变形阶段、弹塑性变形阶段和屈服阶段。

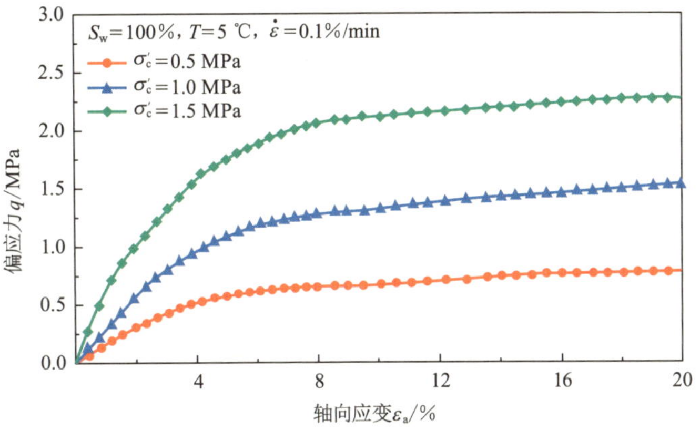

图 2-3-1　40% 孔隙度下不同有效围压试样的应力-应变曲线

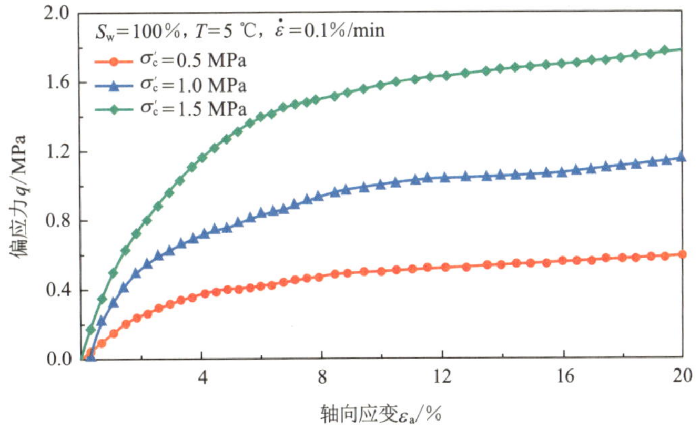

图 2-3-2　60% 孔隙度下不同有效围压试样的应力-应变曲线

图 2-3-3 为孔隙度 60%的上覆土层试样在水饱和度为 40%时不同有效围压下的应力-应变曲线。试样的准弹性变形阶段由起始点开始直至轴向应变达到 5%左右；试样的弹塑性变形阶段由轴向应变 5%左右变化到轴向应变 14%左右；由于弹塑性变形持续的时间较之前的实验结果延长，所以试样屈服阶段的出现相应延后。

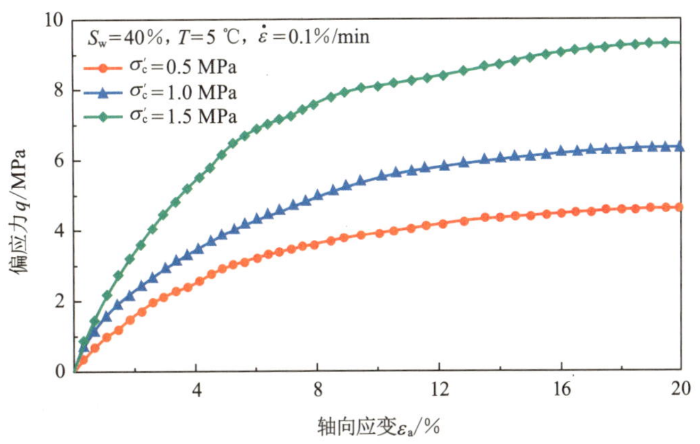

图 2-3-3　60% 孔隙度、40% 水饱和度下不同有效围压试样的应力-应变曲线

2.3.2.1 有效围压对水合物储层上覆土层强度特性与模量的影响

图 2-3-4 为孔隙度 40%与 60%条件下完全水饱和状态的上覆土层破坏强度与有效围压的关系曲线，可以看出有效围压的变化对上覆土层的破坏强度影响较大。当上覆土层的孔隙度为 40%，有效围压为 0.5 MPa 时，破坏强度为 0.78 MPa；当有效围压增大到 1.0 MPa 时，破坏强度增大到 1.55 MPa；当有效围压为 1.5 MPa 时，试样的破坏强度为 2.28 MPa。当上覆土层的孔隙度为 60%时，试样的破坏强度也具有相同的趋势，在 0.5 MPa，1.0 MPa 和 1.5 MPa 围压下，试样的破坏强度分别为 0.59 MPa，1.15 MPa 和 1.80 MPa。图 2-3-5 为孔隙度 60%条件下水饱和度为 40%与水饱和度为 100%下的上覆土层破坏强度与有效围压的关系曲线。当水饱和度为 40%时，在有效围压分别为 0.5 MPa，1.0 MPa 和 1.5 MPa 的条件下，试样的破坏强度分别为 4.46 MPa，6.16 MPa 和 9.26 MPa。

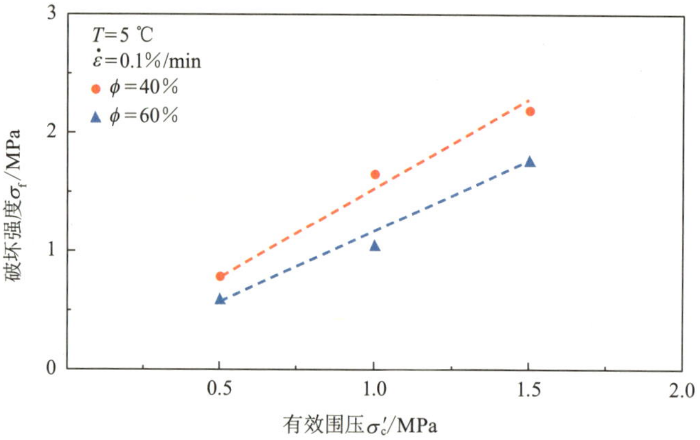

图 2-3-4 不同孔隙度试样的破坏强度与有效围压关系图

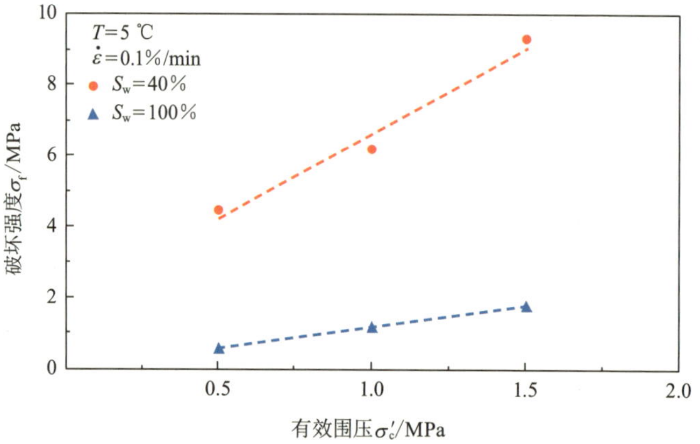

图 2-3-5 60% 孔隙度下不同水饱和度试样的破坏强度与有效围压关系图

通过分析上述的一系列实验可以看出，天然气水合物储层上覆土层的破坏强度均随有效围压的增大而增大。在较低的水饱和度条件下，上覆土层的破坏强度随着有效围压的增大急剧增大；在完全水饱和状态下，破坏强度虽然也与围压呈正相关，但还是保持较低的水平。在相同的条件下，孔隙度的大小对上覆土层破坏强度存在影响，即孔隙度增大导致其破坏强度减小。在相同孔隙度条件下，有效围压的增大说明土体颗粒受到了较大的挤压作用，发生同样的应变时需要加载更大的轴向应力来使土体颗粒发生相对位移与重新排布。同样，水饱和度升高，基质吸力降低，颗粒之间的运动就不需要克服较大的吸力，进而表现为更小的破坏强度。孔隙度的降低说明土体颗粒间填充得更为紧密，颗粒之间的空隙更为狭小，它们的咬合作用也就越强，因而发生相对运动就要克服更大的阻力，表现为更高的破坏强度。

图 2-3-6 和图 2-3-7 分别为在完全水饱和状态下孔隙度为 40% 和 60% 试样、孔隙度 60% 下水饱和度为 40% 和完全水饱和试样的初始弹性模量与有效围压的关系曲线。分析可知，随着有效围压的增大，所有实验条件下试样的初始弹性模量都增大，有效围压的增大对上覆土层弹性模量的影响较大，且在低水饱和度情况下初始弹性模量受有效围压的影响更为明显[9]。

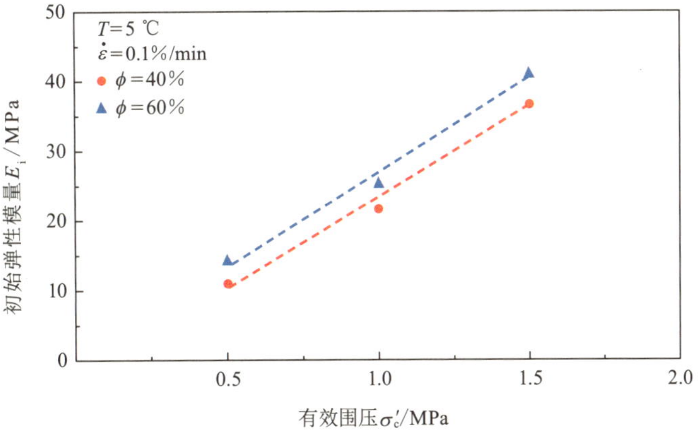

图 2-3-6　不同孔隙度试样的初始弹性模量与有效围压关系曲线

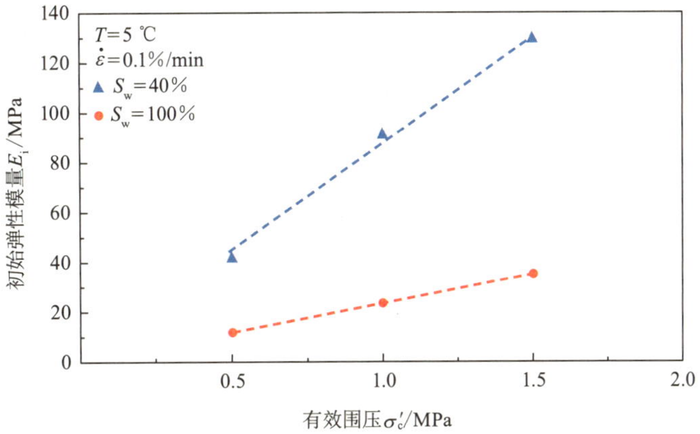

图 2-3-7　60% 孔隙度下不同水饱和度试样的初始弹性模量与有效围压关系曲线

2.3.2.2　莫尔-库仑准则强度分析

莫尔-库仑准则是土力学领域广泛应用的一种强度准则[10]。内摩擦角与黏聚力是莫尔-库伦准则中衡量土体抗剪强度大小的重要参数。内摩擦角来源于颗粒之间滑动时产生的滑动摩擦与颗粒之间由于咬合所产生的咬合摩擦，反映了摩擦强度的大小。土体颗粒间的黏聚力是一种复杂的作用力，苏联学者将它划分为原始黏聚力和固化黏聚力，其中原始黏聚力源自颗粒之间的范德华力与静电力，固化黏聚力源自颗粒之间胶结物质的胶结作用，两者之和构成了黏聚力[8]。

针对本节剪切实验得到的结果，并依据莫尔-库仑强度准则，绘制了不同实验工况下的上覆土层的莫尔圆与强度包络线(图 2-3-8～图 2-3-10)，最终通过莫尔圆与强度包络线得到了内摩擦角 φ 与黏聚力 c 的实验数据(表 2-3-2)。实验结果表明，在完全水饱和状态下，孔隙度为 40％的试样的内摩擦角与黏聚力均大于孔隙度为 60％的试样。这是因为在剪切过程中，土体的密实度越大，其咬合作用越强烈，所以在发生相同应变时表现为内摩擦角越大，同时这种密实度的增大也导致土体的原始黏聚力增大。而在孔隙度为 60％条件下，水饱和度为 40％的试样的内摩擦角与黏聚力均大于完全水饱和状态的试样，因为孔隙水量增大，吸力降低，使得土体颗粒更易发生相对移动。

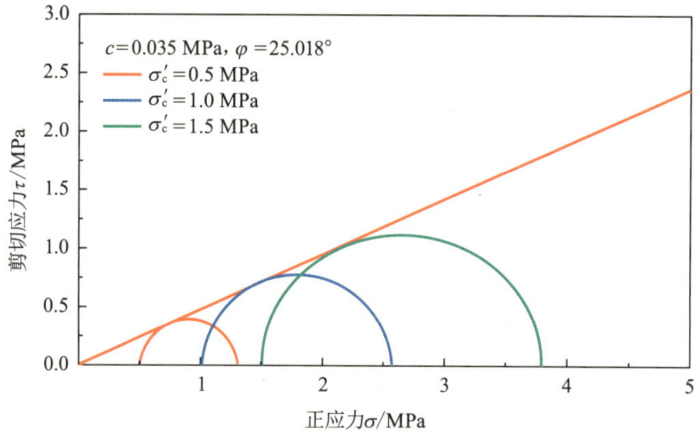

图 2-3-8　40% 孔隙度下水饱和试样的莫尔圆与强度包络线

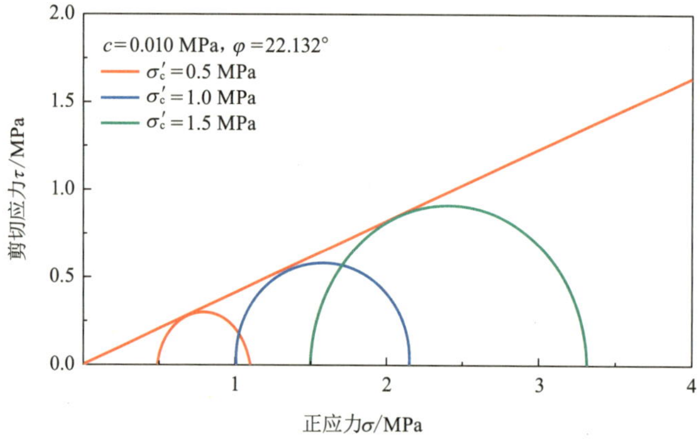

图 2-3-9　60% 孔隙度下水饱和试样的莫尔圆与强度包络线

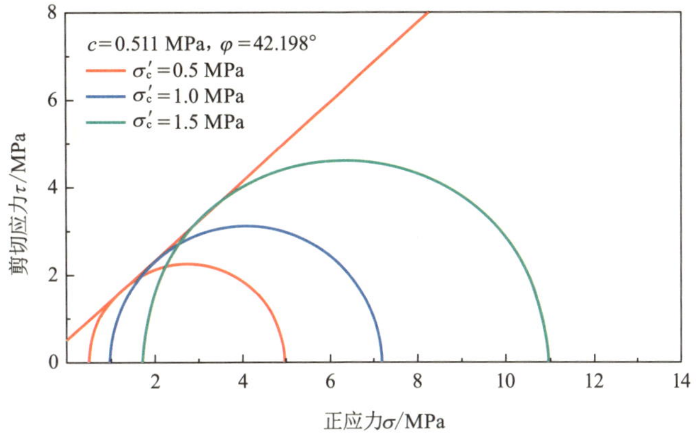

图 2-3-10　60%孔隙度、40%水饱和度下试样的莫尔圆与强度包络线

表 2-3-2　内摩擦角与黏聚力数据

孔隙度 ϕ/%	水饱和度 S_w/%	内摩擦角 φ/(°)	黏聚力 c/MPa
40	完全水饱和	25.018	0.035
60	完全水饱和	22.132	0.010
60	40	42.198	0.512

2.4　超固结比对天然气水合物储层上覆土层力学特性的影响分析

由于海底的自然条件与陆地显著不同，所以对于上覆土层力学特性的研究需要考虑土层经历的应力历史。上覆土层通常会受到不同波浪载荷或地层变形的作用，导致其呈现超固结状态[11,12]，因此本节将从超固结比的变化角度探究其对上覆土层力学特性的影响。

2.4.1　实验内容

本节进行的水合物储层上覆土层三轴剪切实验为不同超固结比实验，试样的参数及实验工况见表 2-4-1。所谓超固结比，即试样在固结过程中受到的有效围压大于剪切过程中受到的有效围压时两者的比值，其中实验所取的超固结比分别为 1，2 和 3，试样孔隙度为 40%。对于水饱和度不同的试样，同样采用之前的方法控制试样的孔隙压力。在本实验中，剪切时有效围压控制为 1 MPa，所以在超固结比分别为 1，2 和 3 时，其固结时围压分别为 1.1 MPa，2.1 MPa 与 3.1 MPa。固结 12 h 后，将围压降低至 1.1 MPa，使所有实验均在 1 MPa 的有效围压条件下进行。

表 2-4-1 试样的参数及实验工况

孔隙度 ϕ/%	水饱和度 S_w/%	超固结比 *OCR*	温度 *T*/℃	应变速率 $\dot{\varepsilon}$/(%·min^{-1})
40	完全水饱和	1	5	0.1
40	完全水饱和	2	5	0.1
40	完全水饱和	3	5	0.1
40	70	1	5	0.1
40	70	2	5	0.1
40	70	3	5	0.1
40	40	1	5	0.1
40	40	2	5	0.1
40	40	3	5	0.1

2.4.2 超固结比对天然气水合物储层上覆土层强度特性影响分析

本小节主要对 2.4.1 小节所设计的一系列实验的结果进行分析，研究在超固结比变化的影响下天然气水合物储层上覆土层强度特性的变化，并绘制上覆土层试样的应力-应变曲线，分析其变形规律，得到上覆土层试样在超固结比变化条件下的破坏强度与弹性模量，从而分析超固结比变化对上覆土层破坏强度与弹性模量的影响。

2.4.2.1 三轴剪切应力-应变曲线分析

图 2-4-1～图 2-4-3 为孔隙度 40%的天然气水合物储层上覆土层试样在不同超固结比条件下的应力-应变曲线。由曲线可知，在完全水饱和状态下，超固结比的变化并未对试样在剪切过程中发生的变形阶段产生影响，试样的塑性变形曲线依旧分为准弹性变形阶段、弹塑性变形阶段与屈服变形阶段。但是随着超固结比的增大，在发生相似的轴向应变条件下，试样受到的偏应力增大，所以应力-应变曲线的斜率更大，表现为更陡峭的应力-应变曲

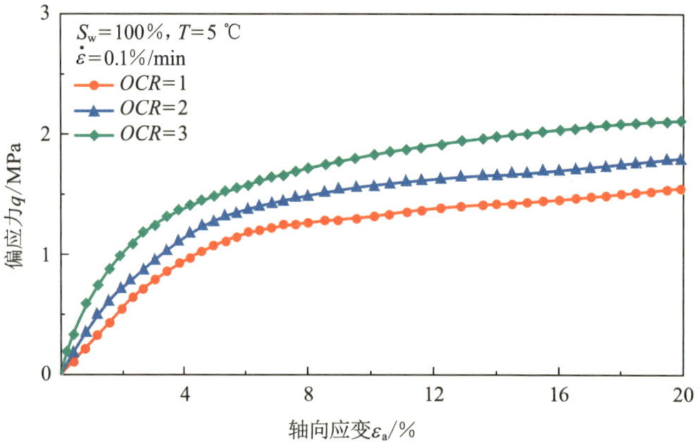

图 2-4-1 完全水饱和试样的应力-应变曲线

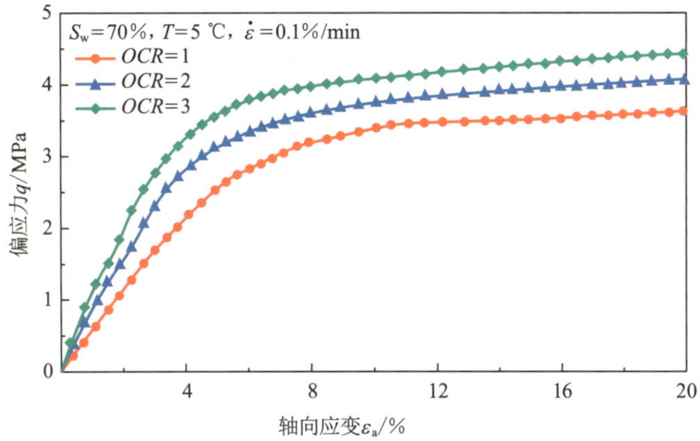

图 2-4-2　70% 水饱和度试样的应力-应变曲线

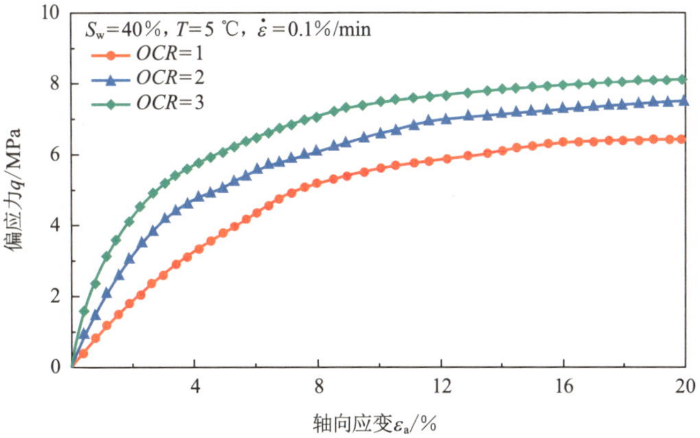

图 2-4-3　40% 水饱和度试样的应力-应变曲线

线。在水饱和度为 40%和 70%的试样的剪切实验中，试样仍然保持着准弹性变形、弹塑性变形与塑性变形阶段，其偏应力的大小依旧随着超固结比的增大而增大，但对于相同应变条件下水饱和度较低的试样，则表现为更大的破坏强度。

2.4.2.2　超固结比对水合物储层上覆土层强度特性与弹性模量的影响

图 2-4-4 为孔隙度 40%条件下完全水饱和状态、70%水饱和度与 40%水饱和度的上覆土层试样的破坏强度与超固结比的关系曲线。由图可以看出，在有效围压不变的情况下，上覆土层的破坏强度受超固结比（应力历史）的影响较大。对于完全水饱和状态下的三轴剪切实验，在固结围压与剪切围压相同，即超固结比为 1 时，试样的破坏强度较小（1.55 MPa）；当固结围压为剪切围压的 2 倍，即超固结比为 2 时，试样的破坏强度增大（1.80 MPa）；当超固结比进一步增大为 3 时，试样的破坏强度也随之增大至 2.09 MPa。在水饱和度为 40%条件下的三轴剪切实验中，当超固结比分别为 1,2 和 3 时，试样的破坏强度分别达到 6.41 MPa,7.55 MPa 和 8.09 MPa。同样，在水饱和度为 70%条件下的三轴剪切实验中，当超固结比分别为 1,2 和 3 时，试样的破坏强度分别达到 3.63 MPa,4.06 MPa 和 4.43 MPa。

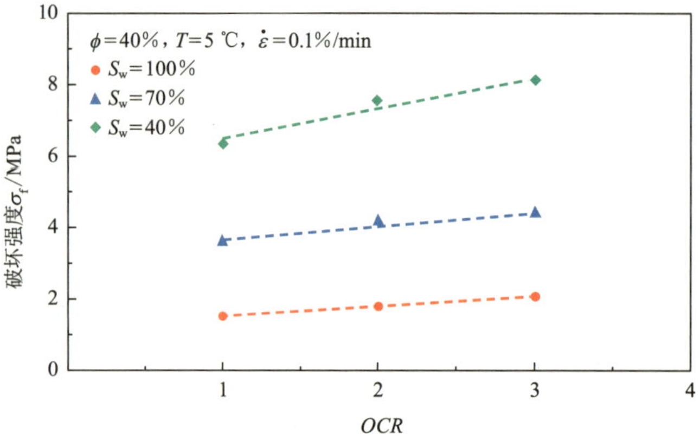

图 2-4-4　不同水饱和度试样的破坏强度与超固结比关系图

由实验结果可知，在固结排水实验中，无论是完全水饱和状态，还是水饱和度为 40%和 70%条件下，天然气水合物储层上覆土层的破坏强度均随着超固结比的增大而增大，这是因为超固结比的增大意味着前期固结围压增大，导致土体结构更为密实，所以在对试样施加轴向载荷使其发生变形时，土体颗粒之间很难发生运移或者相对位移，因此需要更大的外界能量来破坏这种密实的结构，宏观上表现为上覆土层的破坏强度随着超固结比的增大而增大。

在本节的一系列实验中，天然气水合物储层上覆土层的破坏强度同样受到超固结比的影响，表现出与之前实验相似的变形趋势。为了描述上覆土层抵抗弹性变形的能力，使用之前所定义的弹性模量作为度量。图 2-4-5 为完全水饱和状态、水饱和度为 70%条件与水饱和度为 40%条件下，孔隙度为 40%的试样在剪切实验中得到的初始弹性模量与超固结比的关系变化示意图。分析可知，在相同的水饱和度条件下，随着超固结比的增大，试样的初始弹性模量增大；同时在超固结比相同的条件下，水饱和度的降低会造成试样弹性模量的增大，结果表明超固结比对上覆土层的初始弹性模量影响较大。

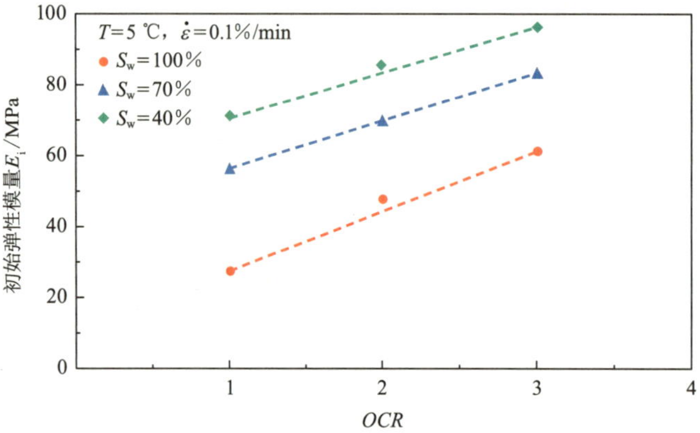

图 2-4-5　不同水饱和度试样的初始弹性模量与超固结比关系图

2.5 小　结

(1) 40%和 60%孔隙度的上覆土层试样在不同水饱和度条件下的实验中，其变形主要分为 3 个阶段：第一阶段为起始点到应变为 5%左右时的准弹性变形阶段，第二阶段为应变 5%左右到应变 12%左右的弹塑性变形阶段，第三阶段为应变 12%之后的屈服变形阶段。

(2) 对于孔隙度为 40%的上覆土层试样，当水饱和度为 40%时，其破坏强度为 6.40 MPa；当水饱和度为 70%时，其破坏强度减小为 3.63 MPa；当上覆土层试样处于完全水饱和状态时，其破坏强度进一步降低为 1.55 MPa。对于孔隙度为 60%的上覆土层试样，在相应的水饱和度条件下，其破坏强度分别为 6.05 MPa，3.31 MPa 与 1.16 MPa，结果表明随着水饱和度的降低，上覆土层试样的破坏强度增大，且在相同水饱和度条件下孔隙度小的试样的破坏强度更大。

(3) 对于孔隙度为 40%和 60%的上覆土层试样，随着水饱和度的增大，其弹性模量增大，且在相同的水饱和度条件下，上覆土层试样的孔隙度越小，其弹性模量越大。

(4) 在实验条件下，破坏的试样均呈现为鼓状破坏。

(5) 在不同的有效围压实验中，上覆土层的变形阶段依旧分为准弹性变形、弹塑性变形和屈服变形阶段。

(6) 对于孔隙度为 40%的上覆土层试样，在完全水饱和状态下，当有效围压为 0.5 MPa 时，破坏强度为 0.78 MPa；当有效围压增大到 1.0 MPa 时，破坏强度增大到 1.55 MPa；当有效围压为 1.5 MPa 时，上覆土层的破坏强度为 2.28 MPa。对于孔隙度为 60%的上覆土层，在同样条件下，其破坏强度分别为 0.59 MPa，1.15 MPa 与 1.8 MPa。由此可知，在水饱和状态下，随着有效围压的增大，上覆土层的破坏强度增大，且在相同条件下，孔隙度越小，其破坏强度越大。

(7) 孔隙度为 60%、水饱和度为 40%的上覆土层试样的破坏强度随有效围压的增大而增大，当有效围压为 0.5 MPa，1.0 MPa 和 1.5 MPa 时，其破坏强度分别为 4.46 MPa，6.16 MPa 和 9.26 MPa。

(8) 实验中无论是孔隙度为 40%还是 60%的上覆土层试样，在完全水饱和状态或水饱和度为 40%的条件下，当有效围压升高时，其弹性模量均逐渐增大。

(9) 随着孔隙度的减小，上覆土层试样的内摩擦角与黏聚力均增大，而在相同孔隙度条件下，水饱和度的升高导致上覆土层试样的内摩擦角与黏聚力均减小。

(10) 在不同超固结比条件下，试样的变形阶段依旧表现为准弹性变形、弹塑性变形与屈服变形阶段。

(11) 在完全水饱和状态下，孔隙度为 40%的上覆土层试样在超固结比分别为 1，2 和 3 的三轴排水剪切实验中，其破坏强度分别为 1.55 MPa，1.80 MPa 和 2.09 MPa；当水饱和度为 40%时，孔隙度为 40%的上覆土层试样在相同超固结比条件下的破坏强度分别为 6.41 MPa，7.55 MPa 和 8.09 MPa。在相同条件下，当水饱和度为 70%时，上覆土层试样的破坏强度分别为 3.63 MPa，4.06 MPa 和 4.43 MPa。由此可知，随着超固结比的增大，上覆土层的破坏强度增大。

(12) 在完全水饱和状态、70%水饱和度与40%水饱和度条件下，上覆土层试样的弹性模量均随着超固结比的增大而增大。在相同的超固结比实验中，水饱和度的降低会造成上覆土层试样的弹性模量增大。

参考文献

[1] LI Y H, LIU W, ZHU Y, et al. Mechanical behaviors of permafrost-associated methane hydrate bearing sediments under different mining methods[J]. Applied Energy, 2016, 162: 1627-1632.

[2] LI Y H, WU P, LIU W, et al. A microfocus X-ray computed tomography based gas hydrate triaxial testing apparatus[J]. Review of Scientific Instruments, 2019, 90(5): 055106.

[3] WU P, LI Y H, LIU W, et al. Cementation failure behavior of consolidated gas hydrate-bearing sand [J]. Journal of Geophysical Research: Solid Earth, 2020, 125: e2019JB018623.

[4] WANG L, LI Y H, WU P, et al. Physical and mechanical properties of the overburden layer on gas hydrate-bearing sediments of the South China Sea[J]. Journal of Petroleum Science and Engineering, 2020, 189: 107020.

[5] HYODO M, LI Y H, YONEDA J, et al. Effects of dissociation on the shear strength and deformation behavior of methane hydrate-bearing sediments[J]. Marine and Petroleum Geology, 2014, 51: 52-62.

[6] LUO T, LI Y H, SUN X, et al. Effect of sediment particle size on the mechanical properties of CH_4 hydrate-bearing sediments[J]. Journal of Petroleum Science and Engineering, 2018, 171: 302-314.

[7] 罗鸿禧. 南海海洋土的成分结构和物化性质[J]. 岩土力学, 1989, 10(4): 45-53.

[8] 殷宗泽. 土工原理[M]. 北京: 水利水电出版社, 2007.

[9] LI Y H, SONG Y C, YU F, et al. Experimental study on mechanical properties of gas hydrate-bearing sediments using Kaolin clay[J]. China Ocean Engineering, 2011, 25(1): 113-122.

[10] WANG L, LI Y H, SHEN S, et al. Mechanical behaviours of gas-hydrate-bearing clayey sediments of the South China Sea[J]. Environmental Geotechnics, 2022, 9(4): 210-222.

[11] 钱寿易, 杜金声, 楼志刚, 等. 海洋土力学现状及发展[J]. 力学进展, 1980(4): 3-16.

[12] 姚爱敏, 王运霞. 正常固结土与超固结土主要力学特性的比较[J]. 北方工业大学学报, 2007, 19(1): 86-90.

第3章 天然气水合物沉积物剪切力学特性

天然气水合物的人工开采是以破坏其稳定存在的压力和温度条件为前提的，这种人工干预将会带来巨大的风险，因此如何使压力和温度处于受控状态，避免水合物沉积层的非正常破坏，保证水合物安全、可靠开采，是水合物商业化开采之前必须彻底解决的问题。沉积物强度是指其在外力作用下抵抗剪切破坏的能力，若施加的外力超过了沉积物强度，沉积物便会沿某一截面产生滑动，最终产生破坏。因此，阐明水合物沉积物力学强度演变规律及主控因素是进行水合物开采安全风险评估的基础。本章论述有效围压、温度、应变速率、水合物饱和度及其他因素对水合物沉积物强度的影响，并通过莫尔-库仑准则探究黏聚力和内摩擦角的变化规律。利用研究成果对水合物沉积物的安全开采进行指导，这也是水合物力学特性研究的最终目标。

本章进行含冰甲烷水合物与高岭土水合物在不同配比下，不同影响因素对其力学特性影响研究，海洋土与高岭土水合物沉积物的三轴压缩实验结果对比，重塑天然气水合物沉积物强度特性研究，此外还研究互层型甲烷水合物沉积物强度特性的影响以及土质对天然气水合物沉积物强度特性的影响、颗粒直径对天然气水合物石英砂沉积物强度特性的影响。

3.1 海洋土水合物沉积物力学特性研究

由于从中国南海实际水合物储藏区域内获取海洋土样难度较大，并且能够用于实验研究的海洋土样本数量有限，所以需要寻找一种可以代替实际海洋土试样的土体，从而在实验室内重塑水合物沉积物，并对其进行系统的力学实验。

针对南海实际水合物储层内的温压条件，实验的温度设置为 8 ℃，符合海洋实际情况[1]；考虑水合物储层及其上覆土体孔隙与海水连通的状态，实验采取有效围压的概念，即围压的数值仅代表水合物储层上覆土体的浮重度，设定实验有效围压为 2～4 MPa；因为已获取的水合物样品的研究表明水合物储层内的孔隙度一般保持在 40%左右[2]，所以实验中天然气水合物沉积物试样的孔隙度均设置为 40%。

以冰粉水合物与南海神狐海域采样获取的水合物储层内砂土为材料，重塑海洋土水合物沉积物试样，并开展三轴实验研究；依据三轴实验结果与粒径分析数据，验证实验室采用高岭土代替南海水合物储层内砂土并进行水合物沉积物力学特性实验的可靠性；对比海洋土水合物沉积物与海洋土-冰粉混合物三轴实验结果，分析水合物颗粒与土颗粒之间的胶结作用对沉积物强度的增强效应。

3.1.1 海洋土、高岭土水合物沉积物力学特性比较

通过三轴压缩实验，获取了海洋土水合物沉积物和高岭土水合物沉积物两种不同类型水合物沉积物的应力-应变曲线，如图 3-1-1 所示。

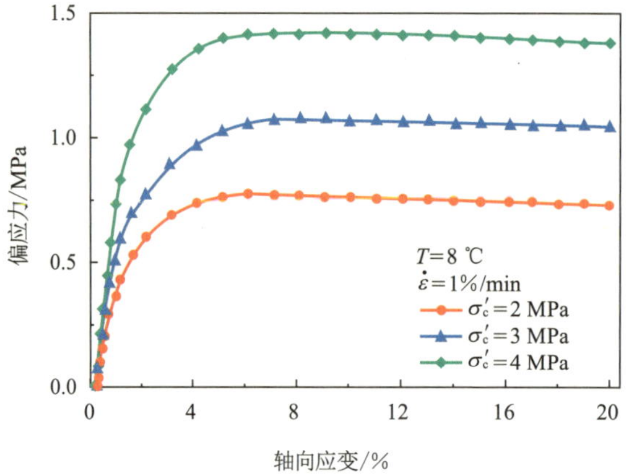

(a) 海洋土水合物沉积物

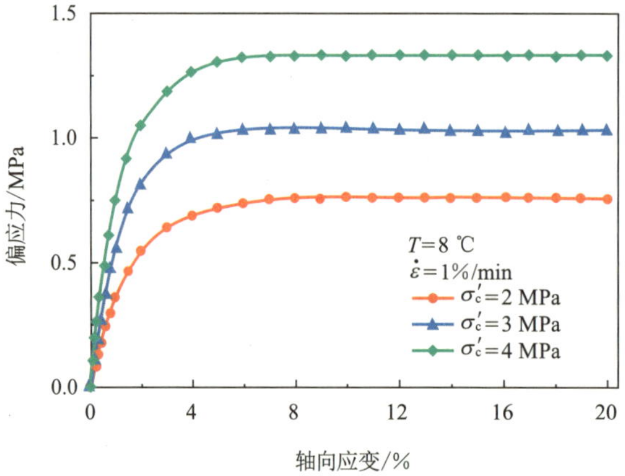

(b) 高岭土水合物沉积物

图 3-1-1 海洋土水合物沉积物与高岭土水合物沉积物应力-应变曲线

研究发现，这两种黏土水合物沉积物的应力-应变曲线均为双曲线类型，曲线形态十分相似。在剪切初始阶段，偏应力随着轴向应变的增加迅速增大，试样表现为弹性变形；随着轴向应变的进一步增大，试样逐渐产生塑性变形，应力增长的速度逐渐减慢，并且最后趋于一个稳定值，此时水合物沉积物试样已经完全屈服。通过应力-应变曲线可以获取沉积物破坏强度值，进而可以比较两者之间的力学强度并进行分析。这里采用轴向应变 15%处对应的偏应力值作为水合物沉积物试样的破坏强度值[3]。

如图 3-1-2 及表 3-1-1 所示，在相同的有效围压条件下，三轴实验结果表明海洋土水合物沉积物与高岭土水合物沉积物破坏强度基本保持一致，并且两者随有效围压的变化趋势

也保持一致。在有效围压 2 MPa 条件下，两种水合物沉积物的破坏强度值完全相同，在有效围压 3 MPa 以及 4 MPa 条件下，海洋土水合物沉积物的破坏强度略高于高岭土水合物沉积物的破坏强度(高 3%～6%)。通过以上分析验证了前面的推论，结果表明海洋土水合物沉积物与高岭土水合物沉积物力学特性非常接近，并且海洋土水合物沉积物的强度更高。因此，实验室采用高岭土代替海洋土并进行力学实验这一方案是可行的，且安全评价的裕度更大。

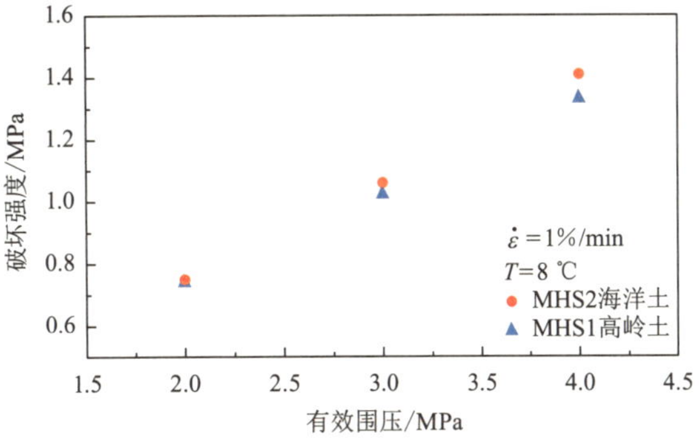

图 3-1-2　高岭土水合物沉积物与海洋土水合物沉积物破坏强度

表 3-1-1　高岭土水合物沉积物与海洋土水合物沉积物破坏强度

有效围压/MPa	海洋土沉积物破坏强度/MPa	高岭土沉积物破坏强度/MPa
2	0.75	0.75
3	1.06	1.03
4	1.41	1.33

3.1.2　海洋土水合物沉积物与海洋土-冰粉混合物力学特性比较

以纯冰粉与海洋土为原材料，制得海洋土-冰粉混合物试样，并进行三轴压缩实验，从而比较海洋土水合物沉积物与海洋土-冰粉混合物的力学性质，分析水合物胶结作用对沉积物强度的增强效应。

通过三轴压缩实验，研究获取了海洋土水合物沉积物与海洋土-冰粉混合物的应力-应变曲线，如图 3-1-3 所示。与海洋土水合物沉积物应力-应变曲线类似，海洋土-冰粉混合物应力-应变曲线也表现为双曲线型。基于应力-应变曲线，研究获取了海洋土水合物沉积物的破坏强度值及海洋土-冰粉混合物的破坏强度值，进而比较分析两者之间的力学强度。

图 3-1-4 所示为在有效围压 2 MPa，3 MPa，4 MPa 条件下，海洋土水合物沉积物的破坏强度值与海洋土-冰粉混合物的破坏强度值。研究发现，在有效围压 2 MPa，3 MPa 及 4 MPa 条件下，海洋土水合物沉积物的破坏强度均高于海洋土-冰粉混合物。已有研究表明，水合物颗粒的存在会使沉积物中颗粒之间产生胶结作用[4]，因此在本实验中水合物颗粒与海洋土颗粒及冰颗粒之间产生了胶结作用，进而增强了整个沉积物的结构性，最终增加了沉

积物的剪切强度。

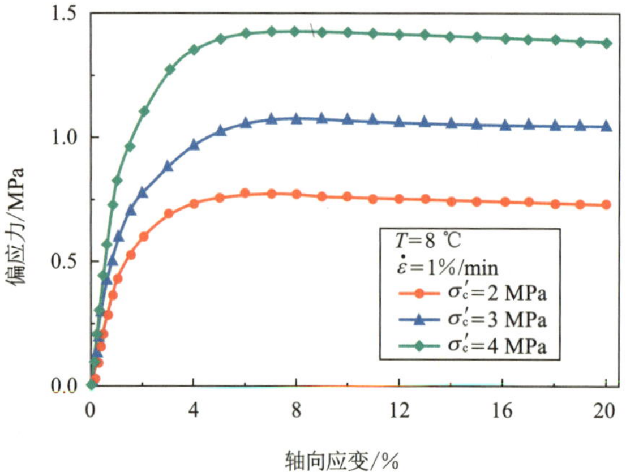

（a）海洋土水合物沉积物

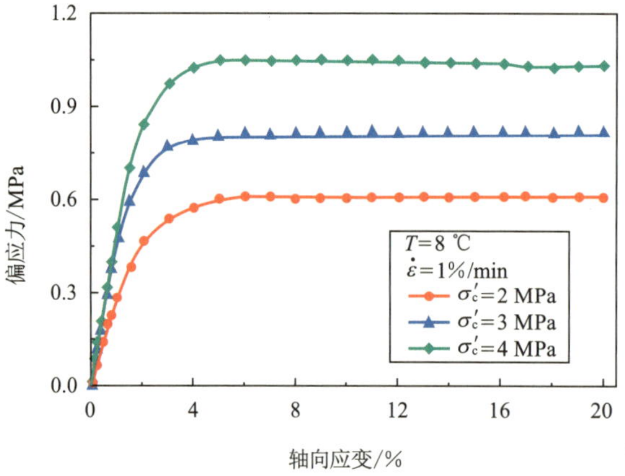

（b）海洋土-冰粉混合物

图 3-1-3　海洋土水合物沉积物与海洋土-冰粉混合物应力-应变曲线

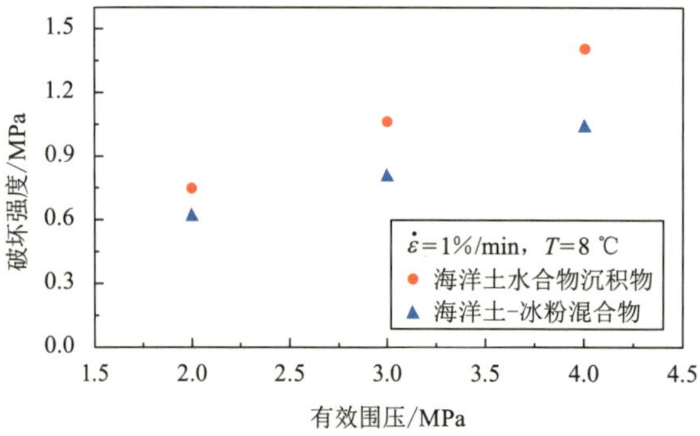

图 3-1-4　海洋土水合物沉积物与海洋土-冰粉混合物破坏强度

此外，由图 3-1-4 不难看出，胶结作用对试样强度的增强效应随着有效围压的增大越发明显，表现为两种试样之间的破坏强度差值随着有效围压的增大而增加。

根据莫尔-库仑准则，画出上述试样的莫尔应力圆及其强度包络线，如图 3-1-5～图 3-1-7所示，同时基于上述曲线获取试样的黏聚力 c 和内摩擦角 φ 的数据，见表 3-1-2。研究发现，海洋土水合物沉积物与高岭土水合物沉积物两者之间的内聚力与内摩擦角非常接近。

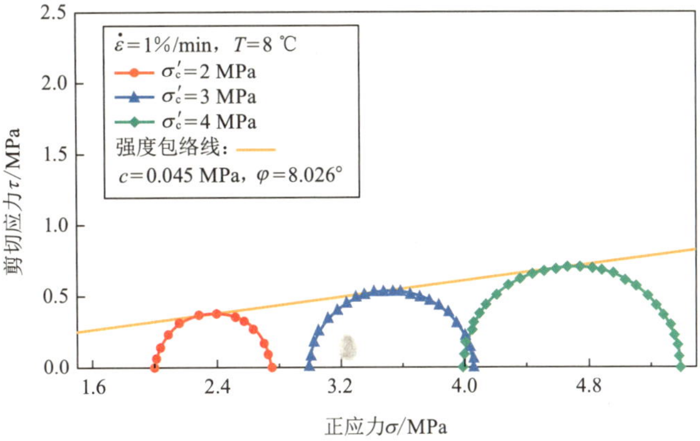

图 3-1-5　海洋土水合物沉积物莫尔圆及包络线

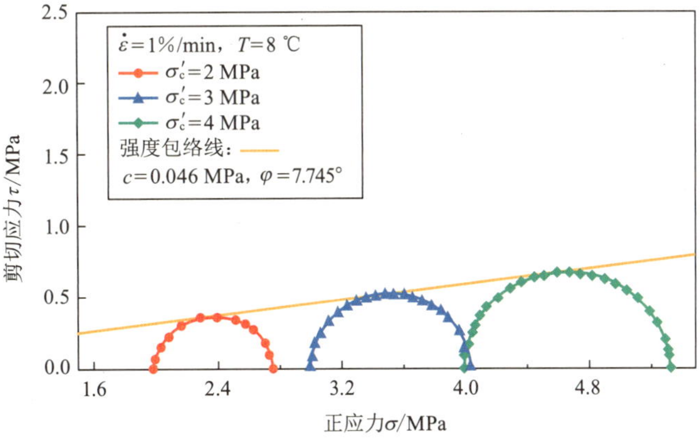

图 3-1-6　高岭土水合物沉积物莫尔圆及包络线

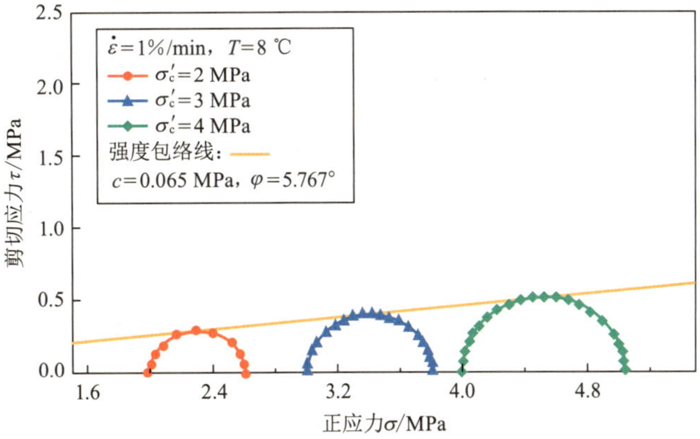

图 3-1-7　海洋土-冰粉混合物莫尔圆及包络线

表 3-1-2　黏聚力和内摩擦角

试样类型	黏聚力/MPa	内摩擦角/(°)
海洋土水合物沉积物	0.045	8.026
高岭土水合物沉积物	0.046	7.745
海洋土-冰粉混合物	0.065	5.767

对比海洋土水合物沉积物与海洋土-冰粉混合物的内聚力及内摩擦角数据可以发现，尽管海洋土-冰粉混合物试样的内聚力大于海洋土水合物沉积物，但是其内摩擦角却显著降低，这一结果表明海洋土-冰粉混合物与海洋土水合物沉积物这两种试样之间的力学强度差距主要是由内摩擦角的差异造成的。

3.1.3　海洋土水合物沉积物分解前后力学特性比较

为了分析水合物分解对海洋土水合物沉积物试样力学强度的影响，针对上述海洋土水合物沉积物，在相同的孔隙度、温度、有效围压及应变速率条件下初步进行了分解力学实验，实验工况见表 3-1-3，分解时间为 1 h。

表 3-1-3　海洋土水合物沉积物分解力学实验工况

孔隙度/%	温度/℃	有效围压/MPa	应变速率/(%・min^{-1})	分解时间/h
40	8	2,3,4	1	1

基于三轴压缩实验研究获取了水合物分解前后海洋土水合物沉积物试样的应力-应变曲线，如图 3-1-8 所示。研究发现，水合物分解 1 h 后，海洋土水合物沉积物应力-应变曲线仍表现为双曲线型，和分解之前试样的曲线类型一致。以上研究结果表明，水合物的分解并不会造成沉积物试样应力-应变关系趋势的变化。

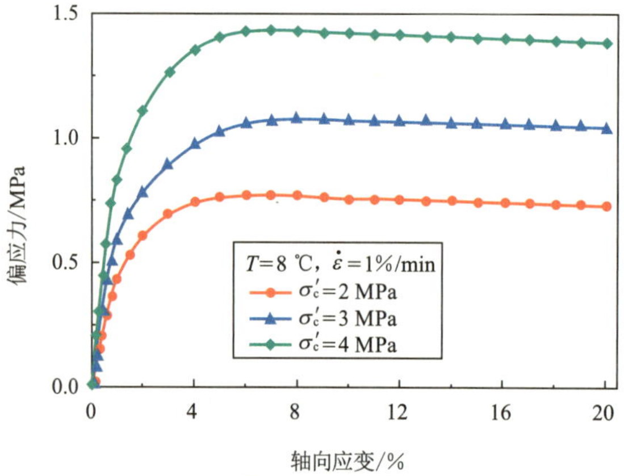

(a) 分解前

图 3-1-8　海洋土水合物沉积物分解前后应力-应变曲线

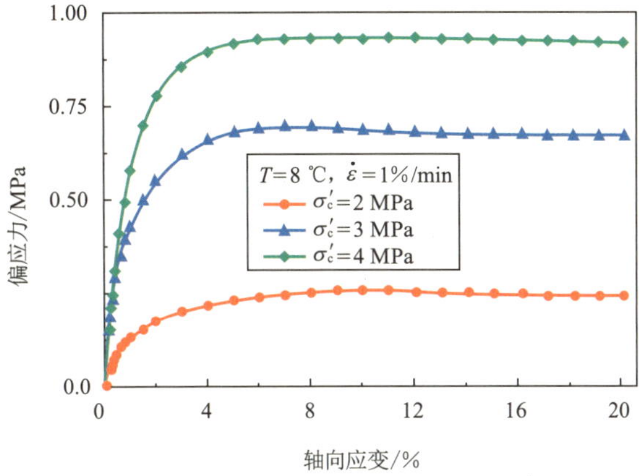

(b) 分解1 h后

图 3-1-8(续)　海洋土水合物沉积物分解前后应力-应变曲线

根据上述应力-应变曲线，研究获取了海洋土水合物沉积物分解前试样及分解 1 h 后试样的破坏强度值，并对两者进行了对比分析，结果如图 3-1-9 及表 3-1-4 所示。三轴压缩实验结果表明，海洋土水合物沉积物分解后，其破坏强度显著降低，如在 2 MPa 围压条件下，破坏强度降低 66.7%；在 4 MPa 围压条件下，破坏强度降低 34%。由此不难得出结论：低围压条件下水合物分解造成海洋土水合物沉积物破坏强度降低的程度更大，即浅表层水合物分解后沉积层破坏强度衰减显著，地层失稳风险程度增大。

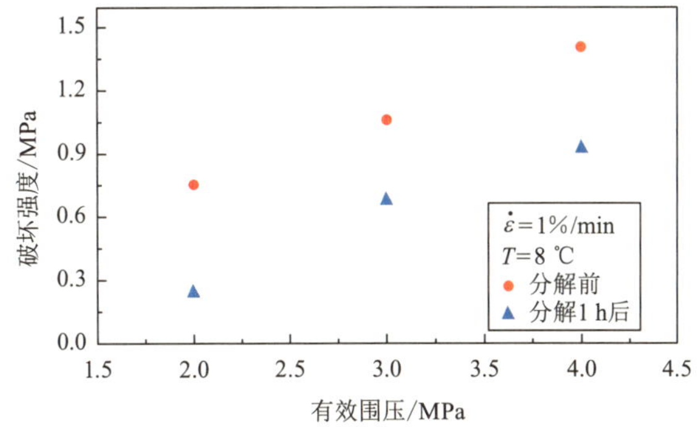

图 3-1-9　海洋土水合物沉积物分解前后破坏强度

表 3-1-4　海洋土水合物沉积物分解前后破坏强度

有效围压/MPa	分解前破坏强度/MPa	分解后破坏强度/MPa
2	0.75	0.25
3	1.06	0.68
4	1.41	0.93

三轴压缩实验的研究结果初步表明，水合物的分解确实造成了海洋土沉积物力学强度的显著降低。

3.2 重塑天然气水合物沉积物强度特性研究

通过深水钻探获取了南海神狐海域不同深度的水合物岩芯，如图 3-2-1 所示。水合物岩芯钻取深度见表 3-2-1，其中 S-1～S-4 这 4 种岩芯属于同一深度区域，而 S-5 岩芯属于另外深度区域。图 3-2-2 显示了水合物岩芯与粉质沉积物粒径分布曲线，可以看出水合物岩芯颗粒级配分布类似且属于粉土类型，其平均粒径随着钻取深度的增加而略有减小。

（a）重塑前　　（b）重塑后

图 3-2-1　南海水合物岩芯

表 3-2-1　不同水合物岩芯深度

水合物岩芯	S-1	S-2	S-3	S-4	S-5
深度/m	128	132	133	134	158

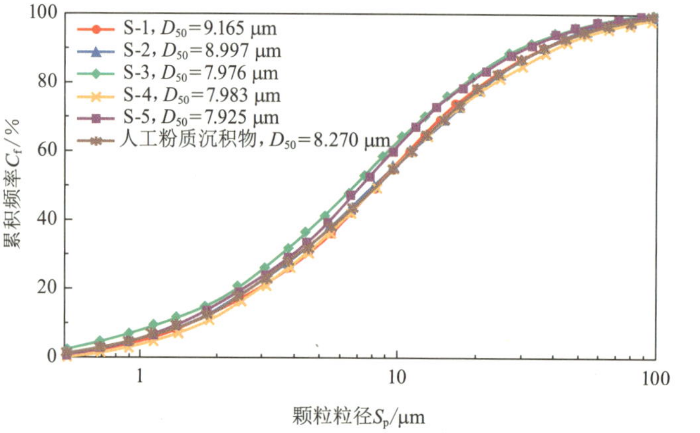

图 3-2-2　水合物岩芯和粉质沉积物粒径分布曲线(D_{50}表示粒度中值)

图 3-2-3 显示了 S-1,S-2,S-3,S-4 和 S-5 这 5 种水合物岩芯和粉质沉积物的 SEM 扫描图像。由图可以发现:6 种沉积物具有不同的团聚结构,其中 S-1 和 S-2 岩芯与粉质沉积物呈现出片层状团聚结构,而 S-3,S-4,S-5 岩芯呈现出絮凝状团聚结构;S-3 和 S-4 岩芯中存在着大颗粒,且 S-3 岩芯中大颗粒的存在更为明显。

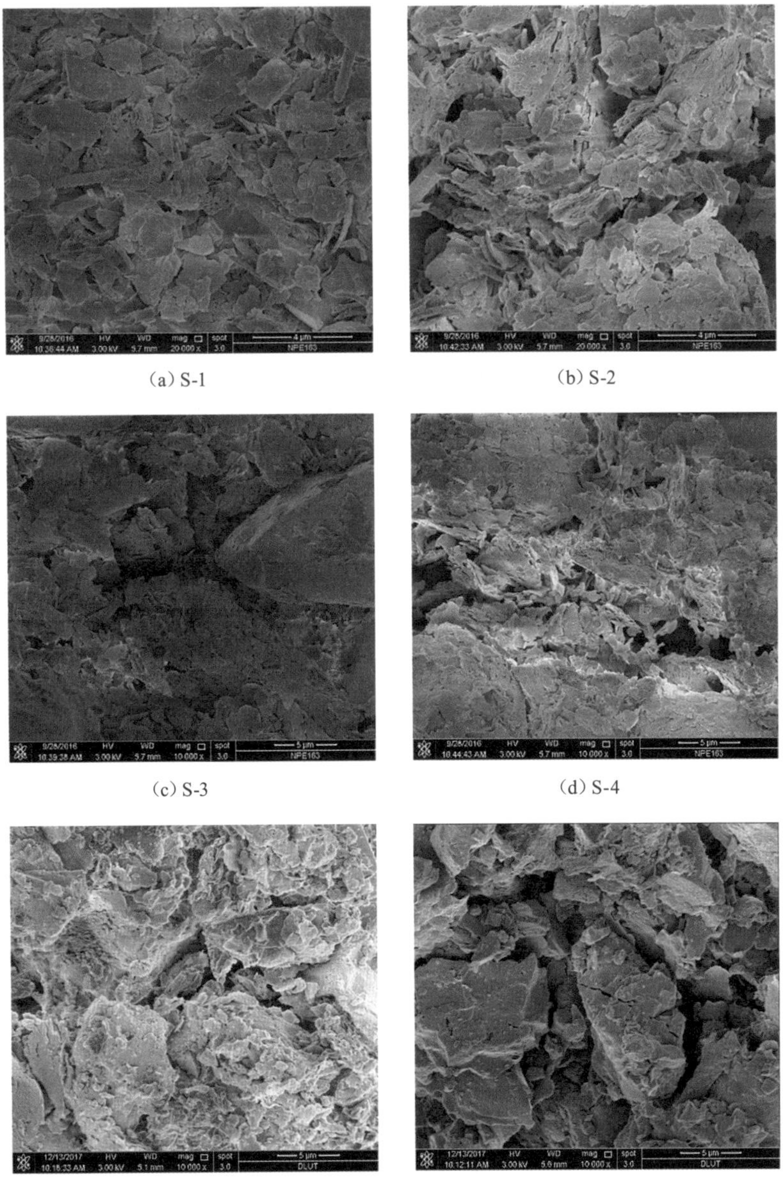

(a) S-1　(b) S-2

(c) S-3　(d) S-4

(e) S-4　(f) 粉质沉积物

图 3-2-3　SEM 图像

采用两种重塑方法来制备天然气水合物沉积物:① 混合制样法;② 原位生成法,即首先利用饱和气法在沉积物中生成天然气水合物,在保持沉积物进出口压差约为 100 kPa 时迅速通入与甲烷气压力相同的氮气将管路及沉积物中的甲烷气驱除,再通入与氮气压力相同的去空气的水将氮气驱除，形成完全水饱和的重塑天然气水合物沉积物。对重塑天然气水合物沉积物进行剪切和降压分解实验。当水合物分解时，维持孔隙水压力恒定，按照孔隙水排出量计算重塑天然气水合物沉积物的体积变化和孔隙度变化。

考虑到海底的水合物赋存情况，首先对采用混合制样法重塑的天然气水合物沉积物进行固结不排水(CU)剪切测试，研究重塑天然气水合物沉积物强度特性；随后对采用原位生成法重塑的天然气水合物沉积物进行固结排水(CD)剪切测试和降压分解测试，研究重塑天然气水合物沉积物在CD情况下的强度及变形特性[5,6]。表3-2-2和表3-2-3分别显示了重塑天然气水合物沉积物强度和变形研究中的试样参数及工况。

表 3-2-2 强度研究试样参数及工况

<table>
<tr><th>孔隙度</th><th>应变速率
/(%·min⁻¹)</th><th>温度/℃</th><th>重塑方法</th><th>沉积物</th><th>水合物饱和度
/%</th><th>有效应力
/MPa</th></tr>
<tr><td rowspan="12">40%</td><td rowspan="12">1</td><td rowspan="12">5</td><td rowspan="9">混合制样法</td><td rowspan="3">S-1 岩芯</td><td>10</td><td>1,3</td></tr>
<tr><td>20</td><td>1,3</td></tr>
<tr><td>30</td><td>1,3</td></tr>
<tr><td>S-2 岩芯</td><td>30</td><td>3</td></tr>
<tr><td>S-3 岩芯</td><td>30</td><td>3</td></tr>
<tr><td>S-4 岩芯</td><td>30</td><td>3</td></tr>
<tr><td>S-5 岩芯</td><td>30</td><td>3</td></tr>
<tr><td>粉土沉积物</td><td>30</td><td>3</td></tr>
<tr><td>高岭土</td><td>30</td><td>3</td></tr>
<tr><td>浅层岩芯</td><td>30</td><td>3</td></tr>
<tr><td rowspan="3">原位生成法</td><td>S-1 岩芯</td><td>0</td><td>1,2,3</td></tr>
<tr><td>S-1 岩芯</td><td>约 15</td><td>1,2,3</td></tr>
<tr><td>S-1 岩芯</td><td>约 30</td><td>1,2,3</td></tr>
</table>

表 3-2-3 变形研究试样参数及工况

<table>
<tr><th>编　号</th><th>初始
水饱和度/%</th><th>孔压变化
/MPa</th><th>初始
孔隙度</th><th>固结后
孔隙度/%</th><th>有效应力
/MPa</th><th>水合物
饱和度/%</th><th>温度
/℃</th></tr>
<tr><td>方案 1</td><td rowspan="5">25</td><td rowspan="5">5→2.6</td><td>0.416 2</td><td>0.378 6</td><td>1→3.4</td><td>14.95</td><td>5</td></tr>
<tr><td>方案 2</td><td>0.407 7</td><td>0.369 9</td><td>2→4.4</td><td>15.18</td><td>5</td></tr>
<tr><td>方案 3</td><td>0.410 0</td><td>0.352 1</td><td>3→5.4</td><td>15.40</td><td>5</td></tr>
<tr><td>方案 4</td><td>0.409 7</td><td>0.382 0</td><td>3→5.4</td><td>15.02</td><td>5</td></tr>
<tr><td>方案 5</td><td>0.402 3</td><td>0.381 1</td><td>1→3.4</td><td>30.64</td><td>5</td></tr>
</table>

3.2.1　沉积物宿主颗粒的影响

不同钻取深度的重塑天然气水合物沉积物的应力-应变曲线如图 3-2-4 所示。由图可以看出，所有重塑天然气水合物沉积物均表现出明显的应变硬化行为。

图 3-2-5 给出了不同钻取深度的重塑天然气水合物沉积物弹性模量(E_θ)与峰值强度(q_{peak})。通过对比发现，S-1，S-2，S-3 和 S-4 的重塑天然气水合物沉积物具有相似的弹性模量和峰值强度，这可能是由于这 4 种岩芯具有相似的颗粒级配。尽管如此，重塑天然气水合物沉积物弹性模量和峰值强度随着岩芯钻取深度而波动：S-3 和 S-4 的重塑天然气水合物沉积物具有相对更高的峰值强度和弹性模量，这可能是因为 S-3 和 S-4 岩芯中含有部分较大颗粒，这些大颗粒在剪切过程中难以发生移动、旋转和错位，从而增大了沉积物颗粒之间的摩擦强度，进而提高了重塑天然气水合物沉积物的强度。

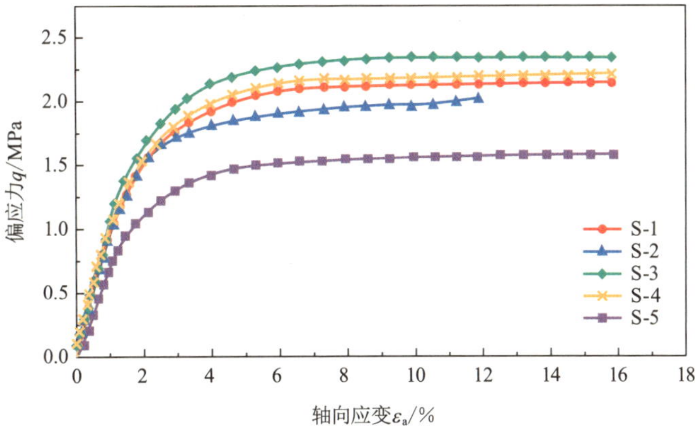

图 3-2-4　不同钻取深度重塑天然气水合物沉积物的应力-应变曲线

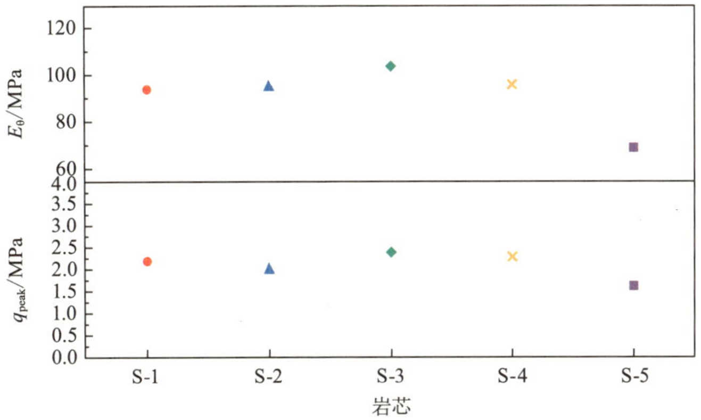

图 3-2-5　不同钻取深度重塑天然气水合物沉积物的弹性模量与峰值强度

可以发现，随着钻取深度的增加，S-5 的重塑天然气水合物沉积物具有更低的强度和弹性模量。水合物岩芯平均粒径随着钻取深度的增加而减小，其平均粒径对岩芯的力学特性有很大影响，而前文内容证实宿主沉积物颗粒平均粒径越小，水合物沉积物强度越小，因此

S-5 的重塑天然气水合物沉积物强度较低[7]。另外一个可能的原因是：随着钻取深度的增加，水合物岩芯团聚结构由片层状逐渐变为絮凝状，而 Hyodo 等[8]证实了在高有效应力下沉积物会呈现絮凝状，从而降低了天然气水合物沉积物的结构强度。对 S-1 到 S-5 岩芯来说，钻取深度的增加会增加储层有效应力，从而产生絮凝状的岩芯团聚结构，降低了重塑天然气水合物沉积物弹性模量和峰值强度。综上所述，岩芯平均粒径与团聚结构会影响重塑天然气水合物沉积物的强度与弹性模量；平均粒径越小，团聚结构呈现絮凝状的岩芯重塑后的天然气水合物沉积物拥有的弹性模量和强度越低，而较大宿主沉积物颗粒的存在会增加重塑天然气水合物沉积物的弹性模量和强度。

为了对比水合物岩芯与粉质沉积物的力学特性，比较了不同钻取深度水合物岩芯、粉质沉积物和高岭土重塑的天然气水合物沉积物的应力-应变曲线、弹性模量和强度，分别如图 3-2-6 和图 3-2-7 所示。可以看出，所有天然气水合物沉积物试样都呈现出相似的应变硬化趋势，且其初始弹性模量较为接近。由高岭土和浅层水合物岩芯重塑的天然气水合物沉积物具有相似的强度，而由较深层的水合物岩芯和粉质沉积物重塑的天然气水合物沉积物则具有相对更高的强度。这一结果表明，粉质沉积物具有代替较深层的水合物岩芯进行重塑天然气水合物沉积物力学特性研究的可能性。

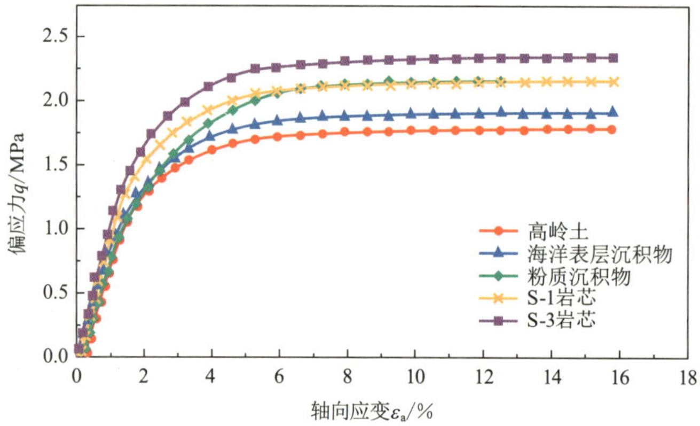

图 3-2-6 不同宿主沉积物重塑的天然气水合物沉积物应力-应变曲线

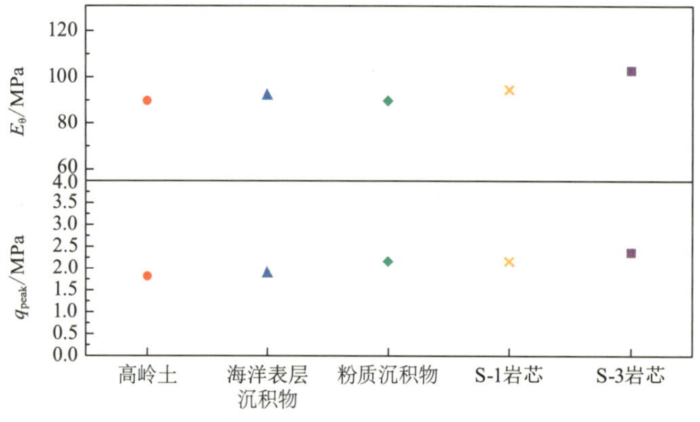

图 3-2-7 不同宿主沉积物重塑的天然气水合物沉积物弹性模量和峰值强度

3.2.2 水合物饱和度和有效围压的影响

图 3-2-8 显示了混合制样法重塑的天然气水合物沉积物应力-应变曲线。可以看出，不同有效围压、不同饱和度的天然气水合物沉积物均表现出应变硬化趋势，且其最大偏应力随饱和度和有效围压的增大而增大。图 3-2-9 和图 3-2-10 分别显示了混合制样法和原位生成法重塑的不同饱和度天然气水合物沉积物强度。随着水合物饱和度的增加，重塑天然气水合物沉积物的强度明显增加。当有效围压为 3 MPa 时，饱和度为 10%左右和 30%左右的重塑天然气水合物沉积物峰值强度分别约为 1.52 MPa 和 2.00 MPa，提升了约 32%。这是因为混合制样法制备的水合物赋存形态主要为承载形态，少量水合物表现为胶结形态，大部分水合物颗粒存在于沉积物孔隙中，而少部分水合物颗粒存在于沉积物颗粒接触处。相比于纯沉积物，水合物的存在提高了沉积物的结构强度，在一定意义上起到了沉积物骨架的作用，减小了沉积物孔隙比，从而提高了重塑天然气水合物沉积物的强度。

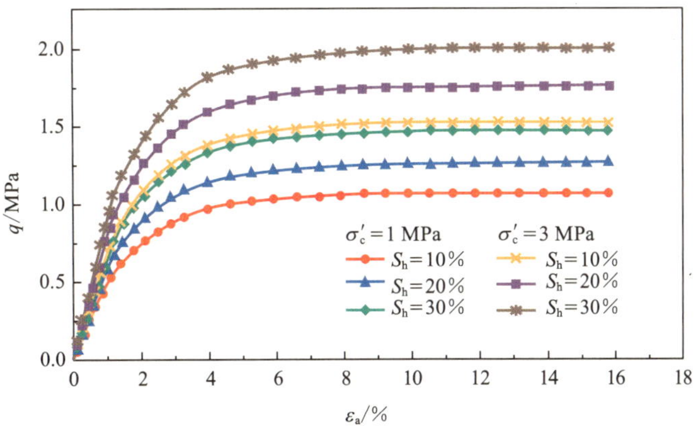

图 3-2-8 混合制样法重塑的不同饱和度天然气水合物沉积物应力-应变曲线

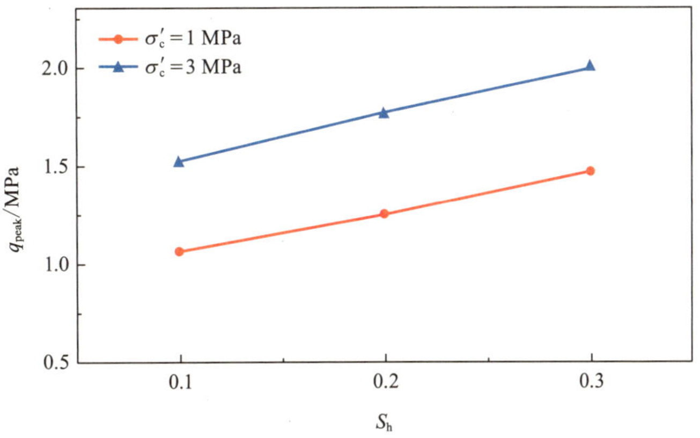

图 3-2-9 混合制样法重塑的不同饱和度天然气水合物沉积物峰值强度

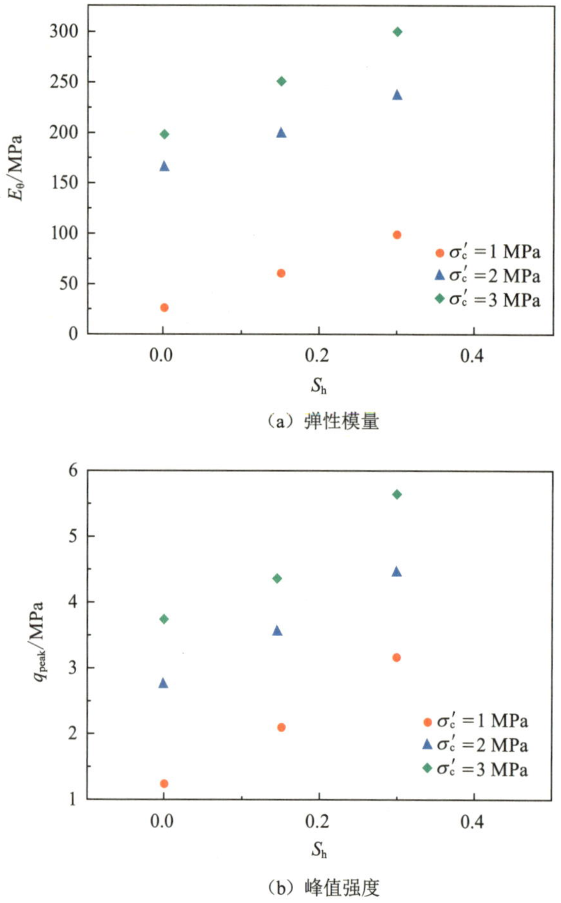

图 3-2-10 原位生成法重塑的不同饱和度天然气水合物沉积物的弹性模量和峰值强度

在图 3-2-10 中，当有效围压为 3 MPa 时，水合物饱和度为 0%，15%和 30%的重塑天然气水合物沉积物的峰值强度分别为 3.71 MPa，4.35 MPa 和 5.62 MPa。相比于纯沉积物，饱和度约为 30%时，重塑天然气水合物沉积物的峰值强度提升了约 50%。在原位生成法重塑的天然气水合物沉积物中，水合物首先形成于沉积物孔隙中，因此水合物的形态可能主要为胶结形态和承载形态。水合物颗粒本身具有胶结作用，这一性质会限制剪切过程中宿主沉积物颗粒的滑移、旋转、翻越与再次排列，增大宿主沉积物颗粒的摩擦强度与黏聚强度，从而增加重塑天然气水合物沉积物的峰值强度与弹性模量。有效围压的增大也极大地提高了重塑天然气水合物的沉积物峰值强度，这是因为有效围压会限制宿主沉积物颗粒在剪切过程中的自由运动，且有效围压越大，对宿主沉积物颗粒的约束力越强，宿主沉积物颗粒之间的摩擦力也越大，因此造成高围压下重塑天然气水合物沉积物表现出更大的峰值强度；另外，有效围压会抑制沉积物中裂缝的生长发育，而剪切过程中裂缝的发育是造成沉积物屈服的重要原因，因此更高围压下的重塑天然气水合物沉积物产生较大裂缝的概率降低，从而使它在高围压下拥有更高的峰值强度。

利用莫尔-库仑准则分析得到了原位生成法重塑的天然气水合物沉积物的黏聚力及内摩擦角，如图 3-2-11 所示。随着水合物饱和度从 0%增加到约 15%再增加到约 30%，沉积物的黏聚力从 0.04 MPa 增加到 0.27 MPa 再到 0.59 MPa，增幅在 10 倍以上，而内摩擦角维持在 22.5°左右，增幅不明显。这一结果表明水合物的存在主要是影响重塑天然气水合物沉积物的黏聚分量。随着水合物饱和度的增加，沉积物的黏聚力增加是重塑天然气水合物沉积物峰值强度增加的主要原因。

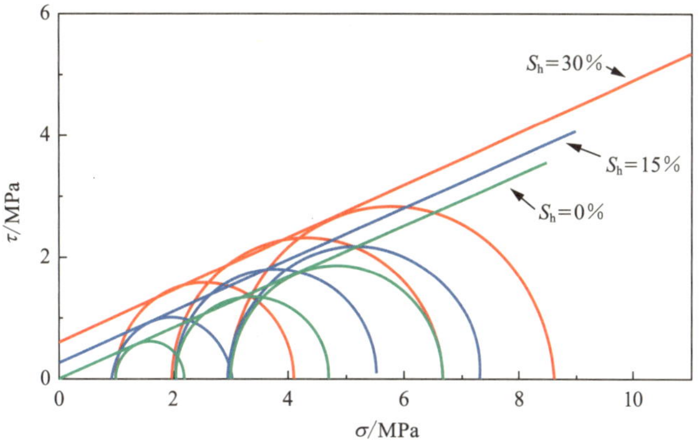

图 3-2-11　原位生成法重塑的天然气水合物沉积物黏聚力和内摩擦角

3.3　互层型甲烷水合物沉积物力学特性研究

3.3.1　围压、倾角的影响

水合物储层现场取芯结果显示，不同厚度的水合物层与沉积层之间常以互层的形式存在，因此有必要对互层型水合物沉积物的力学特性及其影响因素进行研究。本节主要从围压和水合物层倾角这两个角度出发研究互层型甲烷水合物沉积物的力学特性。在小围压范围(5 MPa 以下)内，沉积物破坏强度与围压正相关；在大围压范围(5 MPa 以上)内，两者则呈现负相关。3.2 小节也研究了围压对甲烷水合物沉积物力学特性的影响，与本节研究的不同之处在于之前的研究工作中在制备沉积物试样时，甲烷水合物与高岭土是均匀混合的，而在这里则是分开以层状叠加的形式制备的。本章研究倾角因素是为了模拟现场矿藏储层呈现不同倾斜状况对储层力学特性的影响。

3.3.1.1　试样的制备和实验内容

1）试样的制备

实验制备具有一定倾角的试样时需要用到具有一定倾角端面的木棒，木棒的尺寸为直径 4.5 cm×长度 21 cm，端面倾角分别为 0°，10°，25°，35°，45°，50°。图 3-3-1 为倾角 50°的木棒。

现以 25°倾角试样的制备为例，介绍试样的制备流程。首先根据设定的 40%孔隙度称取所需的含冰甲烷水合物和高岭土；然后将高岭土分次装入塑形模具，每次均用木棒压实且力度保持一致，在最后一次添加完后用端面倾角为 25°的木棒压实整个高岭土层，并最终形成一个 25°的倾斜面；接着将含冰甲烷水合物分次加入塑形模具，注意第一次加入时需避免破坏倾斜面，每次均用木棒压实且力度保持一致；最后用压样机压制成样。图 3-3-2 为倾角 25°的试样。

其余倾角试样的制备流程与 25°倾角试样的制备流程类似，只需将中间环节的端面倾角为 25°的木棒换成端面倾角为相应值的木棒即可

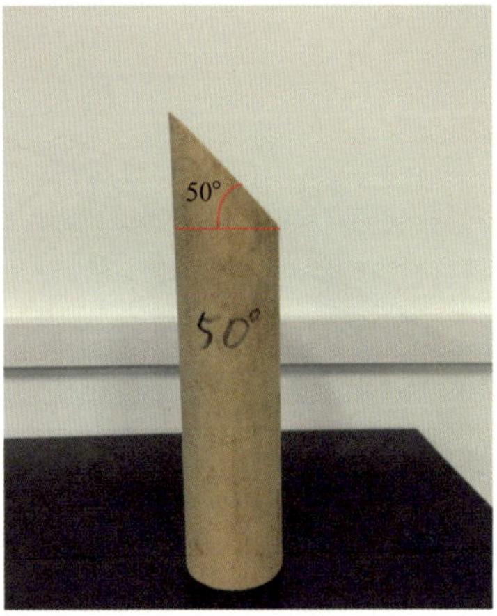

图 3-3-1　倾角 50°木棒

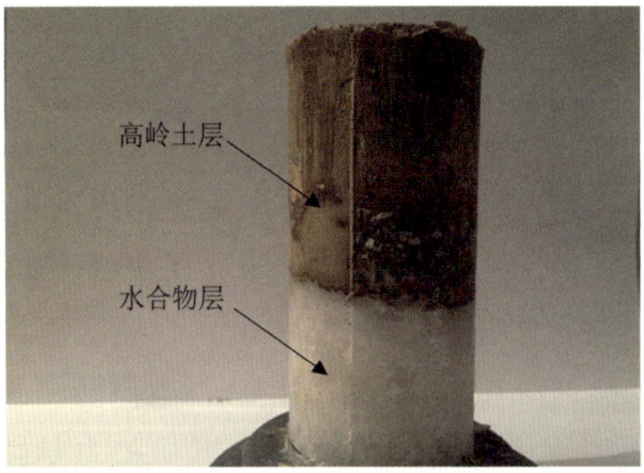

图 3-3-2　25°倾角试样

2）实验内容

本节研究了孔隙度为 40%，实验温度为 −10 ℃，水合物层倾角分别为 0°，10°，25°，35°，45°，50°，有效围压分别为 2.5 MPa，3.75 MPa，5 MPa，7 MPa 时，互层型甲烷水合物沉积物试样在应变速率为 1%/min 下的三轴压缩实验（表 3-3-1）。

表 3-3-1　互层型甲烷水合物沉积物三轴剪切实验参数

倾角 θ/(°)	有效围压 σ_c'/MPa	温度 T/℃	孔隙度 ϕ/%	应变速率 $\dot{\varepsilon}$/(%·min^{-1})
0	2.5,3.75,5,7	−10	40	1.0
10	2.5,3.75,5	−10	40	1.0
25	2.5,3.75,5	−10	40	1.0
35	2.5,3.75,5,7	−10	40	1.0

3.3.1.2　互层型甲烷水合物沉积物强度特性分析

为模拟现场矿藏出现的水合物片层状与沉积物互层的现象，设计了一系列实验，研究有效围压和水合物层倾角这两个因素对互层型甲烷水合物沉积物力学特性的影响。根据一定倾角时不同有效围压下的实验结果，在 τ-σ 平面上绘制了试样的莫尔圆及其包络线，计算了试样的黏聚力和内摩擦角，并分析了它们与围压和倾角的关系。

1）三轴剪切应力-应变曲线分析

图 3-3-3 为不同倾角、不同有效围压下互层型甲烷水合物沉积物试样三轴剪切时的应力-应变曲线，图 3-3-4 为压缩后的试样。由图 3-3-3 可以看出，不同工况下的曲线形态大致相同，基本呈现试样偏应力随轴向应变先增大后减小再增大的趋势。结合之前学者对甲烷水合物沉积物试样的三轴剪切实验研究及分析方法[9]，对图 3-3-3 中的曲线进行分析，可以看出应力-应变曲线大致分为以下 4 个阶段：

(1) 从剪切开始到应变值为 1%的阶段为近似弹性变形阶段，曲线几乎为直线，偏应力与轴向应变线性相关。若卸去施加在试样上的负荷，试样变形量可以近似恢复。

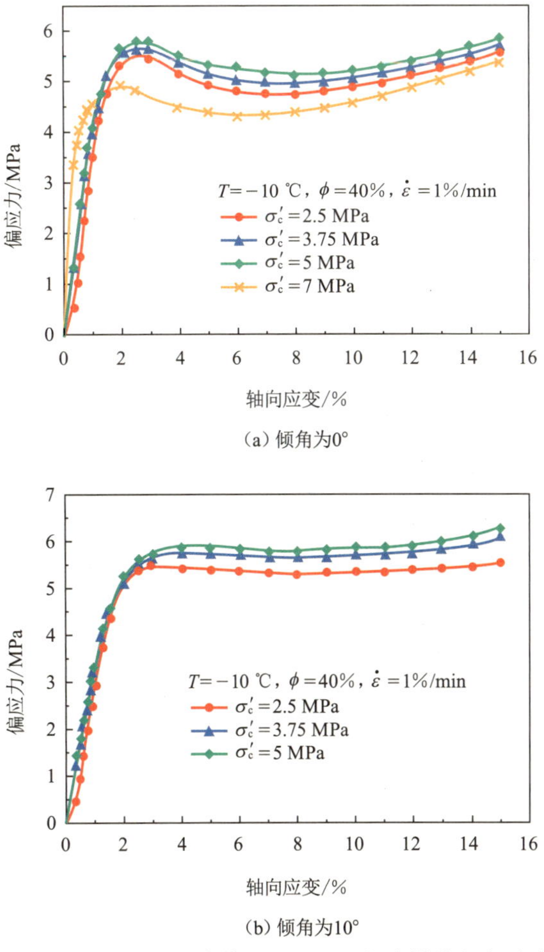

图 3-3-3　不同倾角、不同有效围压下沉积物试样的应力-应变曲线

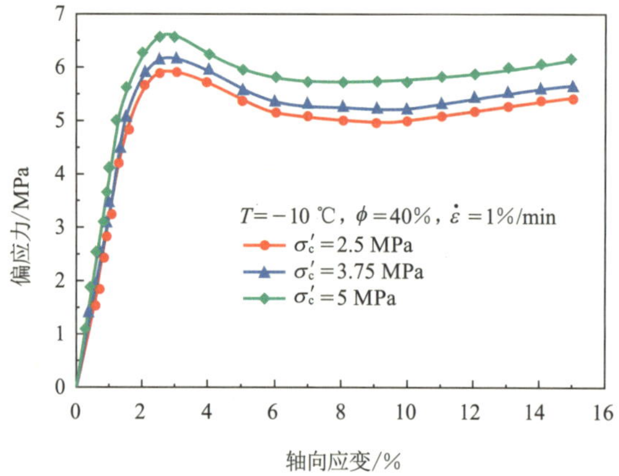

(c) 倾角为25°

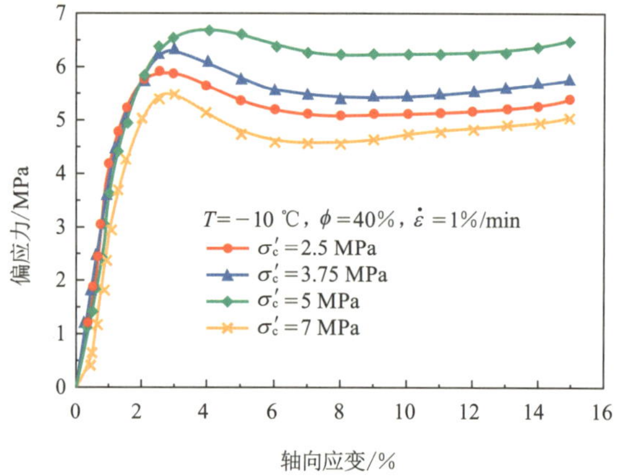

(d) 倾角为35°

图 3-3-3(续)　不同倾角、不同有效围压下沉积物试样的应力-应变曲线

图 3-3-4　压缩后的试样

(2) 从应变为1%到约3%的阶段为一次应变硬化阶段，偏应力随轴向应变的增大而增大，但可以看到曲线的切线斜率在逐渐减小，偏应力的增大速率逐渐减小，在应变约3%处偏应力出现峰值。

(3) 从应变为 3%到约 7%的阶段为应变软化阶段，试样的偏应力随轴向应变的增大而减小。

(4) 从应变为 7%至实验结束的阶段为二次应变硬化阶段，偏应力再次随轴向应变的增大而增大，曲线由上一阶段的下降趋势转为逐渐上升，在应变约 7%处偏应力出现谷值。二次应变硬化阶段曲线的切线斜率远小于近似弹性变形及一次应变硬化阶段时曲线的切线斜率，即此时的偏应力增大速率小于前 2 个阶段。后 3 个阶段试样的变形均为不可逆的塑性变形，整个曲线为弹塑性曲线。

与之前学者提出的甲烷水合物沉积物试样三轴压缩应力-应变曲线相比[9]，互层型甲烷水合物沉积物试样三轴压缩曲线在后期未出现屈服阶段，而是出现应变软化和二次应变硬化阶段。通过对试样压缩前和压缩后形态的对比发现，试样水合物层已经发生破坏，高岭土层除了与水合物层接触面处有少部分发生破坏外，主体部分完好。据此可以推测：随着试样剪切的进行，水合物层和高岭土层在开始阶段均表现为应变硬化，偏应力慢慢达到峰值，之后甲烷水合物层中的冰受压融化，冰颗粒之间的摩擦力及黏聚力减小，水合物层抗剪强度减小，并表现为应变软化且在整个试样中占主导地位，因此整个试样呈现应变软化现象。随着冰压融现象的逐渐消失，水合物层软化作用逐渐减弱，高岭土层的硬化作用慢慢占主导地位。但是在图 3-3-3(b)中，有效围压为 2.5 MPa 时的试样剪切后期未出现软化及二次硬化现象，可以推测该试样中水合物层的冰含量小于其他试样，水合物层未产生明显的压融现象。

2) 有效围压对互层型甲烷水合物沉积物强度的影响

根据《土工试验方法标准》(GB/T 50123—2019)，通常将曲线偏应力峰值或者约 15%应变处的偏应力值定义为试样的破坏强度。图 3-3-5 为不同倾角下试样破坏强度与有效围压的变化关系曲线。

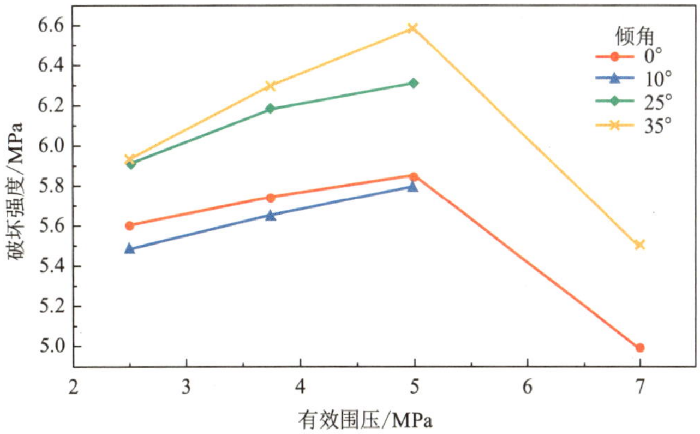

图 3-3-5　试样破坏强度与有效围压的关系

由图 3-3-5 可以看出，不同倾角的试样在有效围压小于 5 MPa 时，试样的强度随着有效围压的增大而增大，而在倾角 0°和 35°、有效围压 7 MPa 下，试样的强度出现下降的趋势。李洋辉等[10,11]通过甲烷水合物试样的三轴剪切实验得到了类似结论：同等工况条件下，试样强度在较小有效围压(约 5 MPa 以下)时与有效围压正相关，而在较大有效围压(约 5 MPa 以上)时与有效围压负相关，并对此做出了解释。据此可以推测，在倾角 10°和 25°，当有效围压大于 5 MPa 后，试样强度同样会出现下降的趋势。结合之前学者的研究工作，图 3-3-5 所示曲线的变化趋势可解释为：首先试样的强度是由颗粒之间的摩擦力、彼此嵌入等作用以及分子间范德华力共同作用的效果，外部条件均是通过改变上述因素间接地影响试样的强度。有效围压一方面可以压实试样，增大试样的黏聚力，抑制试样中孔隙的生长，增强试样的抗剪强度，另一方面会导致颗粒的破碎或者颗粒棱角的损坏使得颗粒更容易翻越彼此，甲烷水合物中的冰晶也会受压融化变成水，起到润滑剂的作用，导致颗粒之间的摩擦力减小。较小有效围压（约 5 MPa 以下）时前者的作用占主导地位，因此破坏强度随有效围压的升高而提高；较大有效围压（约 5 MPa 以上）时后者的作用占主导地位，因此破坏强度随有效围压的升高而降低。

3）莫尔-库仑强度准则分析互层型甲烷水合物沉积物的破坏强度

法国学者库仑早在 1773 年就根据大量的砂土和黏性土的实验结果提出了土体的强度公式。1910 年莫尔提出材料在即将发生剪切破坏即任意一点在某一平面的剪切应力大于材料的抗剪强度时发生破坏的瞬间，该表面的剪切应力是其法向应力的函数，因为此时该剪切应力与材料的抗剪强度大小相等、方向相反，材料的抗剪强度是剪切面上法向应力的函数，该函数在直角坐标系中近似为一条直线，被称为莫尔包络线，表示材料受到不同应力时达到的极限平衡状态。该直线的方程正是早年库仑提出的抗剪强度公式，因此人们将由库仑公式表示莫尔包络线的理论称为莫尔-库仑强度准则，其公式如下：

$$\tau = c + \sigma \tan \varphi \tag{3-3-1}$$

式中，τ 为剪切应力，MPa；c 为黏聚力，MPa；σ 为法向应力，MPa；φ 为土体的内摩擦角，(°)。

土体的黏聚力 c 取决于土颗粒之间的各种力的作用，如库仑力、胶结作用力、范德华力等，一般认为非黏性土的黏聚力为 0。本实验所用的高岭土为黏性土，因此存在黏聚力。土体的内摩擦角大小反映了土颗粒越过彼此及破坏颗粒之间咬合、嵌入状态的难易程度，与颗粒表面粗糙度有关，即取决于材料本身的性质。

根据不同倾角的互层型甲烷水合物试样在 2.5 MPa，3.75 MPa，5 MPa 围压下的三轴剪切实验结果，在 τ-σ 平面上绘制出的莫尔圆及其包络线如图 3-3-6 所示。

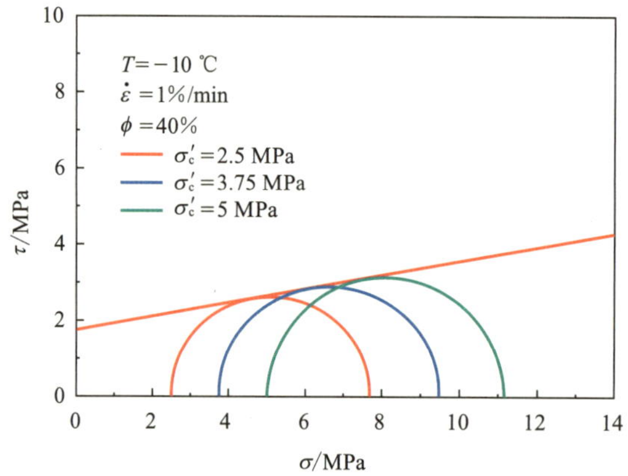

(a) 倾角为0°

图 3-3-6　不同水合物层倾角下的甲烷水合物沉积物的莫尔圆及其包络线

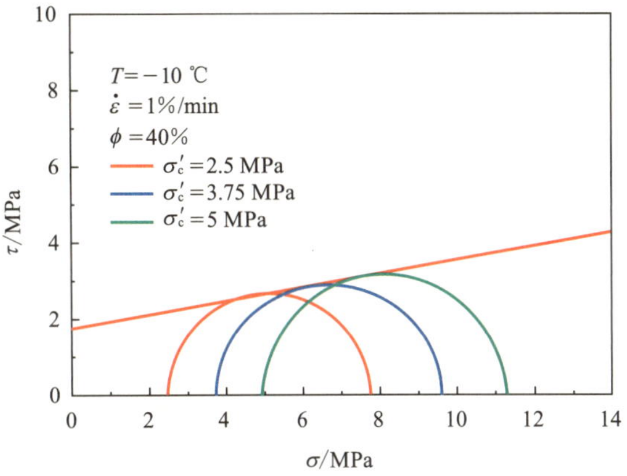

(b) 倾角为10°

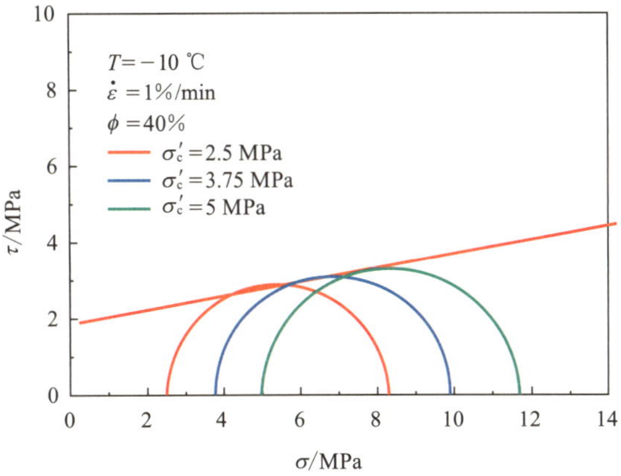

(c) 倾角为25°

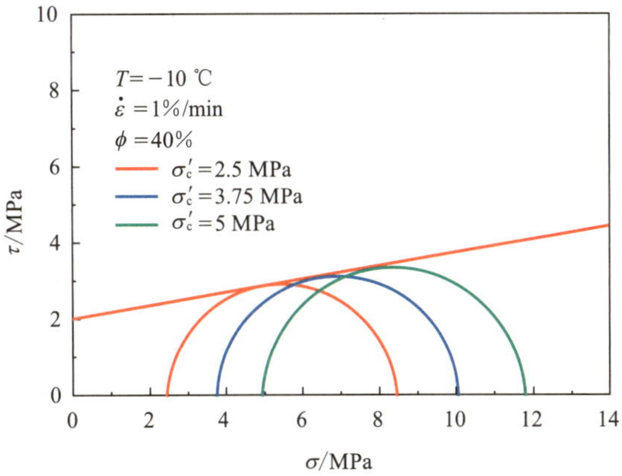

(d) 倾角为35°

图 3-3-6(续)　不同水合物层倾角下的甲烷水合物沉积物的莫尔圆及其包络线

由图 3-3-6 中莫尔包络线的斜率以及与 τ 轴的截距，可以获得不同倾角试样的内摩擦角 φ 和黏聚力 c。从表 3-3-2 可以看到，各个试样的黏聚力相差不大，其中最大与最小相差不超过 0.3 MPa，且所有试样的黏聚力均达到了 MPa 级。试样的内摩擦角同样变化不大，在 10°～11°之间，平均为 10.25°。内摩擦角之所以差别不大，是因为其大小由材料本身性质

表 3-3-2　水合物层倾角不同时互层型甲烷水合物沉积物的黏聚力和内摩擦角

倾角/(°)	c/MPa	tan φ	φ/(°)
0	1.800 0	0.179 7	10.19
10	1.725 5	0.177 8	10.08
25	1.920 0	0.186 0	10.54
35	1.998 9	0.180 0	10.20

所决定，而本实验中试样所用材质均相同。

4）倾角对互层型甲烷水合物沉积物强度的影响

图 3-3-7 为不同有效围压下试样破坏强度与水合物层倾角的关系，以及试样黏聚力与水合物层倾角的关系

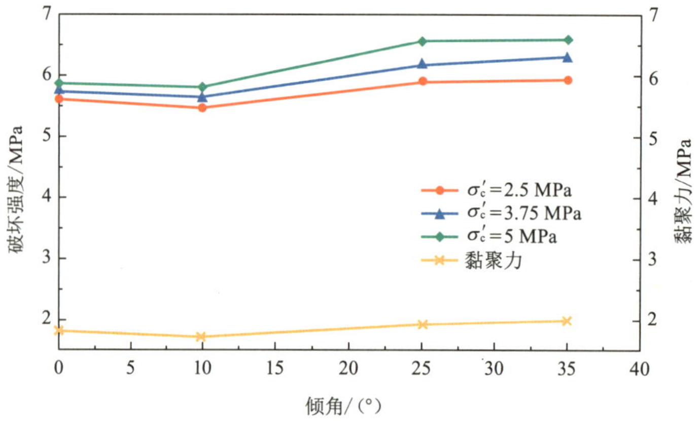

图 3-3-7　试样破坏强度及黏聚力分别与水合物层倾角的关系

从图 3-3-7 中可以看出，试样的黏聚力呈现先减小后增大的趋势，在 10°倾角时最小。在相同条件下，试样的黏聚力越大，抗剪强度越大，因此在 2.5 MPa，3.75 MPa，5 MPa 围压下，试样倾角为 10°时的破坏强度最小，倾角从 0°增大到 35°，破坏强度呈现先减小后增大的趋势。试样的内摩擦角在 10°～11°之间。甲烷水合物层倾角为 10°时与试样的内摩擦角最为接近，因此该倾角条件下的水合物沉积物最容易沿着水合物层与高岭土层的接触面发生破坏，试样的抗剪强度也最小。通过实验可以初步得出以下结论：同等工况下，水合物层倾角为 10°左右的互层型甲烷水合物沉积物试样三轴剪切时最容易发生剪切破坏。

3.3.2　水合物层厚度的影响

自然界中的水合物矿藏存在水合物以薄层状与沉积物互层的赋存状态，水合物层的厚度从几毫米到 3 cm 不等[12,13]，而水合物的存在增强了沉积物的抗剪强度[14]，因此水合物层厚度的不同对水合物沉积物抗剪强度增强效果存在不同的影响。本小节将重点讨论水合物厚度与沉积物抗剪强度的关系。

3.3.2.1 试样的制备和实验内容

1）试样的制备

在实验中，为了实现试样含有不同厚度的水合物层，在试样制备时先将高岭土和含冰甲烷水合物提前平均分成若干份，再依次相互穿插装进塑形模具中压制成样。

当水合物层与高岭土层的层数比为 1∶1 时，制样所需含冰甲烷水合物为 1 份，所需高岭土为 1 份，将两种材料依次装进塑形模具中压制成样，如图 3-3-8(a)所示；当水合物层与高岭土层的层数比为 2∶3 时，将制样所需的含冰甲烷水合物提前等分成 2 份，同时将所需高岭土等分成 3 份，再依次相间装入塑形模具中压制成样，如图 3-3-8(b)所示；当水合物层与高岭土层的层数比为 3∶4 时，分别将甲烷水合物和高岭土平均分成 3 份和 4 份，再依次相间装入塑形模具中压制成样，如图 3-3-8(c)所示。

(a) 1∶1　(b) 2∶3　(c) 3∶4

图 3-3-8 不同层数比的试样

试样制备完毕后，利用游标卡尺快速测量每层厚度后得出以下结果：当水合物层与高岭土层的层数比为 1∶1 时，水合物层厚度 δ 为 3.4～3.6 cm；当层数比为 2∶3 时，水合物层厚度 δ 为 1.5～2.0 cm；当层数比为 3∶4 时，水合物层厚度 δ 为 1.1～1.5 cm。

2）实验内容

甲烷水合物层与高岭土层的层数比分别为 1∶1,2∶3,3∶4，水合物层倾角均为 0°，试样有效围压分别为 2.5 MPa,3.75 MPa,5 MPa，孔隙度为 40%，实验温度为 −10 ℃。对以上实验参数的互层型甲烷水合物沉积物试样进行应变速率为 1.0%/min 的三轴剪切实验（表 3-3-3）。

表 3-3-3 互层型甲烷水合物沉积物三轴剪切实验参数

层数比	有效围压 σ_c'/MPa	温度 T/℃	孔隙度 ϕ/%	应变速率 $\dot{\varepsilon}$/(%·min^{-1})
1∶1	2.5,3.75,5	−10	40	1.0
2∶3	2.5,3.75,5	−10	40	1.0
3∶4	2.5,3.75,5	−10	40	1.0

3.3.2.2 水合物层厚度对甲烷水合物沉积物强度特性的影响分析

本小节主要研究互层型甲烷水合物沉积物试样在三轴剪切时表现出的力学特性随水合物层厚度变化的规律，并建立相应的数学表达式。该数学表达式的适用范围为温度 −10 ℃，水合物层厚度在 1.1～3.6 cm 之间，有效围压为 2.5～5 MPa。实验设定了 3 种水合物层厚度，在试样孔隙度一定的前提下，通过将甲烷水合物等分成 1，2，3 份，水合物层厚度依次减小。

1）三轴剪切应力-应变曲线分析

图 3-3-9 为不同层数比、不同有效围压下的试样剪切应力-应变曲线。由图可以看出，当层数比为 1∶1 时，试样三轴剪切曲线大致可以分为 4 个阶段，即近似弹性阶段、一次应变硬化阶段、应变软化阶段和二次应变硬化阶段。当层数比分别为 2∶3 和 3∶4 时，应力-应变曲线基本表现出弹塑性变形的特征。以层数比为 2∶3、围压为 2.5 MPa 时的曲线（图 3-3-9b）为例进行分析：① 曲线在 1%应变之前近似为直线，即试样呈现近似弹性变形，卸掉施加在试样上的轴向载荷，试样的变形可以近似恢复。此阶段试样的偏应力随轴向应变约近似线性变化。② 1%应变到 5%应变的阶段是试样从近似弹性变形向塑性变形转变的阶段，这一阶段试样的弹性变形成分逐渐减少，试样的变形不可逆，偏应力仍然随轴向应变的增加而增大，但曲线的切线斜率逐渐减小。在约 5%应变处曲线达到应用峰值后应力下降，试样表现为应变软化，而其他曲线均未出现此现象。可以推测，该试样存在一定的结构性，该结构在试样轴向变形到一定程度（曲线中表现为约 5%应变处）后发生破坏，从而导致曲线下降。随着轴向应变的继续进行，软化现象略有改善，据此可以推测试样的微结构基本被破坏。由图 3-3-9(b) 中的其他曲线可以看出，随着有效围压的上升，试样被压实的效果得到改善，孔隙难以形成，因此未出现曲线下降现象。③ 5%应变后的曲线近似为一条斜率为 0 的直线，即试样屈服。

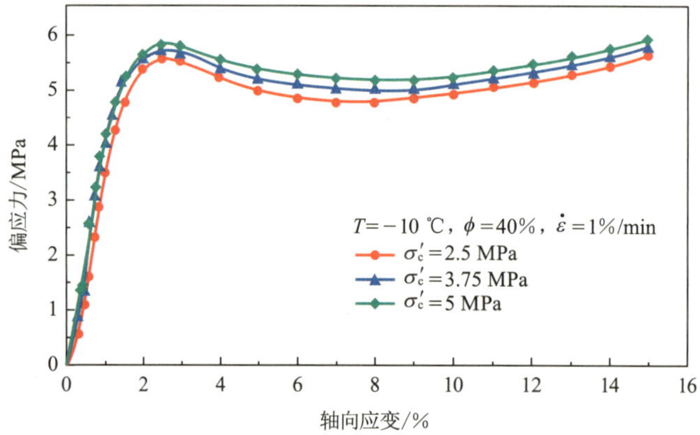

(a) 甲烷水合物层与高岭土层的层数比为1∶1

图 3-3-9 不同层数比、不同有效围压下沉积物试样的应力-应变曲线

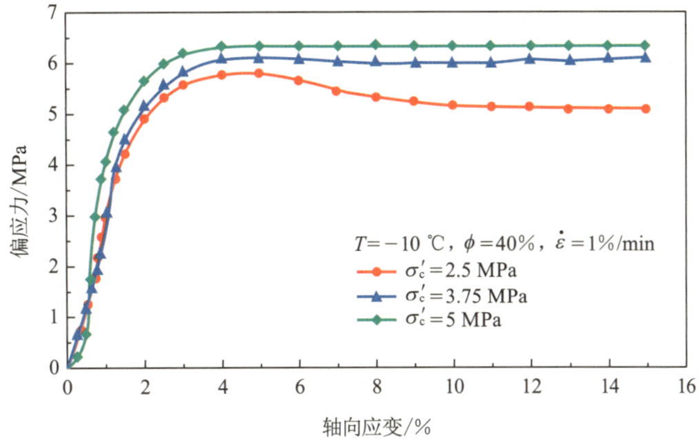

(b) 甲烷水合物层与高岭土层的层数比为2∶3

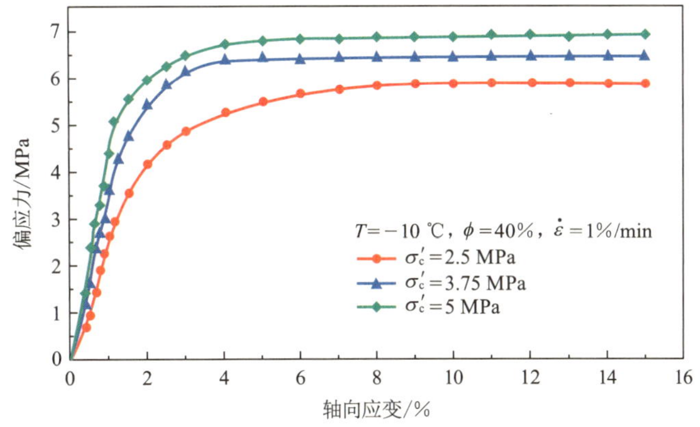

(c) 甲烷水合物层与高岭土层的层数比为3∶4

图 3-3-9(续)　不同层数比、不同有效围压下沉积物试样的应力-应变曲线

由图 3-3-9 还可以看出，试样中甲烷水合物层越多，即层厚度越薄时，试样的应力-应变曲线与之前陈云飞[15]以高岭土为试样基本骨架所研究的甲烷水合物试样剪切时的应力-应变曲线形态基本一样，但陈云飞的研究是将甲烷水合物与高岭土均匀混合制备试样的。结合极限推理法，将所需甲烷水合物和高岭土分成无限多等份，再交叉组合形成极限状态下的互层型水合物沉积物试样，所得到的试样相当于理想状态下通过均匀混合制得的试样，两者的应力-应变曲线形态必然类似。因此，本实验中互层型甲烷水合物沉积物试样水合物层越薄，三轴剪切实验的应力-应变曲线形态越接近同等条件下均匀混合时制得试样的应力-应变曲线形态。

2) 水合物层厚度和有效围压对互层型甲烷水合物沉积物强度的影响

图 3-3-10 是不同有效围压下试样破坏强度 σ_m 与甲烷水合物层厚度 δ 的关系。分析时，分别取 1 层、2 层、3 层水合物层的层厚中位数作为平均厚度值，依次为 3.5 cm，1.75 cm，1.3 cm。

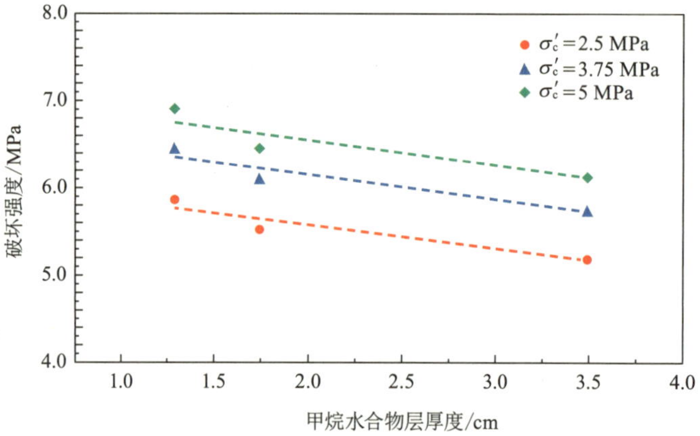

图 3-3-10 试样破坏强度与甲烷水合物层厚度的关系

由图 3-3-10 可以得出以下结论：在相同有效围压时，试样的破坏强度与水合物每层厚度成反比，即水合物总厚度一定时，水合物层数越多，单个水合物层越薄，试样强度就越大。其原因在于：一方面，水合物中难免含有冰成分，而冰在受到较大压力时会出现融化现象，冰融化成水可起到一定润滑剂的作用，减小颗粒与颗粒之间的摩擦力及黏聚力，这样试样受到轴向负荷时在任一表面发生剪切破坏的概率就大于未融化之前的情况。而随着水合物层数越来越多，试样中有限的冰颗粒分散在各个不同层，每层的冰含量降低，同等条件下发生冰压融的概率降低，间接提高了试样的抗剪强度。另一方面，已有的研究结果表明甲烷水合物以土颗粒间胶结结构的形式存在于试样中提高了试样的强度[9]。在本实验中，有限的甲烷水合物被等分的份数越多，其与高岭土层的接触机会就越大，形成的胶结结构越多，试样的强度也就越大。

图 3-3-10 中给出了 3 种不同有效围压下试样破坏强度 σ_m 与甲烷水合物层厚度 δ 的线性拟合曲线。拟合方程如下：

$$\sigma_m = A\delta + B \tag{3-3-2}$$

式中，A，B 为拟合方程的参数，有效围压不同，它们的值就不同。表 3-3-4 给出了不同有效围压下参数 A，B 的值。

表 3-3-4 拟合方程中参数的值

有效围压/MPa	A	B
2.5	−0.265 52	6.103 04
3.75	−0.281 74	6.701 80
5	−0.288 46	7.123 15

由图 3-3-10 可以看到，3 条拟合直线的斜率均为负，大小差别不大且图 3-3-10 中表现为 3 条拟合直线近似平行。以上拟合方程的水合物厚度适用范围为 1.1～3.6 cm，温度为 −10 ℃。

从图 3-3-10 还可以得出以下结论：当水合物层总厚度一定，并且甲烷水合物层数不变时，试样的破坏强度随围压的增大而增大，此时围压的变化范围小于 5 MPa。换言之，此结论与李洋辉等[10,11]之前关于甲烷水合物三轴剪切研究所得出的结论一致。

3）水合物层厚度对水合物沉积物内摩擦角和黏聚力的影响

本实验所用试样均是以高岭土为沉积物骨架与甲烷水合物制备而成的，因此适用于土体的莫尔-库仑强度准则同样适用于互层型甲烷水合物沉积物试样。

图 3-3-11 是根据不同层数比的互层型甲烷水合物试样在 2.5 MPa，3.75 MPa，5 MPa 围压下的三轴剪切实验结果在 τ-σ 平面上绘制出的莫尔圆及其包络线。包络线上各点的横纵坐标对应的是不同围压下试样的极限平衡状态，可以看出，当试样的莫尔圆位于包络线下方时，试样稳定存在；与包络线相切时，试样处于极限平衡状态；刚要越过包络线的瞬间，试样已发生破坏。因此，莫尔圆与包络线相交的情况是不存在的。

根据包络线在 τ 轴的截距和直线的斜率计算得出不同水合物层厚度下试样的黏聚力和内摩擦角(表 3-3-5)，并对黏聚力与水合物层厚度的关系进行拟合。

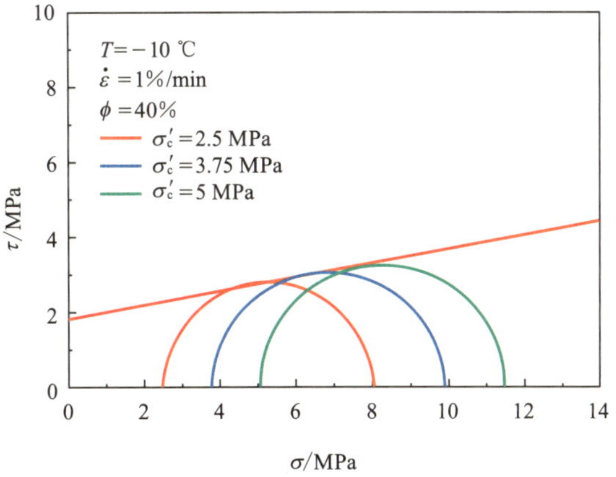

(a) 层数比为1∶1

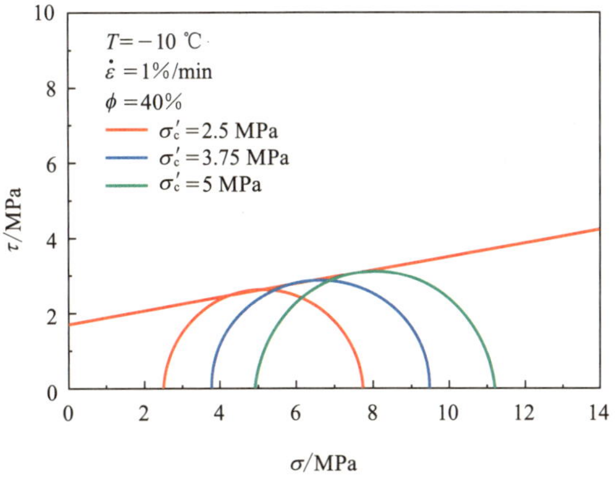

(b) 层数比为2∶3

图 3-3-11　不同水合物层厚度下甲烷水合物沉积物的莫尔圆及其包络线

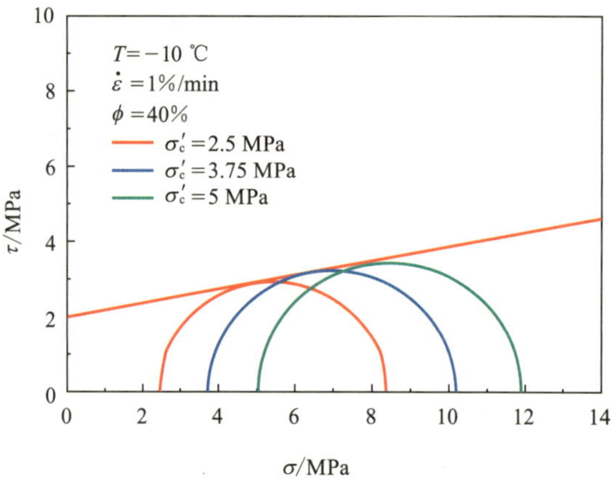

(c) 层数比为3∶4

图 3-3-11(续) 不同水合物层厚度下甲烷水合物沉积物的莫尔圆及其包络线

表 3-3-5 互层型甲烷水合物沉积物在不同水合物层厚度时的黏聚力和内摩擦角

层数比	c/MPa	tan φ	φ/(°)
1∶1	1.800 0	0.179 7	10.19
2∶3	1.846 7	0.186 8	10.58
3∶4	1.960 7	0.189 8	10.75

从表 3-3-5 中可以看出，不同水合物层厚度的试样的内摩擦角基本一致，相差不超过 1°，平均值为 10.51°。土体内摩擦角的大小反映的是改变内部颗粒之间的咬合、互相嵌入状态的难易程度，取决于物质材料本身，与材料微观颗粒表面的粗糙度有关。在本实验中，所用材料均未改变，因此各个试样的内摩擦角基本一致，考虑到实验中随机误差不可避免，所以由实验结果计算出的内摩擦角会存在微小差别。

图 3-3-12 中所示试样黏聚力与水合物层厚度的拟合直线方程为：

$$c=-0.0935\delta+2.0546 \tag{3-3-3}$$

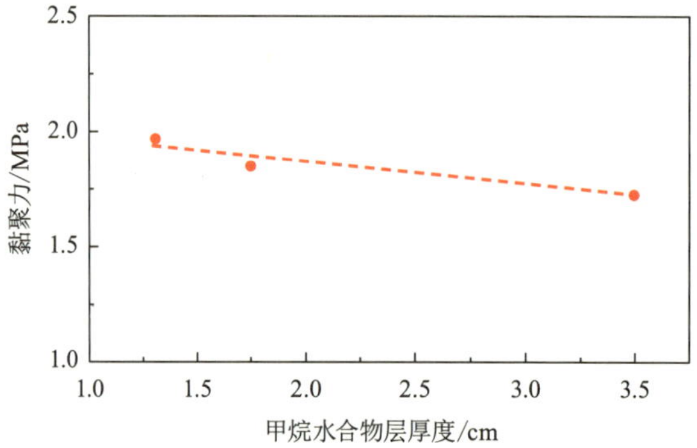

图 3-3-12 试样黏聚力与水合物层厚度的关系

式(3-3-3)的适用范围为水合物层厚度在 1.1～3.6 cm 之间，温度为 −10 ℃。由拟合的直线可以看到，试样黏聚力 c 与水合物层厚度 δ 呈现负相关关系，即水合物层越薄，试样的黏聚力越大,试样的破坏强度也就越大。从这个角度也可以解释试样的抗剪强度随水合物层变薄而逐渐增大的现象。

3.3.3　物层顺序的影响

在水合物矿藏储层中存在水合物层与沉积物层以互层的形式赋存,不同的物层顺序会导致不同的微观骨架结构,尤其是在不同物层接触面之间,其骨架结构更加错综复杂,因此本小节重点研究物层顺序对互层型甲烷水合物沉积物抗剪强度造成的影响。

3.3.3.1　试样的制备和实验内容

1）试样的制备

要制备不同物层顺序的水合物试样,需在试样制备之前将所需的高岭土和含冰甲烷水合物分别均分成 2 份,再从其中取出一份高岭土和一份含冰甲烷水合物均匀混合,这样最终形成 3 份试样,即一份含冰甲烷水合物(A)、一份高岭土(B)和一份由前两者均匀混合的混合物(C)。

制备物层顺序为 ACB、倾角为 0°的试样时,依次将含冰甲烷水合物(A)、混合物(C)和高岭土(B)装入塑形模具中,每次添加后用端面倾角为 0°的木棒轻轻压实,最后由压样机压制成样,如图 3-3-13 所示。

A—甲烷水合物层;B—高岭土层;C—混合物层。

图 3-3-13　试样

制备物层顺序为 ACB、倾角分别为 10°和 25°的试样时,添加 A,C,B 的顺序不变,唯一不同之处在于换用端面倾角分别为 10°和 25°的木棒轻轻压实,最后由压样机压制成样。

制备物层顺序分别为 CAB 和 ABC 的试样时,工序基本和制备 ACB 试样的类似,唯一的不同在于添加顺序,即此时的添加顺序分别为 C,A,B 和 A,B,C,最后同样由压样机压制成样。

2）实验内容

所用试样的孔隙度为40%，实验温度为−10 ℃，围压为5 MPa，物层顺序分别为水合物层、混合物层和高岭土层（ACB），混合物层、水合物层和高岭土层（CAB），水合物层、高岭土层和混合物层（ABC），见表3-3-6。倾角分别为0°，10°，25°的沉积物试样在应变速率为1.0%/min下的三轴剪切实验。

表3-3-6 互层型甲烷水合物沉积物三轴剪切实验参数

物层顺序	倾角 θ/(°)	有效围压 σ_c'/MPa	温度 T/℃	孔隙度 ϕ/%	应变速率 $\dot{\varepsilon}$ /(%·min^{-1})
ACB	0,10,25	5	−10	40	1.0
CAB	0,10,25	5	−10	40	1.0
ABC	0,10,25	5	−10	40	1.0

3.3.3.2 物层顺序对甲烷水合物沉积物强度特性的影响分析

1）三轴剪切应力-应变曲线分析

本小节主要从物层顺序角度出发研究互层型甲烷水合物沉积物试样在三轴剪切时呈现的力学特性变化，并进行分析。图3-3-14分别是0°，10°，25°物层倾角下不同物层顺序的甲烷水合物沉积物试样在三轴压缩时的应力-应变曲线。由图3-3-14可以看到，不同物层倾角及物层顺序下的互层型甲烷水合物沉积物试样的应力-应变曲线的变化趋势基本一致。以物层顺序为ABC，各个物层倾角为25°这一工况时的应力-应变曲线为例进行分析。由曲线形态可知，试样的破坏为典型的塑性破坏，即试样受三轴剪切造成的变形是不可恢复的。

2）物层顺序对互层型甲烷水合物沉积物强度的影响

在本小节的分析中，将上一小节应力-应变曲线中第二阶段向第三阶段过渡时出现的最大偏应力定义为试样的破坏强度σ_m。图3-3-15是不同物层倾角下互层型甲烷水合物沉

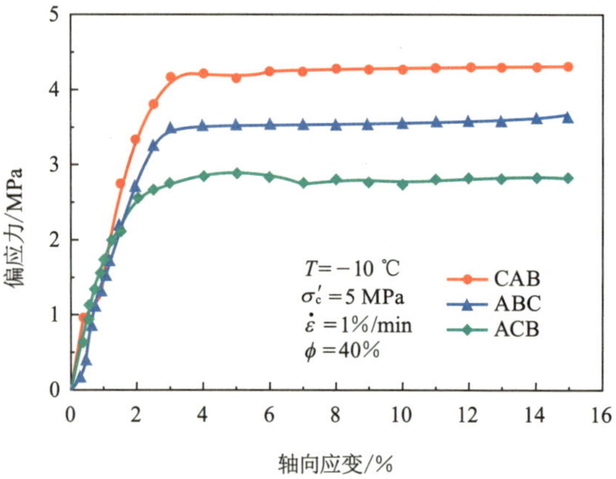

(a) 倾角为0°

图3-3-14 不同倾角、不同物层顺序的沉积物试样的应力-应变曲线

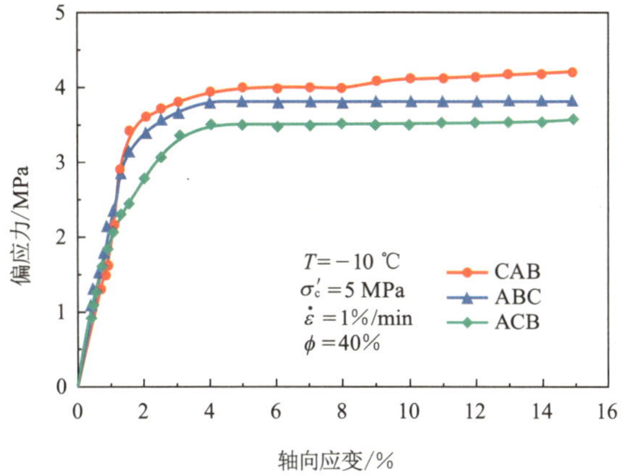

(b) 倾角为10°

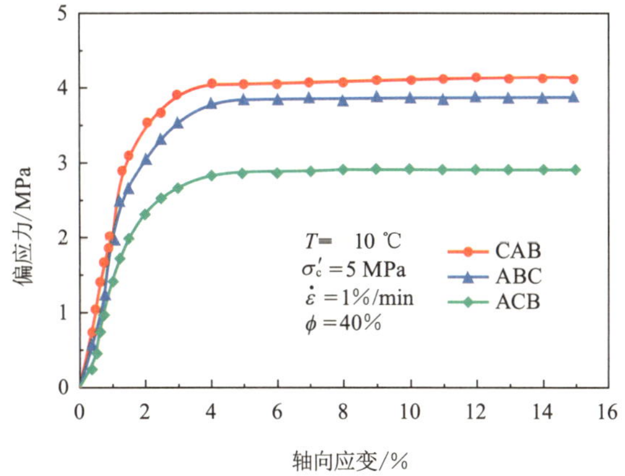

(c) 倾角为25°

图 3-3-14(续)　不同倾角、不同物层顺序的沉积物试样的应力-应变曲线

积物试样的破坏强度与物层顺序关系曲线。由图 3-3-15 可知，当物层倾角分别为 0°，10°，25°时，试样的破坏强度随物层顺序按 ACB，ABC，CAB 依次增大。前文已述，A，B，C 分别代表的是含冰甲烷水合物、高岭土和前两者的混合物。从图 3-3-15 中曲线的变化趋势可以看出，在倾角一定的条件下，当纯高岭土层位于试样中部时，试样的破坏强度大于其他两个物层位于中部时试样的破坏强度，而纯甲烷水合物层位于试样中部时，试样的破坏强度高于纯高岭土层位于中部时试样的破坏强度。通过有关学者的研究可知，甲烷水合物的存在增强了试样中颗粒与颗粒之间的胶结作用，进而使试样强度增大，并且在同等条件下甲烷水合物饱和度增大，试样强度增大[9]。当纯甲烷水合物层靠近试样中部时，该物层上、下两个面分别与混合物层和高岭土层接触，此种情况下甲烷水合物颗粒与土颗粒形成胶结结构的概率要大于高岭土层位于中部时的概率，因为 A 与 C 接触时形成胶结结构的概率大于 B 和 C 接触时形成胶结结构的概率。此外，高岭土层与水合物层接触时形成胶结结构的概率大于混合物层与水合物层接触时形成胶结结构的概率，因此高岭土层位于中部时试样的强度大于混合物层位于中部时试样的强度。由本小节实验可以推测：出现上述试样破坏强度按 ACB，ABC，CAB 的物层顺序依次增大的现象是由于甲烷水合物层或高岭土层的位置向中

部调整可使甲烷水合物颗粒获得更多与土颗粒形成胶结结构的机会，从而增大了试样的抗剪强度。

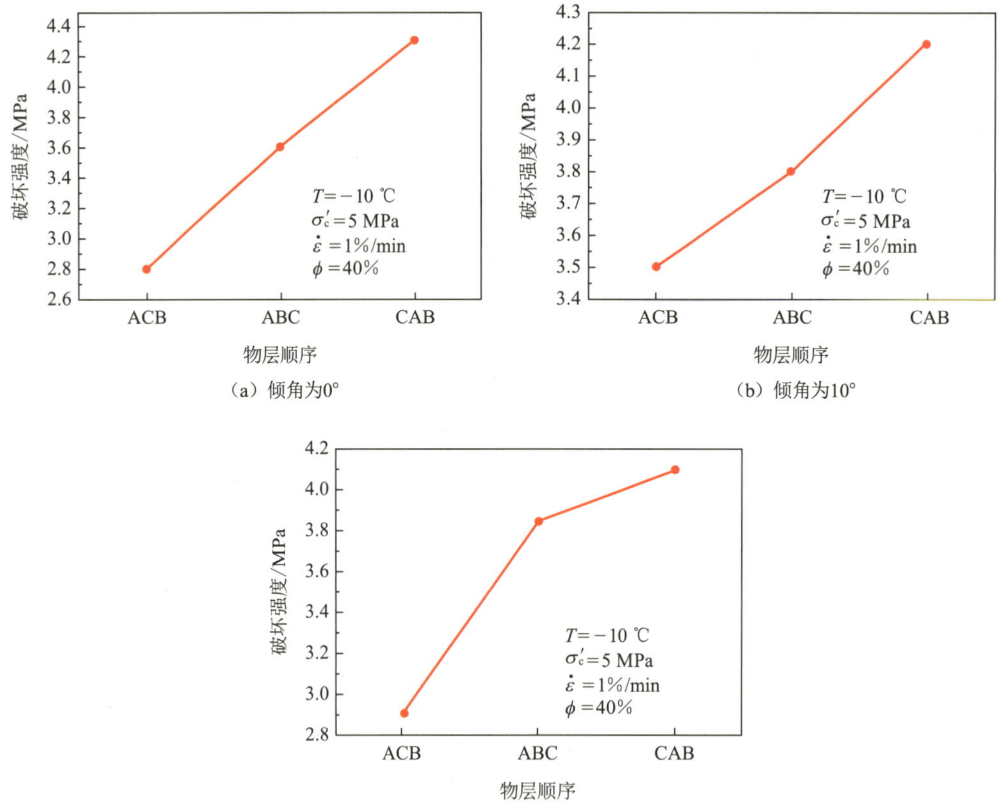

(a) 倾角为0°　(b) 倾角为10°　(c) 倾角为25°

图 3-3-15　不同倾角、不同物层顺序的沉积物试样破坏强度与物层顺序的关系

当高岭土层处在试样中部时，在它与其他两个物层接触面处，甲烷水合物颗粒与土颗粒均有形成胶结结构的机会，且比混合物层处于同样位置时接触面形成胶结结构的机会多。当纯水合物层位于中部时，由于水合物饱和度较高，在两个接触面处甲烷水合物颗粒与土颗粒形成胶结结构的概率大于前两种物层顺序时的胶结结构的形成概率，因此出现了图3-3-15 所示的曲线变化趋势，即试样的强度按照 ACB，ABC，CAB 的顺序依次增大。

3.4　土质对天然气水合物沉积物强度特性的影响研究

我国天然气水合物主要分布在青藏高原、祁连山冻土区及大兴安岭地区等地，天然气水合物埋藏在千米之内，埋藏深度相对较浅，具有良好的开采前景[16]。天然气水合物沉积层土质包括砂、黏土、泥岩、砾岩等。水合物层下部以粗粉砂为主，黏土含量较少；水合物层中部砂含量相对降低，黏土含量相应增加；水合物层上部黏土含量较多，砂含量较少。随着水合物层深度的增加，沉积物中的砂和黏土呈现明显的负相关性。本节开展了含砂量分别为

0%,25%,50%,75%,100%试样的三轴压缩实验。多位学者对钻井获取的天然气水合物天然岩芯进行了孔隙度分析,测试发现沉积层中天然气水合物沉积物孔隙度的大致范围为20%～95%[17-19],因此本实验试样的孔隙度选定为 60%。

3.4.1　实验设备和实验方法

3.4.1.1　实验设备

本实验采用的是大连理工大学自主研发并搭建的适用于测试天然气水合物及其沉积物力学特性的 DDW-600 天然气水合物低温高压三轴静力学实验仪。DDW-600 天然气水合物低温高压三轴静力学实验仪已申请国家发明专利,并获得授权。图 3-4-1 和图 3-4-2 分别为 DDW-600 天然气水合物低温高压三轴静力学实验仪的实物图和系统图。

图 3-4-1　DDW-600 天然气水合物低温高压三轴静力学实验仪实物图

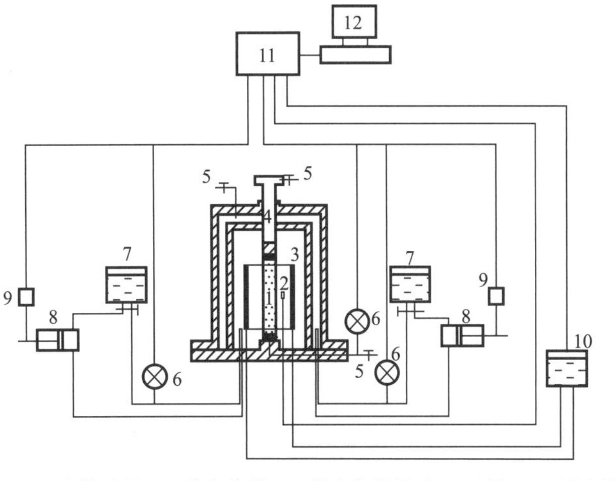

1—试样;2—温度传感器;3—热交换器;4—轴向负荷单元;5—阀门;6—压力传感器;
7—液压油箱;8—液压泵;9—电机;10—恒温水浴;11—数据采集系统;12—计算机。

图 3-4-2　DDW-600 天然气水合物三轴静力学实验仪系统图

DDW-600 天然气水合物低温高压三轴静力学实验仪由轴向伺服加载系统、内外围压伺服加载系统、低温控制系统和计算机数据采集系统四大部分组成。该装置的系统参数和特征如下。

1）轴向伺服加载系统

轴向伺服加载系统包括轴向加载活塞、液压油源、液压作动器、伺服阀、力传感器、位移传感器以及德国进口电驱动测控器等。液压油源由电机、液压泵、油箱、滤油器、控制阀等组成。力传感器和位移传感器分别用于测量试样的轴向应力和应变。轴向伺服加载系统的主要性能参数为：① 轴向最大试验力，600 kN；轴向试验力的精度，±0.5%。② 轴向变形量程，20 mm 可控；应变速率，0.001～5 mm/min；变形精度，优于±1%F.S。

2）内外围压伺服加载系统

内外围压伺服加载系统包括三轴压力室、内外围压压力传感器、内外围压液压泵、松下交流伺服电机和德国进口数字伺服控制器（EDC）等。三轴压力室由外罩筒、内罩筒、导轨、小车、底座组成，这种结构形式可以保证轴向加载的稳定性、控制的精确性、测量的准确性和操作的简便性。内外围压液压泵用于给三轴压力室内外腔充入液压油，为水合物沉积物试样提供内外围压，它采用内外双压力室，其优点在于保证内压力室内外基本没有压差，从而避免内压力室的液压油外泄以及压力室变形。内外围压伺服加载系统的主要性能参数为：围压最大试验力，600 kN；精度，±0.5%。

3）低温控制系统

低温控制系统包括恒温浴、热交换器、温度传感器和冷库等。采用恒温槽来提供冷源，通过低温循环液来控制三轴压力室内液压油的温度，进而控制水合物沉积物试样的温度。同时，考虑到天然气水合物随环境温度升高极易分解的特性，本系统的所有装置都放置在冷库中，通过调节冷库温度使整个系统环境温度为－10 ℃。低温控制系统的主要性能参数为：温度控制范围，－30～25 ℃，覆盖了海底及冻土区水合物层的温度范围；精度，±0.3 ℃。

4）计算机数据采集系统

计算机数据采集系统主要包括计算机、德国进口 EDC、荷载传感器、温度传感器、位移传感器和孔压传感器等。在水合物沉积物试样进行压缩实验的过程中，荷载传感器、位移传感器、温度传感器和孔压传感器接收到的模拟信号传输到 EDC 中进行数据处理得到数字信号，数字信号传入计算机后由 MCGS 软件进行数据显示和储存。实验控制软件操作简单，适用于各种操作系统，实验数据可以导入 Word 和 Excel 等多种文件格式中。

3.4.1.2 实验材料

实验的主要材料为冰粉、高岭土、石英砂和甲烷气。

冰粉采用去离子水冷冻后研磨成颗粒状。相较于常规天然气水合物合成方法，采用甲烷气和去离子水冷冻后制成的冰粉合成天然气水合物具有成本低、操作简单和生成时间相对较短等优点。同时，蓬松的冰粉颗粒平铺在反应釜中，大大提高了冰粉颗粒与甲烷气之间的接触面积，从而能够获得较高饱和度的天然气水合物。

高岭土是一种广泛存在于冻土区天然气水合物层的黏土介质[20]，其成分、含量（质量分数）见表 3-4-1。高岭土的相对密度为 2.6，可使用激光粒度分析仪对其粒径分布进行分析。

表 3-4-1　高岭土成分

成　分	SiO_2	Al_2O_3	Fe_2O_3	CaO	MgO	Na_2O	MnO	K_2O	其　他
含量/%	52	35	1.5	2.6	1.0	0.1	0.13	1.3	6.37

石英砂也是一种存在于冻土区天然气水合物层的砂土介质[20]，其成分、含量(质量分数)及粒径分布见表 3-4-2 和图 3-4-3、图 3-4-4。石英砂的相对密度为 2.63，可采用激光粒度分析仪对其粒径分布进行分析。

表 3-4-2　石英砂成分

成　分	SiO_2	Al_2O_3	Fe_2O_3	CaO	MgO	NaO	其　他
含量/%	96	0.8	0.9	0.3	0.6	1.2	0.2

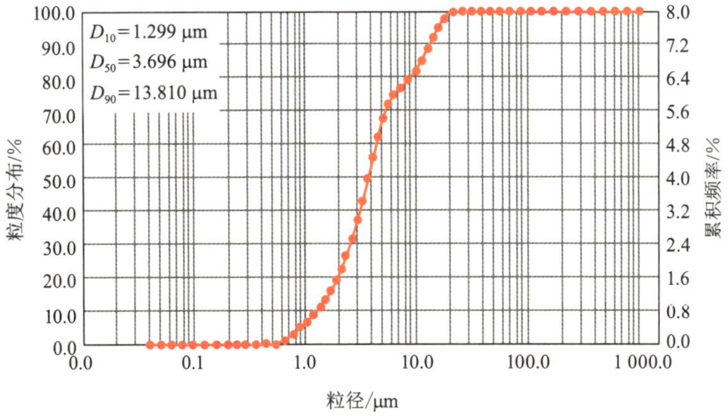

图 3-4-3　高岭土的粒径分布曲线

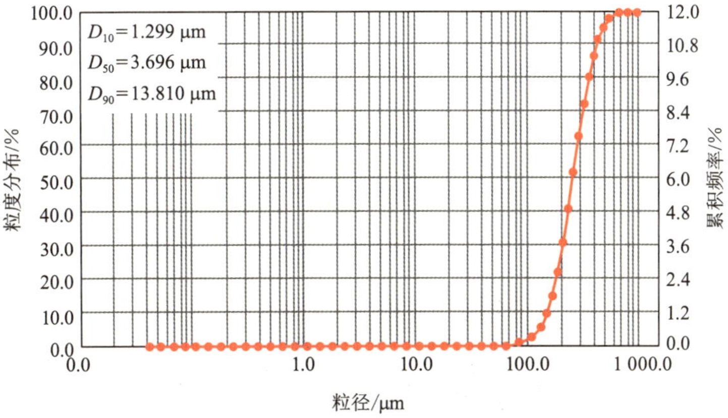

图 3-4-4　石英砂的粒径分布曲线

3.4.1.3　实验方法与步骤

1）冰粉的制备

将去离子水在 −10 ℃的冰箱内冻结 24 h，然后将冻结冰取出并在冷库内(−10 ℃)用碎冰机粉碎,再用 60 目过滤筛过滤,获取粒径为 250 μm 左右的冰粉颗粒。

2) 含冰粉水合物的制备

首先称取一定质量的 250 μm 冰粉并将其平铺于高压反应釜内,然后使用真空泵将该系统抽真空,接着通过气体泵向反应釜内注入高纯度甲烷气体,控制压力为 8 MPa ,再将整个反应釜放置在-10 ℃的冰箱内维持 72 h,生成天然气水合物。生成反应结束后,使含冰天然气水合物分解,利用分解前后样品质量的变化量计算水合物饱和度。在本实验中,水合物饱和度一直控制在 30%左右。每次含冰粉水合物制备都严格按照上述实验步骤进行。

3) 水合物沉积物试样的制备

图 3-4-5 和图 3-4-6 为本实验所采用的天然气水合物沉积物试样制备装置。试样制备过程如下:首先,将高岭土和石英砂按照含砂量 0%,25%,50%,75%和 100% 5 种比例配成砂土混合物,接着按照试样尺寸计算所需的含冰粉水合物质量及砂土混合物质量,再将水合物与砂土混合物按一定体积比混合;其次,去除模具的灰尘和水,并在模具表面均匀涂抹润滑剂,然后按顺序依次组装模具和套筒,在试样上下部放入透水石,同时为了保证沉积物和垫片之间不留有空隙,将沉积物的上表面整理成平面,减少凹凸;再次,将天然气水合物沉积物试样制备装置在冷库中(-10 ℃)冷却,防止在沉积物试样制备过程中由于环境温度较高而导致水合物分解;最后,将试样在 10 MPa 轴向荷载条件下压制成圆柱形试样(φ50 mm×100 mm)。试样制备完成后,在冷库内将试样脱模取出,并用修土刀修平各个平面的毛刺,然后记录试样的质量、高度、直径等参数。

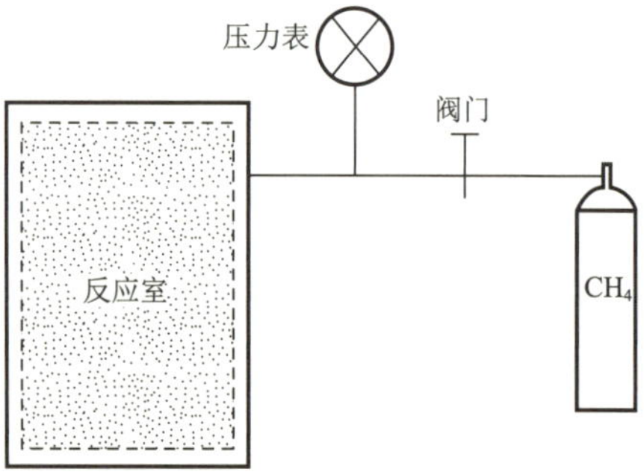

图 3-4-5 水合物制备装置

图 3-4-6 试样制备装置

4）三轴实验步骤

实验开始前首先用冷库进行温控，并设置到指定的实验温度；然后按照上面所述天然气水合物沉积物试样的制备方法制备试样；试样制备成功后将其从制备装置中取出，并在试样的上、下各放一个压垫，整体套上乳胶膜，随后将整体放入三轴压力室内，通过内外围压加载系统向三轴实验仪提供所需的内外围压；接着用低温控制系统进行控温，精确控制三轴试样室中的水合物沉积物试样的实验温度；最后通过三轴仪软件设置试样的基本参数和实验参数（直径、高度、应变速率和围压），利用应变速率控制三轴压缩进程，待试样轴向应变达到 20 mm 时停止，保存实验数据。至此，实验结束。

3.4.1.4　实验内容

对甲烷水合物沉积物进行含砂量为 0%，25%，50%，75% 和 100%，应变速率为 1.0%/min，温度为 −2 ℃，−5 ℃和 −8 ℃，围压为 1 MPa，2.5 MPa 和 4 MPa 的三轴压缩实验（表 3-4-3）。这里所提到含砂量为 0%的试样是由水合物纯高岭土试样压制而成的，不含石英砂；含砂量为 100%的试样是由水合物纯石英砂试样压制而成的，不含高岭土。为了保证实验的重复性和准确性，相同工况下的三轴实验至少重复一次。

表 3-4-3　甲烷水合物沉积物三轴压缩实验参数选取

含砂量/%	孔隙度 ϕ/%	温度 T/℃	围压 σ_3/MPa	应变速率 $\dot{\varepsilon}$ /(%·min^{-1})	实验次数
0	60	−5	1,2.5,4	1	6
25	60	−5	1,2.5,4	1	6
50	60	−5	1,2.5,4	1	6
75	60	−5	1,2.5,4	1	6
100	60	−5	1,2.5,4	1	6
0	60	−2,−5,−8	2.5	1	6
25	60	−2,−5,−8	2.5	1	6
50	60	−2,−5,−8	2.5	1	6
75	60	−2,−5,−8	2.5	1	6
100	60	−2,−5,−8	2.5	1	6

3.4.2　甲烷水合物沉积物强度特性分析

3.4.2.1　应力-应变曲线特性分析

图 3-4-7 和图 3-4-8 分别为甲烷水合物沉积物在不同含砂量、不同温度和不同围压下的应力-应变曲线。由图可以看出，在整个压缩过程中，随着应变的增加，甲烷水合物沉积物的变形明显为弹塑性变形。参考于峰等[9]对甲烷水合物沉积物应力-应变曲线的分析，本实验中水合物沉积物的变形可分为应变强化型和应变软化型。对于本节的甲烷水合物沉积物三

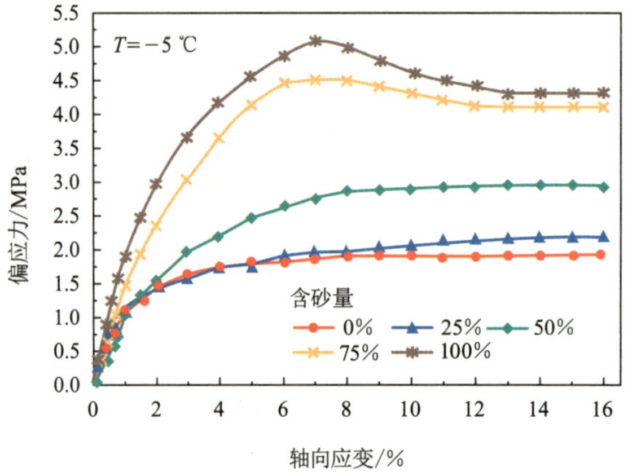

(a) 围压为1 MPa

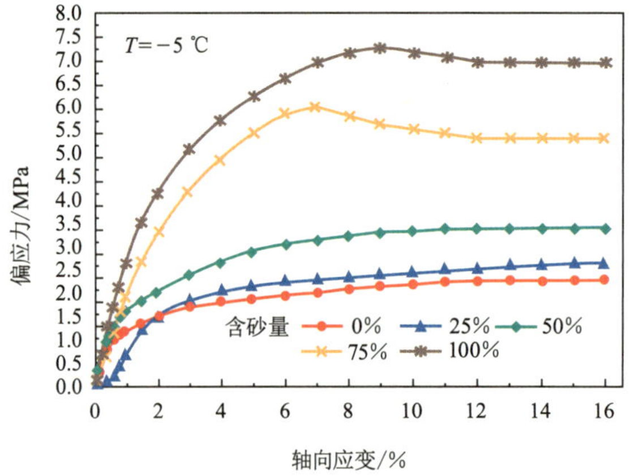

(b) 围压为2.5 MPa

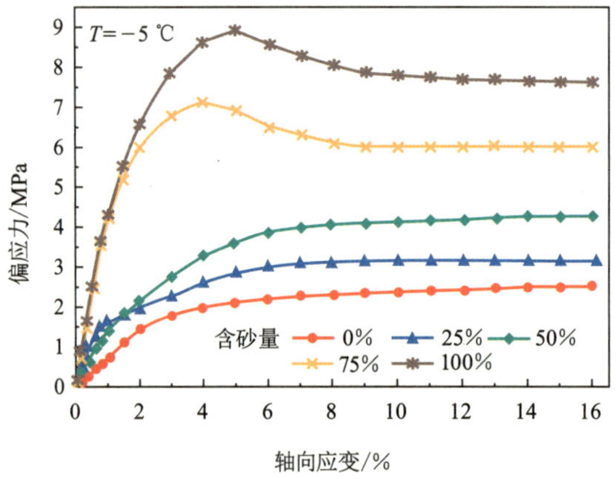

(c) 围压为4 MPa

图 3-4-7 不同围压下甲烷水合物沉积物的应力-应变关系

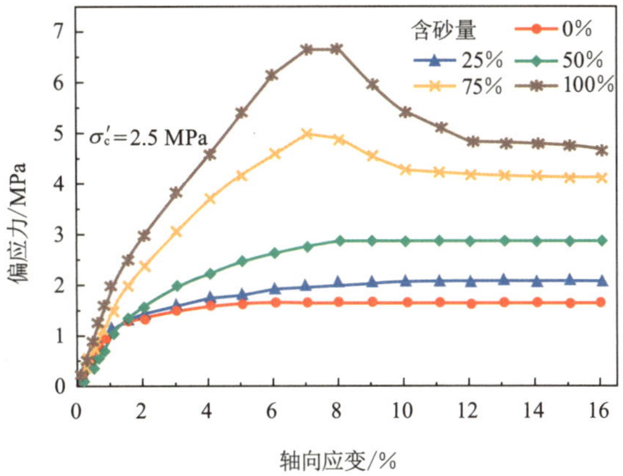

(a) 温度为−2 ℃

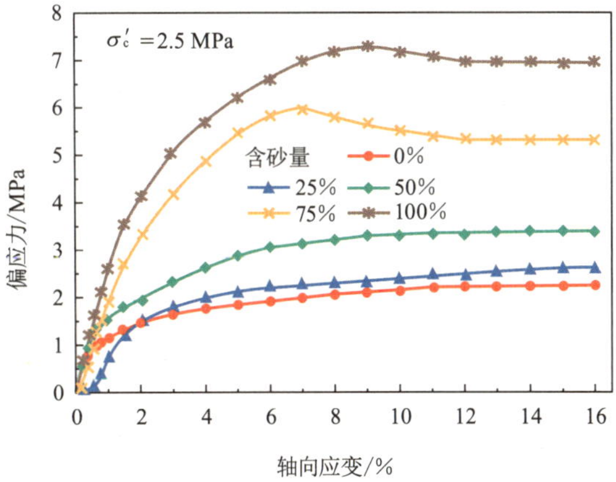

(b) 温度为−5 ℃

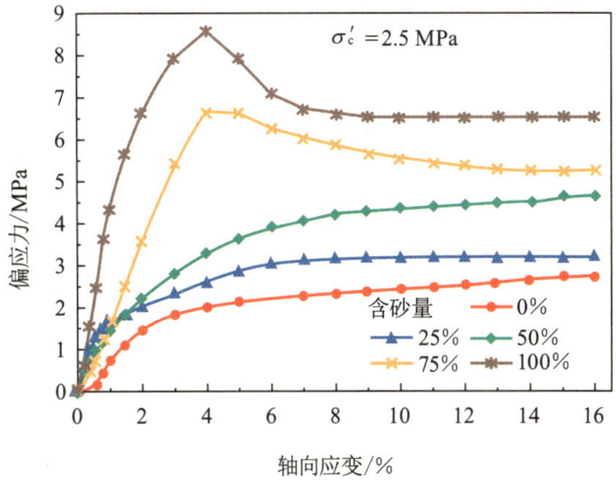

(c) 温度为−8 ℃

图 3-4-8　不同温度下甲烷水合物沉积物的应力-应变关系

轴压缩实验，当试样处于相同围压和温度条件下时，不同含砂量下的应力-应变曲线呈现不同的形态：在曲线的起始阶段，试样处于弹性变形阶段，应力-应变曲线基本呈线性变化；随着试样应变的增大，偏应力线性增加。而后，随着含砂量的增加，试样应力屈服后的应力-应变曲线由应变强化型转为应变软化型。其中，含砂量为 0%，25%和 50%时试样的应力-应变曲线为应变强化型，即试样随着应变的增加，应力一直呈现增加的趋势，应力-应变曲线没有峰值；而含砂量为 75%和 100%时试样的应力-应变曲线则为应变软化型，即试样在加载过程中具有较为明显的应力峰值。另外，温度的升高或降低对不同含砂量下的甲烷水合物沉积物的应力-应变曲线没有明显的改变。

上述趋势主要是因为含砂量为 0%，25%和 50%时，试样以黏土为主，以砂为辅，试样在三轴剪切过程中沉积物颗粒越压越紧密，表现为剪缩破坏，因此试样的应力-应变曲线呈现硬化特征。而含砂量增加到 75%后，试样的土质则由砂决定，如 Winters 和 Masui 等研究的砂质沉积物的应力-应变关系。随着含砂量的增加，沉积物应力-应变曲线呈现不同的形态，这主要是由于本实验的砂土及冰粉混合沉积物处于压密状态，沉积物颗粒紧密排列，试样三轴剪切时一部分沉积物颗粒受剪越过其他颗粒时需要克服较大的咬合作用力，试样加载中期及达到屈服点后表现出较大的峰值强度，而且峰值应力点附近的塑性变形也尤为突出。而随着应变的增加，试样越过峰值强度后，试样的内部结构变得松弛，抗剪能力急剧下降，从而出现软化现象。

3.4.2.2 温度和含砂量对甲烷水合物沉积物强度的影响

图 3-4-9 为不同温度下孔隙度为 60%的甲烷水合物沉积物破坏强度 σ_m 随含砂量 α 的变化关系。在相同的含砂量下，随着温度的降低，σ_m 是逐渐增大的。这主要是因为沉积物在相对较低的温度下仍然存在着一定数量的未冻水，液态水在沉积物颗粒剪切过程中起润滑的作用，削弱了沉积物试样剪切过程中的摩擦力，进而降低了沉积物试样的破坏强度。而随着温度的降低，沉积物中的液态水逐渐转化为固态冰，固态冰的增多既能够增加沉积物颗粒间的胶结力，又能够充当试样的骨架分担试样的外部荷载，从而能够提高沉积物试样的破坏强度。

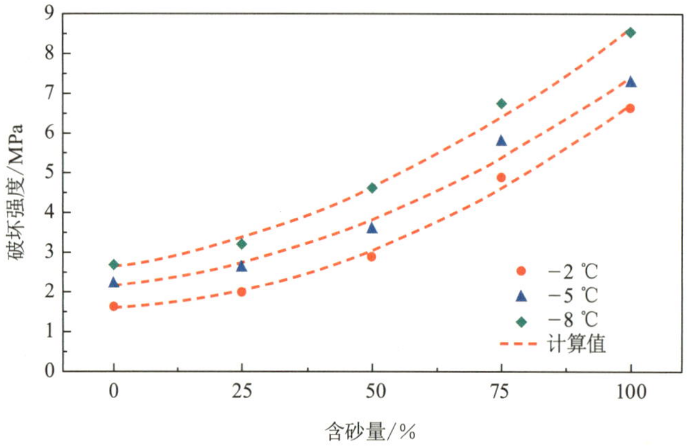

图 3-4-9 不同温度下沉积物试样的破坏强度与含砂量的关系

由图 3-4-9 中的曲线还可以看到，随着含砂量的增加，相同温度下的 σ_m 是逐渐增大的，且不同温度下 σ_m 的增加趋势基本一致；但是在不同含砂量区段，σ_m 随含砂量的变化率存在着一些差别。随着含砂量的增加，σ_m 的变化率逐渐增加，即当含砂量从 50%变化到 75%

时，σ_m 随含砂量增加的变化率要大于含砂量从 0%变化到 50%的工况；而当含砂量从 75%变化到 100%时，σ_m 随含砂量增加的变化率要小于含砂量从 50%变化到 75%的工况。含砂量引起甲烷水合物沉积物破坏强度的差异在于：甲烷水合物沉积物是由土或砂颗粒、水合物沉积物颗粒和冰颗粒三者胶结而成的，其中砂或土是沉积物的土质基体。从微观角度来看，水合物沉积物试样的剪切破坏主要体现为剪切面上土质基体颗粒与水合物颗粒间的胶结受到剪切应力的破坏，基体颗粒受剪切而产生滑动；当含砂量为 0%时，沉积物土质是由高岭土来承担剪切应力；当含砂量从 25%变化到 75%时，沉积物土质剪切应力由高岭土颗粒与石英砂颗粒两者共同承担，当高岭土较多、石英砂较少时，高岭土是沉积物的主要土质基体，而当高岭土较少、石英砂较多时，石英砂是沉积物的土质基体，因此，随着含砂量的增加，土体的剪切应力由高岭土作为承担主体过渡到由石英砂颗粒作为承担主体。另外，在相同密实度条件下，由于砂颗粒比黏土颗粒坚硬得多，而颗粒越坚硬，颗粒强度越高，抗剪强度越大，所以在同等工况下下，含砂颗粒量越多的沉积物试样的破坏强度就越大。

对各实验点进行曲线拟合，不同温度下孔隙度为 60%的甲烷水合物沉积物的破坏强度 σ_m 随含砂量 α 的变化关系可用以下多项式方程表示：

$$\begin{cases}\sigma_m = A_1\sigma_c'^2 + B_1\sigma_c' + C_1 \\ \sigma_m = A_1 e^{B_1\alpha}\end{cases} \tag{3-4-1}$$

式中，A_1，B_1 和 C_1 为相关参数，随温度的变化而取不同的值；σ_c'为有效围压。表 3-4-4 为 A_1，B_1 和 C_1 在不同温度下的值。

表 3-4-4　不同温度下式(3-4-1)中 A_1，B_1 和 C_1 的值

温度/°C	A_1	B_1	C_1
−2	4.563 0	0.600 1	1.609 6
−5	3.936 9	1.350 9	2.166 7
−8	3.945 5	2.120 6	2.611 5

3.4.2.3　围压和含砂量对甲烷水合物沉积物强度的影响

由图 3-4-10 可以看出，在相同含砂量下，随着围压的升高，σ_m 是逐渐增大的。该现象表明，在 0～4 MPa 低围压下，围压的增大能够有效地抑制甲烷水合物沉积物试样的应变软化。甲烷水合物沉积物试样的破坏强度是由水合物颗粒强度、冰颗粒强度和土颗粒间的摩擦力以及各种颗粒间的相互作用共同决定的。在较低围压下，甲烷水合物沉积物试样处于压实状态，围压的增加抑制了压实过程中孔隙和裂隙的生成与发育，因此，沉积物颗粒间的咬合力逐渐增强，从而增加了沉积物试样的强度。李洋辉等[10]的研究结果表明，水合物沉积物在小围压下存在着围压增强效应，与本实验的结果基本一致。

由图 3-4-10 中曲线还可以看出，在相同温度下，随着含砂量的增大，σ_m 是逐渐增大的，且不同围压下 σ_m 的增长趋势基本一致。但是在不同的含砂量区段，σ_m 随含砂量的变化率存在着一些差别。随着含砂量的增加，即当含砂量从 0%变化到 100%时，σ_m 的变化率是逐渐增大的。从实验结果也可以看出，含砂量对水合物沉积物强度的影响存在一定的差异。分析认为，砂颗粒本身的抗剪强度要高于黏土颗粒，砂颗粒骨架结构的强度要强于黏土骨

架，随着含砂量的增加，沉积物骨架由黏土骨架占主导作用逐渐转变为由砂颗粒占主导作用，因此沉积物的破坏强度随着含砂量的增加而增加。另外，当含砂量较小，即小于 50% 时，砂颗粒在高岭土内部是悬浮结构的，黏土颗粒可以包裹部分砂粒，在砂粒表面形成一层膜，砂颗粒只充当了加筋作用，这样就阻止了砂颗粒之间的接触和摩擦，因此水合物沉积物破坏强度提高得不大。

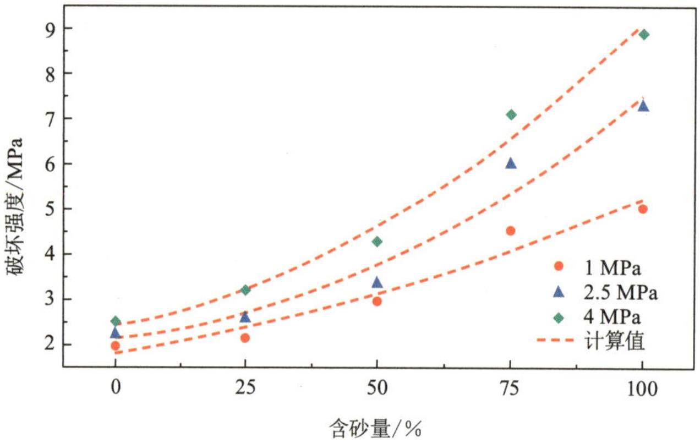

图3-4-10　不同围压下甲烷水合物沉积物试样破坏强度与含砂量的关系

对各实验点进行曲线拟合，不同围压下 ϕ60 mm 的甲烷水合物沉积物的破坏强度 σ_m 随含砂量 α 的变化关系可用以下多项式方程表示：

$$\begin{cases}\sigma_m = A_2\sigma_c'^2 + B_2\sigma_c' + C_2 \\ \sigma_m = A_2 e^{B_2\alpha}\end{cases} \tag{3-4-2}$$

式中，A_2，B_2 和 C_2 为有关参数，随围压的变化而取不同的值。表 3-4-5 为 A_2，B_2 和 C_2 在不同围压下的值。

表 3-4-5　不同围压下式(3-4-2)中 A_2，B_2 和 C_2 的值

有效围压/MPa	A_2	B_2	C_2
1	1.545 8	1.873 3	1.832 4
2.5	4.165 5	1.202 4	2.155 2
4	4.631 2	2.074 9	2.437 2

3.4.2.4　莫尔-库仑破坏准则分析甲烷水合物沉积物的破坏强度

根据上文介绍的莫尔-库仑破坏准则，沉积物的黏聚力 c 主要是土颗粒间通过与水合物颗粒接触而形成的相互吸引力和胶结力；沉积物的内摩擦角 φ 主要由内摩擦强度决定，内摩擦强度主要是由沉积物颗粒间相互滑动摩擦及镶嵌作用产生的阻力，其大小由沉积物的颗粒直径、颗粒表面粗糙度和沉积物压缩密实度等决定。对甲烷水合物沉积物来说，它的抗剪强度主要是甲烷水合物颗粒和土颗粒之间的黏聚力及摩擦力的综合作用。

根据甲烷水合物沉积物常规三轴实验结果，得到在含砂量 α 分别为 0%，25%，50%，

75%和 100%下甲烷水合物沉积物的莫尔圆及包络线，如图 3-4-11 所示，从中可以获取不同含砂量下的甲烷水合物沉积物的黏聚力和内摩擦角(表 3-4-6)。另外，对不同含砂量下甲烷水合物沉积物的黏聚力和内摩擦角随含砂量 α 的变化关系(图 3-4-12)进行拟合，可得：

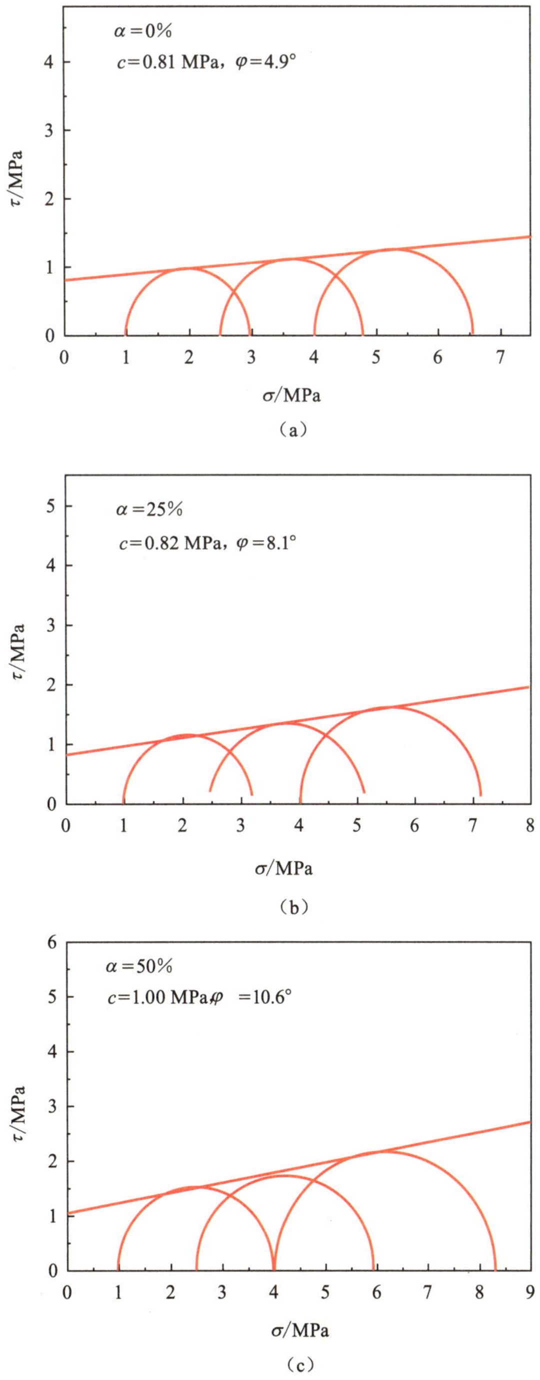

图 3-4-11　甲烷水合物沉积物的莫尔圆及其包络线

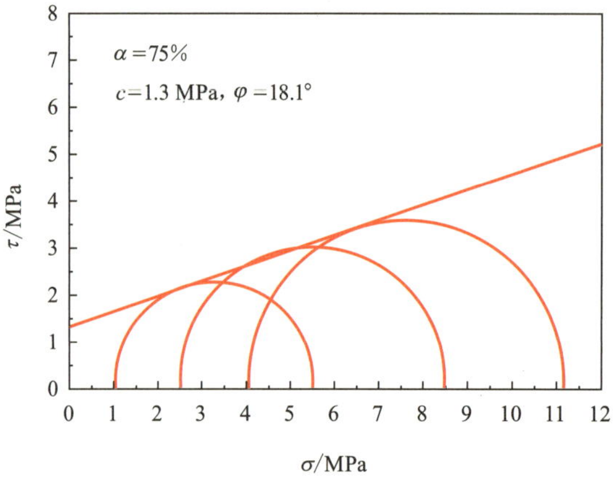

(d)

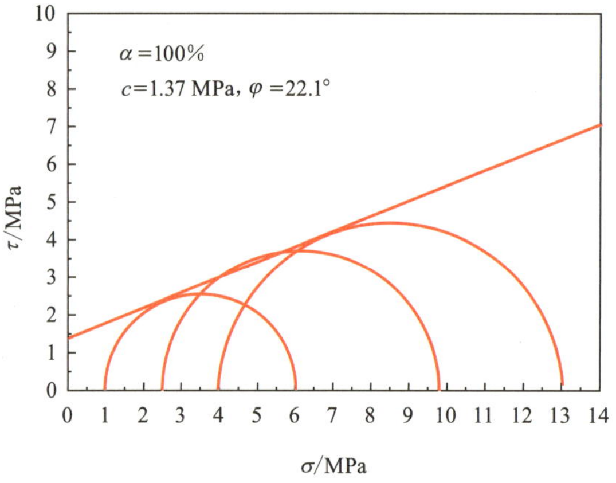

(e)

图 3-4-11(续)　甲烷水合物沉积物的莫尔圆及其包络线

表 3-4-6　甲烷水合物沉积物在不同含砂量时的黏聚力和内摩擦角

含砂量/%	c/MPa	φ/(°)
0	0.81	4.9
25	0.82	8.1
50	1.00	10.6
75	1.30	18.1
100	1.37	22.1

$$c = 2.1333\alpha^3 + 3.4743\alpha^2 - 0.781\alpha + 0.8143 \tag{3-4-3}$$

$$\varphi = 17.76\alpha + 3.88 \tag{3-4-4}$$

由表 3-4-6 可以看到,水合物沉积物的黏聚力已经达到 MPa 级,但变化不是很大,随着含砂量的增加,水合物沉积物的黏聚力略有增加。长期的实验研究指出:黏土的黏聚力大约在 kPa 级,砂土的黏聚力为 0。另外,黏聚力随温度的降低而增加,冻结黏土和冻结砂土的黏聚力增加到了接近MPa级;随着水合物的生成,甲烷水合物颗粒与砂土颗粒间的黏聚力

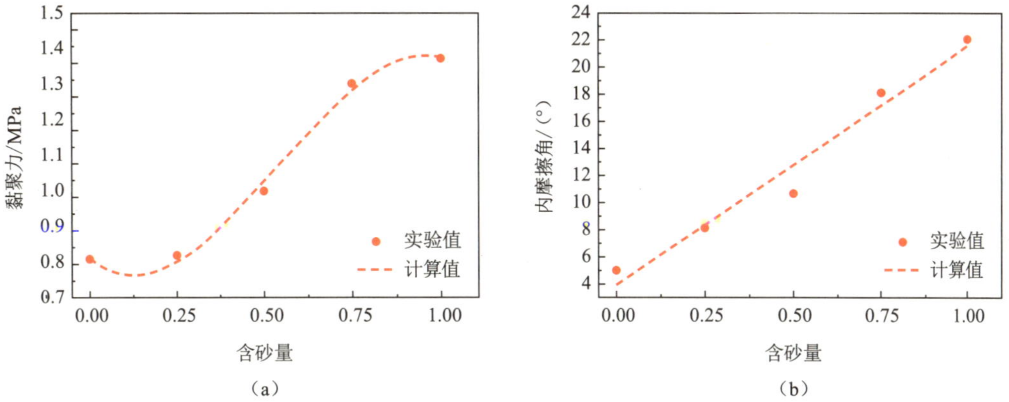

图 3-4-12　甲烷水合物沉积物试样的黏聚力和内摩擦角与含砂量的关系

增强，因而甲烷水合物黏土沉积物和甲烷水合物砂质沉积物的黏聚力都急剧增加，达到了 MPa 级，而且甲烷水合物砂质沉积物比甲烷水合物黏土沉积物的黏聚力大一些。这一结果与 Yun 等[21]的研究结论一致。因此，黏聚力的略微增加也间接地增大了甲烷水合物沉积物的破坏强度。

由表 3-4-6 还可以发现，当含砂量为 0%时，黏土水合物沉积物的内摩擦角很小，没有超过 30°。而当含砂量增加后，内摩擦角一直增加，最终达到 100%砂质水合物沉积物的 30°左右。沉积物的内摩擦角主要取决于沉积物颗粒的粗糙程度，它与沉积物颗粒成分、性质、形状等因素有关。在相同工况下，随着沉积物试样中砂颗粒含量的增加，颗粒之间的摩擦由黏土颗粒间的摩擦逐渐转化为砂颗粒之间的摩擦。因为黏土颗粒表面较光滑，而砂颗粒表面粗糙且棱角分明，砂颗粒间的粗糙程度大于黏土颗粒，所以通常来说砂的内摩擦角要远大于黏土的内摩擦角。因此，随着砂含量的增加，沉积物试样的内摩擦角呈增长的趋势。

3.5　小　结

(1) 水合物沉积物力学实验结果表明，我国南海海洋土水合物沉积物与高岭土水合物沉积物的应力-应变曲线关系保持一致，并且力学强度值相似。同时，对海洋土以及高岭土的物性分析及粒径分析结果也基本一致。依据三轴实验结果与粒径分析数据，验证了实验室采用高岭土代替南海水合物储层内砂土并进行水合物沉积物力学特性实验的可靠性。结果表明，在海洋土样品有限的条件下，采用类似成分及粒度分布的替代材料进行力学特性研究是可行的。

(2) 对比海洋土水合物沉积物与海洋土-冰粉混合物的三轴实验结果，分析了水合物颗粒与土颗粒之间的胶结作用对沉积物强度的增强效应，结果表明胶结作用对试样强度的增强效应随着围压的升高越发明显；基于莫尔-库仑准则的强度分析表明，水合物颗粒与土颗粒、冰颗粒之间的胶结作用对海洋土沉积物试样力学强度的增强效应主要表现为试样内部颗粒之间内摩擦角的增大。

(3) 对海洋土水合物沉积物初步进行了分解力学实验，结果表明水合物分解前后海洋土水合物沉积物的应力-应变曲线形态基本保持一致，但是水合物的分解造成了海洋土水合物沉积物力学强度的显著降低，且围压越低，海洋土水合物沉积物的强度降低的幅度越显著。

(4) 利用南海神狐海域水合物岩芯重塑了南海天然气水合物沉积物并研究了其强度及变形特性，建立了水合物饱和度与重塑天然气水合物沉积物强度参数的线性关系。南海重塑天然气水合物沉积物弹性模量和强度随宿主颗粒平均粒径减小和团聚结构变化而下降；水合物饱和度的增大提高了重塑天然气水合物沉积物的强度，饱和度约为 30%的重塑天然气水合物沉积物的强度较纯沉积物提高了约 50%；莫尔-库仑准则分析表明，黏聚力增加是重塑天然气水合物沉积物强度增加的主要原因，当水合物饱和度约为 30%时，沉积物的黏聚力增幅在 10 倍以上。

(5) 主要针对互层型甲烷水合物沉积物开展不同水合物层倾角、不同围压下的互层型甲烷水合物沉积物试样的三轴剪切实验。不同围压、不同倾角下试样的三轴剪切应力-应变曲线基本呈现相同的变化趋势，即随着试样轴向应变的增大，试样的偏应力先增大后减小再增大，约在 3%和 7%轴向应变处分别出现偏应力峰值和谷值。应力-应变曲线大致可以分成 4 个阶段：近似弹性变形阶段、一次应变硬化阶段、试样软化阶段和二次应变硬化阶段。在低围压(5 MPa 以下)下，试样的强度与围压正相关；在高围压(5 MPa 以上)下，试样的强度与围压负相关。通过莫尔-库仑分析，得到不同倾角试样的黏聚力和内摩擦角，发现 10°倾角试样的黏聚力最小，且各个试样的内摩擦角差别不大，均在 10°～11°之间；比较试样强度与倾角的关系可以发现，10°倾角试样的强度最小且最容易被破坏。

(6) 开展了不同围压、不同水合物层厚度下互层型甲烷水合物沉积物三轴剪切实验。根据实验结果建立了不同围压下试样强度与水合物层厚度的拟合公式，同时计算了各个试样的黏聚力和内摩擦角，给出了黏聚力与水合物层厚度之间的数学关系式。试样内摩擦角的变化不大，最大与最小相差不超过 0.6°。

(7) 开展了不同物层排列顺序下的互层型甲烷水合物沉积物三轴剪切实验。由实验结果分析可见，在同等工况下，纯甲烷水合物层位于试样中部时，试样的抗剪强度最大，因为此时甲烷水合物与土颗粒之间形成胶结结构的概率最大，所以试样也就更稳定且不易被破坏。

(8) 在不同温度(−2 ℃，−5 ℃和−8 ℃)和不同围压(1 MPa，2.5 MPa 和 4 MPa)下甲烷水合物沉积物的应力-应变曲线都呈现不同的形态；在曲线的起始阶段试样处于弹性变形阶段，应力-应变曲线基本呈现线性变化；随着沉积物试样应变的逐渐增大，应变对应的偏应力呈线性增加。而后，随着含砂量的增加，试样应力屈服后的应力-应变曲线由应变强化型转化为应变软化型。

(9) 在相同的温度和围压下，随着含砂量的增加，σ_m 逐渐增大，且与不同温度和不同围压下的 σ_m 的增长趋势基本一致。对甲烷水合物沉积物来说，砂颗粒作为骨架承担沉积物上部荷载的能力要高于黏土骨架，因此沉积物的抗剪强度随着含砂量的增加而增加。另外，建立了不同温度和不同围压下甲烷水合物沉积物破坏强度与含砂量的数学关系式。

(10) 随着含砂量的增加，沉积物试样的黏聚力和内摩擦角都有一些增长。黏土颗粒表面较光滑，而砂颗粒表面粗糙且棱角分明，因而砂颗粒间的粗糙程度大于黏土颗粒。随着含砂量的增加，黏土颗粒间的摩擦逐渐转化为砂颗粒之间的摩擦，因此沉积物试样的内摩擦角随着含砂量的增加而增大。另外，建立了甲烷水合物沉积物黏聚力及内摩擦角与含砂量的数学关系式。

参考文献

[1] 王静丽，梁金强，宗欣，等. 南海北部神狐海域天然气水合物差异性分布的控制因素[J]. 海洋地质前沿，2015(1)：24-30.

[2] 孙志高，樊栓狮，郭开华，等. 天然气水合物分解热的确定[J]. 分析测试学报，2002(21)：7-9.

[3] 于锋. 甲烷水合物及其沉积物的力学特性研究[D]. 大连：大连理工大学，2011.

[4] WINTERS W J, PECHER I A, WAITE W F, et al. Physical properties and rock physics models of sediment containing natural and laboratory-formed methane gas hydrate[J]. American Mineralogist, 2004, 89(8-9)：1221-1227.

[5] PRIEST J A, CLAYTON C R I, REES E V L. Potential impact of gas hydrate and its dissociation on the strength of host sediment in the Krishna-Godavari Basin[J]. Marine and Petroleum Geology, 2014, 58：187-198.

[6] PRIEST J A, HAYLEY J L, SMITH W E, et al. PCATS triaxial testing：Geomechanical properties of sediments from pressure cores recovered from the Bay of Bengal during expedition NGHP-02[J]. Marine and Petroleum Geology, 2019, 108：424-438.

[7] MASUI A, HANEDA H, OGATA Y, et al. Effects of methane hydrate formation on shear strength of synthetic methane hydrate sediments[C]. Seoul：The Fifteenth International Offshore and Polar Engineering Conference, 2005.

[8] HYODO M, HAKATA Y, YOSHIMOTO N, et al. Basic research on the mechanical behavior of methane hydrate-sediments mixture[J]. Journal of the Japanese Geotechnical Society, 2005, 45(1)：75-85.

[9] YU F, SONG Y C, LI Y H, et al. Analysis of stress-strain behavior and constitutive relation of methane hydrate-bearing sediments with various porosity[J]. International Journal of Offshore & Polar Engineering, 2011, 21(4)：316-322.

[10] 李洋辉，宋永臣，于锋，等. 围压对含水合物沉积物力学特性的影响[J]. 石油勘探与开发，2011(5)：637-640.

[11] 李洋辉，宋永臣，刘卫国，等. 温度和应变速率对水合物沉积物强度影响试验研究[J]. 天然气勘探与开发，2012, 35(1)：50-53.

[12] 栾锡武，赵克斌，OBZHIROY A，等. 鄂霍次克海浅表层天然气水合物的勘查识别和基本特征[J]. 中国科学：地球科学，2008, 38(1)：99-107.

[13] 祝有海，张永勤，文怀军，等. 祁连山冻土区天然气水合物及其基本特征[J]. 地球学报，2010(1)：7-16.

[14] SONG Y C, YU F, LI Y H, et al. Mechanical property of artificial methane hydrate under triaxial compression[J]. Journal of Energy Chemistry, 2010, 19(3)：246-250.

[15] 陈云飞. 冻土区天然气水合物沉积物强度特性研究[D]. 大连：大连理工大学，2014.

[16] 吴青柏，程国栋. 多年冻土区天然气水合物研究综述[J]. 地球科学进展，2008, 23(2)：111-119.

[17] FRANCISCA F, YUN T S, RUPPEL C, et al. Geophysical and geotechnical properties of near-seafloor sediments in the northern Gulf of Mexico gas hydrate province[J]. Earth & Planetary Science Letters, 2005, 237(3-4)：924-939.

[18] KONNO Y, OYAMA H, NAGAO J, et al. Numerical analysis of the dissociation experiment of naturally occurring gas hydrate in sediment cores obtained at the Eastern Nankai Trough, Japan[J]. Ener-

gy Fuels,2010,24:6353-6358.

[19] LI G,LI X S,CHEN Q,et al. Numerical simulation of gas production from gas hydrate zone in Shenhu Area,South China Sea[J]. Acta Chimica Sinica,2010,68(11):1083-1092.

[20] 庞守吉,苏新,杨旭,等. 祁连山冻土区天然气水合物科学钻探试验井中侏罗统的沉积学特征[J]. 地质通报,2011,30(12):1829-1838.

[21] YUN T S,SANTAMARINA J C,RUPPEL C. Mechanical properties of sand,silt,and clay containing tetrahydrofuran hydrate[J]. Journal of Geophysical Research Solid Earth,2007,112(B4):B04106.

第 4 章
天然气水合物沉积物动力学特性

天然气水合物以胶结物的形式存在于沉积物颗粒之间的孔隙中，对沉积物的稳定性和强度有一定的贡献，当水合物沉积物受到扰动（如海底地震、波浪）时，会引起水合物的分解，导致沉积物颗粒间胶结强度降低，大大劣化了沉积物的力学特性，进而造成海底地基失稳，甚至引起地质灾害。因此，在对天然气水合物沉积物开展静力学特性研究的基础上，有必要对其动力学特性也展开系统研究工作，从而分析天然气水合物沉积物在动荷载作用下的变形及强度变化规律。为了对水合物沉积物动力学特性进行完整的分析，除了需要动强度实验数据之外，还需要进行动模量实验，以补充水合物沉积物动模量的数据。本章通过开展水合物沉积物动三轴实验，研究获取了水合物沉积物动模量值以及最大动弹性模量随围压、温度、孔隙度及动应变的变化规律；通过模拟地震荷载作用，开展了水合物沉积物动强度三轴实验研究。

4.1　天然气水合物沉积物动强度特性研究

针对国内外极少开展水合物沉积物动强度特性研究的现状，依据合理的工程背景，通过简谐加载方式等价模拟地震荷载作用，开展水合物沉积物动三轴实验研究。本实验研究获取了动强度随围压、温度、孔隙度及应力幅值的变化规律；通过莫尔-库仑准则，揭示了温度及孔隙度对沉积物动强度的影响机理。按照 Alba 提出的方法[1]，可将随机变化的地震波简化为等效的谐波，谐波的等效循环次数 N_e 根据地震的烈度确定（7 度、7.5 度、8 度时分别为 10 次、20 次、30 次），频率为 1～2 Hz。依据冻土动强度的研究文献，实际工程中作用于土体的地震剪应力等效为不同振次与周期的谐波的动剪应力，并且以选定的破坏标准判断土体是否破坏。

动强度实验内容具体如下：选择单向动三轴实验，施加选定的等向压力对试样进行固结；采用正弦波（频率 1 Hz）循环应力，在垂直轴向施加动荷载 $\pm\sigma_d$（最大轴向荷载为 P_{max}，最小轴向荷载为 P_{min}），根据试样的静强度，在 45°斜面上产生动剪应力 $\tau_d=\pm\sigma_d/2$，而侧向围压保持不变；按照《地基动力特性测试规范》（GB/T 50269—2015），采用应变破坏标准[2]将土样在静偏应力作用下的轴向应变与在振动应力作用下的累积应变之和的 10%作为试样破坏标准。

动强度实验过程为：在 3 种温度和 3 种围压（表 4-1-1）下，对 27 个相同的重塑试样进行实验；在每种温度下分别做 3 种围压的动强度实验；在同一种温度和同一种围压下，需要对

3个试样分别施加大小不同的动应力，且均采用频率为1 Hz的正弦波，在每级正弦波荷载作用下直到试样产生20%的应变为止；在上述实验条件下，首先改变试样围压进行上述实验，然后改变试样温度重复做上述3种围压条件的实验，最后改变试样孔隙度重复做上述3种围压条件的实验，实验数量总计36组。

动强度实验具体工况见表4-1-1。为了模拟天然气水合物沉积物受到地震荷载的作用并测试其动强度，本章的研究均对试样采用等压固结方式，在垂直方向上施加等幅值正弦波循环应力（σ_{d1}，σ_{d2}，σ_{d3}），频率均为1 Hz，在每级正弦波荷载作用下一直到试样产生20%的变形为止[1,3]。

表4-1-1　动强度实验工况

孔隙度/%	温度/℃	围压/MPa	固结比	动荷载/MPa
40	−5	0.5，1，2	$K_c=1$	σ_{d1}，σ_{d2}，σ_{d3}
	−3			
	−1			
80	−5			

4.1.1　动应力-应变曲线

为了模拟地震荷载作用，将随机地震波简化为轴向的等效正弦波[1,3]，在此基础上对天然气水合物沉积物开展大量的动强度实验，实验中所施加的等幅值正弦波循环应力幅值是根据静强度实验结果确定的[4,5]。根据动强度实验结果，获取了36组动应力-应变曲线，如图4-1-1所示。

如图4-1-1所示，在加载初始阶段，天然气水合物沉积物试样的偏应力随着轴向应变的增加迅速增大，在达到所设定的最大轴向荷载之前，动应力-应变曲线形式和先前进行的静三轴压缩实验结果保持一致[4]。当轴向荷载达到动三轴实验设定的最大值时，试样开始受到正弦波的振动荷载作用。

从图4-1-1中还可以看出，在围压较低的条件下，试样受到正弦波荷载作用之后，首先被压缩，随着应变的进一步增大，试样将受到剪切破坏，这一现象在围压较低的情况下越发明显。上述实验结果表明，围压越低，水合物沉积物在动三轴实验中越容易受到剪切破坏。这是因为在较低围压水平条件下进行三轴实验时，围压越高，试样内部的颗粒运动需要克服的摩擦阻力越大，并且翻越相邻的颗粒时需要消耗的能量越多，因此这从一定程度上限制了试样内部裂纹的增长，进而提高了试样的强度[6]；另外，水合物的胶结作用随着围压的升高而增强，这也在一定程度上表明围压越高，试样越难受到破坏[4]。

将试样受到振动荷载作用时的动应力-应变曲线放大，如图4-1-2所示。由图可以看到，天然气水合物沉积物试样在轴向上受到正弦波循环应力荷载，且动荷载幅值在整个实验过程中保持稳定不变，同时可以观测到明显的滞回圈。

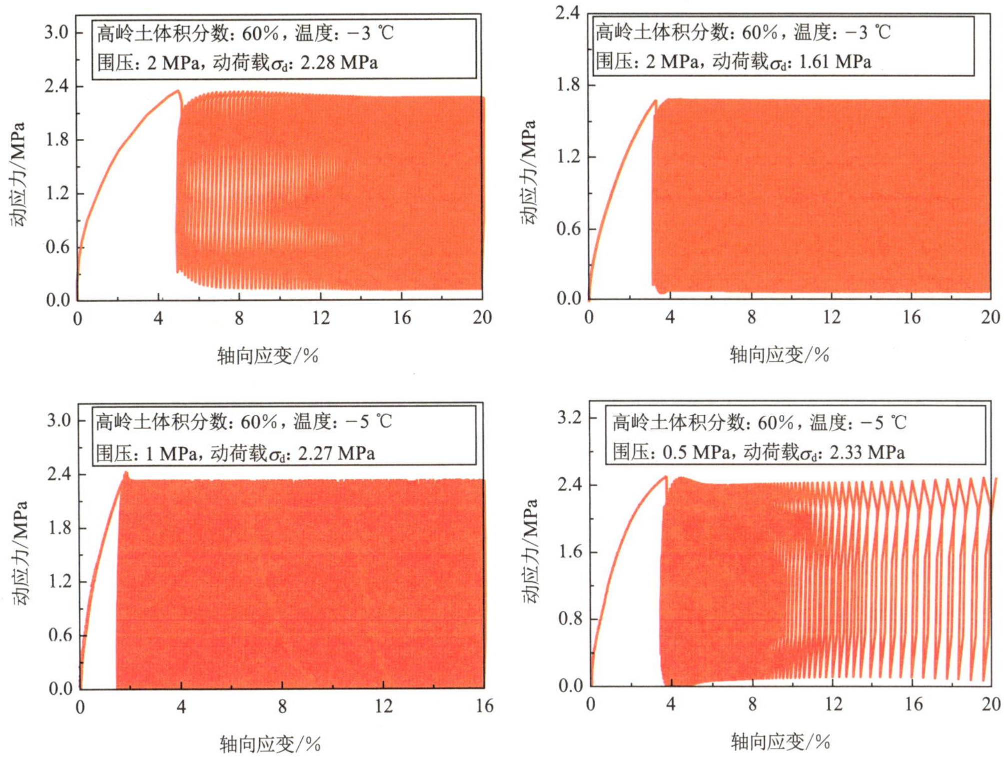

图 4-1-1　天然气水合物沉积物动应力-应变曲线

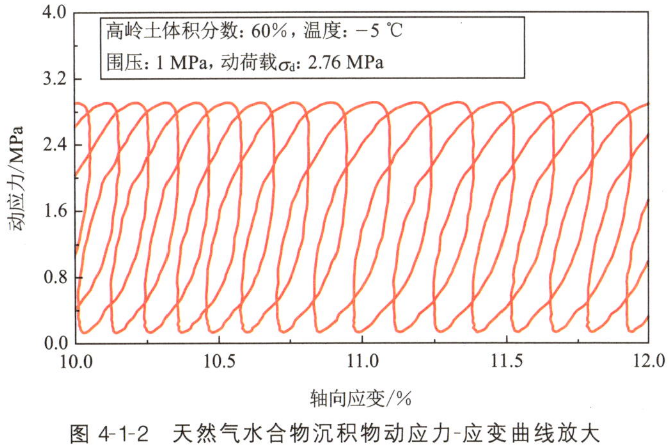

图 4-1-2　天然气水合物沉积物动应力-应变曲线放大

4.1.2　动应变-振动次数曲线

基于动应力-应变曲线，研究获取了天然气水合物沉积物在各动强度实验工况下的振动次数，以振动次数 N 的对数值($\lg N$)为横坐标，以动应变为纵坐标，绘制动应变-振动次数曲线，如图 4-1-3 所示。本小节研究了基于动应变与振动次数关系下的天然气水合物沉积物在动荷载作用下的轴向变形特性，并分析了振动幅值对起始动应变的影响。

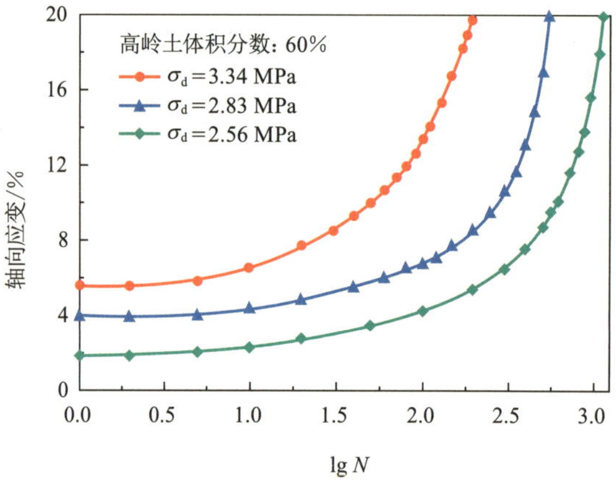

（a）孔隙度60%，温度−5 ℃，围压2 MPa

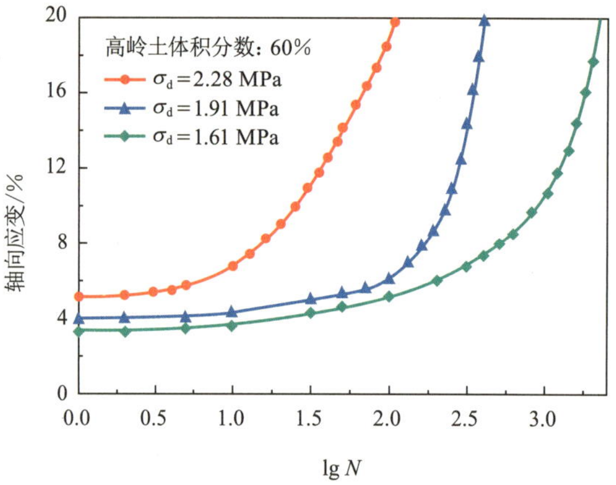

（b）孔隙度60%，温度−3 ℃，围压2 MPa

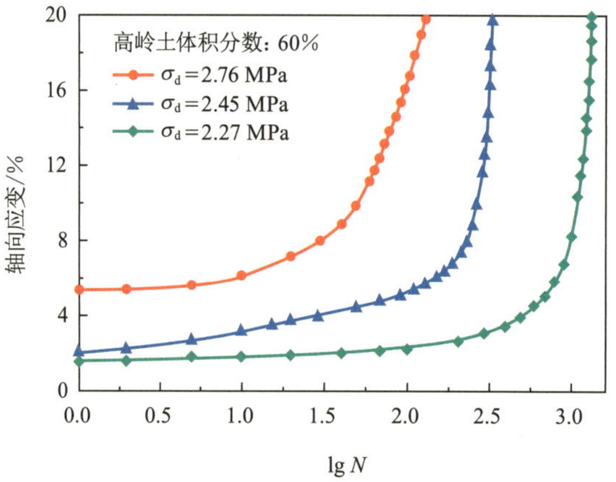

（c）孔隙度60%，温度−5 ℃，围压1 MPa

图 4-1-3　动应变随振动次数变化曲线

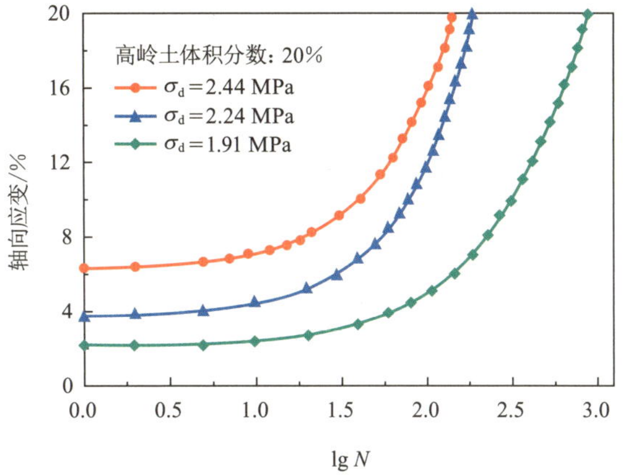

（d）孔隙度20%，温度−5 ℃，围压1 MPa

图 4-1-3(续)　动应变随振动次数变化曲线

由图 4-1-3 不难看出，动应变-振动次数曲线表现为 3 个阶段[7]：最初是振动初始阶段，这一阶段应变增加得较为缓慢，表明水合物颗粒和土颗粒经过了压密的过程；之后随着振动次数的逐渐增加，动应变增加的速度逐渐加快，表明试样开始逐渐受到剪切变形的影响；最后随着振动次数的进一步增加，试样受到的变形迅速增大，振动进入了破坏阶段。

在相同的围压、温度、孔隙度条件下，随着振动幅值的增大，初始动应变逐渐增加。更大的振动幅值标志着更大的偏应力。通过研究静应力-应变曲线发现[4,5]，在压缩初始阶段，偏应力越大，应变越大，初始动应变随着振动幅值的增大而增大。

4.1.3　动强度曲线

将试样轴向累计应变之和达到 10%时作为破坏标准[8]，依据上述实验数据，将应变 10%处所对应的振动次数取以 10 为底的对数作为横坐标，将对应的动强度作为纵坐标，绘制动强度曲线，结果如图 4-1-4 所示。

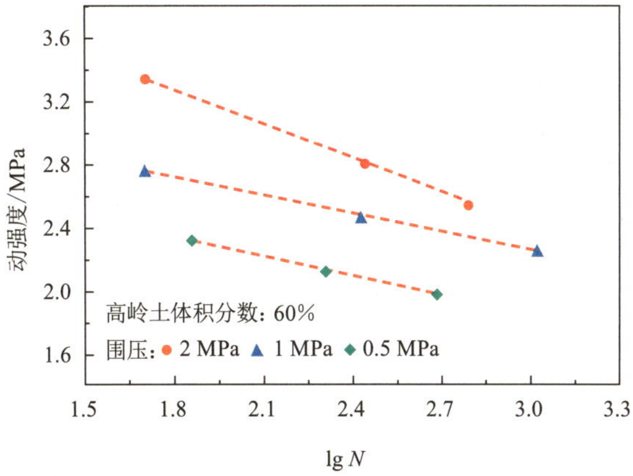

（a）孔隙度40%，温度−5 ℃

图 4-1-4　水合物沉积物动强度-振动次数曲线

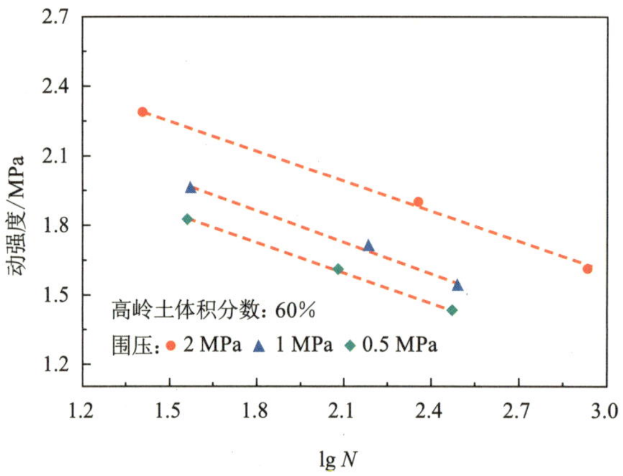

(b) 孔隙度40%，温度−3 ℃

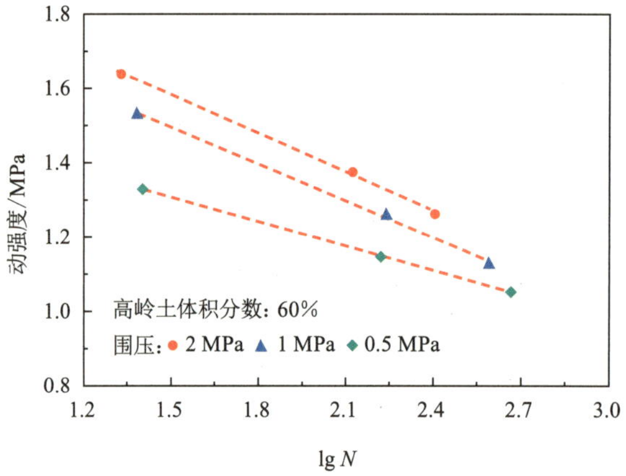

(c) 孔隙度40%

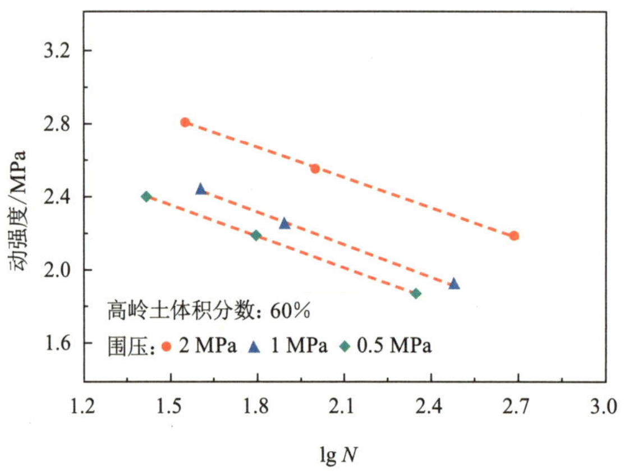

(d) 孔隙度80%，温度−5 ℃

图 4-1-4(续) 水合物沉积物动强度-振动次数曲线

由图 4-1-4 可以看出：动强度对天然气水合物沉积物试样的破坏振动次数影响显著，它与破坏振动次数之间近似呈线性关系。在相同围压条件下，随着动强度的减小，天然气水合物沉积物试样达到同样的破坏应变处(10%)所需要的振动次数增加。在同样的动应力条件下,当天然气水合物沉积物试样达到同样的破坏应变(10%)时,高围压条件下沉积物试样所需的振动次数多于较低围压条件下的振动次数,换句话说就是围压越低,天然气水合物沉积物受到地震荷载作用时越容易受到破坏。

4.1.4　温度、围压及孔隙度对天然气水合物沉积物动强度的影响

为了更好地理解温度、围压及孔隙度等参数对天然气水合物沉积物动强度的影响,基于动态三轴实验获取的动强度曲线,选取破坏振动次数 $N=20$ 条件下对应的动强度值进行分析。正弦振动频率为 1 Hz 且等效破坏振动次数 N_e 为 20 次对应的工况等效于 7.5 级地震的动加载效果[1,3]。本实验中,天然气水合物沉积物的动强度($N=20$ 时)随温度、围压及孔隙度的变化曲线如图 4-1-5 及图 4-1-6 所示。

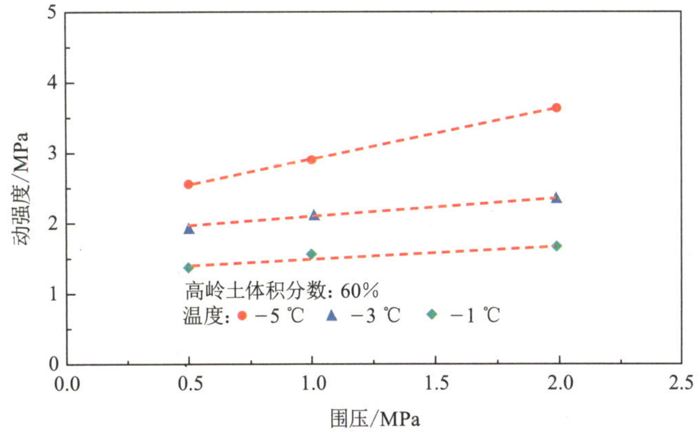

图 4-1-5　N= 20 条件下动强度随温度、围压的变化曲线

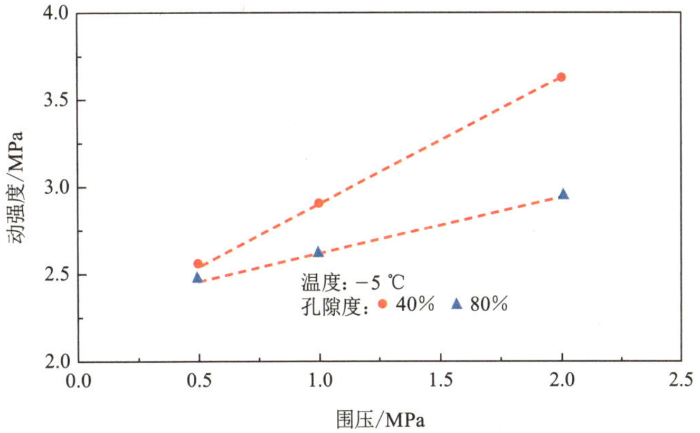

图 4-1-6　N= 20 条件下动强度随孔隙度、围压的变化曲线

由图 4-1-5 可知,在相同的破坏振动次数条件下,水合物沉积物动强度随围压的增大而增大、随温度的升高而减小,这与温度、围压对水合物静强度的影响效果一致[5]。此外,从图中还可以看出,在温度相对较低的情况下,动强度随围压的升高而增大的速度略

有升高。

由图 4-1-6 可知，水合物沉积物的动强度随着孔隙度的增大而减小。先前的研究结果表明，水合物沉积物的强度主要取决于土体骨架结构[9]，孔隙度越高，表明土体含量越少，土体结构性越差，因此水合物沉积物的动强度随着孔隙度的增加而减小。此外，如图 4-1-6 所示，围压越大，40%孔隙度试样与 80%孔隙度试样两者的动强度之间的差距越大，也就是说，试样的动强度随孔隙度的增加而降低这一趋势在高围压下更为显著。

4.1.5 黏聚力与内摩擦角

针对破坏振动次数 $N=20$ 条件下水合物沉积物特定的动强度值，根据莫尔-库仑准则，绘制了水合物沉积物动莫尔应力圆及强度包络线，如图 4-1-7 所示。由莫尔应力圆及强度包络线可以计算出相应的动黏聚力及动内摩擦角数据。

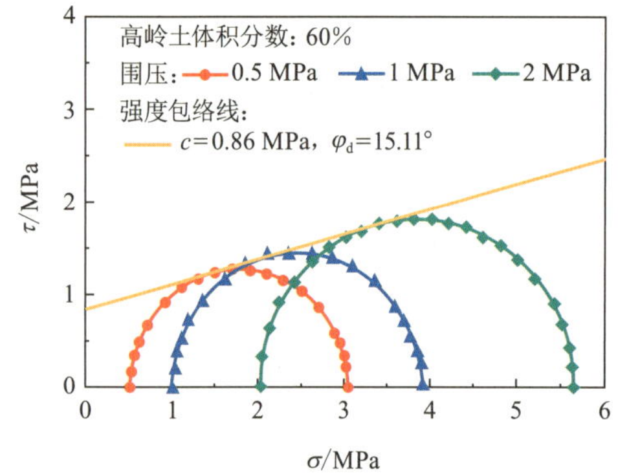

(a) 孔隙度60%，温度−5 ℃

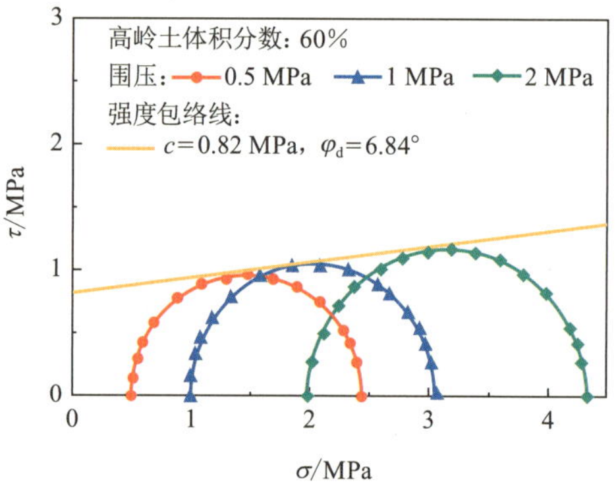

(b) 孔隙度40%，温度−3 ℃

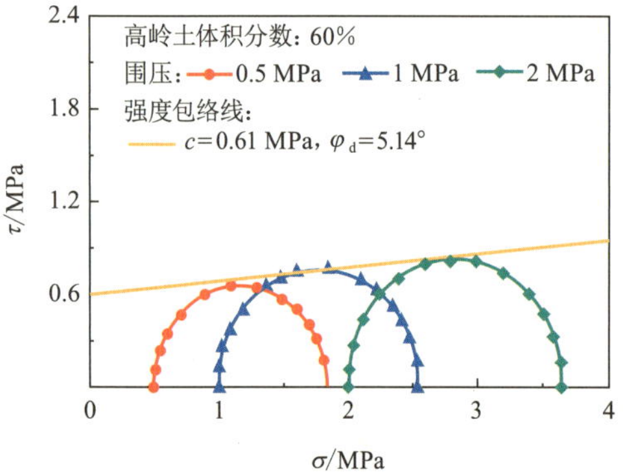

(c) 孔隙度40%，温度−1 ℃

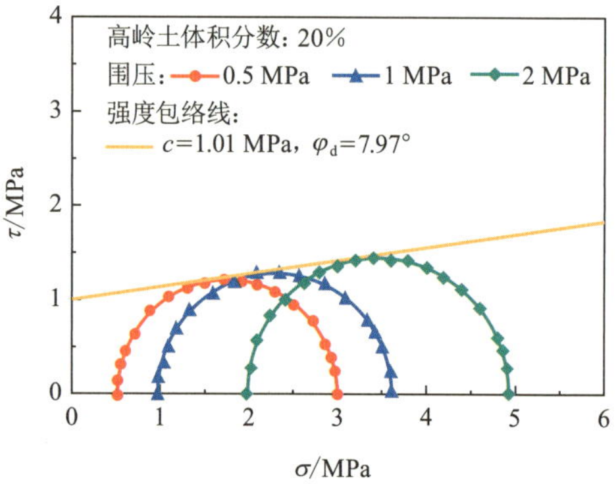

(d) 孔隙度80%，温度−5 ℃

图 4-1-7　动莫尔应力圆及强度包络线

基于动莫尔应力圆及强度包络线下相应的天然气水合物沉积物试样的动黏聚力与动内摩擦角数据见表 4-1-2。

表 4-1-2　动黏聚力和动内摩擦角

孔隙度/%	温度/℃	动黏聚力/MPa	动内摩擦角/(°)
40	−5	0.86	15.11
	−3	0.82	6.84
	−1	0.61	5.14
80	−5	1.01	7.97

由表 4-1-2 可知，温度升高导致水合物沉积物动黏聚力和动内摩擦角显著降低，当温度从−5 ℃升高至−3 ℃时，动内摩擦角从 15.11°降低至 6.84°，而当温度从−3 ℃升高至−1 ℃时，动黏聚力从 0.82 MPa 降低至 0.61 MPa。温度对水合物沉积物动强度的影响机制为：温度的升高降低了试样内部的动黏聚力与动内摩擦角，从而引起沉积物试样动强度的下降。这是因为温度越高，沉积物中水合物颗粒越不稳定，其与土颗粒之间的胶结作用减弱，并且温度越高，试样中未冻水含量越多，试样中未冻水的润滑作用降低了水合物沉积物试样中的摩擦阻力。

此外，如表 4-1-2 所示，当试样孔隙度由 40%增长到 80%时，其动黏聚力从 0.86 MPa 增加至 1.01 MPa，而动内摩擦角从 15.11°减小到 7.97°。实验结果表明，水合物沉积物的动强度会随孔隙度的增加而降低，结合动黏聚力和动内摩擦角数据的变化可以发现，尽管孔隙度的增大会增强水合物沉积物的动黏聚力，但是孔隙度的改变对水合物沉积物动强度产生影响的主要表现是试样动内摩擦角的变化。我们知道，在三轴实验过程中，水合物沉积物试样内部的颗粒之间需要克服摩擦阻力才能产生滑移、旋转等运动，从而使试样发生变形。而颗粒之间的内摩擦角数值越高，意味着颗粒之间的相对运动需要克服的摩擦阻力就越大，因此试样就越难剪切变形，最终表现为强度的增加。综上，孔隙度对水合物沉积物动强度的影响主要体现为孔隙度会改变试样的动内摩擦角。

4.2　天然气水合物沉积物动模量特性研究

动强度实验是在轴向维持等幅正弦循环荷载，直至达到破坏应变。不同于动强度实验，动模量实验是在同一级固结压力下进行 10 级左右的动荷载实验，即第一级动荷载实验达到预定破坏振动次数后，使孔隙压力消散并再次固结，然后进行下一级实验。动强度实验和动模量实验都采用等压固结，在不排水条件下施加动荷载，分别获取动应力-应变曲线及应变滞回圈加以分析。动模量实验工况见表 4-2-1，共计 12 组实验，孔隙度、温度、围压以及固结比与动强度实验的取值一致。本实验中水合物沉积物的孔隙度为 40%与 80%，温度范围设置为−5～−1 ℃，相应的实验围压仍为有效围压值，代表水合物沉积层上覆土体的压力，每一个试样均施加 8～12 级动荷载，试样在每一级动荷载下振动 23 次。

表 4-2-1　动模量实验工况

孔隙度/%	温度/℃	围压/MPa	固结比	动荷载级数	振动次数
40	−5	0.5,1,2	$K_c=1$	8～12	23
	−3				
	−1				
80	−5				

4.2.1　应力-应变曲线

与上一节的动强度实验加载方式一致，本实验中对天然气水合物沉积物试样施加轴向的等效正弦波，在此基础上对天然气水合物沉积物试样开展大量的动模量实验。实验中所施加的等幅值正弦波循环应力的幅值大小由之前静强度实验结果所确定[4,5]。

本实验研究依然采用混合制样法，以高岭土和冰粉水合物为原料，制取天然气水合物沉积物试样。根据水合物沉积物动模量实验结果，研究获取了动应力-应变曲线，如图 4-2-1 所示。

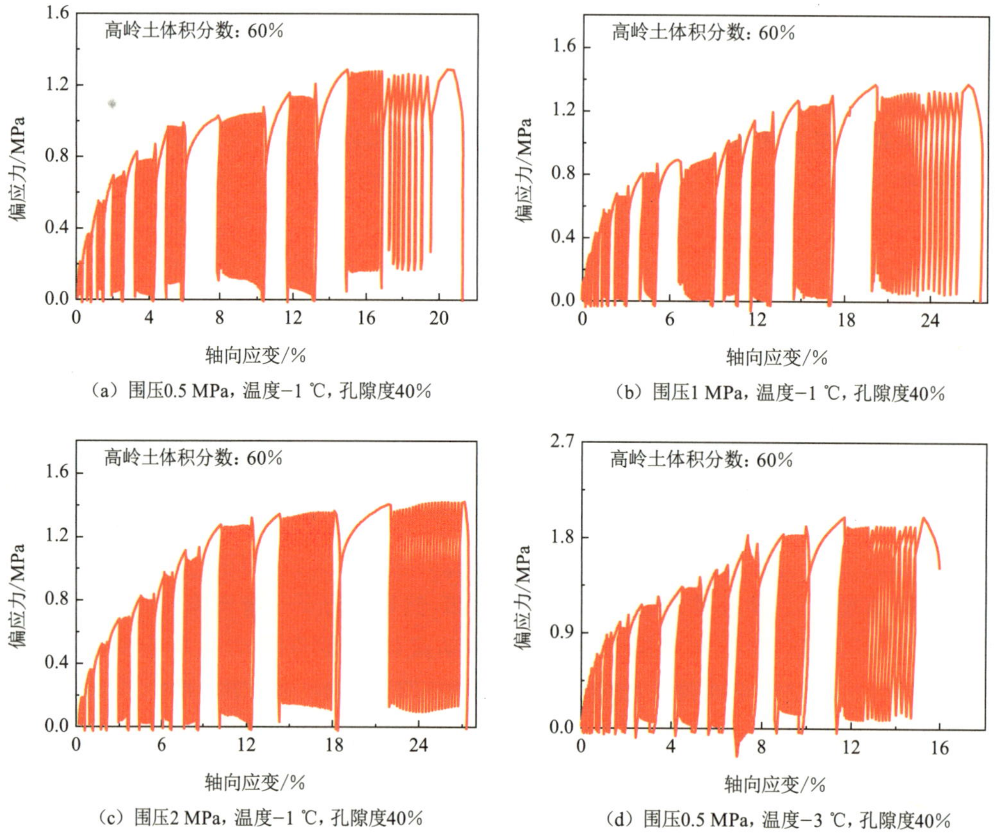

图 4-2-1　水合物沉积物动应力-应变曲线

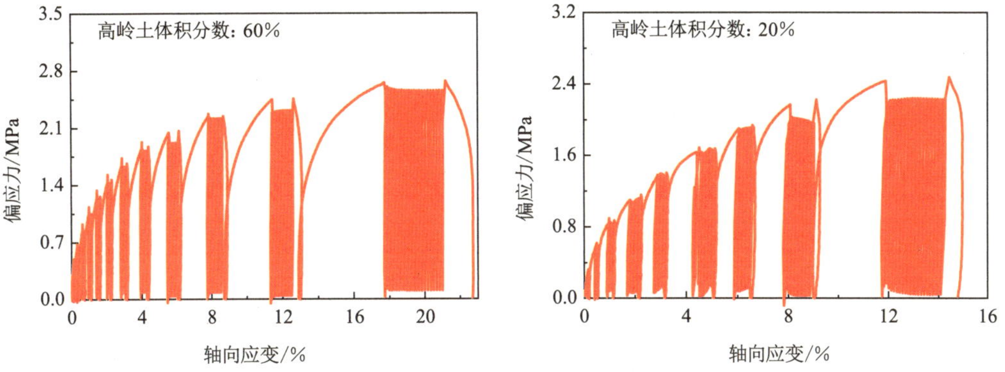

(e) 围压0.5 MPa，温度−5 ℃，孔隙度40%　　(f) 围压0.5 MPa，温度−5 ℃，孔隙度20%

图 4-2-1(续)　水合物沉积物动应力-应变曲线

如图 4-2-1 所示，水合物沉积物试样受到最初几级的动荷载作用时，应力-应变曲线上应变滞回圈并不是非常明显，但随着施加在试样上的动荷载幅值的增大，可以观测到明显的滞回圈。对于水合物沉积物动模量实验，在每一级的振动实验过程中，动荷载幅值保持不变。随着动荷载级数的增大，从图 4-2-1 中可以明显观察到，经过相同的振动次数，水合物沉积物试样的变形也随之增大，直至受到最后一至两级动荷载作用时，试样受到剪切破坏。

4.2.2　动模量曲线

基于天然气水合物沉积物动模量实验结果研究获取了动应力-应变曲线，从而计算出天然气水合物沉积物试样的最大动弹性模量值。本小节研究了水合物沉积物最大动弹性模量值随围压、温度、孔隙度以及动应变的变化规律，并绘制相应的动弹性模量变化曲线，如图 4-2-2～图 4-2-5 所示。

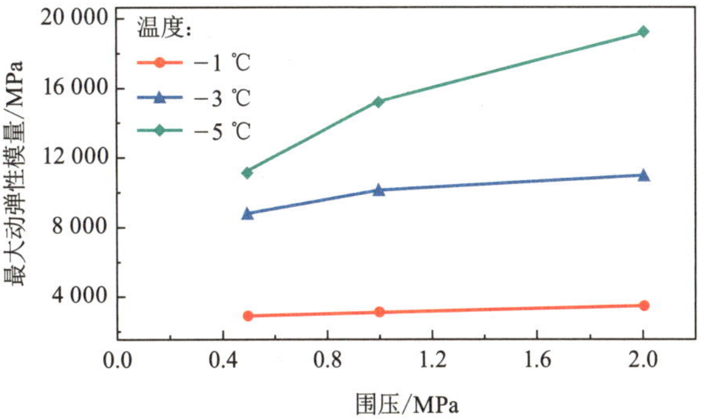

图 4-2-2　不同温度下最大动弹性模量随围压的变化规律(孔隙度 40%)

如图 4-2-2 所示，水合物沉积物最大动弹性模量随着围压的升高而增大，且温度越低，增加的幅度越大。此外，从图 4-2-3 中可以看出，孔隙度越低，围压的增大对水合物沉积物最大动弹性模量的增强作用越明显，并且在相同的围压条件下，孔隙度越低，水合物沉积物最大动弹性模量值越大。

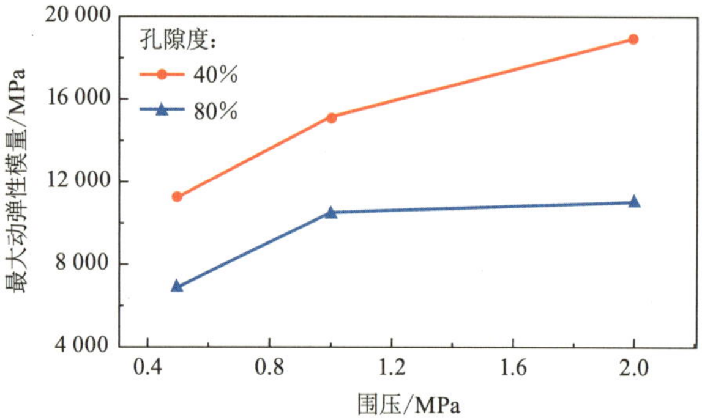

图 4-2-3 不同孔隙度条件下最大动弹性模量随围压的变化规律(−5 ℃)

前文的研究工作已经阐明，水合物沉积物的最大动弹性模量会随着孔隙度的增加而减小。此外，先前的研究中已经发现，水合物沉积物静强度及静模量值会随着围压的增大而增加[4]。通过对比动弹性模量的变化趋势发现它随围压的变化趋势与静力学实验结果基本相似。

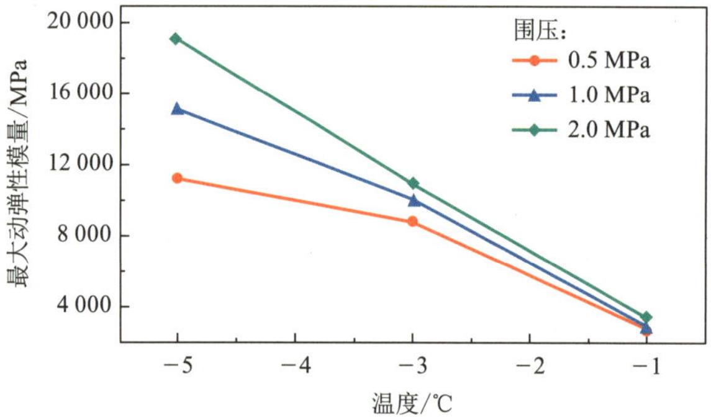

图 4-2-4 不同围压条件下最大动弹性模量随温度的变化规律

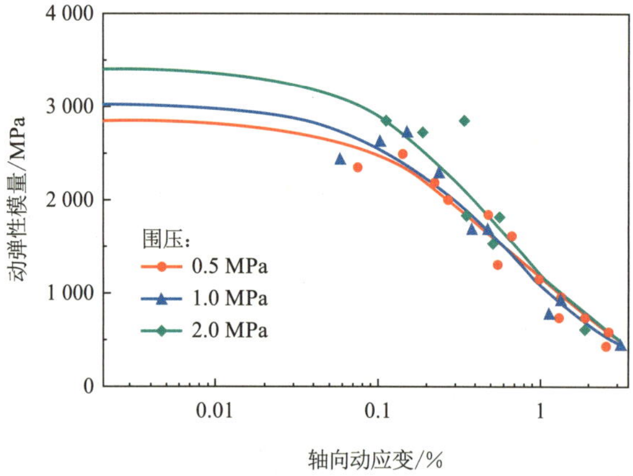

(a) 孔隙度40%，温度−1 ℃

图 4-2-5 动弹性模量随动应变的变化规律

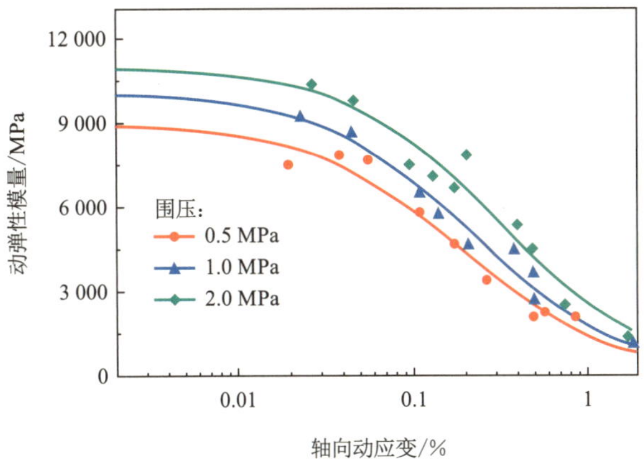

(b) 孔隙度40%，温度−3 ℃

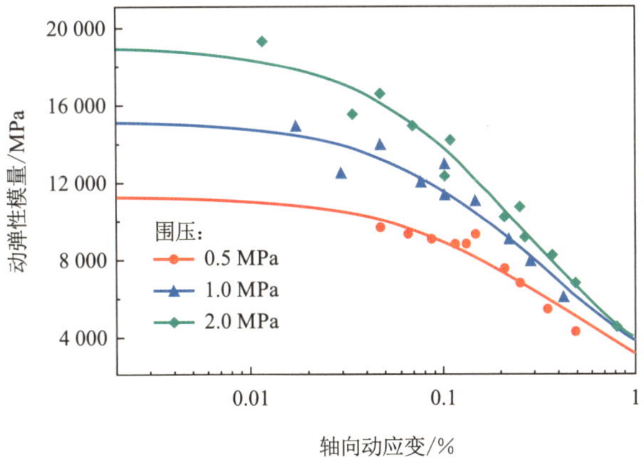

(c) 孔隙度40%，温度−5 ℃

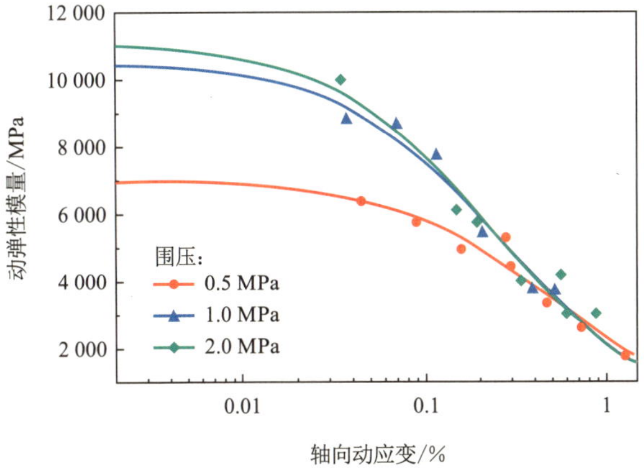

(d) 孔隙度80%，温度−5 ℃

图 4-2-5(续)　动弹性模量随动应变的变化规律

如图 4-2-4 所示，天然气水合物沉积物最大动弹性模量值随着温度的升高而降低，且在不同围压条件下，动弹性模量降低的趋势基本保持一致。分析发现，在温度为 −1 ℃条件下，围压对天然气水合物沉积物最大动弹性模量的影响并不显著，此时试样的最大动弹性模量值基本保持一致；而随着温度的降低，例如温度降至−5 ℃时，围压越大，水合物沉积物动弹性模量越大。

以上研究结果表明，在相同的围压、孔隙度条件下，温度对天然气水合物沉积物最大动弹性模量影响显著，且在低温度条件下，围压对天然气水合物沉积物最大动弹性模量的影响程度显著增加。

图 4-2-5 所示为水合物沉积物动弹性模量随动应变的变化规律。从图中不难看出，水合物沉积物动弹性模量随动应变的增加而降低。对比孔隙度 40%及 80%两种情况，在温度为−5 ℃条件下，孔隙度越低，水合物沉积物动弹性模量值随围压的变化越明显，这与图 4-2-3 中体现出的规律性相一致。

4.2.3 参考应变

参考应变是土体动力 Hardin-Drnevich 模型中骨干曲线的一个拟合参数，定义为初始模量的切线与最大动剪切应力水平线的交点处所对应的应变值[10]。

依据动模量衰减曲线，绘制了孔隙度为 40%的天然气水合物沉积物试样的参考应变随围压及温度的变化曲线，如图 4-2-6 及图 4-2-7 所示。

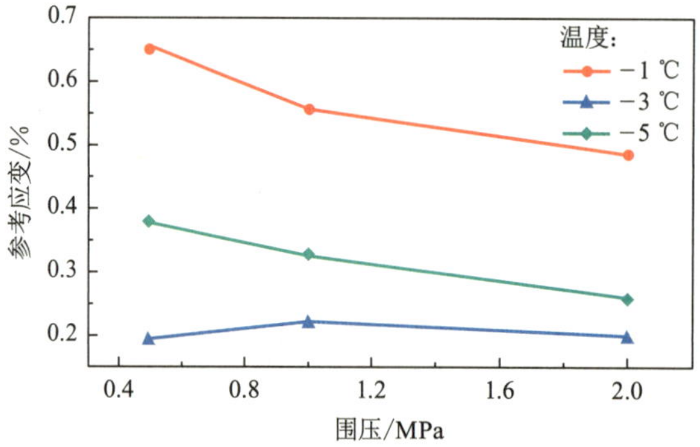

图 4-2-6　参考应变随围压的变化规律(孔隙度 40%)

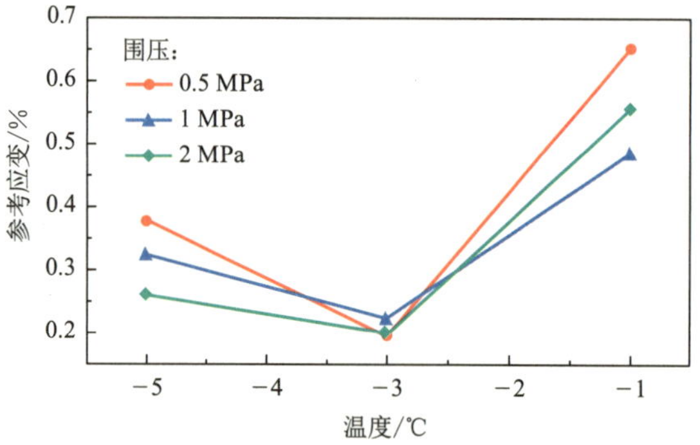

图 4-2-7　参考应变随温度的变化规律(孔隙度 40%)

从图 4-2-6 中可以看出，在相同温度条件下，参考应变随着围压的增加而减小。从图 4-2-7 中可以看出，在相同围压条件下，参考应变随着温度的升高呈现出先减小后增大的趋势。

4.2.4　骨架曲线

骨架曲线[11,12]的定义：在同方向（拉或压）加载的应力-应变曲线中，将超过前一次加载最大应力的区段平移相连后得到的曲线，也可表述为滞回曲线上同向（拉或压）各次加载的荷载极值点依次相连得到的包络曲线。

骨架曲线是每次循环加载达到水平力最大峰值的轨迹，反映了构件受力与变形的各个阶段及特性（强度、刚度、延性、耗能及抗滑能力等），也是确定恢复力模型中特征点的重要依据。依据偏应力-应变曲线，绘制了天然气水合物沉积物试样在不同围压条件下的骨架曲线，如图 4-2-8 所示。

从图 4-2-8 中不难看出，水合物沉积物骨架曲线的整体走向表现出与水合物沉积物静三轴压缩实验应力-应变曲线相同的趋势。在初始阶段，随着轴向应变的增大，偏应力迅速增大，水合物沉积物表现为一定的弹性特征；在屈服阶段，可以明显看到，此阶段中试样的变形既包括弹性变形也包括塑性变形，且以塑性变形为主，同时随着应变增加，弹性变形逐渐减小，塑性变形逐渐增大。

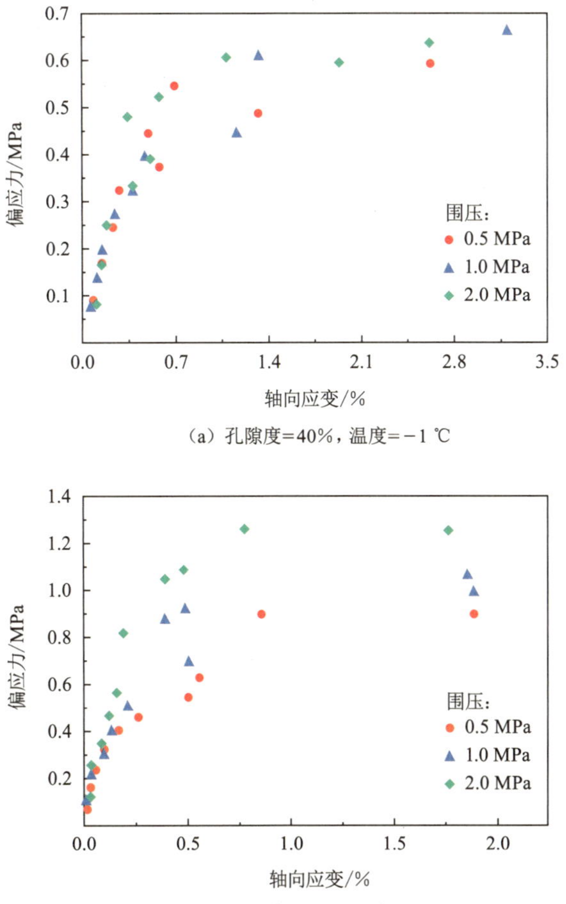

(a) 孔隙度=40%，温度=−1 ℃

(b) 孔隙度=40%，温度=−3 ℃

图 4-2-8　水合物沉积物在不同围压条件下的骨架曲线

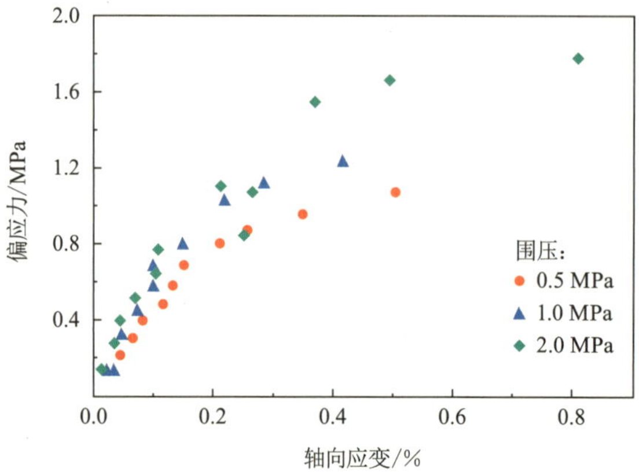

(c) 孔隙度=40%，温度=−5 ℃

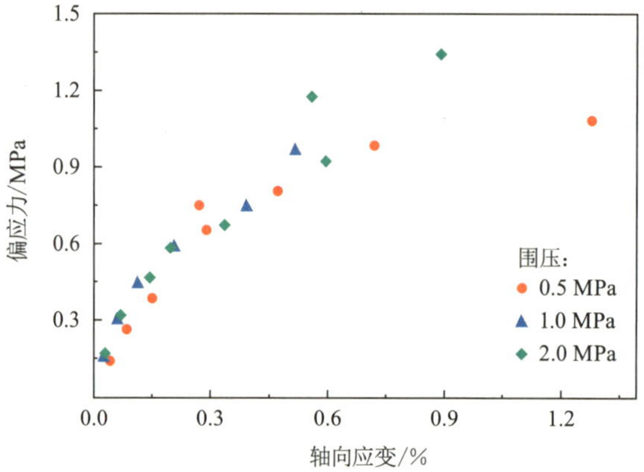

(d) 孔隙度=80%，温度=−5 ℃

图 4-2-8(续) 水合物沉积物在不同围压条件下的骨架曲线

与准弹性变形阶段相比，在屈服阶段，当产生相同的应变增量时，应力增量要小得多，而且随变形的增加，所需的应力增量越来越小；当进入硬化阶段时，偏应力增加得非常缓慢，基本保持一个很小的斜率，表现为明显的塑性变形。也就是说，在荷载增量微小或者几乎没有荷载增量的情况下，试样依然发生很大的变形。

4.3 天然气水合物沉积物的动力本构研究

4.3.1 概 述

天然气水合物沉积物的动力本构模型研究考虑了动模量和动阻尼受水合物饱和度的影响，而水合物饱和度则受控于温度、压力条件。因此，本节提出的动力本构模型主要考虑温度和压力的影响，描述不同温度、压力条件下天然气水合物沉积物动模量和动阻尼的变化规律。

基于 Hardin-Drnevich 等效线性模型，将天然气水合物沉积物视为黏弹性介质，采用等效弹性模量 E(或者等效剪切模量 G)和等效阻尼比 λ 两个参数来反映水合物沉积物的动应力和动应变的关系，并将模量和阻尼比表示为动应变幅值的函数。同时，在确定上述关系时考虑平均固结应力的影响。这种模型具有概念明确、应用方便的优点，目前得到了广泛的应用[13,14]。采用这种模型分析问题时，一般可以根据预估的应变幅值来假定 E 和 λ，据此求出水合物沉积层的平均剪切应变，然后根据上述关于模量和阻尼比与动应变幅值的函数关系，由已知的平均剪切应变算出相应的 E 和 λ 值，与开始假设的 E 与 λ 值进行对比，做出调整，反复迭代，直到协调为止[15-18]。针对等效黏弹性模型的基本问题，将上述动模量 E 和动阻尼比 λ 与应变幅值之间的关系具体化，便可以应用于工程实际中。

如图 4-3-1 所示[19,20]，动模量由 Oa 的斜率给出，用于描述动应力幅值与动应变幅值之间的关系，而阻尼比由三角形 Oad 的面积与滞回曲线包围的阴影部分的面积之间的比值给出。阻尼比刻画的是动应变与动应力之间的相位差，动应变往往滞后于动应力，表现为黏弹性材料。

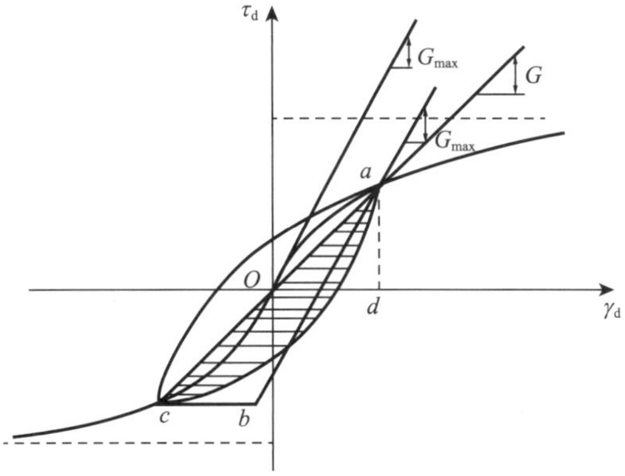

图 4-3-1　阻尼比的计算方法

4.3.2　动模量函数的确定

将前述 Hardin 等[21,22]在往复荷载作用下的动应力-应变骨干曲线的双曲线形式作为基础，则有：

$$\sigma_d = \frac{\varepsilon_d}{\dfrac{1}{E_{max}} \dfrac{\varepsilon_d}{\sigma_y}} \tag{4-3-1}$$

其中，动剪切模量函数的基本关系为：

$$E_{max} = K \left(\frac{\sigma_m}{p_a}\right)^n \tag{4-3-2}$$

式中，σ_d 为循环动荷载，ε_d 为动应变，σ_y 为最大动剪切应力，σ_m 为有效固结围压，E_{max} 为最大动弹性模量，n 为关系参数，p_a 为根据所采用的单位制表示的大气压力，K 为一个与温度相关的系数。基于上述公式，可根据最大动弹性模量 E_{max} 和最大动剪切应力 σ_y 获取不同动应变 ε_d 条件下与之对应的动弹性模量 E_d 的值。

基于水合物沉积物动三轴实验结果与温压条件，可确定式(4-3-2)中的基本参数 K 与 n

的值，从而研究温度、围压对水合物沉积物动模量曲线的影响。

如图 4-2-5 所示，实验证明了水合物沉积物的动弹性模量会随着动应变的增大而减小。同时如图 4-3-2 所示，在相同的温度条件下，围压对动弹性模量具有可归一性的影响[23]，即随着围压的升高，动弹性模量会增大，而随着温度的升高，动弹性模量会降低。下面讨论参数 E_{max} 和 σ_y 与温压条件之间的关系。

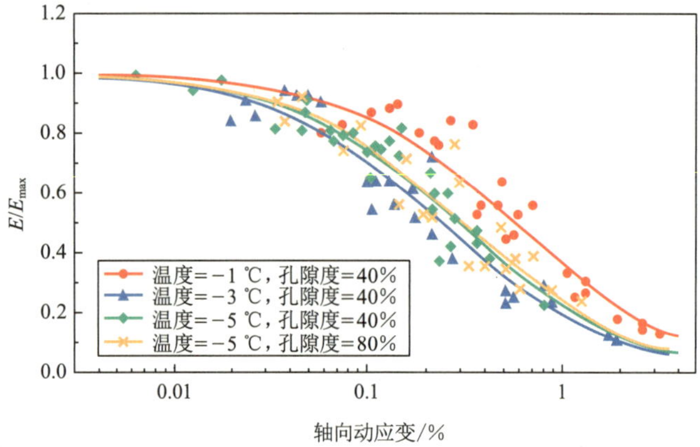

图 4-3-2　归一化弹性模量曲线

如图 4-3-2 所示，最大动弹性模量与围压之间满足 Hardin 公式，但是公式中的各个参数与温度有密切的关系。通过图 4-3-3 不难看出，随着温度的降低，最大动弹性模量会增大。整理 Hardin 公式中的最大动弹性模量与围压之间的关系参数 K 与 n 可以发现，温度的改变对 n 的影响并不大，即

$$n = 0.4 \tag{4-3-3}$$

然而，温度对 K 却有着很大的影响。图 4-3-4 给出了温度与 K 之间的关系，可以看出，随着温度的升高，K 呈指数降低，因此可以给出温度与 K 之间的关系式：

$$K = K_0 + k\exp(-aT) \tag{4-3-4}$$

其中，K_0 表示温度为 20 ℃时的参数 K 值，即常温时的 K 值；k 和 a 为有关参数。

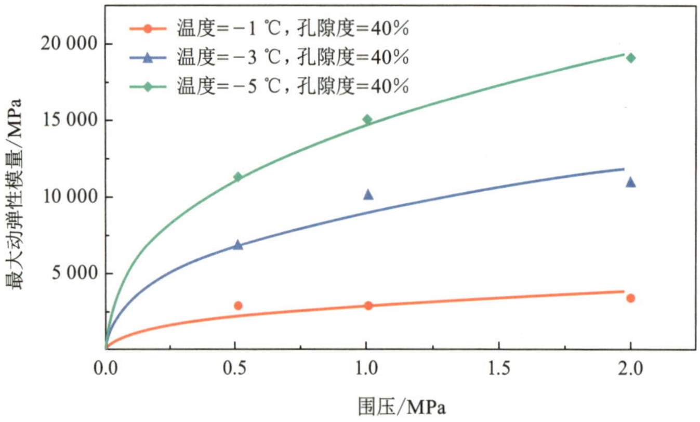

图 4-3-3　最大动弹性模量与围压的关系

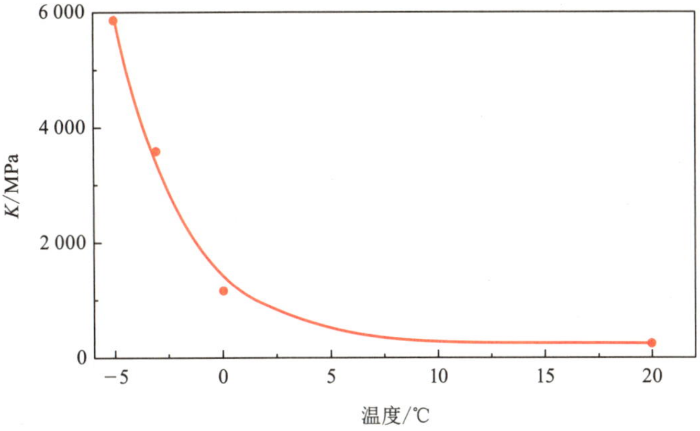

图 4-3-4　参数 K 与温度的关系

式(4-3-1)中的参数 σ_y 随着围压的升高而增大，同时温度越高，σ_y 越小。通过图 4-3-5 不难看出，σ_y 与围压呈线性关系，可用公式表示为：

$$\sigma_y = M\sigma_m + c \tag{4-3-5}$$

式中，σ_m 为有效固结围压；c 和 M 为线性拟合参数，它们与温度相关。c 与 M 随温度的变化情况如图 4-3-6 和图 4-3-7 所示。

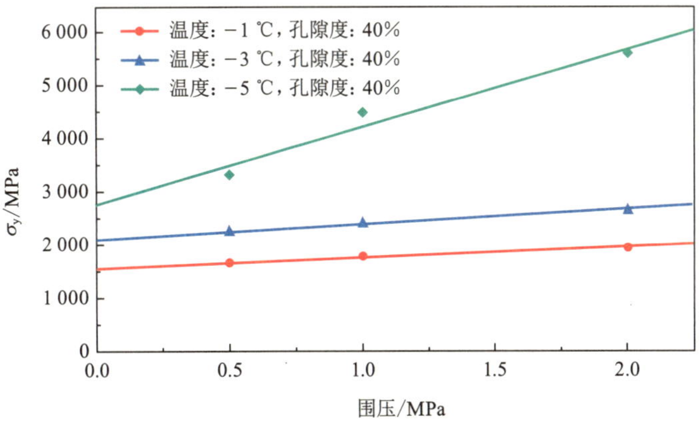

图 4-3-5　最大动应力与围压的关系

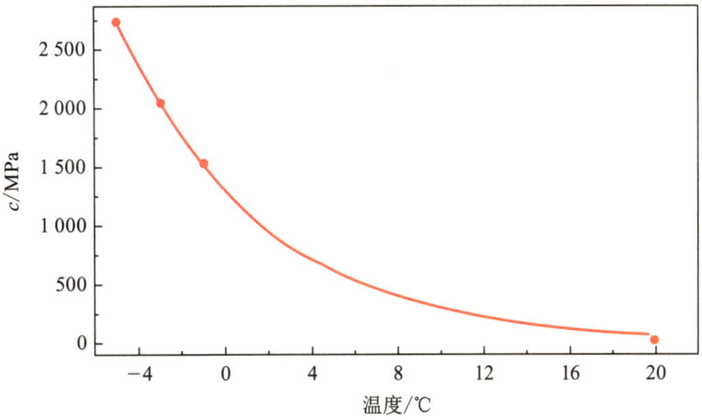

图 4-3-6　参数 c 与温度的关系

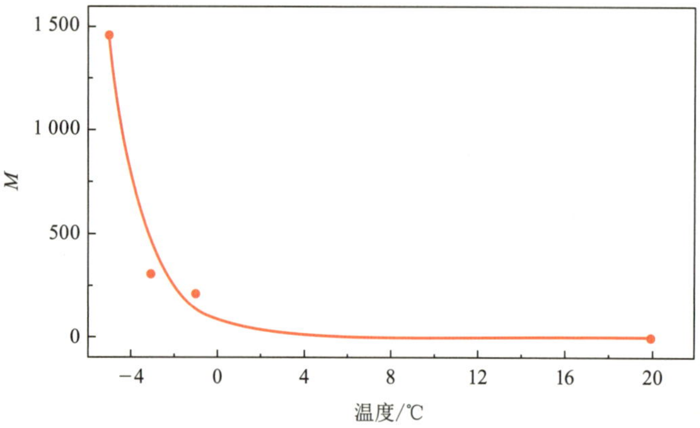

图 4-3-7　参数 M 与温度的关系

拟合参数 c 和 M 与温度的关系也满足指数下降规律，因此给出二者与温度的关系式如下：

$$c = c_0 + A\exp(-uT) \tag{4-3-6}$$

$$M = M_0 + m\exp(-wT) \tag{4-3-7}$$

式中，c_0，M_0，A，m，u，w 均为有关参数。

通过整理以上 7 个公式，本节最终提出了一个适用于天然气水合物沉积物的动力本构关系，其表达式为：

$$\sigma_d = \frac{\varepsilon_d}{\dfrac{1}{E_{max}\dfrac{\varepsilon_d}{\sigma_y}}} \tag{4-3-8}$$

其中：

$$\sigma_y = c_0 + A\exp(-uT) + [M_0 + m\exp(-wT)]\sigma_m$$

$$E_{max} = [K_0 + k\exp(-aT)]\left(\frac{\sigma_m}{p_a}\right)^n$$

综上，天然气水合物沉积物试样在动荷载作用下的动应力-应变关系骨干曲线便可以通过式(4-3-8)进行描述。表 4-3-1 中列出了本节构建的天然气水合物沉积物动力本构关系中所需的所有参数。基于式(4-3-8)与参数表 4-3-1，便可获取水合物沉积物动模量衰减曲线，如图 4-3-7 所示。研究结果表明，通过本节构建的动力本构模型计算得出的动模量衰减曲线能够准确地反映动模量随动应变的变化规律。

表 4-3-1　本构关系参数表

参数名	参数大小
c_0/MPa	0.3
u/℃$^{-1}$	0.149
A/MPa	1 304.63
M_0	1
m	78.78

续表

参数名	参数大小
w/℃$^{-1}$	0.58
K_0/MPa	200
k/MPa	1 249.41
a/℃$^{-1}$	0.31
p_a/MPa	0.101
n	0.4

4.3.3　阻尼比的确定

在土动力学中，土的阻尼比可在有阻尼的自由振动条件下测定。在由自由振动的衰减曲线求出对数递减系数 δ 后，可按照动力放大系数公式来求阻尼比，但是应用较多的还是以有阻尼的强迫振动条件下稳态振动的实验为基础[16]。

在简谐振动外力作用的稳态振动过程中，外力所做的功补足了应变能的耗损，土的应变能保持不变，故土的阻尼特性并没有因此改变，滞回圈应该近似于一个椭圆曲线[24]。如果实测的滞回圈与此条件相差很大，则面积比公式可能会带来较大的误差，此时可以对测得的滞回圈做适当的简化处理，使其尽量接近椭圆曲线形态后再计算。

Hardin 等[21]根据实验资料对应力-应变滞回圈几何特性进行对比分析后发现，卸载曲线的起始坡度总是等于或接近等于 G_0，而与应变幅值无关，因此图 4-3-1 中阴影部分的面积与三角形的面积之比变化很小，可以假定它等于一个常数 a，据此，Hardin 推导出阻尼比 λ 的公式为：

$$\lambda=\lambda_{\max}\left(1-\frac{E_d}{E_{\max}}\right)^h \tag{4-3-9}$$

其中，$\lambda_{\max}=28-1.5\lg N$，$N$ 为循环加载次数，h 为拟合系数。将继续沿用公式(4-3-9)，从而得出水合物沉积物的阻尼比公式。将 $E_{\max}$的表达式代入阻尼比公式，即可得到水合物沉积物的阻尼比公式：

$$\lambda=(28-1.5\lg N)\left\{1-\frac{E_d}{[K_0+k\exp(-aT)]\left(\dfrac{\sigma_m}{p_a}\right)^n}\right\}^h \tag{4-3-10}$$

4.4　小　结

(1) 通过模拟地震荷载作用，开展了相应的天然气水合物沉积物动强度三轴实验研究；基于 36 组动强度实验数据，研究获取了天然气水合物沉积物动强度随围压、温度、孔隙度及应力幅值的变化规律；通过莫尔-库仑准则，揭示了温度及孔隙度对沉积物动强度的影响机理，主要研究成果如下：

① 动强度实验结果表明，水合物沉积物动应力-应变曲线由两部分组成，即静压缩部分(与静三轴实验保持一致)及受轴向正弦波作用的动力振动部分。通过应力-应变曲线可以发现，当水合物沉积物在较低的围压条件下做正弦振动时，更容易受到剪切破坏。随着振动的进行，水合物沉积物动应变的变化呈现3个阶段：在振动初始阶段，应变增加较为缓慢；随着振动次数的逐渐增加，动应变增加的速度逐渐加快；随着振动次数的进一步增加，试样受到的变形迅速增大，随之进入了破坏阶段。

② 水合物沉积物初始动应变随着动应力幅值的增加而增大。在采取10%应变破坏标准的基础上，绘制了水合物沉积物的动强度曲线，结果表明水合物沉积物破坏振动次数随着动应力幅值的减小而增多，并且水合物沉积物动强度值与破坏振动次数之间呈现近似线性关系。通过对比不同围压、温度以及孔隙度条件下水合物沉积物动强度值发现，水合物沉积物动强度随着围压的增大而增大，随着温度的升高、孔隙度的增加而减弱，与静强度随围压、温度及孔隙度的变化规律基本保持一致。

③ 基于莫尔-库仑强度准则，绘制了水合物沉积物动莫尔圆及强度包络线，获取了动黏聚力及动内摩擦角参数，结果表明，随着温度的升高，沉积物的动黏聚力及动内摩擦角均呈现降低的趋势，从而降低了水合物沉积物的动强度值，而孔隙度对水合物沉积物动强度的影响主要体现为孔隙度的增加将会降低水合物沉积物试样的动内摩擦角。本章研究获取了水合物储层在受到地震荷载作用时的强度及其变形特性，研究成果将为建立水合物沉积物动力本构关系提供相应的数据基础。

(2) 通过开展水合物沉积物动模量三轴实验，获取了水合物沉积物动模量值，以及其最大动模量随围压、温度、孔隙度及动应变的变化规律，主要研究成果如下：

① 动模量实验结果表明，温度、围压、孔隙度及动应变对水合物沉积物动弹性模量影响显著。水合物沉积物最大动弹性模量随着围压的升高而增加，且温度越低、孔隙度越低，其增加的幅度越大。在相同的围压与温度条件下，水合物沉积物最大动弹性模量值随着孔隙度的降低而升高。在相同的围压与孔隙度条件下，水合物沉积物最大动弹性模量随着温度的升高而降低，且在不同围压条件下，动弹性模量降低的趋势基本保持一致。此外，在相同的围压、温度以及孔隙度条件下，水合物沉积物动弹性模量均随着动应变的增加而降低。

② 研究了基于天然气水合物沉积物动应力-应变曲线与动模量衰减曲线下参考应变随围压及温度的变化规律。结果发现，在相同的温度条件下，参考应变随着围压的增加而减小，在相同的围压条件下，随着温度的升高，参考应变呈现先减小后增大的趋势。

③ 依据动应力-应变曲线，绘制了天然气水合物沉积物试样在不同围压条件下的骨架曲线。研究结果表明，水合物沉积物骨架曲线的整体形态表现出与水合物沉积物静三轴压缩实验应力-应变曲线相同的趋势，即在初始阶段，试样的变形主要表现为弹性变形；进入屈服阶段，试样的变形既包括弹性变形，也包括塑性变形，并以塑性变形为主；随着应变的增加，弹性变形逐渐减少，塑性变形增加。

④ 基于黏弹性本构模型框架，结合天然气水合物沉积物动力学特性，提出了一个能够描述水合物沉积物动力学特性的黏弹性本构模型。考虑温度、压力对动模量衰减曲线以及阻尼比曲线的影响，通过将温度和压力这两个影响水合物饱和度的基本物理量引入模型参数 E 和 λ 中，修正了传统黏弹性本构模型中动弹性模量与动阻尼比的公式，使之能够描述

水合物沉积物这种复杂而又特殊的材料在不同温度、压力条件下的动力学特性。通过大连理工大学进行的动三轴室内实验模拟，验证了该模型的可靠性和适用性。模型中的许多参数都可以通过动三轴实验直接获得，并具有明确的物理意义。

参考文献

[1] De ALBA P, CHAN C K, SEED H B. Determination of soil liquefaction characteristics by large-scale laboratory tests[D]. California: University of California, 1975.

[2] 中华人民共和国住房和城乡建设部，中华人民共和国国家质量监督检验检疫总局. 地基动力特性测试规范:GB/T 50269—2015[S]. 北京:中国计划出版社,2015.

[3] SEED H B, IDRISS I M. Simplified procedure for evaluating soil liquefaction potential[J]. Journal of Soil Mechanics & Foundations Division, 1971, 97(9): 1249-1273.

[4] SONG Y C, ZHU Y, LIU W, et al. Experimental research on the mechanical properties of methane hydrate-bearing sediments during hydrate dissociation[J]. Marine and Petroleum Geology, 2014, 51: 70-78.

[5] YU F, LIU W, SONG Y C, et al. Study on strength of artificial methane hydrate-bearing clay sediments under triaxial compression[C]. Edinburgh: The 7th International Conference on Gas Hydrates (ICGH), 2011.

[6] LI Y H, SONG Y C, LIU W, et al. Analysis of mechanical properties and strength criteria of methane hydrate-bearing sediments[J]. International Journal of Offshore and Polar Engineering, 2012, 22(4): 290-296.

[7] FENG S, GAO G, CHEN Y, et al. Experimental study on dynamic strength of municipal solid waste [J]. Chinese Journal of Rock Mechanics and Engineering, 2007, 26(3): 560-566.

[8] ZHANG S J, LAI Y M, LI S Y, et al. Dynamic strength of frozen soils[J]. Chinese Journal of Geotechnical Engineering, 2008, 30(4): 595-599.

[9] YU F, SONG Y C, LI Y H, et al. Analysis of stress-strain behavior and constitutive relation of methane hydrate-bearing sediments with various porosity[J]. International Journal of Offshore and Polar Engineering, 2011, 21(4): 316-322.

[10] 郭晓霞，迟世春，林皋. 基于热力学定律的土体动力 Hardin-Drnevich 模型再认识[J]. 岩土力学，2008,29(9):2335-2340.

[11] 李小军，廖振鹏，张克绪. 考虑阻尼拟合的动态骨架曲线函数式[J]. 地震工程与工程振动,1994,14(1):30-35.

[12] 迟世春，郭晓霞，杨峻，等. 土的动力 Hardin-Drnevich 模型小应变特性及其阈值应变研究[J]. 岩土工程学报,2008,30(2):243-249.

[13] 米切尔. 岩土工程土性分析原理[M]. 南京:东南大学出版社,1988.

[14] 殷宗泽. 土工原理[M]. 北京:中国水利水电出版社,2007.

[15] 李晓欣，李亮，杜修力. 饱和土动力问题求解的隐-隐格式交替解法[J]. 地下空间与工程学报,2008,4(5):806-809.

[16] 周健,白冰,徐建平. 土动力学理论与计算[M]. 北京:中国建筑工业出版社,2001.

[17] 张锋. 计算土力学[M]. 北京:人民交通出版社,2007.

[18] ISHIHARA K. Soil behaviour in earthquake geotechnics[M]. Oxford: Clarendon Press,Oxford University Press,1996.

[19] 陈伟,孔令伟,朱建群. 一种土的阻尼比近似计算方法[J]. 岩土力学,2007,28(z):799-801.

[20] 齐剑峰,栾茂田,杨庆,等. 饱和黏土动剪切模量与阻尼比的试验研究[J]. 岩土工程学报,2008:30(4):518-523.

[21] HARDIN B O,DRNEVICH V P. Shear modulus and damping in soils[J]. Journal of the Soil Mechanics and Foundations Division,1972,98(6):603-624.

[22] KONDNER R L. Hyperbolic stress-strain response:cohesive soils[J]. Journal of the Soil Mechanics and Foundations Division,1963,89(1):115-143.

[23] 黄斌,傅旭东,张本蛟,等. 动弹模量阻尼比测试技术与归一化特性研究[J]. 岩土工程学报,2015,37(4):659-666.

[24] 李顺群. 关于黏弹模型中滞回圈的讨论[J]. 辽宁工学院学报,2004,24(5):58-60.

第5章 天然气水合物沉积物蠕变特性

在自然界中，天然气水合物矿藏分布较广，地质形态复杂多样，在一些水合物矿藏富集地带，天然气水合物呈块状或片状聚集在一起，且绝大多数贮藏在沉积层颗粒间的孔隙中。天然气水合物沉积物的蠕变特性是水合物力学特性研究的重要内容，但是国际上在这方面的实验数据并不多见，而同时考虑水合物分解条件下沉积物蠕变特性的研究更是十分匮乏。然而，在实际工程应用中，水合物沉积物层会受到一定初始荷载(海底结构物)的作用，因而考察初始载荷作用下的沉积层及结构物的长期稳定性是非常有必要的。

5.1 甲烷水合物沉积物的蠕变特性研究

我国学者在20世纪80年代末对南海的实地调研发现，南海海洋土主要成分为比表面积大于30 m^2/g的黏土矿物[1]。为模拟我国南海海底沉积层环境，对我国天然气水合物安全开采起指导作用，本节通过深入调研，利用天然黏土(高岭土)和含冰甲烷水合物制成人工水合物沉积物试样，测量其在不同围压、温度和荷载等工况下的蠕变特性，分析围压、温度、荷载和孔隙度等参数对水合物沉积物蠕变特性的影响，分析蠕变速率与围压、温度、荷载和孔隙度的关系并获得其数学表达式。

5.1.1 实验装置与实验方法

5.1.1.1 实验装置与材料

1) 实验装置

实验装置为大连理工大学自行研制的水合物低温高压三轴仪，已在第2章中进行了详细介绍。

2) 实验材料

利用自然界沉积物中较为常见的高岭土模拟水合物沉积物。所使用的高岭土干密度为2.6 g/cm^3，实验所用的高岭土与南海海洋土的主要组成成分见表5-1-1和表5-1-2。

表 5-1-1 高岭土成分

成 分	SiO_2	Al_2O_3	Fe_2O_3	CaO	MgO	Na_2O	MnO	K_2O	其 他
含量（质量分数）/%	52	35	1.5	2.6	1.0	0.1	0.13	1.3	6.37

表 5-1-2 南海海洋土成分[1]

成 分	SiO_2	Al_2O_3	Fe_2O_3	CaO	Na_2O	MnO	K_2O	其 他
含量（质量分数）/%	69.50	19.89	5.68	0.37	1.30	0.04	2.42	0.80

利用离心式粒度分析仪对高岭土进行粒度分析，得到高岭土的粒径分布曲线（图 5-1-1），高岭土的平均粒径为 3.91 μm。可见，无论是主要成分还是粒径分布，实验所用的高岭土都与南海海洋土相似。

图 5-1-1 高岭土及其粒径分布曲线

5.1.1.2　实验内容

制备沉积物试样的方法如下：首先按照一定的孔隙度计算出含冰甲烷水合物和高岭土的体积比，然后将含冰甲烷水合物磨成粉状与高岭土均匀混合，最后利用压力析晶装置压制成所需高度的沉积物试样。试样规格为直径 50 mm，高度 100 mm。为了保证实验的有效性，每种工况下的实验至少重复一次。

5.1.2　甲烷水合物沉积物在高荷载下的蠕变曲线特性

孔隙度是水合物沉积物的一个重要参数，是指水合物沉积物中孔隙体积与沉积物体积的比值。本实验所制备的沉积物试样假定所有孔隙都被含冰甲烷水合物填满，且含冰甲烷水合物内部没有孔隙，即试样只由高岭土和含冰甲烷水合物组成，孔隙体积等于含冰甲烷水合物的体积。

为了定性分析围压、温度和荷载对甲烷水合物沉积物蠕变特性的影响，主要研究不同工况下孔隙度为 60%（以下记为 $\phi 60$）的沉积物试样的蠕变特性。图 5-1-2 为 $\phi 60$ 甲烷水合物沉积物在围压 5 MPa、温度 −10 ℃下的应力-应变曲线。从图中可以看出，$\phi 60$ 甲烷水合物沉积物的力学特性和含冰甲烷水合物的类似，屈服强度都是随着应变速率的减小而下降。在本实验条件下，$\phi 60$ 甲烷水合物沉积物的屈服强度在 3 MPa 以上。为了研究 $\phi 60$ 甲烷水合物沉积物在不同荷载条件下的蠕变特性，先测量较高荷载条件下的蠕变曲线，实验参数及实验次数见表 5-1-3。

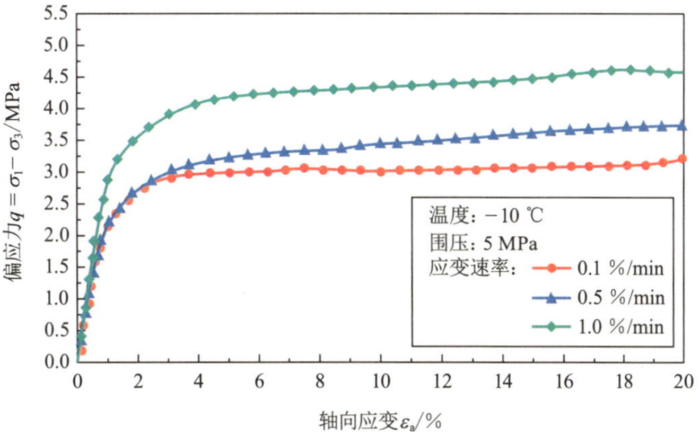

图 5-1-2　不同应变速率下 60% 孔隙度甲烷水合物沉积物的应力-应变曲线

表 5-1-3　甲烷水合物沉积物蠕变压缩实验参数选取

试样编号	围压/MPa	温度 T/℃	荷载 δ/MPa	实验次数
1	5	−5	5	2
2	5	−10	5	3
3	5	−10	4	3

续表

试样编号	围压/MPa	温度 T/℃	荷载 δ/MPa	实验次数
4	10	−10	5	2
5	5	−10	3	2
6	5	−10	2	3
7	10	−10	2.55	2

图 5-1-3 为表 5-1-3 中不同工况下水合物沉积物试样的蠕变曲线。从图中可以看出，在荷载为 5 MPa、温度为−5 ℃的条件下，围压对高荷载下的蠕变特性影响比较大（曲线 2 和曲线 4）。当围压为 5 MPa 时，水合物沉积物的轴向应变在短时间内迅速增大到 30%以上，并未出现阻尼蠕变阶段和等速蠕变阶段；当围压为 10 MPa 时，压缩开始后也出现较为剧烈的轴向应变，但随着时间的推移，逐渐呈衰减蠕变，有明显的阻尼蠕变阶段和等速蠕变阶段。这是因为虽然荷载相同，但是在围压 10 MPa 时，该压力并没有超过试样的破坏强度，只是比较接近；而在围压 5 MPa 时，该压力已经超过试样的破坏强度。因此，曲线 2 和曲线 4 呈现完全不同的形态。对比曲线 1,2 和 3 可以发现，即使荷载超过了试样的破坏强度，温度和荷载的变化对水合物沉积物蠕变曲线形态的影响仍是比较大的。对比曲线 3,5 和 6 可以发现，在围压 5 MPa、温度−10 ℃时，水合物沉积物试样的破坏强度应该在 3～4 MPa 之间，并且靠近 3 MPa。这是因为当荷载为 2 MPa 时，试样压缩过程中的轴向应变相对较小（ε_a<2%），说明 2 MPa 的荷载与试样的破坏强度差距较大；当荷载为 3 MPa 时，曲线经过短暂的阻尼蠕变阶段后迅速进入等速蠕变阶段，虽然最后没有遭到破坏，但等速蠕变阶段的蠕变速率较大，说明该荷载与破坏强度的差距已经非常小；当荷载为 4 MPa 时，试样的轴向应变在短时间内增加到 25%以上，说明该荷载已超过试样的破坏强度。通过对比曲线 6 和曲线 7 可以发现，在温度同为−10 ℃的条件下，试样在围压 5 MPa、荷载 2 MPa 时的蠕变曲线和围压 10 MPa、荷载 2.55 MPa 时的相差很小，相信通过围压、温度和荷载的不同配比能够使水合物沉积物在不同工况下仍然有相同的蠕变特性，这对水合物矿藏的开采无疑具有指导性意义。

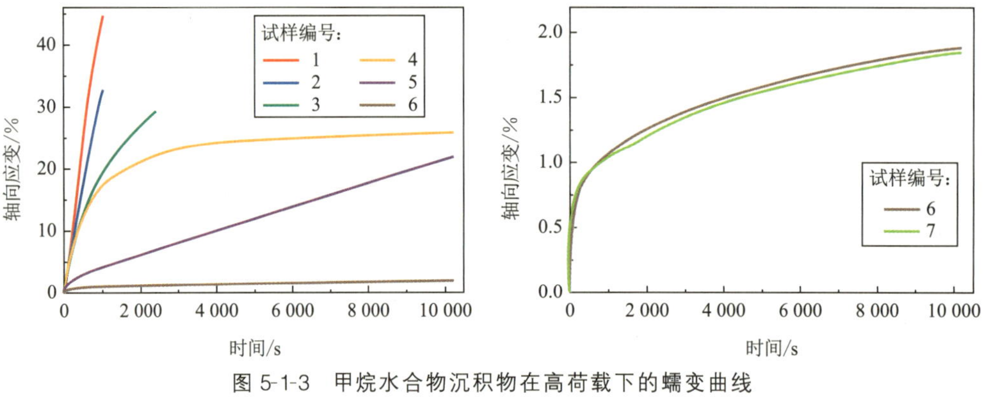

图 5-1-3 甲烷水合物沉积物在高荷载下的蠕变曲线

需要说明的是，虽然应变速率影响试样的屈服强度，但在蠕变压缩过程中特别是在衰减蠕变中，压缩初期应变速率是逐渐减小的，所以加载到试样上的荷载不变，但试样的屈服强度是动态变化的。在图 5-1-3 中,曲线 1,2 和 3 中的试样虽然都发生了破坏,但由于应变速率不同,荷载与它们各自屈服强度的差别是不同的。同理,曲线 5 在等速蠕变阶段对应的屈服强度要高于曲线 4 的屈服强度。

图 5-1-4 为土颗粒与天然气水合物的 4 种不同的共存方式,分别是浮动(填孔)、支撑(颗粒)、包裹和黏连[2]。后两种由于存在胶结,其破坏强度比前两种的要大。本实验中制作水合物沉积物的方法是将水合物粉末与高岭土混合,并在设定温度下固结 2 h。整个过程都在冷库中进行,没有液态水存在。2 h 的固结过程中试样内部很难出现胶结,因而组成试样的高岭土颗粒和水合物颗粒是以图 5-1-4 所示的前两种方式共存的。在这种情况下,试样在宏观上更容易变形,抗压能力较弱,这与自然界中水合物矿藏和冻土不同。在图 5-1-3 中,虽然曲线 1,2 和 3 出现剧烈的轴向应变,试样的内部结构遭到严重破坏,但在有围压存在的条件下,试样的外观仍为一个整体。这是因为本研究用于制备水合物沉积物的高岭土具有很强的黏性,流动性较差。压缩过程中试样内部结构不断重组,以至于随着轴向应变的增大,内部结构与压缩前有了很大的变化,但试样作为一个整体仍然具有一定的黏弹性。图 5-1-5 为使用高岭土制备的水合物沉积物试样在高荷载压缩前后的对比图。

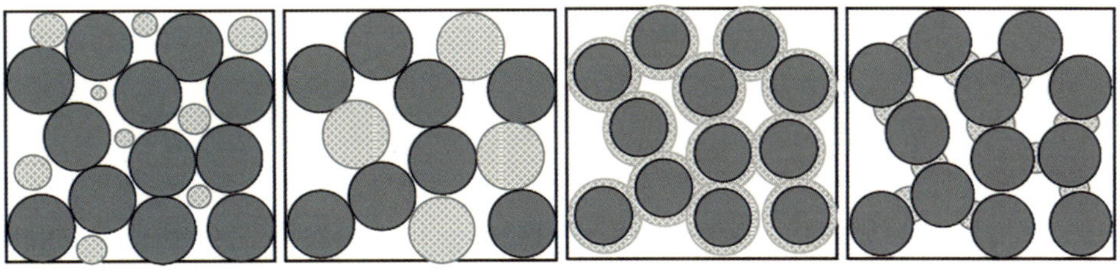

(a) 浮动(填孔)型　(b) 支撑(颗粒)型　(c) 包裹型　(d) 黏连型

图 5-1-4　天然气水合物孔隙间的微观结构

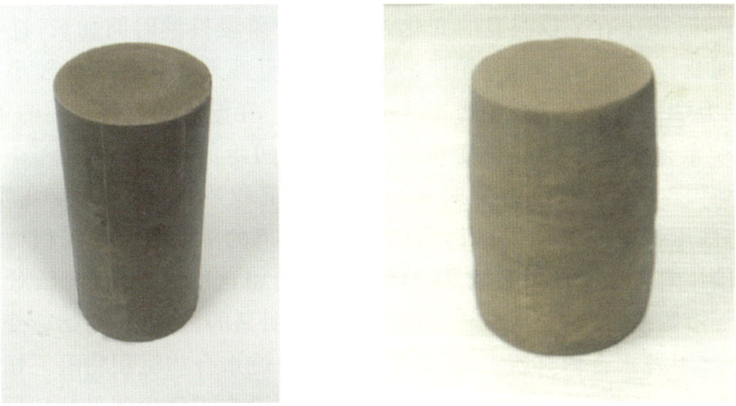

(a) 压缩前　(b) 压缩后

图 5-1-5　天然气水合物沉积物试样压缩前后对比图

图 5-1-6 为围压 5 MPa、温度 −5 ℃条件下对 ϕ60 甲烷水合物沉积物先加载 3 MPa 轴向荷载,当应变达到 20%后再进行荷载为 1 MPa 的蠕变压缩的蠕变曲线图。从图中可以看出,水合物沉积物试样在轴向应变达到 20%后仍然具有一定的黏弹性。

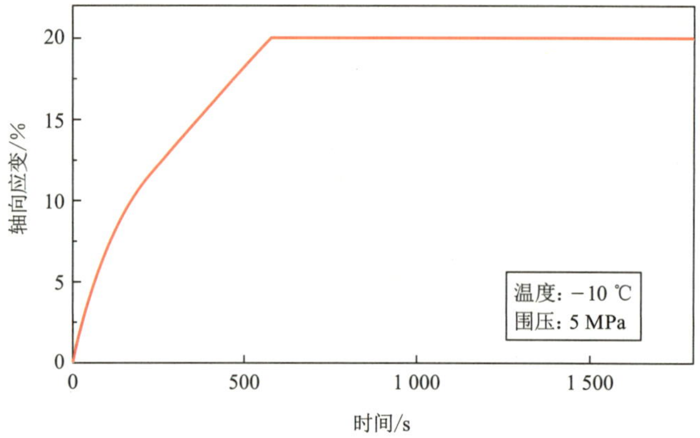

图 5-1-6 ϕ60 甲烷水合物沉积物应变达到 20% 后的蠕变曲线

5.1.3 甲烷水合物沉积物在低荷载下的蠕变曲线特性

主要研究围压、温度和荷载对 ϕ60 甲烷水合物沉积物蠕变特性的影响，并建立相应的数学表达式。为了对比含冰甲烷水合物和甲烷水合物沉积物的性质，在研究低应力下水合物沉积物蠕变特性时，选定荷载为 0.5 MPa，0.75 MPa，1.0 MPa 和1.25 MPa，温度范围为 −20～−2.5 ℃，围压范围为 2.5～10 MPa。为保证数据的有效性，每个条件下的实验至少重复一次。

图 5-1-7 为甲烷水合物沉积物试样在不同荷载、围压和温度下的蠕变曲线。由图可以看出，虽然所有的蠕变曲线都呈指数形式，但曲线形态随荷载、围压和温度的变化而变化。通过观察可以发现，当荷载低于 1.0 MPa 时，ϕ60 甲烷水合物沉积物的轴向应变较小，处于 1%以下，且三者相差并不大；当荷载为 1.25 MPa 时，ϕ60 甲烷水合物沉积物的轴向应变与荷载为 1.0 MPa 时相比有了较明显的变化，阻尼蠕变阶段持续时间加长，进入稳定黏塑性流动阶段的时间变长，并且等速蠕变阶段的蠕变速率明显大于其他 3 个较小荷载时的蠕变速率，这与冻土力学中观察到的现象有很大的不同[3]。在温度和荷载相同的条件下，不同围压下的 ϕ60 甲烷水合物沉积物的蠕变曲线几乎呈等间距的形式。从图 5-1-7 中还可以看出，围压每增加2.5 MPa，实验结束时甲烷水合物沉积物的轴向应变几乎相应地增加 0.13%，可见当围压不超过 10 MPa 时，围压对低荷载下的甲烷水合物沉积物轴向应变的影响呈线性。与围压对含冰甲烷水合物蠕变特性的影响相比可以发现，围压对水合物沉积物的影响不仅在等速蠕变阶段，还对试样的初始应变有明显的影响，即初始应变随围压的升高而增大，这与含冰甲烷水合物有所不同，但是围压对甲烷水合物沉积物阻尼蠕变阶段持续时间的影响并不大。在蠕变实验过程中，10 MPa 围压并没有表现出明显的压融现象。

温度对 ϕ60 甲烷水合物沉积物的影响与其对含冰甲烷水合物的影响类似。当温度较低时，温度的变化对甲烷水合物沉积物的蠕变性质影响很小；当温度接近 0 ℃时，影响逐渐明显。从图 5-1-7(c)中可以看出，温度为−5 ℃和−10 ℃时蠕变曲线之间的差距与−10 ℃和−20 ℃时之间的差距较为接近，但二者远远小于−2.5 ℃时的蠕变曲线，可见当温度接近 0 ℃时，甲烷水合物沉积物试样中冰的胶结性开始下降。对比图 5-1-7(c)可以发现，温度

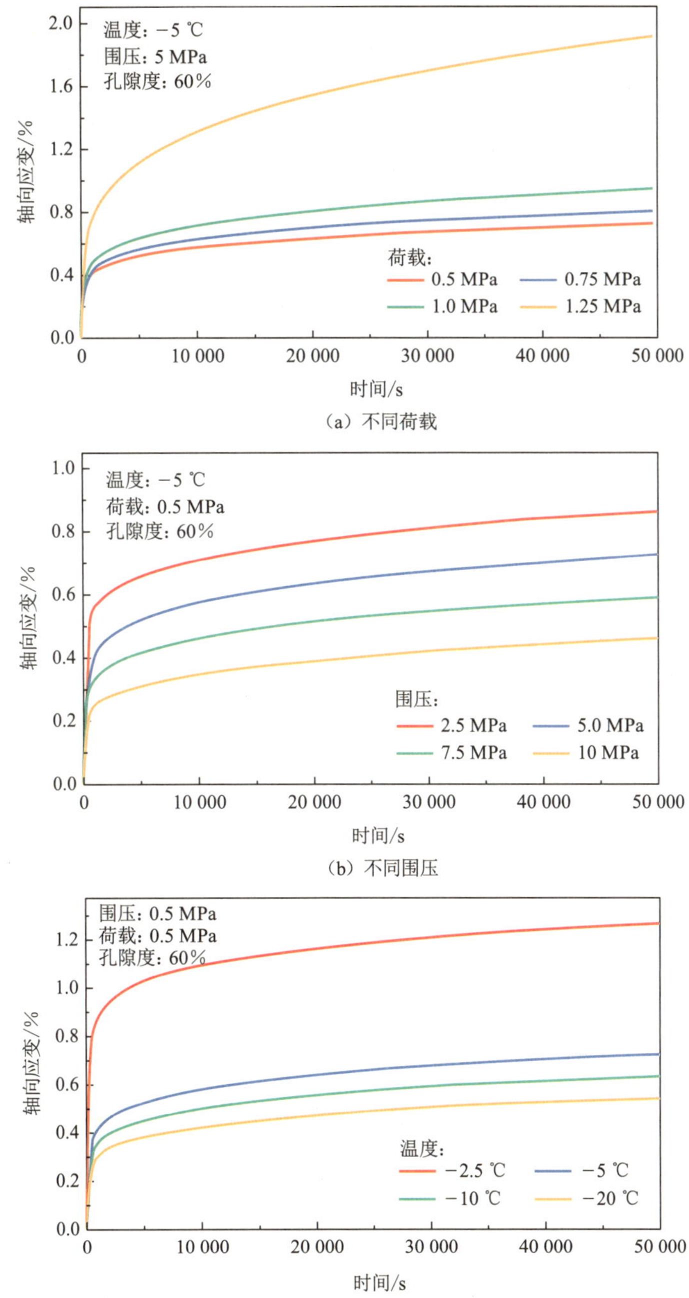

（a）不同荷载

（b）不同围压

（c）不同温度

图 5-1-7　甲烷水合物沉积物在不同荷载、围压和温度下的蠕变曲线

对水合物沉积物的影响要大于其对含冰甲烷水合物的影响。

与之前含冰甲烷水合物的蠕变曲线相比较还可以发现，虽然两者都为指数型变化，但是阻尼蠕变阶段的持续时间并不相同，含冰甲烷水合物几乎看不出明显的阻尼蠕变阶段与等速蠕变阶段的转变区域，整体上阻尼蠕变阶段要长于甲烷水合物沉积物，这是因为黏土与含冰甲烷水合物相比，黏性较强，颗粒间的摩擦也更强，而弹性较差。含冰甲烷水合物内部的冰颗粒和甲烷水合物颗粒间并没有明显的接触面，内摩擦力较小，加载负荷后较容易流动；甲烷水合物沉积物内部颗粒间有较强的摩擦力和相互作用力，加载负荷后，随着时间的推移，试样变得越来越紧密，从而使阻尼蠕变阶段缩短，这与甲烷水合物沉积物在高荷载下表现出来的性质相同。

5.1.4 围压、温度和荷载对甲烷水合物沉积物蠕变特性的影响

建立一个在很大范围内包含所有影响因素的模型是很困难的，因此采用控制变量法建立一个在一定工况下包含特定影响因素的模型。本小节分别建立了围压和温度对甲烷水合物蠕变速率的影响关系式，用来预测水合物沉积物在特定工况下的应变速率。

图 5-1-8 为围压 5 MPa、荷载 0.5 MPa 时不同温度下甲烷水合物沉积物等速蠕变阶段的平均速率。从图中可以明显看出，当温度接近 0 ℃时，甲烷水合物沉积物蠕变速率有较为明显的增长。温度对水合物沉积物的影响需要用较为复杂的关系式来描述，但温度的整体影响可以在玻尔兹曼原始关系式的基础上进行评定。

$$\dot{\varepsilon} \approx e^{-1/(\alpha T)} \tag{5-1-1}$$

式中，$\dot{\varepsilon}$ 为蠕变速率，α 为由实验确定的参数。但在拟合过程中，发现使用工程实际中常应用的经验关系式

$$\dot{\varepsilon} \approx 1/(a + b\theta^{c}) \tag{5-1-2}$$

能更好地描述实验中温度对水合物沉积物蠕变速率的影响。式中，a，b 和 c 均为由实验确定的参数；θ 为负温，即温度的相反数。因此，采用更贴近水合物开采实际的式(5-1-2)来拟合，可得：

$$\dot{\varepsilon} \approx 1/(-121\ 417\ 000 + 121\ 614\ 000\theta^{0.000\ 344\ 888}) \tag{5-1-3}$$

式(5-1-2)并不适用于温度对含冰甲烷水合物蠕变速率的影响，可见高岭土的存在从根本上改变了试样内部的结构，致使温度对二者的影响不能用同一函数来描述。

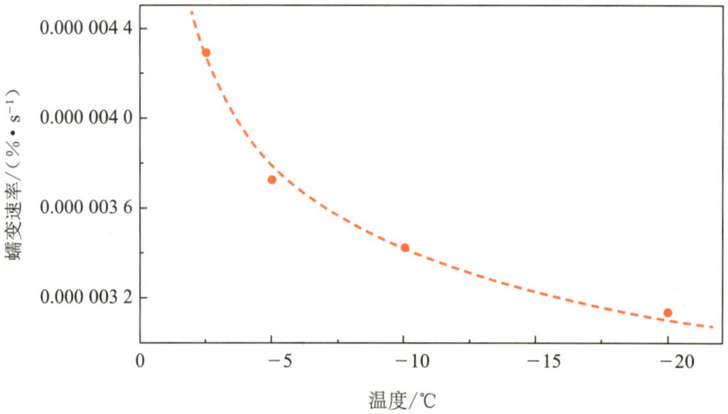

图 5-1-8 ϕ60 甲烷水合物沉积物温度与蠕变速率的关系

图 5-1-9 为温度－5 ℃、荷载 0.5 MPa 时不同围压下 ϕ60 甲烷水合物沉积物等速蠕变阶段的平均速率。从图中可以看出，前文的围压对蠕变速率的影响是线性的推断是正确的，

这与围压对含冰甲烷水合物的影响相同，即随着围压的升高，ϕ60 甲烷水合物沉积物等速蠕变阶段的蠕变速率呈线性降低。数据拟合后得到蠕变速率 $\dot{\varepsilon}$ 与围压 σ_3 相关的表达式，此式表达了围压对水合物沉积物蠕变速率的影响。

$$\dot{\varepsilon}=0.000\,002\,813\,34-0.000\,000\,108\,572\sigma_3 \tag{5-1-4}$$

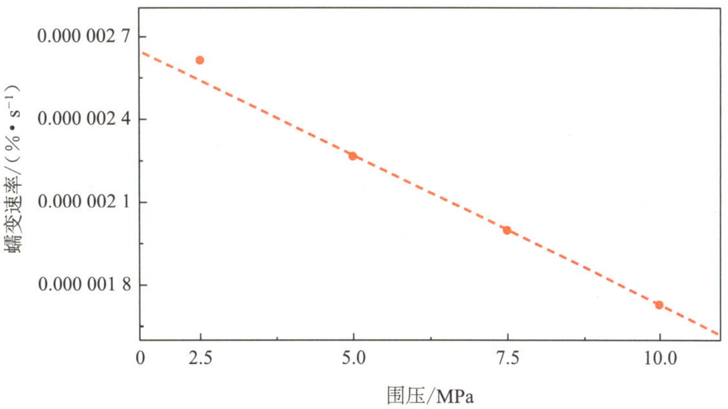

图 5-1-9　ϕ60 甲烷水合物沉积物围压与蠕变速率的关系

其中，关系曲线的斜率为负值，表明随着围压的升高，蠕变速率逐渐下降。式(5-1-4)的斜率数量级小说明围压对含冰甲烷水合物的影响强。

图 5-1-10 为温度−5 ℃、围压 5 MPa 时不同荷载下 ϕ60 甲烷水合物沉积物等速蠕变阶段的平均蠕变速率。从图中可以看出，当荷载小于 1.0 MPa 时，荷载的变化对蠕变速率的影响较小，且呈现线性趋势，而当荷载为 1.25 MPa 时，甲烷水合物沉积物的蠕变速率有了明显的提升，这在宏观上表现为图 5-1-7(a)中所示的轴向应变。总体上，荷载对甲烷水合物沉积物等速蠕变阶段平均速率的影响不再是线性的，而是呈现很复杂的指数关系。我们认为这是由甲烷水合物沉积物与含冰甲烷水合物内部结构不同引起的。因为根据冻土相关知识，水合物沉积物的强度主要取决于水合物强度、黏土强度和它们之间的作用力，而含冰甲烷水合物的强度仅取决于甲烷水合物和冰的强度。通过数据分析可以发现，利用式(5-1-2)也可以很好地描述荷载对甲烷水合物沉积物蠕变速率的影响，因此得到：

$$\dot{\varepsilon}_i\approx 1/(1\,325\,510-1\,053\,250\,\sigma_1^{0.674\,33})\dot{\varepsilon}\approx 1/(1\,325\,510-1\,053\,250\delta^{0.674\,33}) \tag{5-1-5}$$

式中，$\dot{\varepsilon}_i$ 为蠕变平均速率，σ_1 为应力，$\dot{\varepsilon}$ 为蠕变速率，δ 为荷载。

通过水合物在高荷载下的蠕变特性实验可以发现，当所加荷载小于但接近试样的屈服强度时，蠕变速率会增加得很快，这与温度对蠕变速率的影响有相似之处。对比式(5-1-2)和式(5-1-5)可以发现，水合物沉积物等速蠕变阶段的平均速率对荷载的变化更为敏感，这是因为虽然荷载变化幅度较小，但在温度和围压不变的情况下，试样的屈服强度基本上是不变的，二者的比值变化可能很大；而相同的温度变化引起的屈服强度变化较小，在所加荷载相同的条件下，荷载与屈服强度的比值变化幅度较小，因此宏观上表现为荷载对水合物沉积物蠕变特性的影响较温度更为明显。

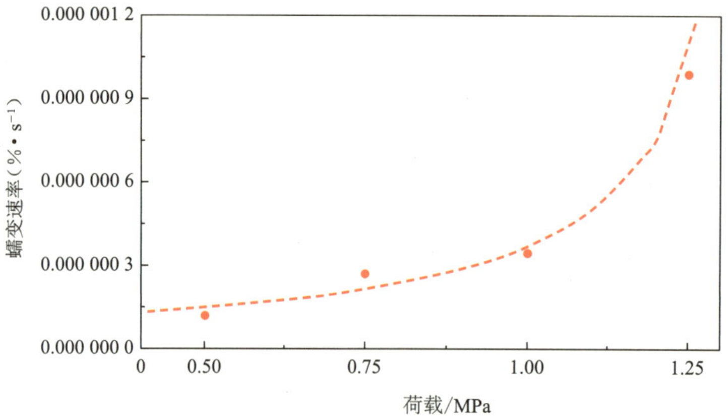

图 5-1-10 ϕ60 甲烷水合物沉积物荷载与蠕变速率的关系

5.1.5 甲烷水合物沉积物蠕变曲线数学描述

由图 5-1-7 可以看出，甲烷水合物沉积物的蠕变关系曲线也可以用简单的指数方程来描述。首先对温度−5 ℃、围压 5 MPa、孔隙度 60%时不同荷载下的蠕变曲线进行回归分析，得到：

$$\varepsilon = 0.168\,24\delta^{0.356\,36}t^{0.157\,2} \tag{5-1-6}$$

然后对围压 5 MPa、荷载 0.5 MPa、孔隙度 60%时不同温度下的蠕变曲线进行回归分析，得到：

$$\varepsilon = \left[\frac{\sigma}{42.178\,68(1+\theta)^{0.673\,65}}\right]^{0.356\,36} t^{0.157\,2} \tag{5-1-7}$$

式(5-1-7)综合表达了在围压 5 MPa 条件下温度、荷载和时间对孔隙度为 60%水合物沉积物的蠕变特性的影响。

图 5-1-11 为利用表达式(5-1-7)计算出的蠕变曲线(虚线)与实验蠕变曲线(实线)的对比。从图中可以看出，对于相同温度、不同荷载下的蠕变曲线，当荷载小于 1.0 MPa 时，表达式(5-1-7)的计算值与实验值吻合得较好，但与荷载为 1.25 MPa 时的蠕变曲线相差很大；对于相同荷载、不同温度下的蠕变曲线，当温度小于−5 ℃时，表达式(5-1-7)的计算值与实验值吻合得较好，但当温度为−2.5 ℃时，计算值与实验值的误差较大。因此，表达式(5-1-7)不适合描述温度接近 0 ℃时及荷载超过 1.0 MPa 时水合物沉积物的蠕变曲线。由式(5-1-7)可以看出，温度对含冰甲烷水合物的影响总体上大于对甲烷水合物沉积物的影响，这是因为受温度影响强度变化最大的是冰，而含冰甲烷水合物中的冰含量大于甲烷水合物沉积物中的含量；荷载对含冰甲烷水合物的影响也强于对甲烷水合物沉积物的影响，这是因为甲烷水合物沉积物中，高岭土颗粒、甲烷水合物颗粒和冰颗粒间有更强的摩擦力，并且高岭土颗粒与后者之间有较大的接触面积，在一定程度上增强了沉积物内部的胶结，这些因素都使沉积物在蠕变压缩过程中通过内部颗粒间的相互作用降低荷载造成的形变；含冰甲烷水合物的流变性强于甲烷水合物沉积物，虽然含冰甲烷水合物试样胶结程度比甲烷水合物沉积物的强，但其内部冰颗粒与水合物颗粒间的摩擦力远小于有高岭土存在的沉积物，所

以总体上含冰甲烷水合物更易于流变。

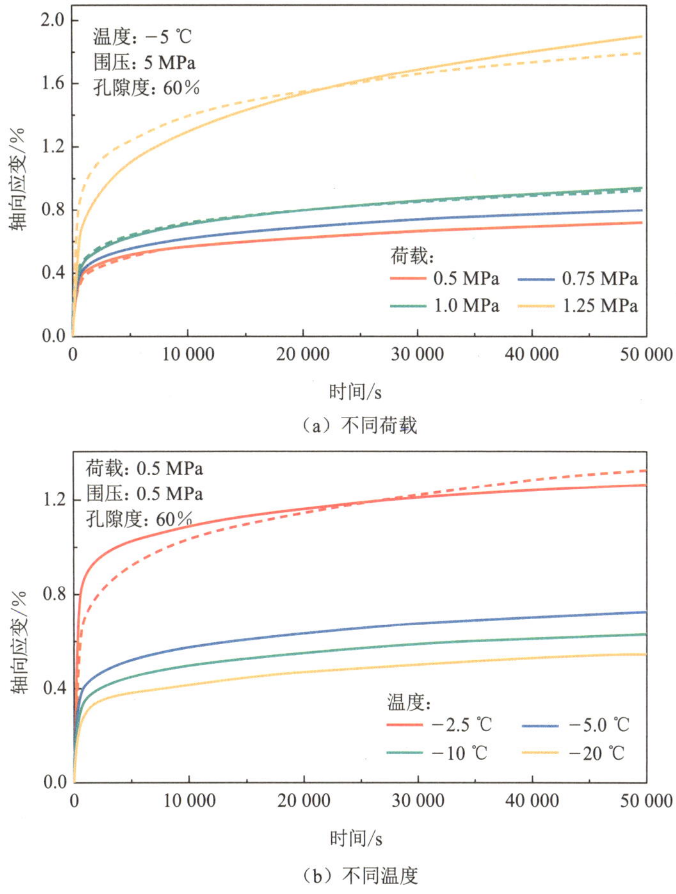

图 5-1-11　荷载、温度对甲烷水合物蠕变曲线的影响

5.1.6　甲烷水合物沉积物变工况时的蠕变特性

前述为恒温常荷载下的蠕变基本实验，为了进一步了解变荷载情况下的蠕变规律，特别进行了变荷载加载实验。根据前文可以推断出荷载由高荷载水平降为低荷载水平后，试样内部结构会变得更紧密，从而使变荷载后的蠕变曲线与直接加载低荷载水平的蠕变曲线相差越来越大。本小节主要研究由低荷载水平加载到高荷载水平的阶梯加载蠕变实验。

图 5-1-12 分别为孔隙度 60%的甲烷水合物沉积物在温度−5 ℃、围压 5 MPa 条件下荷载由 2 MPa 增加到 3 MPa，荷载由 0.5 MPa 增加到 0.75 MPa，以及含冰甲烷水合物在−5 ℃、围压 5 MPa 条件下荷载由 0.5 MPa 增加到 0.75 MPa 的蠕变曲线。从图中可以看出，在高荷载条件下，加载后的蠕变曲线有不太明显且持续时间较长的阻尼蠕变阶段，随后进入等速蠕变阶段，但是随着时间的推移，变荷载蠕变曲线与荷载 3 MPa 的蠕变曲线相距越来越远，二者没有趋于吻合的迹象。在低荷载条件下，荷载由 0.5 MPa 增加到 0.75 MPa 的瞬间有较为明显的轴向形变，蠕变曲线在开始变载处有明显的硬化，一度与 0.75 MPa 的蠕变曲线重合，且有持续时间较短的阻尼蠕变阶段；二者在等速蠕变阶段的蠕变速率并不相

同,变荷载蠕变曲线的速率较小,且随着时间的推移,0.5 MPa 的蠕变曲线逐渐背离 0.75 MPa 的蠕变曲线。含冰甲烷水合物在低荷载条件下的变荷载蠕变曲线与甲烷水合物沉积物的类似,在变荷载处都有明显的硬化,不同的是含冰甲烷水合物变荷载后并未达到 0.75 MPa 蠕变曲线的高度。

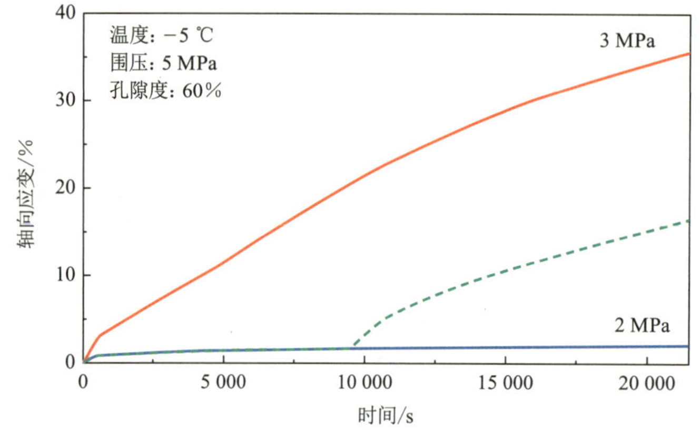

(a) 甲烷水合物沉积物荷载由2 MPa增加到3 MPa后的蠕变曲线

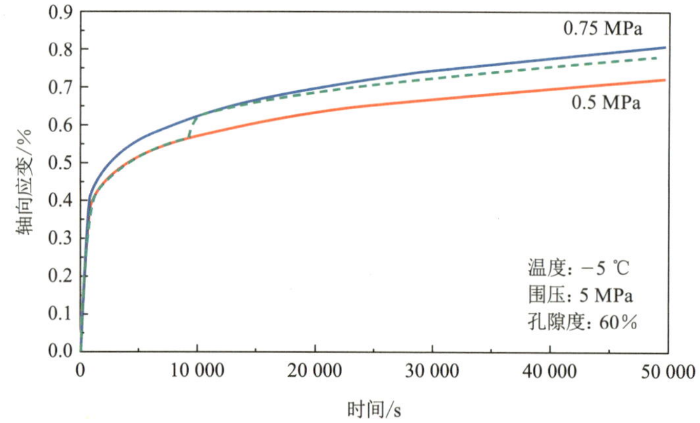

(b) 甲烷水合物沉积物荷载由0.5 MPa增加到0.75 MPa后的蠕变曲线

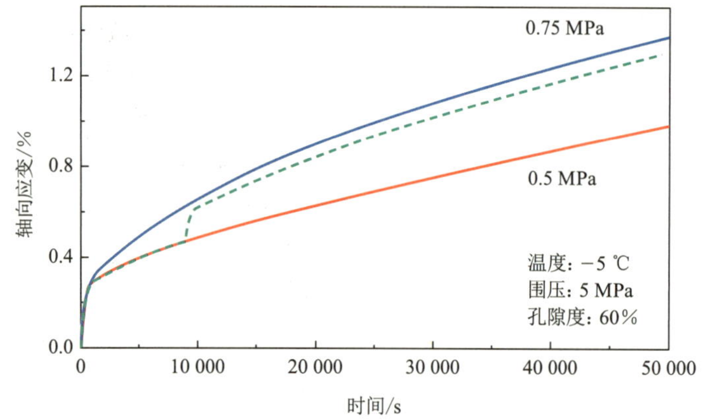

(c) 含冰甲烷水合物荷载由0.5 MPa增加到0.75 MPa后的蠕变曲线

图 5-1-12 甲烷水合物沉积物的蠕变曲线

综合图 5-1-12 中的 3 条曲线可以发现，无论在高荷载条件还是低荷载条件下，也无论有无黏土存在，变荷载蠕变实验在增加荷载初始阶段都伴随轴向应变的剧烈变化，并且出现阻尼蠕变阶段和等速蠕变阶段，与常荷载蠕变实验的初期类似；随着时间的推移，变荷载蠕变曲线与其相应的高应力水平蠕变曲线有背离趋势且越来越大，在高荷载条件下这种背离尤为明显。该现象与在金属的变荷载蠕变实验中观察到的现象有明显的不同。在金属的阶梯加载实验中，虽然蠕变曲线在开始变荷载处也有硬化，但以后逐渐与较高荷载水平的蠕变曲线接近吻合。因为金属有延展性、结构致密，而水合物沉积物的内部作用力主要为颗粒间的摩擦力和胶结，所以金属分子间的作用力远远超过本实验人工合成试样的黏聚力。本实验合成的试样在压缩过程中有硬化现象，虽然分级压缩实验变荷载后应力水平与常荷载压缩相同，但所加荷载与试样屈服强度间的差值是不一样的，随着时间的推移和轴向应变的增大，试样的屈服强度有增大的趋势，因此分级加载蠕变实验变荷载后蠕变速率小于常荷载蠕变实验，从而造成轴向应变的背离。

5.1.7　不同孔隙度下甲烷水合物沉积物的蠕变特性分析

本小节主要研究孔隙度（分别为 40%，60%，80%）对甲烷水合物沉积物蠕变特性的影响。

图 5-1-13 为温度−5 ℃、围压 5 MPa 条件下不同荷载和不同孔隙度的蠕变曲线。从图中可以看出，虽然所有的蠕变曲线都表现为指数形式，但甲烷水合物沉积物的蠕变过程随着实验工况的变化而不同。图 5-1-14 所示为相同荷载下不同孔隙度沉积物的蠕变曲线。从图中可以明显看出，蠕变速率和轴向应变随孔隙度的增加而增大，随荷载的增加而增大。当荷载为 0.5 MPa，0.75 MPa 和 1.0 MPa 时，孔隙度对甲烷水合物沉积物的蠕变曲线有较明显的影响，而对荷载为 1.25 MPa 的蠕变曲线影响较为复杂，40%孔隙度的试样在该荷载下甚至进入加速蠕变阶段。从图 5-1-14 中可以发现，当孔隙度为 80%和 60%时，0.5 MPa，0.75 MPa 和1.0 MPa荷载下的蠕变曲线较为平缓，而 1.25 MPa 荷载下的蠕变曲线比较陡峭，当孔隙度降为 40%后，1.25 MPa 荷载下的甲烷水合物沉积物遭到破坏，1.0 MPa 荷载下的蠕变曲线脱离之前的平缓区域，轴向应变有了较大的提升。

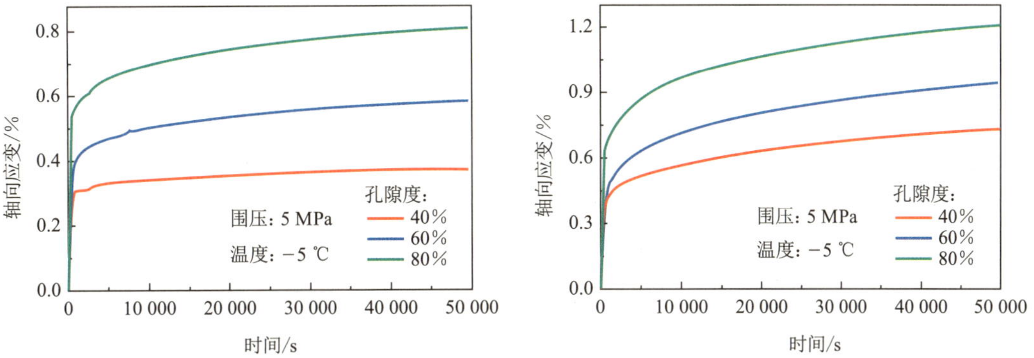

(a) 荷载为0.5 MPa　　(b) 荷载为0.75 MPa

图 5-1-13　不同荷载下孔隙度对甲烷水合物沉积物蠕变曲线的影响

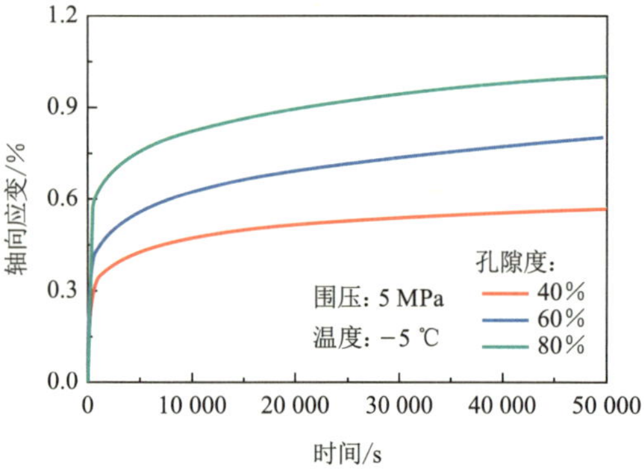

（c）荷载为1.0 MPa

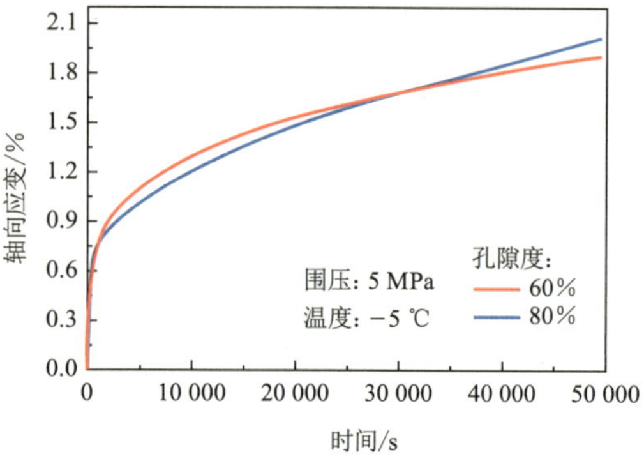

（d）荷载为1.25 MPa

图 5-1-13(续)　不同荷载下孔隙度对甲烷水合物沉积物蠕变曲线的影响

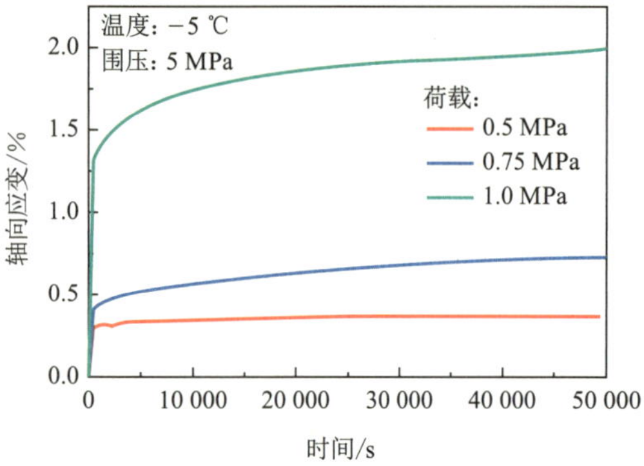

（a）孔隙度为40%

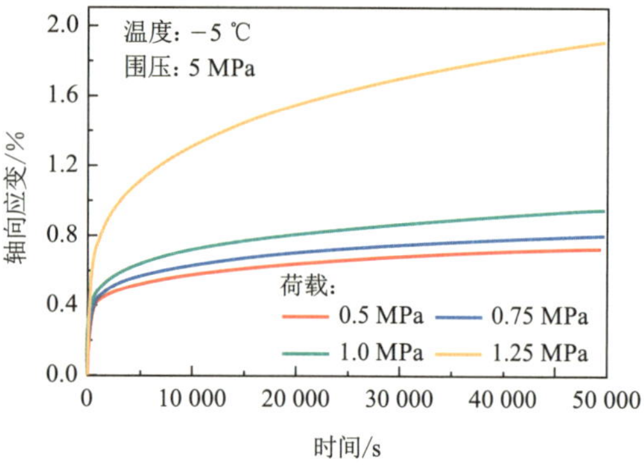

（b）孔隙度为60%

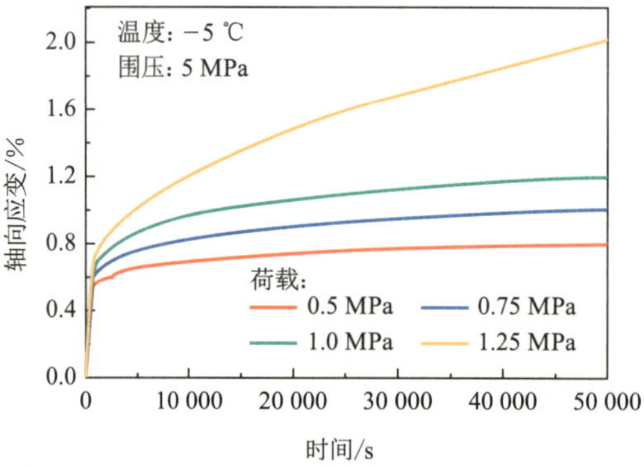

（c）孔隙度为80%

图 5-1-14　不同孔隙度下荷载对甲烷水合物沉积物蠕变曲线的影响

图 5-1-15 为温度−5 ℃、围压 5 MPa、轴向荷载 1.25 MPa 下，孔隙度为 40%的甲烷水合物沉积物蠕变曲线。从图中可以看出，该蠕变曲线出现加速蠕变阶段，蠕变压缩初期有较短的阻尼蠕变阶段，随后进入持续时间较长的等速蠕变阶段，在压缩 30 000 s 后，轴向应变开始急剧增大，应变速率较等速蠕变阶段有较为明显的增长。当轴向应变超过 30%后，蠕变速率有轻微的衰减，这是由试样的硬化造成的，与前述高荷载下甲烷水合物沉积物的蠕变特性相同。加载初期该曲线与一般低荷载水平曲线相同，有明显的阻尼蠕变阶段和等速蠕

变阶段，说明该荷载没有超过压缩开始时试样的屈服强度。随着轴向应变的不断增大，试样内部结构也不断发生变化，最终试样的内摩擦力和黏聚力不足以支撑该荷载而进入加速蠕变阶段，试样结构遭到严重破坏。

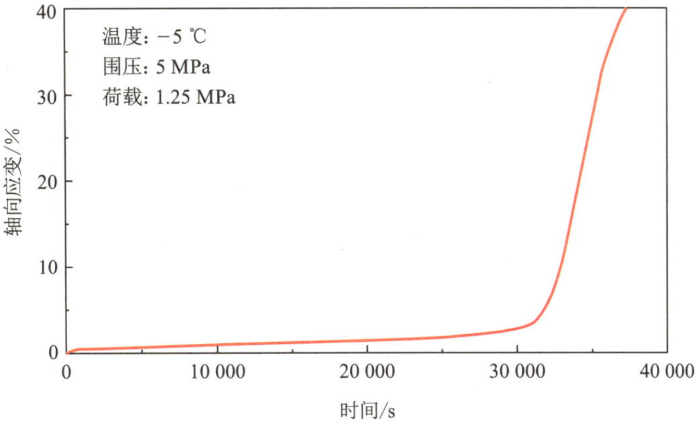

图 5-1-15　孔隙度 40% 的甲烷水合物沉积物的蠕变曲线

结合图 5-1-13 和图 5-1-14 可以发现，甲烷水合物沉积物的蠕变速率和轴向应变随孔隙度的减小而增加，但孔隙度减小的同时也削弱了试样的流变能力，在经过一定程度的轴向应变后试样无法再支撑轴向荷载，最终进入加速蠕变阶段。甲烷水合物沉积物与冻土类似，其强度由水合物强度、黏土强度及其相互胶结的程度决定，黏土强度随着孔隙度的减小而增加，甲烷水合物强度随着孔隙度的减小而减小，但二者变化的程度不相同。研究结果表明，孔隙度由 60%降为 40%后，黏土强度的增加小于甲烷水合物强度的减小，所以出现加速蠕变阶段。当荷载为 1.25 MPa 时，孔隙度为 60%与 80%甲烷水合物沉积物的蠕变曲线相差不大，表明孔隙度在二者之间变化时黏土和甲烷水合物强度的变化对承受该荷载的作用几乎相互抵消。

图 5-1-16 和图 5-1-17 为不同孔隙度下等速蠕变阶段的蠕变速率和不同荷载下的蠕变速率曲线。

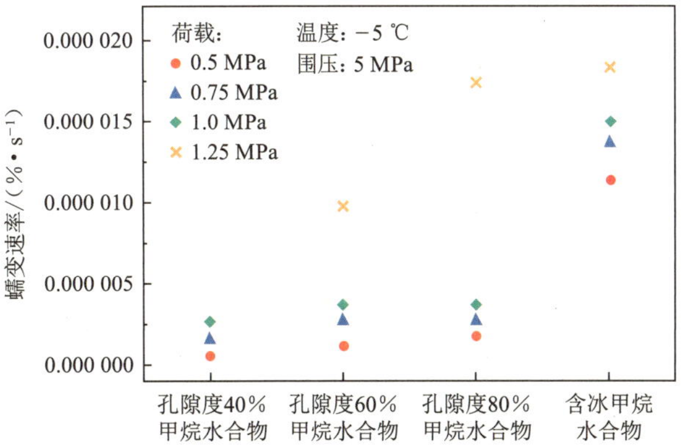

图 5-1-16　不同荷载下的蠕变速率与孔隙度的关系

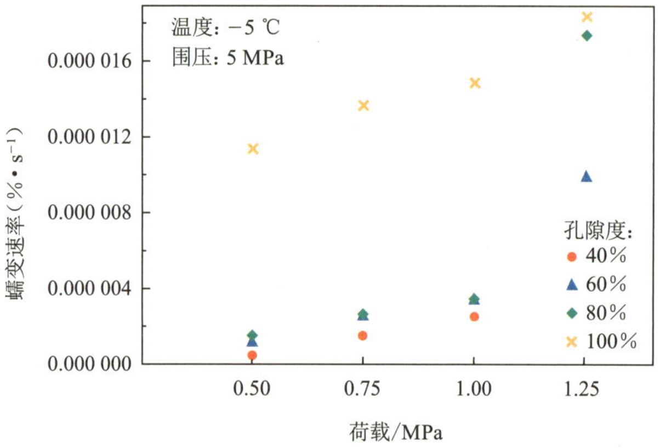

图 5-1-17　不同孔隙度下的蠕变速率与荷载的关系

从图中可以看出，甲烷水合物沉积物的蠕变速率随孔隙度的增加而增大，且呈线性增长；甲烷水合物沉积物的蠕变速率随荷载的增加而增大。孔隙度分别为 60%和 80%、荷载分别为 0.75 MPa 和 1.0 MPa 的蠕变曲线，虽然初始应变、阻尼蠕变阶段的持续时间及等速蠕变阶段开始时的轴向应变不同，但蠕变速率基本是相同的。这是因为不同条件下甲烷水合物沉积物阻尼蠕变阶段的轴向应变不同，导致试样的硬化程度不同，经过不同程度的硬化后，不同孔隙度的试样承载相同荷载的能力可能会相近甚至相同。所加荷载为 1.25 MPa 的甲烷水合物沉积物试样，在 3 种孔隙度下蠕变速率明显大于其他荷载。当荷载不超过 1.0 MPa 时，含冰甲烷水合物的蠕变速率远远高于甲烷水合物沉积物的蠕变速率，但是当轴向荷载增加到 1.25 MPa 后，含冰甲烷水合物与孔隙度 80%的甲烷水合物沉积物的蠕变速率相近。

5.2　水合物沉积物分解蠕变特性研究

本节针对南海实际围压条件，模拟水合物沉积层受初始荷载（海底结构物）的作用，开展沉积物在水合物分解过程中的蠕变实验研究，获取水合物沉积物分解过程中蠕变参数与围压、温度及应力比的关系及变化规律。

由前文所述，国际上已获取的水合物样品的研究表明，水合物储层内的孔隙度一般保持在 40%左右[4]。本节将对孔隙度为 40%的水合物沉积物开展蠕变实验研究。为了更好地获取水合物分解蠕变实验规律，将温度范围设置为−2～2 ℃。进行分解蠕变实验之前，需要先进行静三轴压缩实验，从而确定蠕变实验中初始荷载的取值。静三轴压缩实验过程与前面章节介绍的实验过程保持一致，而蠕变实验过程则略有区别，体现为：与三轴压缩实验前期过程类似，先将试样放入压力室中固结；固结完成之后，在实验围压与温度的条件下，根据破坏强度值与选取的应力水平大小施加相应的轴向荷载并保持不变，直到实验结束；蠕变实验过程中水合物保持分解状态，记录实验过程中的变形曲线。

5.2.1　蠕变实验初始荷载的确定

为了确定蠕变实验中初始荷载的取值，需要先对水合物沉积物在相应的温度、压力条件下进行静三轴压缩实验，从而获取沉积物破坏强度值。静三轴压缩实验工况见表 5-2-1。本实验的研究对象是黏土水合物沉积物，和前文所述一致，以高岭土为材料与冰粉水合物混合制取水合物沉积物试样。

表 5-2-1　静三轴压缩实验工况

孔隙度 ϕ/%	温度 T/℃	围压 σ_3/MPa	应变速率 $\dot{\varepsilon}$/(%·min^{-1})
40	−2	10	1
40	−2	12.5	1
40	−2	15	1
40	0	10	1
40	2	10	1

通过静三轴压缩实验获得相应的应力-应变曲线，如图 5-2-1 所示。从图中可以看出，在高围压条件下（大于 10 MPa），随着围压的增大，水合物沉积物破坏强度值逐渐减小，且应力-应变曲线呈现明显的软化现象。这是因为在围压极大的情况下，部分颗粒发生破碎[5]，促进了颗粒间的旋转与滑移，导致试样局部密度降低，进而造成强度的降低和软化现象；部分冰颗粒被压融[6,7]，润滑作用导致颗粒间的摩擦阻力下降，并且减弱了水合物和土颗粒之间的胶结作用，表现为强度的降低与软化现象。

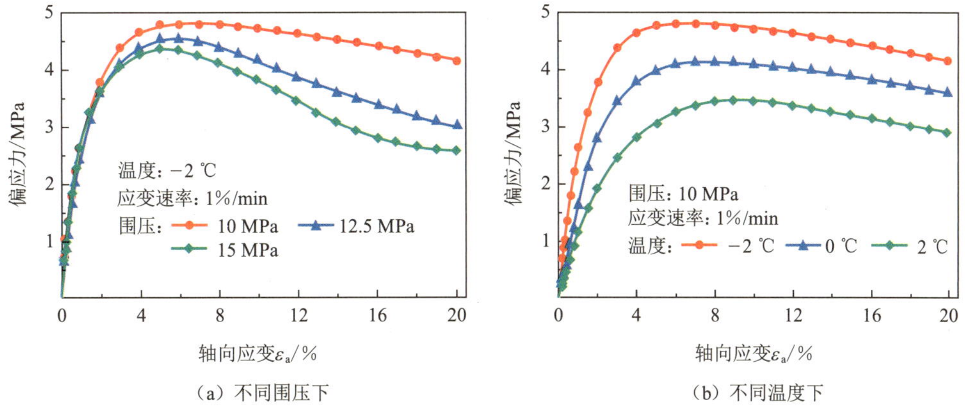

图 5-2-1　静三轴压缩实验应力-应变曲线

随着温度的升高，水合物沉积物破坏强度值显著降低，应力-应变曲线均呈现明显的软化现象。这是因为温度越高，试样中未冻水的含量越大，润滑作用降低了颗粒间的摩擦阻力，且天然气水合物在高温下不稳定，减弱了水合物颗粒和土颗粒之间的胶结作用，造成试样强度的降低与软化现象。此外，研究表明，纯天然气水合物的强度也随着温度的升高而降低[8,9]，这又进一步导致水合物沉积物的强度随着温度的升高而降低。

5.2.2 水合物沉积物蠕变实验研究

为了模拟受到一定初始荷载条件下的水合物沉积物在分解过程中的实际变形情况，本节进行了相应的分解蠕变实验，围压参照南海水合物储层对应的水深范围及埋深范围折中选取，此围压值代表水合物沉积层上覆土体以及海底水深共同的压力。实验工况见表5-2-2。水合物沉积物的孔隙度选取40%，温度范围设置为−2～2 ℃。

表 5-2-2 初始恒定荷载条件下分解实验工况

孔隙度 ϕ/%	温度 T/℃	围压 σ_3/MPa	应力水平
40	−2	10	0.3,0.6,0.9
40	−2	12.5	0.3,0.6
40	−2	15	0.3,0.6
40	0	10	0.3,0.6
40	2	10	0.3,0.6

5.2.2.1 围压对水合物沉积物蠕变特性的影响

如图5-2-2所示，蠕变曲线一般分为3个阶段：减速蠕变阶段（AB）、稳定蠕变阶段（BC）及加速蠕变阶段（CD）。

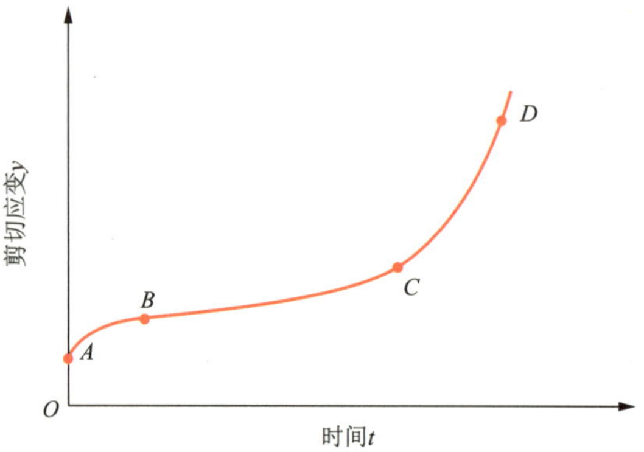

图 5-2-2 典型蠕变曲线

将轴向荷载达到设定值时的时间作为时间零点，相应的应变作为蠕变起始应变，记为ε_0；将减速蠕变阶段与稳定蠕变阶段的交界点记为流变起始点，相应的时间与应变为流变起始时间t_m与流变起始应变ε_m；将稳定蠕变阶段与加速蠕变阶段的交界点记为蠕变破坏点，相应的时间与应变为破坏时间t_f与破坏应变ε_f[10-12]。

图5-2-3为不同围压下水合物分解过程中沉积物的变形曲线。从图5-2-3中可以看出，在应力水平为0.6的情况下，蠕变曲线表现出3个阶段的特征。从图5-2-3(b)中可以看出，

在应力水平为 0.3 的情况下，在实验的时间范围内，水合物沉积物没有出现变形迅速增大的现象，蠕变曲线仅表现为两个阶段，即减速蠕变阶段与稳定蠕变阶段，而加速蠕变阶段在此情形下没有出现，并且在变形曲线的末期变形速度出现减缓的趋势。同样，将轴向荷载达到设定值时的时间作为时间零点，相应的应变作为蠕变起始应变，记为 ε_0；将减速蠕变阶段与稳定蠕变阶段的交界点记为流变起始点，相应的时间与应变为流变起始时间 t_m 与流变起始应变 ε_m。

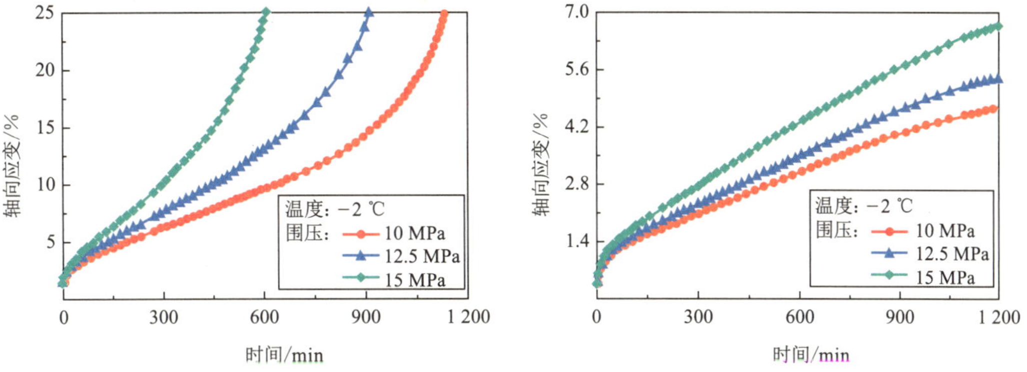

(a) 应力水平0.6　　(b) 应力水平0.3

图 5-2-3　不同围压下水合物分解过程中沉积物变形曲线

1) 起始应变

根据蠕变曲线获得水合物沉积物的起始应变随围压的变化曲线如图 5-2-4 所示。从图中不难看出，随着围压的增大，起始应变逐渐减小。与三轴压缩实验相类似，在加载轴向荷载的过程中，采取的依然是恒应变速率加载方式，试样的起始变形表现为弹性变形或者弹塑性变形；通过前述的应力-应变曲线可以得出，围压越高，应力-应变曲线越陡，这表明达到相同的应力水平情况下，围压越高，试样所需的变形越小，因此表现为起始应变随着围压的增大而减小。

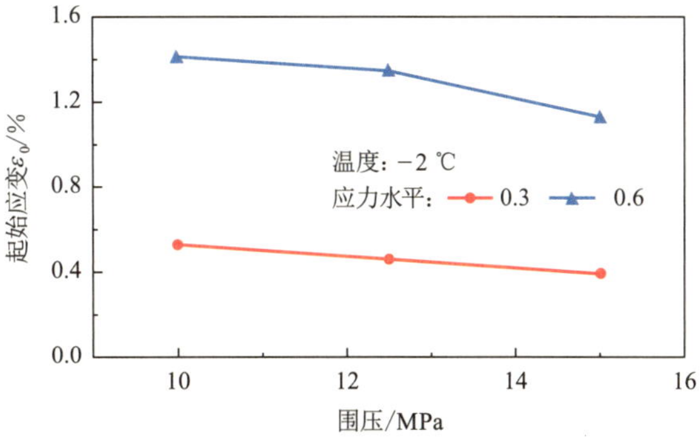

图 5-2-4　不同围压下起始应变变化曲线

2) 流变起始时间与流变起始应变

图 5-2-5(a)与图 5-2-5(b)所示为流变起始时间与流变起始应变随围压的变化曲线。从

图 5-2-5 中可以看出，随着围压的增大，流变起始时间呈现逐渐减小的趋势。这是因为围压越大，试样的冻结温度越低，这其实相应地提高了试样的温度，减弱了试样内部的胶结作用[13]；更为重要的是，高围压下部分颗粒发生破碎，冰压融现象明显，这些都扰动了试样内部稳定的水合物颗粒，破坏了水合物沉积物内原有的胶结结构，因此流变起始时间随着围压的增大而减小。此外，围压对流变起始应变影响不大。

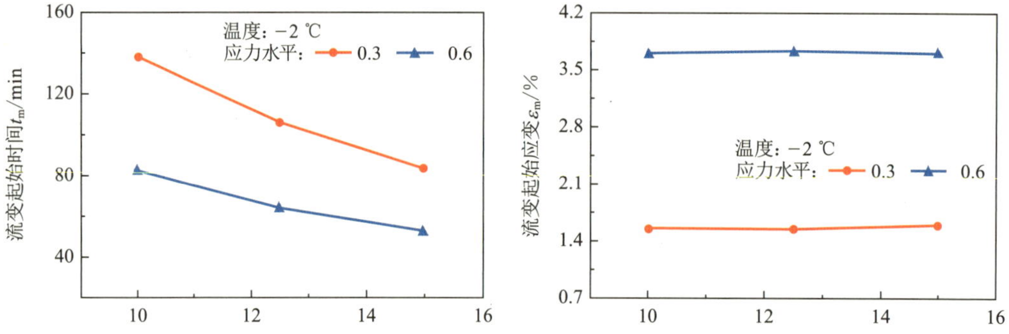

(a) 流变起始时间　(b) 流变起始应变

图 5-2-5　不同围压下流变起始时间与流变起始应变变化曲线

3) 破坏时间与破坏应变

图 5-2-6 为破坏时间与破坏应变随围压的变化曲线。从图中可以看出，破坏时间随着围压的增大显著减小，而破坏应变增长缓慢。如前所述，在实验中围压越高，水合物沉积物试样强度降低且软化的现象越明显；此外，在低围压工况下，试样内部的结构更为疏松，在蠕变压缩过程中容易引起孔压的上升，一定程度上会减缓水合物的分解，而之前的研究表明水合物的分解会导致试样强度降低[14]。综上，水合物沉积物蠕变破坏时间随着围压的增大而降低。

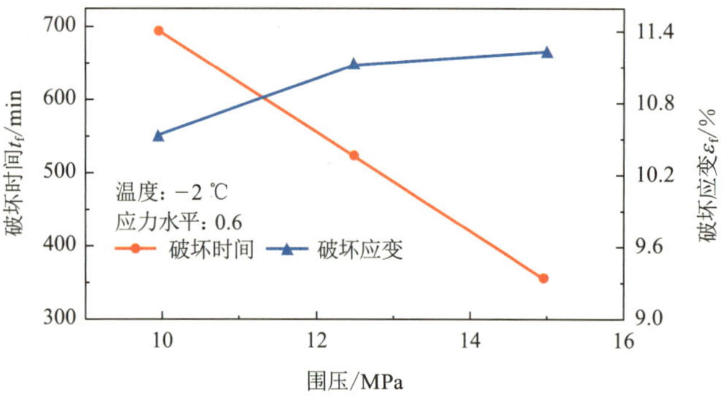

图 5-2-6　不同围压下破坏时间与破坏应变变化曲线

5.2.2.2　温度对水合物沉积物蠕变特性的影响

图 5-2-7 为不同温度下水合物分解过程中沉积物的变形曲线。从图中不难看出，除温

度－2 ℃、应力水平 0.3 的工况条件外，其余工况条件下水合物沉积物蠕变曲线均表现为 3 个阶段：减速蠕变阶段、稳定蠕变阶段、加速蠕变阶段。

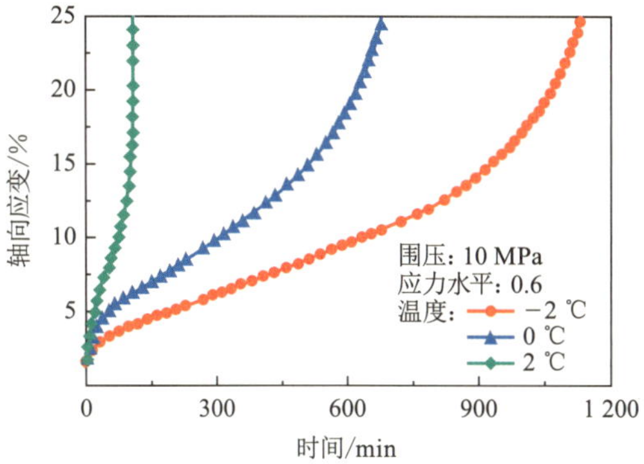

(a) 应力水平0.6

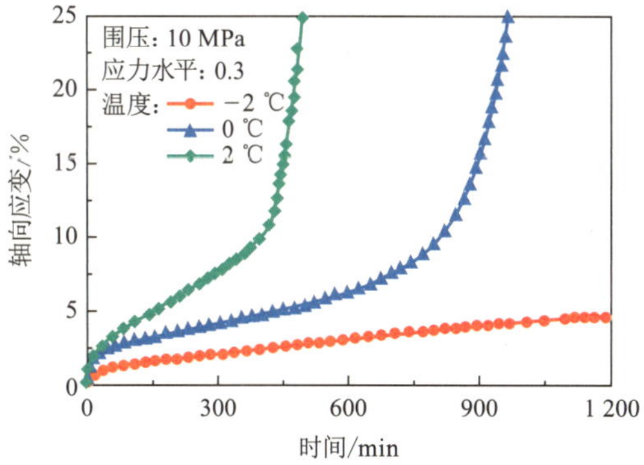

(b) 应力水平0.3

图 5-2-7　不同温度下水合物分解过程中沉积物变形曲线

1) 起始应变

图 5-2-8 为起始应变随温度的变化曲线。从图中不难看出，随着温度的升高，起始应变逐渐增大。温度越低，应力-应变曲线越陡，最大偏应力处对应的轴向应变值越小。这表明在相同的应力水平条件下，温度越高，试样的变形越大，因此表现为起始应变随着温度的升高而增大。

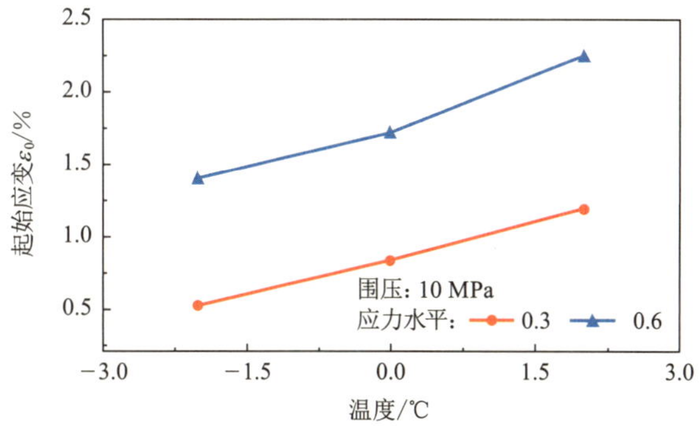

图 5-2-8　不同温度下起始应变变化曲线

2）流变起始时间与流变起始应变

图 5-2-9(a)与图 5-2-9(b)所示为流变起始时间与流变起始应变随温度的变化曲线。从图 5-2-9(a)中可以看出，随着温度的升高，流变起始时间呈现逐渐减小的趋势。这是因为温度越高，试样的冻结程度越低，试样自身的强度下降；此外，温度越高，试样内部的水合物颗粒越不稳定，分解的程度越大，进一步造成试样强度的降低[15]，因此流变起始时间随着温度的升高而减小。如图 5-2-9(b)所示，流变起始应变随着温度的升高而增大，说明温度越高，试样蠕变变形越大。

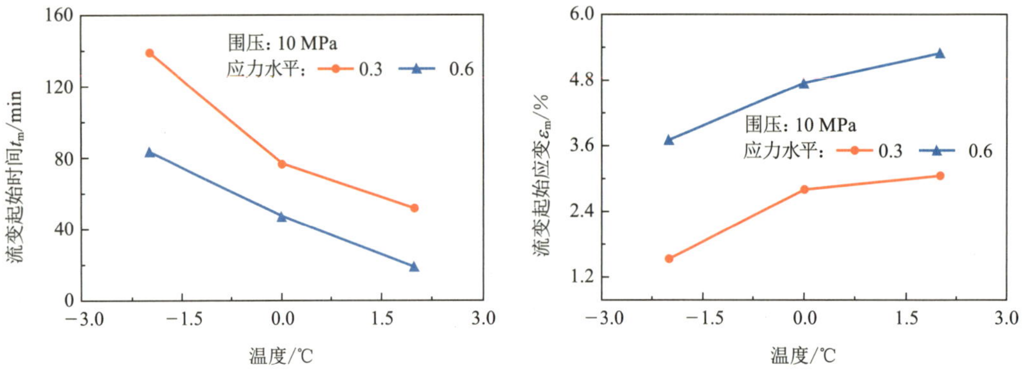

(a) 流变起始时间　　(b) 流变起始应变

图 5-2-9　不同温度下流变起始时间与流变起始应变变化曲线

3）破坏时间与破坏应变

不同温度条件下天然气水合物沉积物试样的破坏时间与破坏应变随温度的变化曲线如图 5-2-10(a)与图 5-2-10(b)所示。

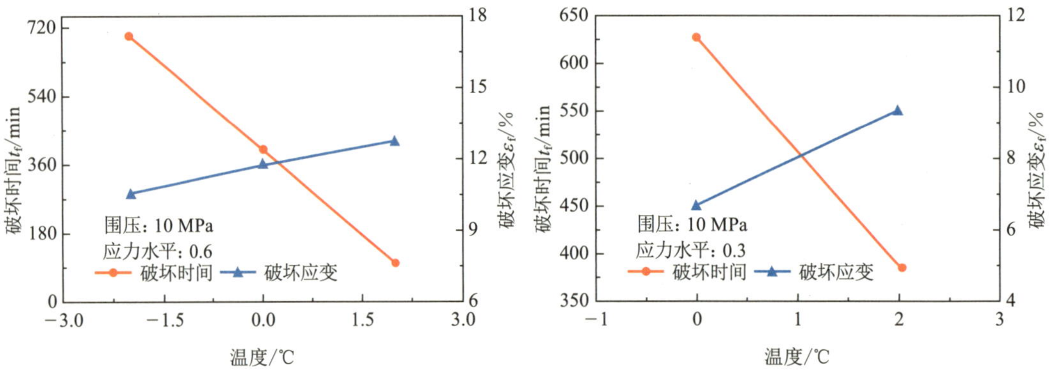

(a) 应力水平0.6　　(b) 应力水平0.3

图 5-2-10　不同温度下破坏时间与破坏应变变化曲线

从图 5-2-10 中可以看出，试样的破坏时间随着温度的升高显著减小，而破坏应变随着温度的升高略有增加。这是因为温度越高，试样强度越低，且试样内部水合物分解的程度越大，因此破坏时间随着温度的升高而显著减小，且此时变形程度更大，表现为破坏应变增加。在应力水平 0.3 的条件下，破坏应变增加的幅度高于应力水平 0.6 时的情形，这表明在低应力水平条件下，随着温度的升高，更大的轴向变形才能导致试样内部裂纹的产生，由此导致试样的破坏。

5.2.2.3 应力水平对水合物沉积物蠕变特性的影响

图 5-2-11 为相同温度、相同围压，不同应力水平下水合物分解过程中沉积物的变形曲线。

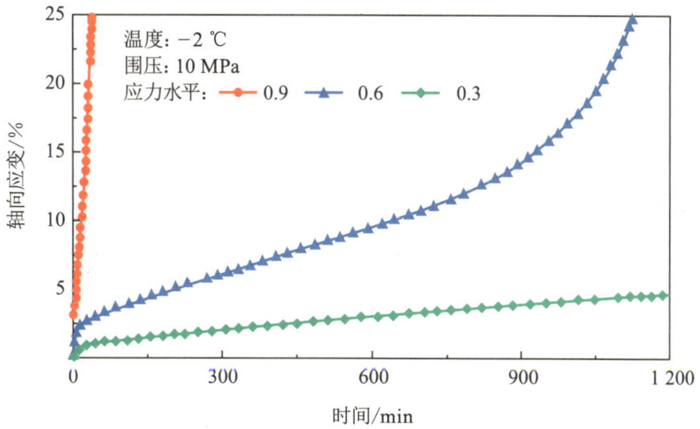

图 5-2-11 不同应力水平条件下水合物分解过程中沉积物变形曲线

从图 5-2-11 中不难看出，应力水平对蠕变曲线影响显著。基于蠕变曲线，研究获取了相应的起始应变、流变起始时间、流变起始应变、破坏时间等数据，见表 5-2-3。在达到峰值强度之前，应力会随着应变的增加而迅速增加，而应力水平增大意味着试样受到更大的轴向荷载，因此在同一温度、围压条件下，起始应变随着应力水平的增大而增加。

表 5-2-3 不同应力水平条件下水合物分解过程中沉积物的蠕变参数

应力水平	起始应变/%	流变起始时间/min	流变起始应变/%	破坏时间/min	破坏应变/%
0.3	0.53	138.39	1.55	—	—
0.6	1.41	82.96	3.71	689.56	10.54
0.9	3.09	6.69	7.38	24.51	13.17

随着应力水平的增大，流变起始时间显著减小，流变起始应变增大，例如在应力水平为 0.9 的条件下，只需 6.69 min 试样就进入稳定蠕变阶段，而在应力水平为 0.3 的条件下，则需要 138.39 min。

随着应力水平的增大，破坏时间显著减小，对比应力水平为 0.6 与 0.9 两种条件，可以看出破坏时间从 689.56 min 降低至 24.51 min，破坏时间下降显著。应力水平为 0.9 意味着轴向荷载非常接近试样的破坏强度值，在这种情况下试样会迅速变形，并且在变形过程中水合物颗粒受到扰动将加速分解，这些都促进了水合物沉积物试样的破坏。此外，由表 5-2-3 还可以看出，与应力水平对破坏时间的显著影响相比，随着应力水平的增大，破坏应变增加的幅度不大，说明应力水平对破坏应变的影响不是非常明显。

综上,由水合物沉积物分解蠕变实验结果可知:围压、温度及应力水平均对水合物沉积物在分解过程中的蠕变特性影响显著。通过开展考虑水合物分解的蠕变实验,可以为计算水合物分解对海底结构物的影响提供实验数据。

5.2.3 考虑水合物分解的应变势模型

现有资料表明,散粒体材料的变形表现出如下特性:在加荷载后产生瞬时变形,接着产生随时间增长的变形[16,17]。所谓蠕变,就是材料受外力作用后产生变形并随时间增长的现象。

材料的蠕变变形 ε 可表示为:

$$\varepsilon = \varepsilon_s + \varepsilon(t) \tag{5-2-1}$$

式中,ε_s 为瞬时变形,$\varepsilon(t)$ 为随时间增长的变形。

针对开采过程中天然气水合物沉积物层受到一定初始荷载(海底结构物)作用,水合物分解并对结构物及周边土层力学稳定性产生影响这一实际问题,研究模拟了天然气水合物沉积层所受初始荷载的作用,进行了天然气水合物沉积物分解蠕变特性实验,实验所选取的围压为 10 MPa,12.5 MPa 及 15 MPa,并且在每个围压下分别开展了应力水平为 0.6 和 0.3 的两组蠕变力学实验,实验结果如图 5-2-12~图 5-2-14 所示。

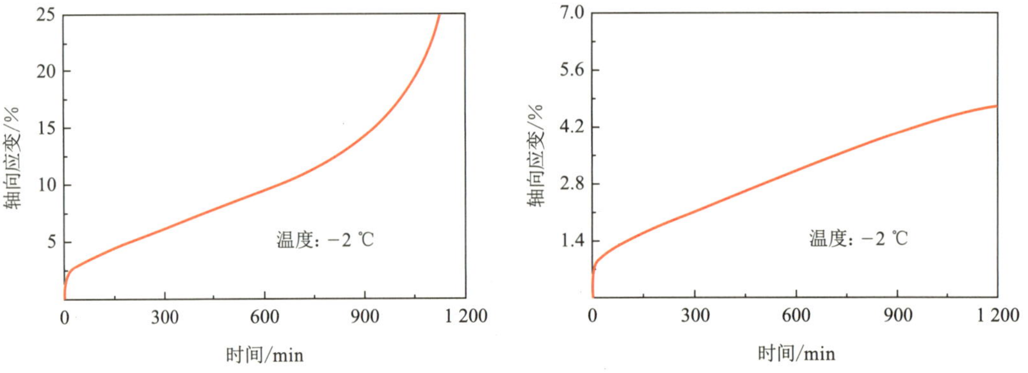

(a) 应力水平0.6　(b) 应力水平0.3

图 5-2-12　围压 10 MPa 下的水合物沉积物轴向应变随时间变化曲线

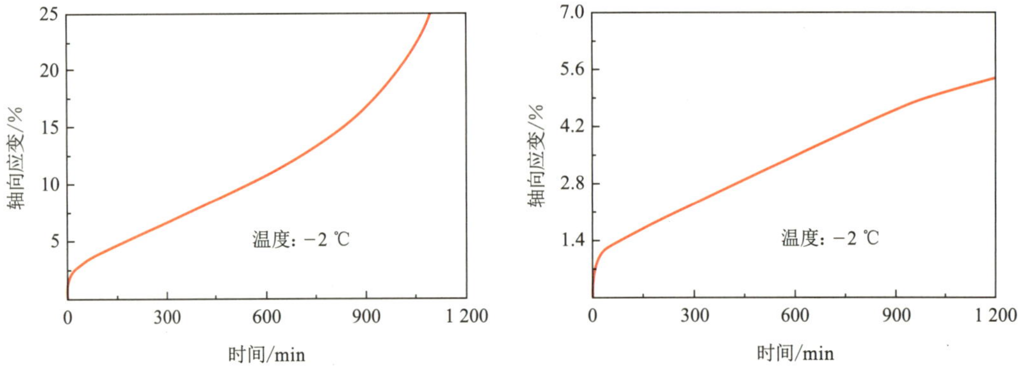

(a) 应力水平0.6　(b) 应力水平0.3

图 5-2-13　围压 12.5 MPa 下的水合物沉积物轴向应变随时间变化曲线

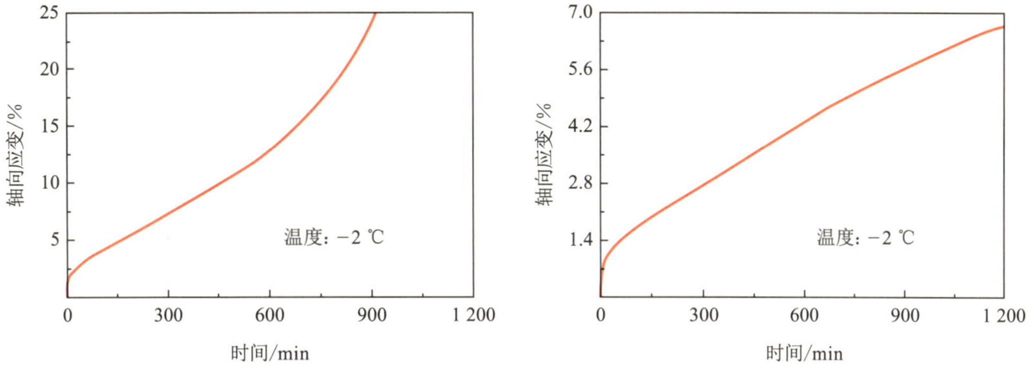

(a) 应力水平0.6　　(b) 应力水平0.3

图 5-2-14　围压 15 MPa 下的水合物沉积物轴向应变随时间变化曲线

由图 5-2-12～图 5-2-14 可知，水合物分解过程中沉积物的蠕变应变随时间的变化曲线可近似采用两条折线进行模拟，两条折线的交点处对应的时间即转折点处时间 t_z、初始段直线的斜率 k_1 和截距 d_1 以及末尾段直线的斜率 k_2，见表 5-2-4。

表 5-2-4　水合物分解实验结果对应两折线段的斜率和截距

围压 σ_3 /MPa	应力水平 S	转折点处时间 t_z /min	初始段直线斜率 k_1 /(%·min^{-1})	截距 d_1/%	末尾段直线斜率 k_2 /(%·min^{-1})
10	0.6	900	0.012 3	2.288 0	0.048 2
10	0.3		0.003 3	0.993 0	
12.5	0.6	660	0.017 9	2.134 9	0.041 1
12.5	0.3		0.004 0	1.007 0	
15	0.6	440	0.027 6	1.916 0	0.065 7
15	0.3		0.005 1	1.008 0	

实验结果表明，转折点处时间 t_z 受围压和应力水平的影响，可按照式(5-2-2)进行拟合，结果如图 5-2-15 所示。

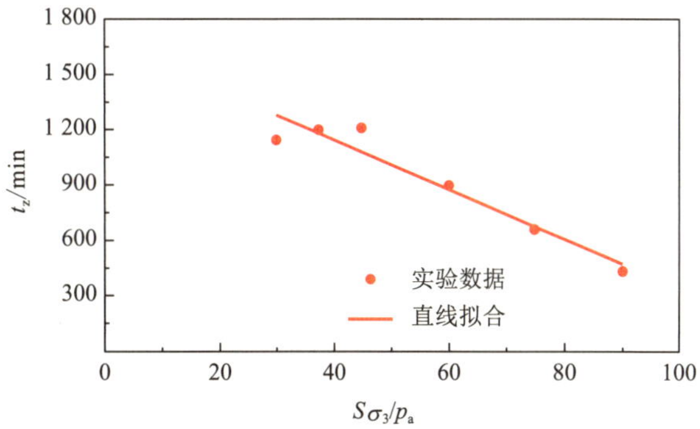

图 5-2-15　转折点处时间与围压、应力水平的关系

$$t_z = a_1\left(\frac{\sigma_3}{p_a}S\right) + b_1 \tag{5-2-2}$$

式中，a_1，b_1 为对应的直线斜率和截距（图 5-2-15 中，$a_1=-13.36$，$b_1=1\ 678$）；p_a 为初始蠕变荷载。

同时，初始段直线的斜率 k_1 也受围压和应力水平的影响，可按照式(5-2-3)进行拟合，结果如图 5-2-16 所示。

$$k_1=a_2\left(\frac{\sigma_3}{p_a}S\right)^{b_2} \tag{5-2-3}$$

式中，a_2，b_2 为对应的幂函数参数（图 5-2-16 中，$a_2=1.56\times10^{-6}$，$b_2=2.17$）。

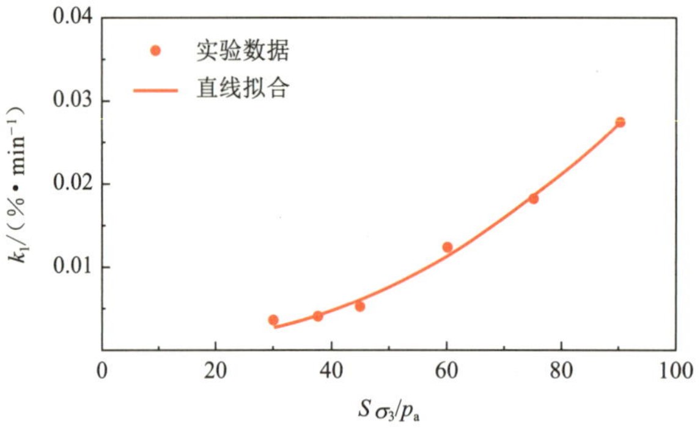

图 5-2-16　初始段直线斜率与围压、应力水平的关系

初始段直线的截距 d_1 主要受应力水平 S 的影响，呈近似线性关系，见式(5-2-4)，拟合结果如图 5-2-17 所示。

$$d_1=a_3S+b_3 \tag{5-2-4}$$

式中，a_3，b_3 为对应直线的斜率和截距（图 5-2-17 中，$a_3=3.701$，$b_3=-0.108$）。

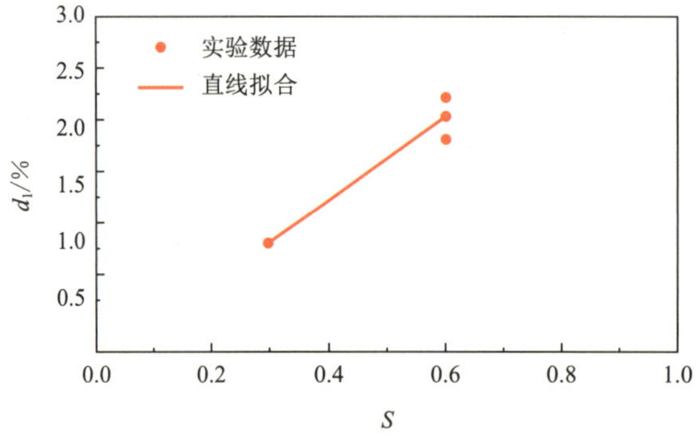

图 5-2-17　初始段直线截距与应力水平的关系

末尾段直线斜率 k_2 考虑取表 5-2-4 中实验结果的平均值，即 $k_2=0.051\ 7$。最后得到水合物分解过程中沉积物的轴向应变与时间、围压和应力水平的关系式为：

$$\left.\begin{aligned}\varepsilon_a&=d_1+k_1t & (t\leqslant t_z)\\ \varepsilon_a&=d_1+k_1t_z+k_2(t-t_z) & (t>t_z)\end{aligned}\right\} \tag{5-2-5}$$

式中，k_2 取 0.051 7，转折点处时间 t_z、初始段直线的斜率 k_1、初始段直线的截距 d_1 由式(5-2-2)～式(5-2-4)给出。

图 5-2-18～图 5-2-20 为考虑水合物分解的沉积物试样蠕变变形公式(5-2-5)的模拟结果及实验曲线的对比情况。

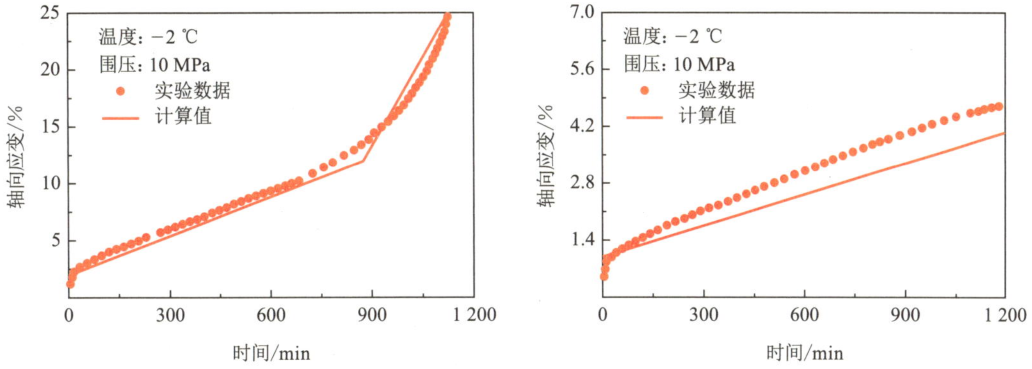

(a) 应力水平0.6　　(b) 应力水平0.3

图 5-2-18　围压 10 MPa 下的水合物分解蠕变实验与模拟对比

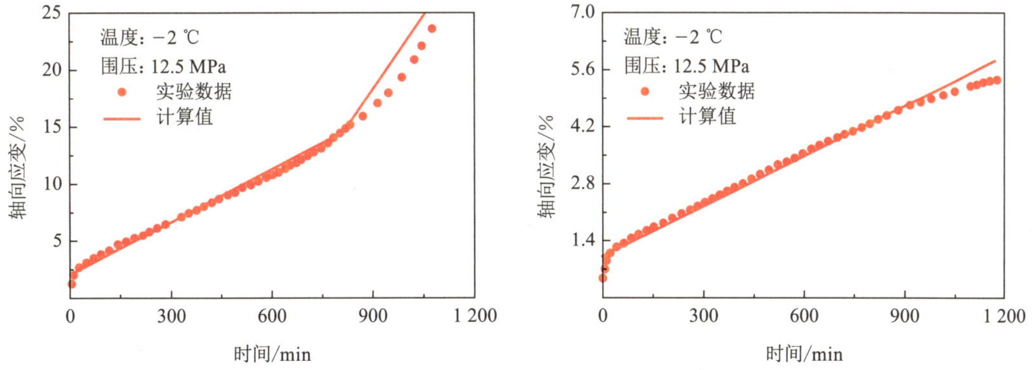

(a) 应力水平0.6　　(b) 应力水平0.3

图 5-2-19　围压 12.5 MPa 下的水合物分解蠕变实验与模拟对比

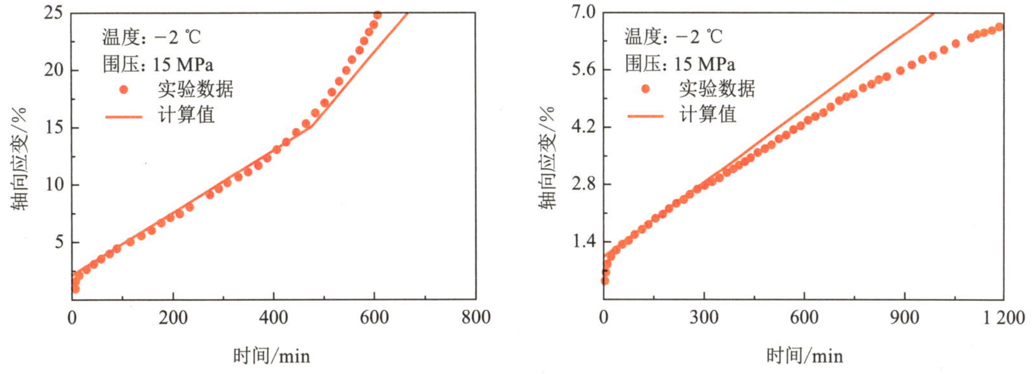

(a) 应力水平0.6　　(b) 应力水平0.3

图 5-2-20　围压 15 MPa 下的水合物分解蠕变实验与模拟对比

如图 5-2-18～图 5-2-20 所示，本节建立的应变势模型可以反映不同围压、不同应力水平条件下水合物分解过程中沉积物的蠕变变形特性。该应变势模型为进一步模拟水合物分解与海底结构物及沉积层之间的相互作用提供了理论基础。

5.3 小 结

(1) 当所加荷载较高时，围压直接影响 ϕ60 甲烷水合物沉积物的屈服强度，对其蠕变特性的影响较明显；即使荷载超过了试样的破坏强度，温度和荷载的变化对水合物沉积物蠕变特性的影响也比较大；在围压 5 MPa、温度－10 ℃时，水合物沉积物试样的破坏强度应该在 3～4 MPa 之间。

(2) 在蠕变过程中试样的屈服强度是随蠕变速率动态变化的，即使试样进入破坏阶段，其蠕变曲线仍呈现一定的衰减性。

(3) 用于制备水合物沉积物的高岭土具有很强的黏性，流动性较强。压缩过程中试样内部结构不断重组，以至于随着轴向应变的增大，内部结构与压缩前有了很大的变化，但试样作为一个整体仍然具有一定的黏弹性。

(4) ϕ60 甲烷水合物沉积物在低荷载下蠕变压缩时，轴向应变和蠕变速率随荷载的增大、温度的升高和围压的降低而增加。

(5) 利用工程实际中常应用的经验关系式能很好地描述本研究中温度和荷载对水合物沉积物蠕变速率的影响。高岭土的存在使水合物沉积物与含冰甲烷水合物内部结构有很大的不同，因此该关系式并不适用于含冰甲烷水合物。围压对 ϕ60 甲烷水合物沉积物蠕变速率的影响呈线性，且围压对含冰甲烷水合物蠕变速率的影响强于其对水合物沉积物的影响。水合物沉积物等速蠕变阶段的平均速率对荷载的变化更为敏感，而相同数值的温度变化引起的屈服强度变化较小。

(6) 利用冻土单轴压缩实验得到的蠕变方程在本研究的条件下对 ϕ60 甲烷水合物沉积物同样适用，但该表达式不适用于描述 ϕ60 甲烷水合物沉积物处于温度接近 0 ℃时的高温和荷载超过 1.0 MPa 时的蠕变曲线。

(7) 在不同孔隙度下，甲烷水合物沉积物在低应力条件下的轴向应变和蠕变速率随荷载的增大、温度的升高和围压的降低而增加。在相同围压、温度和荷载条件下，轴向应变和蠕变速率随孔隙度的增加而增大，并且含冰甲烷水合物的轴向应变和蠕变速率比任何孔隙度的水合物沉积物的都大。当荷载为 1.25 MPa 时，孔隙度为 60%与 80%的甲烷水合物沉积物对荷载的承受能力基本相同。

(8) 在高荷载条件下的变荷载实验中，加载后的蠕变曲线有不太明显且持续时间较长的阻尼蠕变阶段，随后进入等速蠕变阶段。随着时间的推移，变荷载后的曲线与常荷载曲线相差越来越大，二者没有趋于吻合的迹象。在低荷载条件下，变荷载瞬间有较为明显的轴向应变，且蠕变曲线在开始变荷载处有明显的硬化，有持续时间较短的阻尼蠕变阶段，阻尼蠕变结束后与常荷载曲线相切；变荷载蠕变曲线在等速蠕变阶段的蠕变速率较小，随着时间的推移，逐渐背离常荷载蠕变曲线。含冰甲烷水合物在低荷载条件下的变荷载蠕变曲线与水合物沉积物的类似。

(9) 为了确定蠕变实验中的初始荷载，对水合物沉积物开展了一系列静三轴压缩实验，结果表明，在高围压条件下，随着围压的增加、温度的升高，水合物沉积物破坏强度呈现降低的趋势，并且应变软化现象越发明显。

（10）水合物分解过程中沉积物蠕变实验研究结果表明，在整个蠕变实验过程中，试样均出现了减速蠕变阶段以及稳定蠕变阶段，在高荷载水平或者高温条件下，实验过程中还将出现加速蠕变阶段。

（11）水合物沉积物蠕变实验研究发现，蠕变起始应变随着围压的升高而降低，并且随着温度、应力水平的增加而增加。流变起始时间随着围压、温度、应力水平的增加而降低，流变起始应变随着温度、应力水平的增加而增加，但是围压的变化对流变起始应变影响较小。对于出现加速蠕变阶段的实验而言，随着围压、温度、应力水平的增加，试样的破坏时间显著降低，这是因为在更高的围压、温度、应力水平条件下，沉积物内更多的水合物颗粒将以更快的速度分解，加速了试样的破坏。与围压、温度、应力水平对试样破坏时间的显著影响效果相比，其对试样破坏应变的影响并不明显。

（12）基于蠕变实验数据，分析了水合物沉积物分解过程中蠕变参数与围压、温度及应力水平的关系与变化规律，并根据常应力水平条件下水合物沉积物蠕变实验结果建立了考虑水合物分解的应变势模型，给出了模型计算参数。研究结果表明，建立的蠕变应变势模型可以反映不同围压、不同应力水平条件下天然气水合物沉积物的长期变形响应，该应变势模型为进一步模拟水合物分解与海底结构物及沉积层之间的相互作用提供了理论基础。

参考文献

[1] 罗鸿禧. 南海海洋土的成分结构和物化性质[J]. 岩土力学，1989，10(4)：45-53.

[2] YAMAMOTO K. Methane hydrate bearing sediments：A new subject of geomechanics[C]. The 12th International Conference of International Association for Computer Methods and Advances in Geomechanics(IACMAG)，2008.

[3] 崔托维奇. 冻土力学[M]. 北京：科学出版社，1985.

[4] 孙志高，樊栓狮，郭开华，等. 天然气水合物分解热的确定[J]. 分析测试学报，2002，2：7-9.

[5] MA W，WU Z，ZHANG L，et al. Analyses of process on the strength decrease in frozen soils under high confining pressures[J]. Cold Regions Science and Technology，1999，29(1)：1-7.

[6] ALKIRE B D，ANDERSLAND O B. The effect of confining pressure on the mechanical properties of sand-ice materials[J]. Journal of Glaciology，1973，12(66)：469-481.

[7] CHAMBERLAIN E，GROVES C，PERHAM R. The mechanical behaviour of frozen earth materials under high pressure triaxial test conditions[J]. Geotechnique，1972，22(3)：469-483.

[8] HELGERUD M，WAITE W，KIRBY S，et al. Measured temperature and pressure dependence of v_p and v_s in compacted，polycrystalline sⅠ methane and sⅡ methane ethane hydrate[J]. Canadian Journal of Physics，2003，81(1-2)：47-53.

[9] DURHAM W B，KIRBY S H，STERN L A，et al. The strength and rheology of methane clathrate hydrate[J]. Journal of Geophysical Research：Solid Earth，2003，108(B4)：2182.

[10] VYALOV S. Rheology of frozen soils[C]. Washington：The Proceedings of the 1st International

Conference on Permafrost，1963.

[11] ZHU Y L，CARBEE D L. Creep behavior of frozen silt under constant uniaxial stress[J]. Journal of Glaciology and Geocryology，1984，6(1)：33-48.

[12] 董连成，张公，赵淑萍，等. 冻土蠕变指标试验研究[J]. 冰川冻土，2014(1)：130-136.

[13] SHEN Z，ZHANG J. Effect of confining pressure on the dynamic features of frozen silt[J]. Journal of Glaciology and Geocryology，1997，19(3)：245-251.

[14] SONG Y，ZHU Y，LIU W，et al. Experimental research on the mechanical properties of methane hydrate-bearing sediments during hydrate dissociation[J]. Marine and Petroleum Geology，2014，51：70-78.

[15] KAYEN R E，LEE H J. Pleistocene slope instability of gas hydrate-laden sediment on the Beaufort sea margin[J]. Marine Georesources & Geotechnology，1991，10(1-2)：125-141.

[16] 李永靖，张树光，等. 软岩蠕变理论及其工程应用[C]. 张向东，岩石力学与工程学报，2004(10)：1635-1639.

[17] 陈晓平，白世伟. 软土蠕变-固结特性及计算模型研究[J]. 岩石力学与工程学报，2003，22(5)：728-734.

第6章
天然气水合物分解对沉积物力学特性影响

天然气水合物主要以胶结、孔隙填充或者骨架支撑的形式存在于储层中。现阶段提出的天然气水合物开采方法的基本思路都是通过改变水合物稳定存在的温度、压力条件，促使其在储层中分解为天然气和水，然后将气体与水运移至井筒中并通过管道将天然气输运至下游设备。天然气水合物分解产生的水和气体会导致储层内局部孔隙压力迅速上升，骨架有效应力减小，储层强度和承载能力降低，储层发生软化甚至液化。同时，水合物分解会破坏完整的地质构造，使储层胶结结构弱化或消失，极大地降低储层力学强度，并且随着开采过程中水合物分解区域的扩展，可能导致储层内部出现滑裂面，进而引起海底滑坡、井壁塌陷等工程地质灾害。此外，天然气水合物储层失稳有可能诱发大规模的甲烷气体泄漏，对全球气候变化产生潜在影响。本章研究在不同荷载条件下，注热分解和降压分解过程中水合物分解对不同饱和度的天然气水合物粉土质沉积物强度和变形特性的影响，同时研究注热分解过程中不同饱和度的水合物粉土质沉积物的强度衰减特性。

6.1 天然气水合物降压法分解对沉积物力学行为的影响

6.1.1 实验材料与实验方法

本实验所用的三轴实验装置（中国长春市朝阳实验仪器有限公司）的原理图如图6-1-1所示[1]。轴向系统通过步进电机和可拆卸活塞提供200 kN（精度为±0.001 kN）的加载力。该压力伺服系统由压力室、柱塞泵（中国长春市朝阳实验仪器有限公司）、全数字伺服控制器（德国慕尼黑市多利电子有限公司）和压力传感器（ZY-2C，中国宁波市镇海传感器有限公司）组成，可提供30 MPa的围压（精度为±0.001 MPa）。以长城46号液压油为介质来提供围压。温度范围为248.15～303.15 K（精度为±0.1 K），通过制冷存储器和可控恒温浴（F25-ME，德国优莱博公司）联合控制，使用乙二醇作为循环冷却液。孔隙压力可达20 MPa（精度为0.001 MPa），由高压气泵（520D，美国 Teledyne Isco 公司）、气体质量流量计（荷兰鲁尔洛市布琅轲锶特公司）和背压阀（美国圣路易斯市艾默生电气有限公司）控制。

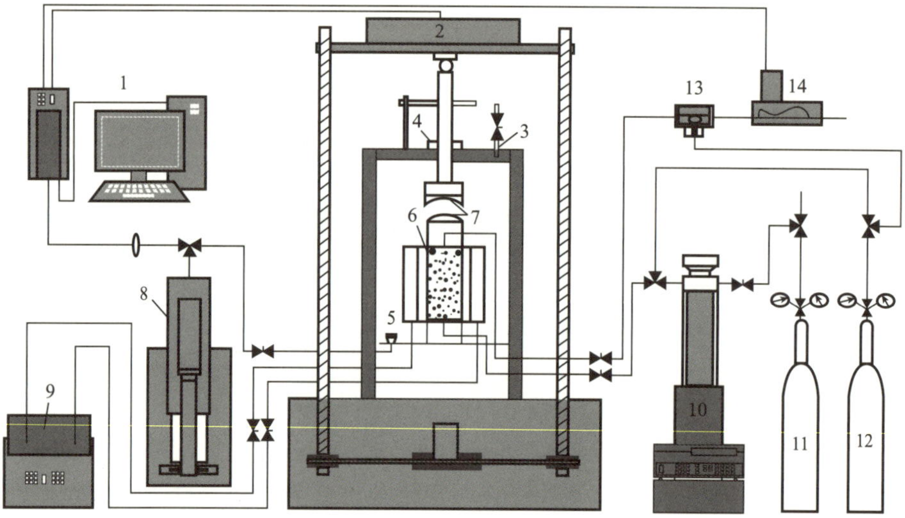

1—控制与数据采集系统；2—轴向力传感器；3—通气孔；4—活塞；5—内部换热装置；6—试样；7—上下压头；8—围压柱塞泵；9—恒温槽；10—气体/水柱塞泵；11—CH_4 气瓶；12—N_2 气瓶；13—背压阀；14—流量计。

图 6-1-1　三轴实验装置原理图

采用与中国南海水合物岩芯类似粒度的粉质重塑沉积物进行实验。这两种材料的粒度分布和扫描电镜图像如图 6-1-2 所示[1,2]。由图可以发现，泥质重塑沉积物和中国南海真实水合物岩芯呈现片层状，不易观察到粗颗粒，并且具有相似的粒度分布。为了解粉质沉积物的压缩特性，对粉质沉积物形成的初始试样进行了各向同性固结实验。实验中，每个固结步骤在施加的单元应力下需要超过 12 h 才能稳定，增量加载达到近 10 MPa。粉质重塑沉积物的固结曲线如图 6-1-3 所示。

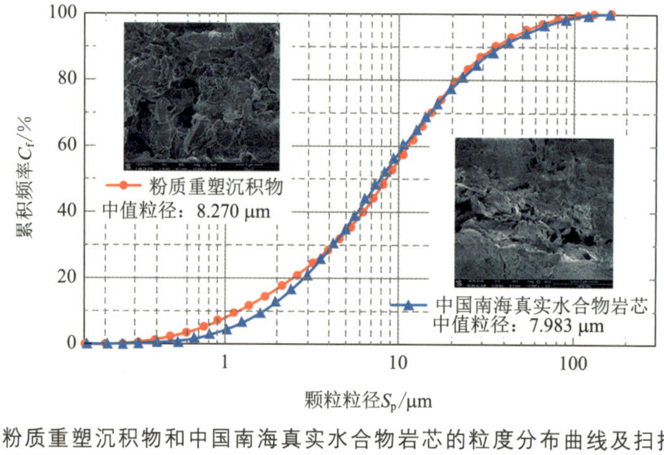

图 6-1-2　粉质重塑沉积物和中国南海真实水合物岩芯的粒度分布曲线及扫描电镜图像

在综述了不同水合物形态对水合物沉积物力学性能影响的基础上，采用饱和气法研究了水合物胶结作用对水合物沉积物应变性能的影响。制取孔隙度为 40%的初始试样（直径 50 mm，高度 100 mm）；分别称取 19.6 g，27.5 g 和 35.3 g 脱空气的水（初始含水量分别为 25%，35%和 45%，以控制水合物饱和度）和 312.2 g 提前干燥的人工粉质沉积物，在密封塑料袋中混合，然后将混合物装入三瓣重塑装置中分 10 层压实并测量高度和直径以确定初始孔隙度。用丁基膜包裹顶部和底部压板，将初始试样放在三轴压力室的基台中并施加 30 kPa 的真空度来固定试样。随后将密闭室密闭，对试样施加 1.0 MPa 围压，使试样固结。以上步骤均在 274.15 K 下进行。将预冷 CH_4 气体（274.15 K）以缓慢而均匀的速率注入试样，以减少水分迁移；将气体压力（孔隙压力）、背压和围压分别控制在 5.0 MPa，4.9 MPa 和 6.0 MPa，以保持有效应力不变。之后，关闭背压阀，整个系统在上述温度和压力条件下保持恒定供气，直至水合物生成完成（48 h 以上）。由于水合物的空间分布直接受自由水分布、CH_4 气体流向、沉积物温度梯度和组构等因素的影响，所以在上述过程中要注意减少水分迁移和气体流动对水合物在试样中分布的影响[3]。即便如此，根据 Kneafsey 等[4]、Yin 等[5]和 Wu 等[6]的研究结果，水合物饱和度在传热边界和自由水局部区域仍较高，并向中心方向降低。

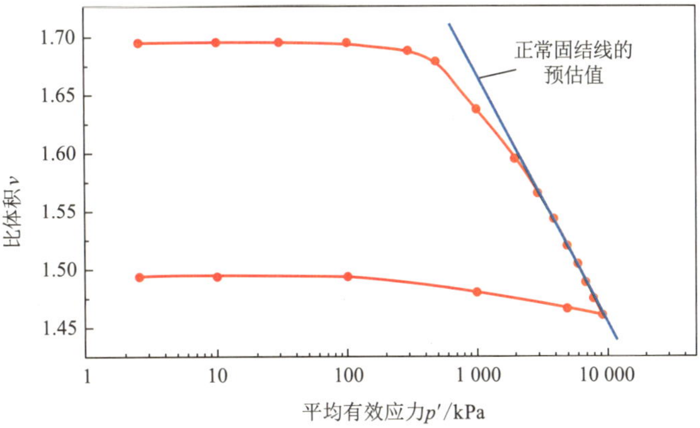

图 6-1-3　泥质重塑沉积物的各向同性固结曲线

水合物形成后，试样在设计温度（274.15 K 或 278.15 K）下剪切至峰值强度。设定温度是为了保证天然气水合物的稳定存在，并考虑到高压条件下水合物沉积物三轴实验的操作安全。之后进行降压或注热，其中降压法是在 ISCO 泵的控制下，将试样的孔压匀速（0.01 MPa/s）降至目标压力，以分解天然气水合物；在注热法中，通过加热三轴室中的液压油来提高水合物的温度，所有的分解气体由 ISCO 泵收集。

水合物沉积物的温度-压力路径如图 6-1-4 所示。在固结实验、剪切实验和降压实验中，根据预冷液压油的体积应变计算试样在保持围压不变情况下的体积应变，所有的产气量均由 ISCO 泵测量。在研究中，可通过 ISCO 泵测量的分解气体体积来估算天然气水合物的饱和度，其表达式[7]如下：

$$S_h = \frac{V_h}{V_p} = \frac{\dfrac{p_g V_g}{ZRT_g} M_h}{\rho_h V_p} \tag{6-1-1}$$

式中，S_h 为水合物饱和度，V_h 为水合物体积，V_p 为试样孔隙体积，p_g 为 CH_4 气体压力，V_g 为 CH_4 气体体积，Z 为 CH_4 气体压缩系数，T_g 为 CH_4 气体温度，M_h 为水合物摩尔质量，ρ_h 为水合物密度。

在本研究中，先进行一系列剪切实验，然后进行热注入或降压，从而研究人工水合物沉积物在水合物分解过程中的稳定性。表 6-1-1 列出了所有实验试样的参数和实验条件。

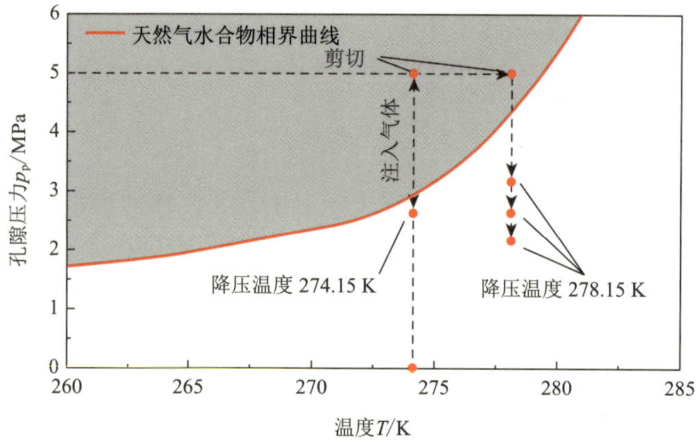

（a）降压法

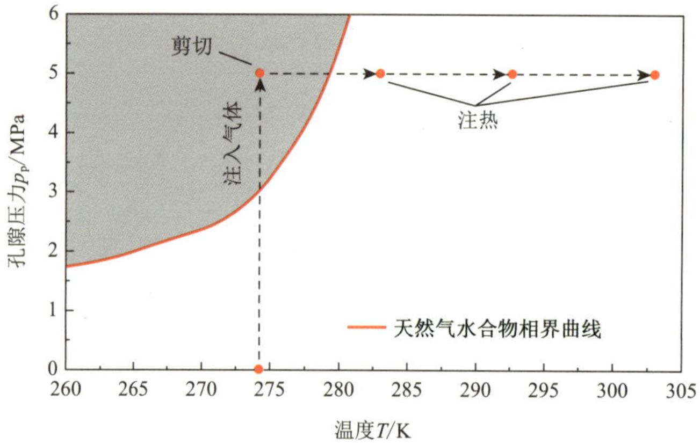

（b）注热法

图 6-1-4　实验试样的温度-压力路径

表 6-1-1　实验试样的参数和实验条件

试　样	S_i/%	n_i	n_c	σ'_{3i}和σ'_{3d}/MPa	S_h/%	T_i 和 T_d/K	p_{ip}和 p_{dp}/MPa	因　素
第 1 组	25	0.409 2	0.380 6	1→2.826	16.21	278.15→278.15	5→3.174	降压范围
第 2 组		0.406 9	0.383 5	1→3.378	15.68	278.15→278.15	5→2.622	
第 3 组		0.410 1	0.385 7	1→3.838	20.02	278.15→278.15	5→2.162	
第 4 组	35	0.407 5	0.382 0	1	22.86	278.15	5	轴向荷载
第 5 组		0.409 1	0.383 0	1	0	278.15	0	
第 6 组	35	0.407 3	0.382 6	1→3.378	23.16	278.15→278.15	5→2.622	
第 7 组		0.408 5	0.383 4	1→3.378	23.55	278.15→278.15	5→2.622	
第 8 组	25	0.406 1	0.384 1	1→3.378	17.04	274.15→274.15	5→2.622	水合物饱和度
第 9 组	35	0.407 9	0.382 2	1→3.378	24.38	274.15→274.15	5→2.622	
第 10 组	45	0.405 9	0.383 5	1→3.378	33.54	274.15→274.15	5→2.622	

续表

试　样	S_i/%	n_i	n_c	σ'_{3i}和σ'_{3d}/MPa	S_h/%	T_i 和 T_d/K	p_{ip}和p_{dp}/MPa	因　素
第 11 组	35	0.402 5	0.381 9	1→1	26.42	274.15→283.15	5→5	注热温度
第 12 组		0.406 5	0.385 6	1→1	26.76	274.15→293.15	5→5	
第 13 组		0.411 3	0.386 7	1→1	26.50	274.15→303.15	5→5	
第 14 组	25	0.410 1	0.384 4	1→1	19.33	274.15→293.15	5→5	水合物饱和度
第 15 组	45	0.405 4	0.380 1	1→1	33.15	274.15→293.15	5→5	

注：S_i 为初始含水饱和度，n_i 为初始孔隙度，n_c 为固结后孔隙度，σ'_{3i}为初始有效围压，σ'_{3d}为分解后有效围压，S_h 为水合物饱和度，T_i 为初始温度，T_d 为分解后温度，p_{ip}为初始孔隙压力，p_{dp}为分解后孔隙压力。

6.1.2　降压幅度的影响

降压法通过降低特定温度下的孔隙压力使其低于水合物平衡压力，从而促进天然气水合物的分解[8]。降压过程中孔隙压力的变化会引起水合物沉积物有效应力的变化，这被认为是水合物储层压实或破坏的主要原因[9]。因此，选择不同的降压范围和轴向荷载，利用降压法对不同水合物饱和度的水合物沉积物进行降压，以评估水合物储层在采气过程中的地质力学稳定性。

在不同降压范围下，水合物沉积物在剪切和降压过程中的偏应力、体积应变和有效应力比与轴向应变的关系如图 6-1-5 所示。将轴向应力减去围压可得到偏应力。降压前水合物

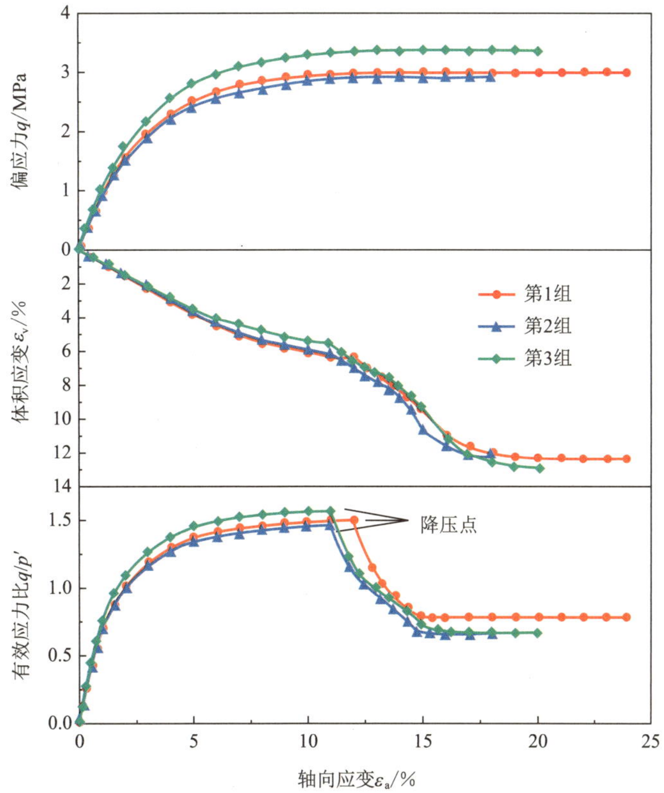

图 6-1-5　不同降压范围下水合物沉积物的偏应力、体积应变和有效应力比与轴向应变的关系

沉积物的应力-应变曲线为双曲线，表现出应变硬化和剪切收缩行为。相对于水合物沉积物的峰值强度，轴向应变约为10%，最终体积应变约为6%。在剪切阶段之后，当孔隙压力降至设计值时，有效应力比开始降低。在整个降压过程中，包括孔隙压力下降阶段和水合物分解阶段，都发生了不同程度的轴向应变和体积应变。例如，在第2组（$p_{dp}=2.622$ MPa）和第3组（$p_{dp}=2.162$ MPa）中，水合物沉积物的轴向总应变约为6%，而在第1组（$p_{dp}=3.174$ MPa）中，水合物沉积物的轴向应变大于10%。在图6-1-6中详细介绍了水合物沉积物的轴向应变和体积应变。

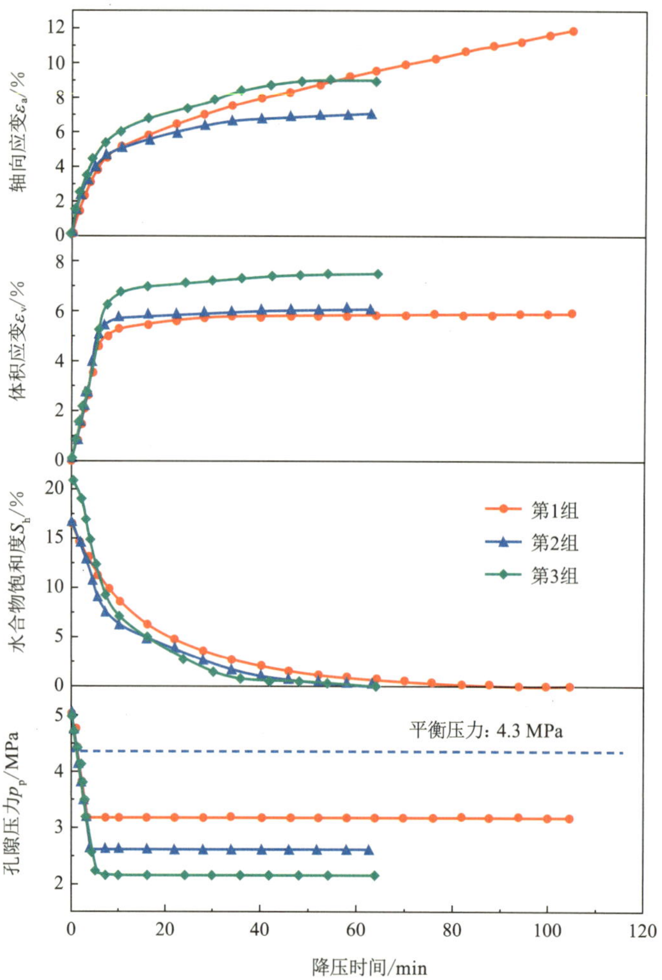

图6-1-6 不同降压范围内水合物沉积物的轴向应变、体积应变、水合物饱和度和孔隙压力随时间的变化

图6-1-6给出了水合物沉积物的轴向应变、体积应变、水合物饱和度和孔隙压力与降压时间的关系。根据离解气体物质的量随时间的变化，计算了水合物饱和度曲线。在孔隙压力下降阶段，所有组别都观察到了很大的应变，而在相同时间内水合物沉积物的初始轴向应变速率和体积应变速率几乎是一致的。由于孔隙压力的下降会导致有效围压的变化，有学者推测，增加的有效围压将提供更强的平均有效应力，这将再次压实试样并导致试样的孔隙空间更小[10]。当孔隙压力下降到平衡压力以下时，孔隙压力的快速下降将破坏水合物存在

的稳定条件[11,12]，大量的水合物开始分解(与水合物饱和度的下降相对应)，进而破坏水合物颗粒对土体颗粒的胶结作用，降低土体结构强度和摩擦力，并显著降低水合物沉积物的抗体积应变能力[9]。因此，在相同的压降速率下，水合物沉积物的轴向应变速率和体积应变速率是由相似的有效应力增加路径和水合物分解所引起的。在纯水合物初始分解阶段，轴向应变和体积应变继续增加，并且随着水合物分解的进行而逐渐减慢。

通过对水合物沉积物应变结果的分析发现：较大的降压范围会产生较大的体积应变，而较小的降压范围会产生较大的轴向应变。例如，对于第 3 组中的水合物沉积物，最大平均有效应力产生的应变速率在所有组别中最高。然而，对于第 1 组中的水合物沉积物，轴向应变以几乎恒定的速率逐渐增加，最终产生很大的应变。产生此种现象的原因是纯水合物分解过程中有效围压和偏应力(轴向载荷)的差异可能导致有效应力比不同，从而导致不同的轴向应变行为。随着水合物沉积物孔隙压力的降低，其有效应力比继续增大，并接近于纯粉质沉积物的破坏值，尤其是对于有效应力比较大的水合物沉积物。因此，当水合物分解完成时，由于缺乏水合物胶结物，沉积物将受到更大程度的剪切。由此得出，有效应力比越高的水合物沉积物会表现出越严重的轴向应变。相反，对于第 3 组中的水合物沉积物，在最高有效围压下可以观察到水合物沉积物发生更显著的体积应变。在整个水合物分解过程中，较高的有效应力会继续压实水合物沉积物，从而产生更大的体积应变。最重要的是，第 1，2，3 组中的水合物沉积物在降压过程中虽然表现出较大的应变，但没有发生破坏，这可能是由于有效围压的增加使水合物完全分解后水合物沉积物的有效应力比降低到纯粉质沉积物的破坏值以下所致。

图 6-1-7 绘制了不同降压范围下所有水合物沉积物的 v-p' 路径，展示了在整个剪切和降压过程中水合物沉积物的比体积与平均有效应力对数的关系。在初始剪切过程中，水合物饱和度相同的水合物沉积物表现出相似的 v-p' 路径。在降压过程中，孔隙压力的降低增加了有效应力，对水合物沉积物产生压缩，使其更加致密。在孔隙压力下降阶段，最大有效应力引起的比体积变化最大，水合物沉积物之间的比体积变化速率基本相同，总比体积变化主要取决于孔隙压力下降引起的有效应力变化。在纯水合物分解过程中，第 3 组水合物沉积物的比体积变化比第 2 组的大，而第 1 组的比体积变化最大，这可能是由轴向的恒定压缩所致。

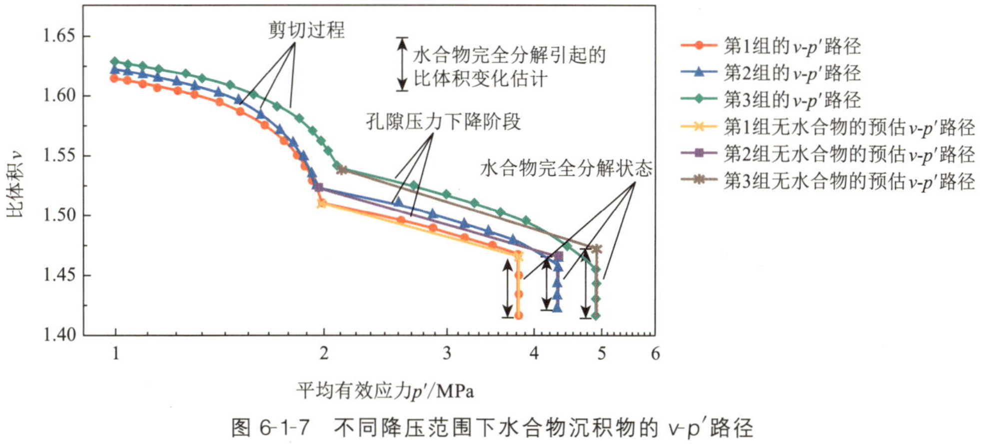

图 6-1-7　不同降压范围下水合物沉积物的 v-p' 路径

孔隙压力下降和水合物分解都会对水合物沉积物的体积应变产生影响。为了定量预测整个降压过程中水合物分解引起的体积应变，根据各向同性固结曲线得到的纯粉质沉积物压缩指数来计算孔隙压力下降引起的比体积变化。计算比体积变化的方程式为：

$$v_1 - v_2 = \lambda(\lg p'_1 - \lg p'_2) \quad (6\text{-}1\text{-}2)$$

式中，v_1 为初始比体积，v_2 为降压后比体积，λ 为压缩指数，p'_1为初始平均有效应力，p'_2为降压后的平均有效应力。

因此，基于图 6-1-3 的纯粉质沉积物压缩指数（$\lambda=0.233$）的研究，利用降压前后的有效应力可以预测因孔隙压力下降引起的水合物沉积物比体积的变化。用总比体积变化减去孔隙压降引起的比体积变化来估算水合物分解引起的比体积变化。对比第 1，2，3 组中水合物沉积物的比体积变化可以发现，有效应力越高，孔隙压力下降引起的比体积变化越大。此外，有效应力比和有效应力越高，水合物分解引起的比体积变化越大，这可能是因为较大的有效应力比导致水合物分解过程中的轴向应变较大，对沉积物产生较大的剪切和压实作用，从而引起沉积物的比体积变化较大。

6.1.3 轴向荷载的影响

为了研究不同轴向荷载对水合物沉积物应变特性的影响，根据水合物沉积物和纯粉质沉积物的峰值强度选择了两种轴向荷载：第一轴向荷载的值选在水合物沉积物峰值强度与纯粉质沉积物峰值强度之间的区域，第二轴向荷载的值选在纯粉质沉积物峰值强度以下的区域[9]。

图 6-1-8 为不同轴向荷载作用下水合物沉积物的轴向应变、体积应变、水合物饱和度、孔隙压力随时间的变化。两组具有相似水合物饱和度的水合物沉积物（第 6 组和第 7 组）分别剪切至 2.5％和 0.7％的轴向应变，然后在 2.7 MPa 和 1.0 MPa 的轴向荷载下进行降压。在较高的轴向荷载下，水合物沉积物在整个降压过程中表现出更明显的轴向应变和体积应变，但降压并不会导致水合物沉积物失效，因为水合物沉积物的最终轴向应变约为 5.5％和 3.0％。

在初始孔隙压力下降阶段，水合物沉积物在不同轴向荷载作用下的水合物分解速率（水合物饱和度的下降速率）基本相同，而在较高轴向荷载作用下的水合物沉积物在整个孔隙压力下降阶段表现出较高的轴向应变和体积应变。图 6-1-8 表明，孔隙压力下降阶段的轴向应变和体积应变占总应变的比例很大。在不同轴向荷载作用下，同一时间内的水合物饱和度基本一致，平均有效应力的差异被认为是导致水合物沉积物在孔隙压力下降阶段应变程度差异的主要原因。此外，将这一结果与图 6-1-6 所示数据进行比较，发现有效应力比对孔隙压力下降阶段的体积应变也有重要作用。

在纯水合物分解过程中，当第 6 组和第 7 组水合物沉积物的轴向总应变分别接近 5.5％和 3.0％时，其轴向应变速率和体积应变速率逐渐减小至接近不变。在水合物完全分解后，较高的轴向荷载除了会导致水合物沉积物有较高的有效应力比外，还会导致更严重的轴向应变和体积应变。通过与图 6-1-6 所示的结果相比较发现，有效应力比在降压法中对评估水合物沉积物的破坏具有重要作用。当降压后水合物沉积物的有效应力比低于水合物完全分解后纯粉砂的破坏强度时，降压点的选择不会导致水合物沉积物的破坏。

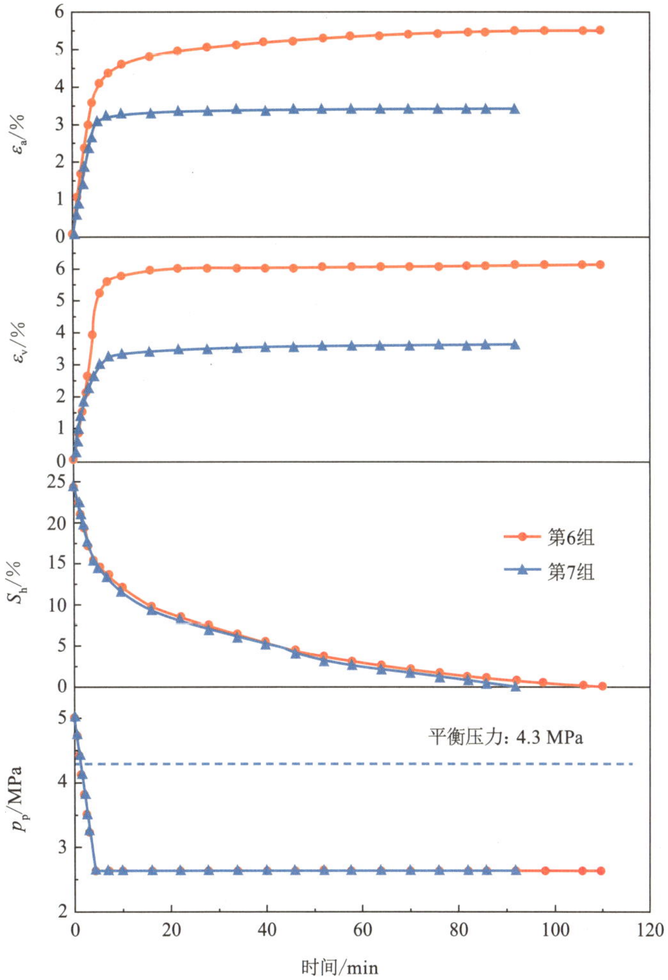

图 6-1-8　不同轴向荷载下水合物沉积物的轴向应变、体积应变、水合物饱和度和孔隙压力随时间的变化

图 6-1-9 为各种轴向荷载作用下所有水合物沉积物的 v-p' 路径。所有水合物饱和度相同的水合物沉积物在降压前遵循相似的剪切路径。在较高的轴向荷载作用下，水合物沉积物在孔隙压力下降阶段和纯水合物分解阶段的比体积变化都较大，因此在降压过程中，较高的轴向荷载导致水合物沉积物更明显的应变。

利用各向同性固结曲线得到的压缩指标分离出整个降压过程中孔隙压力下降和水合物分解引起的比体积变化。通过比较第 6 组和第 7 组中水合物沉积物的比体积变化发现，轴向荷载越大会导致有效应力越大，进而导致由孔隙压力下降和水合物分解引起的比体积变化越大。值得注意的是，在不同的轴向荷载作用下，水合物分解引起的比体积变化是不同的，这表明在水合物分解过程中有效应力比对体积应变起着重要作用。水合物分解导致的胶结作用丧失降低了沉积物抵抗变形的能力，恒定的轴向荷载将会对沉积物产生更大的分担作用和压缩作用。

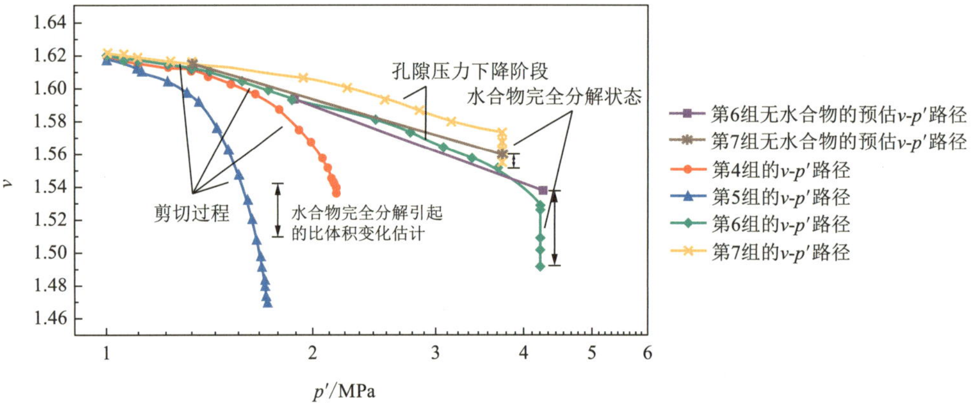

图 6-1-9 不同轴向荷载作用下水合物沉积物的 v-p' 路径

6.1.4 水合物饱和度的影响

图 6-1-10 所示为不同水合物饱和度下水合物沉积物的偏应力、体积应变和有效应力比与轴向应变的关系。由于水合物饱和度高的水合物沉积物在水合物分解前表现出较高的峰值强度和较小的体积应变，因此水合物沉积物的强度和变形特性高度依赖于水合物饱和

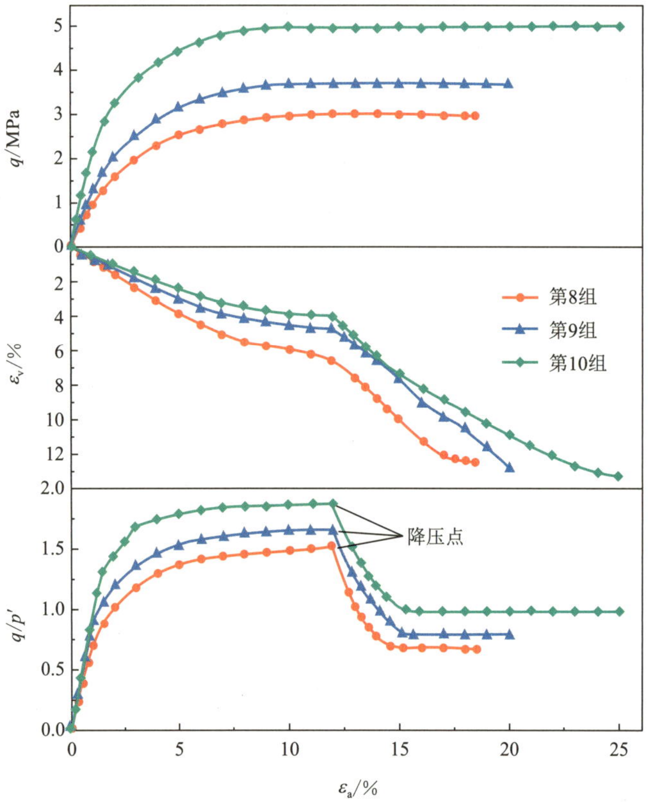

图 6-1-10 不同水合物饱和度下水合物沉积物的偏应力、体积应变和有效应力比与轴向应变的关系

度[9,13]。当试样承受最大轴向荷载(即破坏强度)时，水合物饱和度较高的水合物沉积物在整个降压过程中表现出更明显的轴向应变和体积应变。因此，当水合物饱和度为 17.04%～33.54%时，降压后的水合物沉积物的最终轴向应变和体积应变都有所增加。

图 6-1-11 给出了在降压过程中不同水合物饱和度下水合物沉积物的轴向应变、体积应变、水合物饱和度和孔隙压力随时间的变化关系。不同水合物饱和度的水合物沉积物在孔隙压力下降阶段具有相似的应变速率。图 6-1-6 和图 6-1-8 的结果表明，在孔隙压力下降阶段，较高的有效应力和有效应力比会导致发生更明显的轴向应变和体积应变，而图 6-1-11 表明有效应力较高组的水合物沉积物与其他组的体积应变程度相似。由于有效应力较高的水合物沉积物在孔隙压力下降阶段也具有较高的水合物饱和度，因此水合物饱和度也可能在水合物沉积物的应变行为中发挥重要作用。较高的水合物饱和度可以提供更强的水合物胶结作用，并使水合物沉积物变硬以抵抗有效应力引起的应变，从而形成与其他有效应力较低的水合物沉积物相对一致的应变行为。但在纯水合物分解阶段，水合物饱和度较高的水合物沉积物比其他水合物沉积物表现出更明显的轴向应变和体积应变。导致这一现象的原

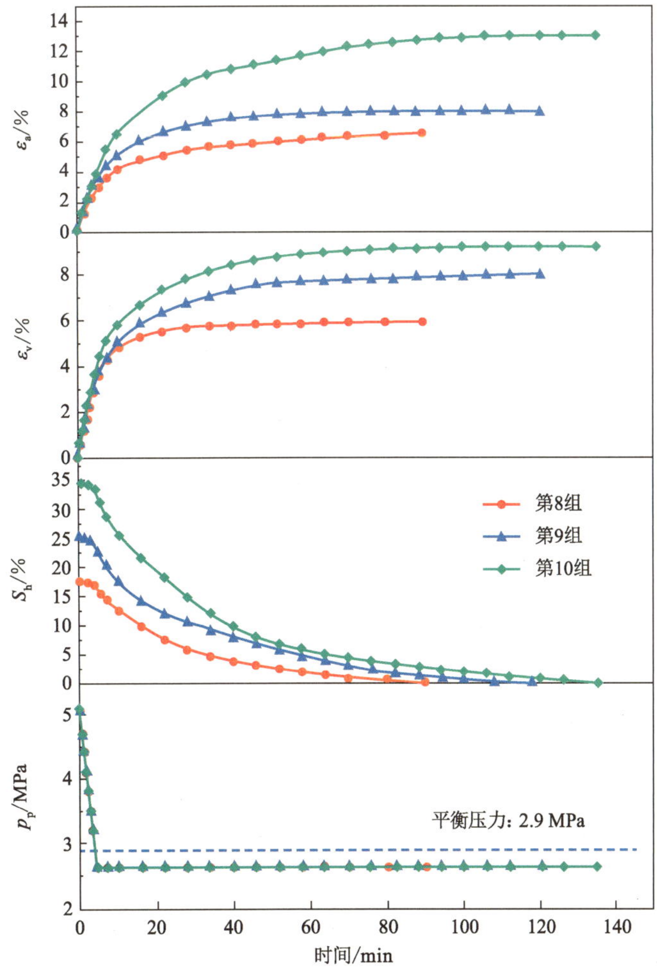

图 6-1-11　不同水合物饱和度下水合物沉积物的轴向应变、体积应变、水合物饱和度和孔隙压力随时间的变化

因是:水合物饱和度高的水合物沉积物在水合物分解阶段受到较高的有效应力作用,其压实程度更高,导致轴向应变和体积应变更明显;同时,水合物沉积物中更多的水合物会溶解到淡水和气体中,降低了颗粒之间的水合物胶结,从而极大地降低了其在纯水合物分解过程中的抗应变能力,对于水合物饱和度较高的水合物沉积物来说,这种影响更为严重。这也就解释了在整个降压阶段,水合物饱和度较高的水合物沉积物比其他水合物沉积物表现出更明显的轴向应变和体积应变的现象。此外,当水合物饱和度为17.04%~33.54%时,尽管发生了严重的轴向应变和体积应变,但承受最大偏应力的水合物沉积物在降压后并不会发生破裂。

此外,还分析了整个降压过程中孔隙压力下降和水合物分解引起的比体积变化。水合物饱和度较高的水合物沉积物在受到类似平均有效值影响时表现出较低的比体积,特别是第10组中的水合物沉积物在孔隙压力下降阶段,其比体积比由孔隙压力下降引起的比体积更小。而水合物饱和度较高的水合物沉积物在纯水合物分解阶段的比体积变化较大,这表明水合物饱和度对水合物沉积物的体积应变行为起着重要作用。

对比图6-1-7和图6-1-9所示的结果表明,水合物饱和度、有效应力和有效应力比对水合物沉积物在降压阶段和纯水合物分解阶段的应变行为都有重要影响。此外,虽然Hyodo等[9]发现孔隙压力降低速率对天然气水合物沉积物的最终应变没有显著影响,但不同的孔隙压力降低速率会导致一定时间内的降压幅度不同,这可能直接影响试样的平均有效应力和水合物饱和度。因此,孔隙压力降低速率对水合物沉积物的应变速率和应变路径会有不同程度的影响,这些影响有待进一步研究。

6.2 天然气水合物注热法分解对沉积物力学行为的影响

注热法是将天然气水合物储层的温度提高到相平衡压力所对应的温度以上,使水合物分解,从而实现天然气水合物开采的一种开采方法[14]。注热温度是影响水合物储层产气率和地质力学稳定性的重要因素之一[15]。因此,本节主要研究注热温度对不同水合物饱和度下水合物沉积物力学和分解行为的影响。

6.2.1 实验材料与实验方法

实验材料与实验方法详见6.1.1小节。

6.2.2 注热温度的影响

为了研究注热温度对水合物沉积物中水合物分解力学行为的影响,在相同围压下,对水合物饱和度相近的水合物沉积物分别施加283.15 K,293.15 K和303.15 K的温度。图6-2-1为剪切和注热过程中水合物沉积物的偏应力和体积应变与轴向应变的关系。在特定的水合物饱和度、孔隙度和围压下,水合物沉积物表现出相似的应力-应变曲线和体积应变行为。图6-2-2为注热分解过程中不同注热温度下水合物沉积物的轴向应变、水合物饱和

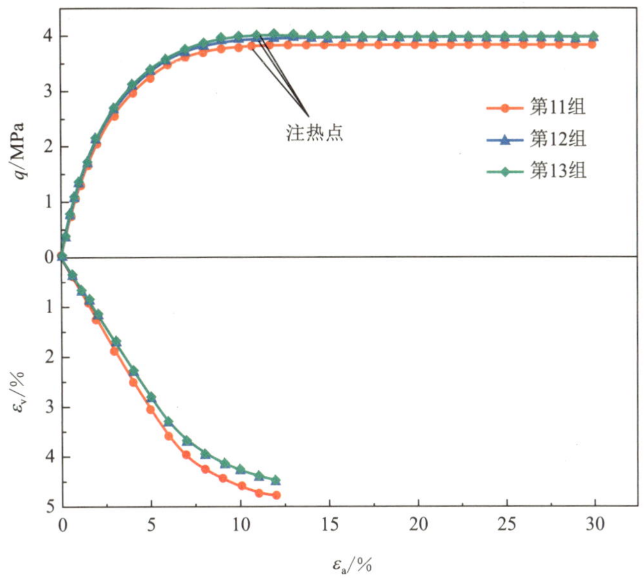

图 6-2-1　不同注热温度下水合物沉积物的偏应力和体积应变与轴向应变的关系

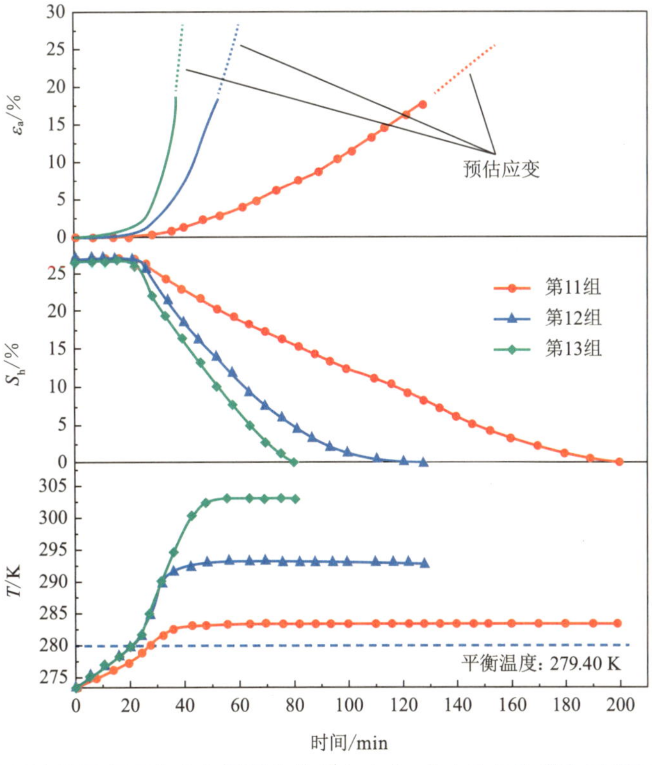

图 6-2-2　不同注热温度下水合物沉积物的轴向应变、水合物饱和度和温度随时间的变化

度、温度随时间的变化规律。在注热分解中，当水合物沉积物的温度超过天然气水合物相平衡温度时，水合物开始分解，水合物饱和度逐渐降低，同时发生严重的轴向应变[6]。通过气泵排出 CH_4 气体，使水合物沉积物的孔隙压力保持在 5.0 MPa，同时保持围压和轴向荷载不变，使水合物沉积物的有效应力比稳定并保持在较高的水平。但在整个注热过程中，随着

水合物的分解，胶结作用逐渐失效，从而使水合物沉积物在高有效应力比的作用下不断变形，变形抗力降低。当水合物实现完全分解时，注热后的水合物沉积物的有效应力比超过了纯粉质沉积物的最大破坏强度，最终导致水合物沉积物破坏，这与降压分解过程中粉质沉积物变形特性有所不同。此外，较高的注热温度导致较大的轴向应变速率，这可能是因为在较高的温度下水合物分解量较大，胶结作用失效较快，渗透率较高[16]，从而在较短的时间内降低了水合物沉积物的抗应变能力。因此，在水合物饱和度和有效应力条件相同的情况下，注热温度越高，水合物沉积物达到破坏状态的速度越快。为确保水合物储层的安全开采，在水合物开采时应着重考虑此因素。此外，从水合物开始分解到温度超过水合物相平衡温度之间的时间差异是由温度计的位置引起的。一般将温度计固定在膜的外表面，以防止它被剪切破坏。从注热法来看，当温度计的温度超过水合物的相平衡温度时，试样大部分区域的温度仍然低于天然气水合物的相平衡温度，阻止了水合物的分解，从而导致了温度与分解进程不完全对应的现象。

6.2.3 水合物饱和度的影响

图 6-2-3 为不同水合物饱和度下水合物沉积物的偏应力和体积应变与轴向应变的关系，图 6-2-4 为注热过程中水合物沉积物的轴向应变和水合物饱和度及温度随时间的变化。在注热分解过程中，水合物饱和度在 19.33％～33.15％范围内的所有水合物沉积物都发生了破坏。因此，当水合物沉积物的轴向荷载超过在相同围压下纯粉质沉积物的轴向荷载时，无论初始水合物饱和度如何，在注热分解过程中水合物沉积物的最终破坏都发生在水合物完全分解后。同时，水合物饱和度较高的水合物沉积物在注热过程中表现出较高的轴向应变速率，可更快地达到破坏状态。这是水合物饱和度的降低导致水合物沉积物的强度降低，从而降低了其变形抗力所致。

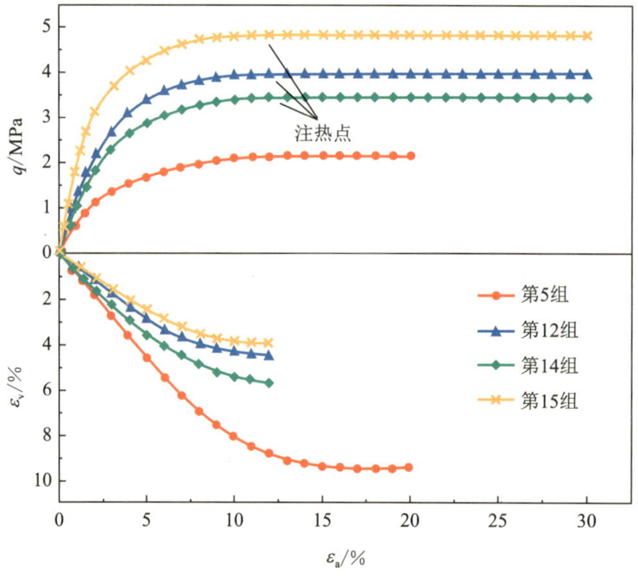

图 6-2-3 不同水合物饱和度下水合物沉积物的偏应力和体积应变与轴向应变的关系

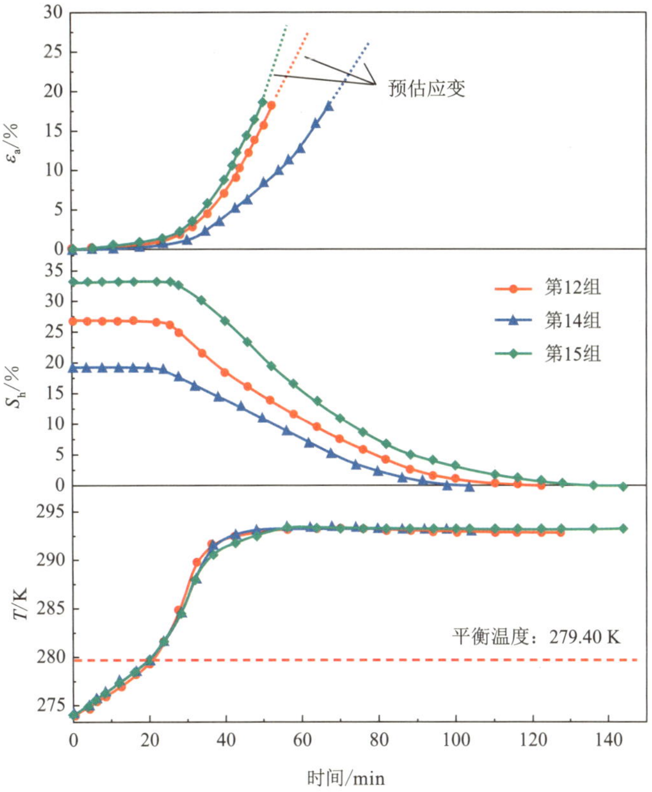

图 6-2-4　不同水合物饱和度下水合物沉积物的轴向应变、水合物饱和度和温度随时间的变化

6.3　小　结

利用降压和注热分解研究了水合物分解对粉质沉积物变形特性的影响，对于评价水合物粉质储层商业采气的效率和安全性具有重要意义。本章对天然气水合物粉质沉积物进行了一系列三轴排水剪切实验，然后进行了降压或注热开采，最后得到以下结论：

(1) 降压过程包括孔隙压力下降阶段和纯水合物分解阶段，在整个过程中天然气水合物粉质沉积物并未发生破坏。在所有工况下，降压过程后都会观察到严重的变形。天然气水合物粉砂质沉积物的轴向应变和体积应变主要受有效应力和有效应力比的控制，初始水合物饱和度在应变过程中起着重要作用。

(2) 在孔隙压力下降引起的天然气水合物粉质沉积物比体积变化中，有效应力起主要作用；在水合物饱和度引起的比体积变化中，有效应力和有效应力比都起重要作用。

(3) 与降压法相比，注热法中，在不同的注热温度下，不同水合物饱和度的天然气水合物粉质沉积物都会发生破坏。在天然气水合物粉质沉积物在注热过程中，水合物完全分解后的有效应力比高于纯粉质沉积物的破坏强度，从而导致试样破坏。

研究结果表明，尽管降压法在产气速度和储层稳定性方面具有较强的优势，但若采用降压法还应考虑产气过程中粉质沉积物的剧烈变形对生产井和平台的影响。本章预测了水合物分解和有效应力变化对天然气水合物粉质沉积物体积应变的影响，为南海水合物粉质储层开采的合理设计和风险预测提供了依据。此外，本章的研究结果有望为今后研究位于全球深海和永久冻土区的水合物粉质储层在天然气开采过程中的变形特性提供新的理解和指导。

水合物的非均匀分布将影响粉质沉积物的变形特性和水合物在降压或注热分解过程中的分解特性，因此建议对形成均质水合物沉积物和量化水合物空间分布的方法进行进一步探究，以供未来研究使用。

参考文献

[1] LUO T, LI Y H, MADHUSUDHAN B N, et al. Comparative analysis of the consolidation and shear behaviors of CH_4 and CO_2 hydrate-bearing silty sediments[J]. Journal of Natural Gas Science and Engineering, 2020, 75: 103157.

[2] LI Y H, LUO T, SUN X, et al. Strength behaviors of remolded hydrate-bearing marine sediments in different drilling depths of the South China Sea[J]. Energies, 2019, 12: 253.

[3] YIN Z, MORIDIS G, LINGA P. On the importance of phase saturation heterogeneity in the analysis of laboratory studies of hydrate dissociation[J]. Applied Energy, 2019, 255: 113861.

[4] KNEAFSEY T J, TOMUTSA L, MORIDIS G J, et al. Methane hydrate formation and dissociation in a partially saturated core-scale sand sample[J]. Journal of Petroleum Science and Engineering, 2007, 56: 108-126.

[5] YIN Z, MORIDIS G, TAN H K, et al. Numerical analysis of experimental studies of methane hydrate formation in a sandy porous medium[J]. Applied Energy, 2018, 220: 681-704.

[6] WU P, LI Y H, LIU W, et al. Cementation failure behavior of consolidated gas hydrate-bearing sand [J]. Journal of Geophysical Research: Solid Earth, 2020, 125(1): e2019JB018623.

[7] YIN Z, MORIDIS G, CHONG Z, et al. Effectiveness of multi-stage cooling processes in improving the CH_4-hydrate saturation uniformity in sandy laboratory samples[J]. Applied Energy, 2019, 250: 729-747.

[8] ZHAO J, LIU Y, GUO X, et al. Gas production behavior from hydrate-bearing fine natural sediments through optimized step-wise depressurization[J]. Applied Energy, 2020, 260: 114275.

[9] HYODO M, LI Y, YONEDA J, et al. Effects of dissociation on the shear strength and deformation behavior of methane hydrate-bearing sediments[J]. Marine and Petroleum Geology, 2014, 51: 52-62.

[10] MIYAZAKI K, TENMA N, AOKI K, et al. Effects of confining pressure on mechanical properties of artificial methane-hydrate-bearing sediment in triaxial compression test[J]. International Journal of Offshore and Polar Engineering, 2011, 21(2): 148-154.

[11] WANG Y, FENG J, LI X, et al. Pilot-scale experimental evaluation of gas recovery from methane hydrate using cycling-depressurization scheme[J]. Energy, 2018, 160: 835-844.

[12] WANG Y, FENG J, LI X, et al. Large scale experimental evaluation to methane hydrate dissociation below quadruple point in sandy sediment[J]. Applied Energy, 2016, 162: 372-381.

[13] MADHUSUDHAN B N, CLAYTON C R I, PRIEST J A. The effects of hydrate on the strength and stiffness of some sands[J]. Journal of Geophysical Research: Solid Earth, 2019, 124: 65-75.

[14] YIN Z, MORIDIS G, CHONG Z, et al. Numerical analysis of experiments on thermally induced dissociation of methane hydrates in porous media[J]. Industrial & Engineering Chemistry Research, 2017, 57: 5776-5791.

[15] KAMATH V, MUTALIK P, SIRA J, et al. Experimental study of brine injection depressurization of gas hydrates dissociation of gas hydrates[J]. SPE Formation Evaluation, 1991, 6: 477-484.

[16] WU Z, LIU W, ZHENG J, et al. Effect of methane hydrate dissociation and reformation on the permeability of clayey sediments[J]. Applied Energy, 2020, 261: 114479.

第 7 章 二氧化碳置换过程对沉积物力学特性影响

因具有能源、环保和安全的三重意义，CH_4-CO_2 置换法开采天然气水合物在最近几年受到了各国研究者的高度重视，此方法在能源和环保方面的重要意义已经被证实，然而目前为止尚未发现任何公开发表的证实其安全性的研究成果，即利用 CH_4-CO_2 置换开采法开采天然气水合物后沉积层能够维持力学稳定性还仅仅只是一种推论。因此，在将 CH_4-CO_2 置换开采法真正地运用到天然气水合物开采之前，需要系统深入地研究、分析及评价此方法对储层稳定性的影响。

此外，虽然置换开采法的可行性已经被充分验证，但原位的 CH_4-CO_2 置换反应是一个极其复杂的过程，目前还存在许多尚未突破的关键技术难题。特别是用于三轴压缩实验的沉积物试样，其致密的结构使得 CO_2 气体的渗透非常困难，致使置换反应速率非常缓慢甚至无法进行。因此，在本章中，先简单地将 CO_2 水合物沉积物的三轴压缩结果与前期工作中 CH_4 水合物沉积物的研究成果进行系统的比较，以对 CH_4-CO_2 置换开采法的力学安全性做初步的评价，然后就 CO_2 置换这一原位动态过程前后的水合物沉积物力学行为的影响开展系列剪切实验，为后续工作奠定坚实的基础。

7.1 CO_2 水合物沉积物力学特性研究

7.1.1 实验设备和实验方法

7.1.1.1 实验设备

本实验同样是在大连理工大学自行研制的型号 TAW-60 的低温高压水合物三轴仪上进行的。

7.1.1.2 实验方法和实验步骤

本实验所采用的实验方法和实验步骤与研究水合物分解对 CH_4 水合物沉积物三轴压缩强度影响时所采取的方法和步骤基本一致，存在的两个主要不同之处在于：首先，在生成含冰 CO_2 水合物时往高压反应釜中充入的 CO_2 压力为 5 MPa，而不是 10 MPa。由于 CO_2 水合物与 CH_4 水合物的生成条件不一致，在温度低于 283 K 时，CO_2 水合物生成所需的压力比 CH_4 水合物生成所需的压力更低[1]，因此向高压反应釜中充入 5 MPa 的 CO_2 即可实现水合物的生成。其次，本实验并不研究 CO_2 水合物的分解效应，因此将制备成的 CO_2 水合物放入三轴压力室中，待温度和围压稳定之后，便可设定一定的应变速率对试样进行压缩。

7.1.2　实验内容

在前期工作中，Li 等[2]研究了温度、围压、应变速率和孔隙度对 CH_4 水合物沉积物力学特性的影响。在本实验中，将继续研究这些因素对 CO_2 水合物沉积物力学特性的影响。对 CO_2 水合物沉积物进行了 4 种温度（−5 ℃，−10 ℃，−15 ℃和−20 ℃），7 种围压（2.5 MPa，3.75 MPa，5 MPa，7.5 MPa，10 MPa，12.5 MPa 和 15 MPa），2 种应变速率（0.1%/min 和 1%/min），3 种孔隙度（40%，60%和 80%）下的三轴压缩实验，实验参数见表 7-1-1。

表 7-1-1　CO_2 水合物沉积物三轴压缩实验参数

孔隙度/%	水合物饱和度/%	温度/℃	围压/MPa	应变速率/(%·min^{-1})
40	30	−10	2.5,3.75,5,7.5,10,12.5,15	1.0
40	30	−5,−10,−15,−20	5	1.0
40	30	−10	5	0.1,1.0
60	30	−10	2.5,3.75,5,7.5,10,12.5,15	1.0
60	30	−5,−10,−15,−20	5	1.0
60	30	−10	5	0.1,1.0
40,60,80	30	−10	5	1.0

7.1.3　CO_2 水合物沉积物力学特性分析

7.1.3.1　CO_2 水合物沉积物的应力-应变曲线特性分析

通过三轴压缩实验结果可以发现，CO_2 水合物沉积物的应力-应变特性与 CH_4 水合物沉积物的基本一致，都呈现出双曲线形状和弱应变硬化趋势，同样也可以依次分为准弹性阶段、硬化阶段和屈服阶段，且温度、围压、应变速率和孔隙度并未对 CO_2 水合物沉积物的应力-应变曲线形状产生影响。

7.1.3.2　温度对 CO_2 水合物沉积物力学特性的影响

温度是影响水合物的一个至关重要的参数，它不但能够决定水合物的形成与分解，还影响着水合物的力学特性。图 7-1-1 给出了围压为 5 MPa 和应变速率为 1%/min 时，孔隙度 40%和 60%的 CO_2 水合物沉积物在不同温度下的应力-应变曲线。从图中可以看出，虽然不同温度下的应力-应变曲线都呈现出双曲线形状以及弱应变硬化趋势，但是随着温度的降低，沉积物的强度明显增加，硬化趋势也越加明显。

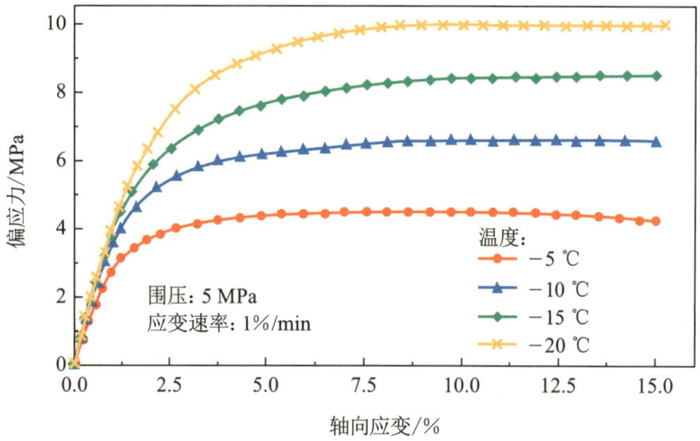

(a) 孔隙度40%

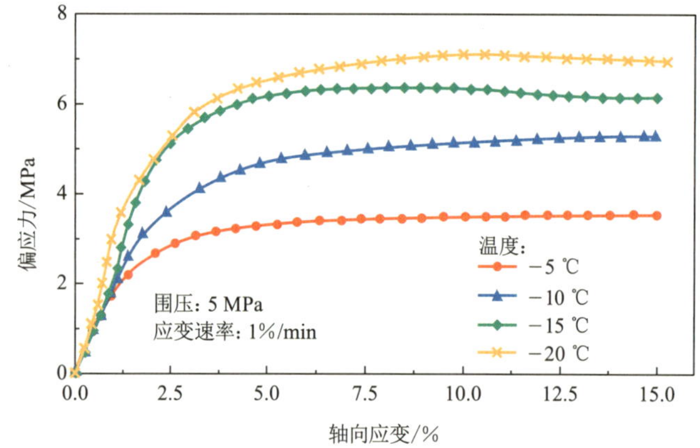

(b) 孔隙度60%

图 7-1-1 CO_2 水合物沉积物在不同温度下的应力-应变曲线

图 7-1-2 直观地呈现了孔隙度 40%和 60%下 CO_2 水合物沉积物强度随温度降低而升高的变化趋势。孔隙度为 40%的沉积物，−5 ℃下的强度为 4.49 MPa，−10 ℃时升高至 6.61 MPa，−15 ℃时升高至 8.48 MPa，−20 ℃时升高至 9.99 MPa；孔隙度为 60%的沉积物也同样呈现出升高趋势，−5 ℃时强度为 3.54 MPa，−10 ℃时升高至 5.31 MPa，−15 ℃时为 6.39 MPa，−20 ℃时升高至 7.11 MPa。

从图 7-1-2 中可以发现，CO_2 水合物沉积物的强度并不是随着温度的降低而线性增长，而是随着温度的降低增长速率逐渐变小。对于孔隙度 40%的 CO_2 水合物沉积物，从−5 ℃到−10 ℃强度的增加速率为 0.42 MPa/℃，从−10 ℃到−15 ℃强度的增加速率为 0.37 MPa/℃，从−15 ℃到−20 ℃强度的增加速率则降低为 0.30 MPa/℃；对于孔隙度 60%的 CO_2 水合物沉积物，强度增加速率随温度的降低而减小的趋势更加明显，从−5 ℃到−10 ℃强度的增加速率为 0.36 MPa/℃，从−10 ℃到−15 ℃强度的增加速率为 0.22 MPa/℃，从−15 ℃到−20 ℃强度的增加速率则降低为 0.14 MPa/℃。

Sloan 等[3]在对水合物进行化学研究时曾经推断温度越低，水合物的强度越大。本研究的实验结果证明了此种推断的合理性。此外，Hyodo 等[4]在研究温度对 CH_4 水合物沉积物强度的影响时也同样发现了水合物沉积物的强度随温度降低而增加的规律。在前期工作中，Li 等[2]研究了温度对 CH_4 水合物沉积物强度的影响，得出了和本研究结果非常相似的结论：随着温度的降低，CH_4 水合物沉积物的强度增加，但强度增加速率逐渐减小，最终趋向于某一个定值。

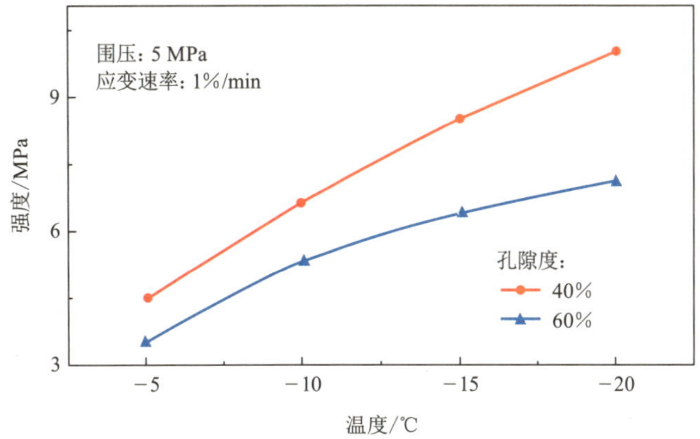

图 7-1-2　孔隙度 40% 和 60% 的 CO_2 水合物沉积物强度与温度的关系

水合物沉积物的强度是由水合物颗粒的强度、冰颗粒的强度、沉积物骨架颗粒的强度以及各种颗粒间的相互作用组成的。当水合物处于更低的温度环境下时，水合物的热力学稳定性更强，这个结论在对水合物进行化学研究时已经被证实[3]。这种热力学稳定性的提高可能会致使水合物内部的分子间作用力增大以及水合物颗粒间的联结作用增强。因此，在低温环境下，要想破坏水合物就变得更加困难，这是低温环境下水合物沉积物强度增加的一种可能原因。

此外，冰的内部联结作用也是 CH_4 水合物沉积物强度随温度的降低而增加的另一种可能原因。即使温度低于 0 ℃，伴随着冰的存在，沉积物的孔隙中依然会存在一定数量的未冻水。而未冻水的数量随着温度的降低而减少，相反，固态冰的数量随着温度的降低而增加。固态冰的存在会增强沉积物颗粒间的内部联结作用，进而提高颗粒间的黏聚力。同时，在压缩过程中，未冻水会发生迁移和重新分布，其润滑作用可以降低颗粒间的摩擦。然而，当未冻水的数量减少时，这种润滑作用被减弱，进而使沉积物颗粒间的内摩擦力得到提高。因此，当温度降低时，黏聚力和内摩擦力都升高，水合物沉积物的强度便随之增加。

7.1.3.3　围压对 CO_2 水合物沉积物力学特性的影响

围压在水合物沉积物中也同样扮演着至关重要的角色。图 7-1-3 为温度为 −10 ℃和应变速率为 1%/min 时孔隙度 40%和 60%的 CO_2 水合物沉积物在不同围压下的应力-应变曲线。从图中可以发现，不同围压下的应力-应变曲线都呈现出双曲线形状以及弱应变硬化趋势，但围压的变化却导致 CO_2 水合物沉积物的强度发生了明显的变化。当围压小于 5 MPa 时，沉积物的强度随着围压的增加而明显升高，但随着围压的进一步增加，沉积物的强度反而呈现下降趋势。

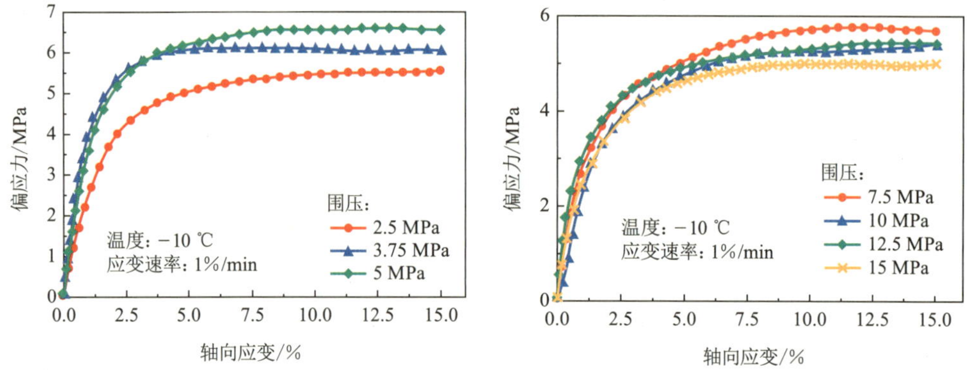

（a）孔隙度40%

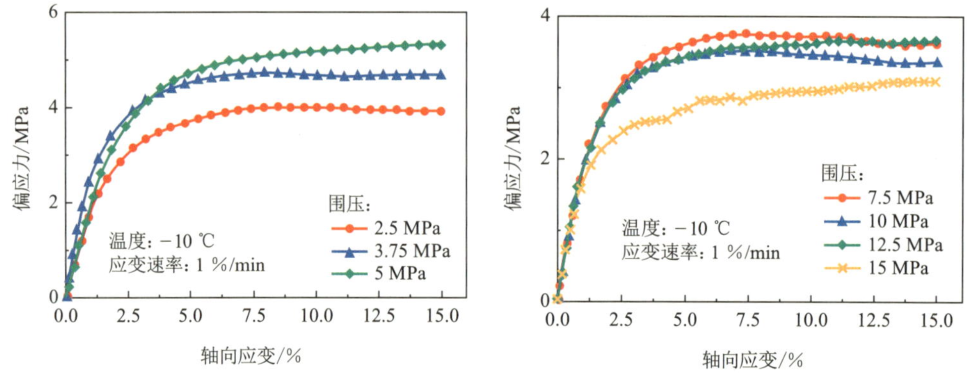

（b）孔隙度60%

图 7-1-3　CO_2 水合物沉积物在不同围压下的应力-应变曲线

图 7-1-4 更加直观地呈现了孔隙度 40%和 60%的 CO_2 水合物沉积物的强度随围压的变化趋势。孔隙度为 40%的沉积物，在 2.5 MPa 的围压下强度为 5.55 MPa；当围压为 3.75 MPa时，强度增至 6.15 MPa；当围压为 5 MPa 时，强度达到最大值 6.61 MPa；当围压进一步增加时，强度开始呈现出下降趋势；当围压为 15 MPa 时，强度已经降低至 5.00 MPa。类似地，对于孔隙度 60%的沉积物，强度先从围压 2.5 MPa 时的 3.98 MPa 增至围压 3.75 MPa 时的 4.71 MPa，接着到在围压 5 MPa 时强度达到最大值 5.31 MPa，然后强度开始降低，当围压为 15 MPa 时，强度仅为 3.09 MPa。此外，从图 7-1-4 中还可以发现，当围压低于 5 MPa 时，沉积物的强度与围压之间的增长关系近似呈线性。在前期工作中，Li 等[2]在研究围压对 CH_4 水合物沉积物强度的影响时也发现了类似的强度随围压变化而变化的规律。

与低温环境类似，高围压也能提高水合物沉积物的热力学稳定性，进而提高水合物沉积物的强度，这是增强效应之一。高围压能够抑制水合物沉积物中裂隙的增长，加强结构的强化作用，导致沉积物进一步固结，提高了沉积物的强度，这是增强效应之二。另外，围压升高能够降低冰的熔点，相当于提高了水合物沉积物的温度，致使沉积物中未冻水的数量增加，固态冰的数量减小，减弱了冰的内部联结作用，加强了未冻水的润滑作用，致使沉积物的黏聚力和内摩擦力降低，进而减小沉积物的强度。过高的围压会导致沉积物颗粒发生破碎，进而降低水合物沉积物的强度，且压力越高，发生破碎的颗粒越多，水合物沉积物的强度就变得

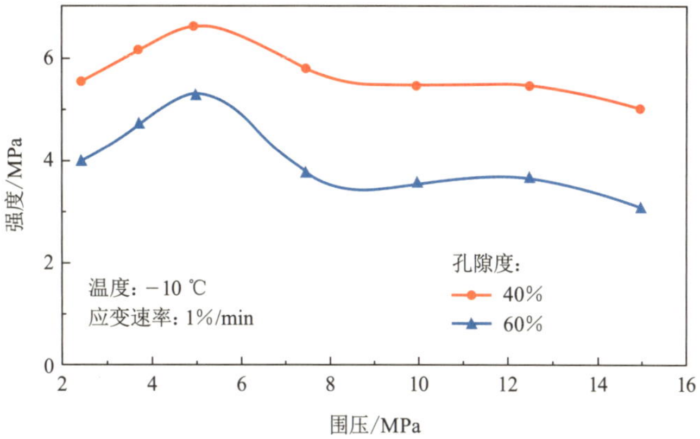

图 7-1-4　孔隙度 40% 和 60% 的 CO_2 水合物沉积物强度与围压的关系

越低。因此，CO_2 水合物沉积物的强度是增强效应与减弱效应互相作用的结果，当围压低于 5 MPa 时，增强效应占主体，围压的升高导致了 CO_2 水合物沉积物强度的增加；当围压高于 5 MPa 时，减弱效应占主体，因此围压的继续升高反而致使 CO_2 水合物沉积物的强度减小。

7.1.3.4　应变速率对 CO_2 水合物沉积物力学特性的影响

在对冰以及冻土的强度进行研究时发现，增加应变速率能够使它们的强度得到提高[5,6]。在前期工作中，Li 等[2]发现应变速率的增加明显地提高了 CH_4 水合物沉积物的强度。在本实验中，研究了 CO_2 水合物沉积物的强度与应变速率之间的关系。图 7-1-5 给出了温度为−10 ℃和围压为 5 MPa 时孔隙度 40%和 60%的 CO_2 水合物沉积物在不同应变速率下的应力-应变曲线。从图中可以看出，CO_2 水合物沉积物的应力-应变曲线对应变速率非常敏感，当应变速率从 0.1%/min 增加至 1.0%/min 时，应力-应变曲线的硬化趋势越加明显。此外，从图中还可以看出，应变速率的增加导致 CO_2 水合物沉积物的强度明显增大。孔隙度 40%的沉积物，在应变速率 0.1%/min 下的强度为 4.62 MPa，当应变速率增至 1.0%/min 时，强度增加至 6.61 MPa，增幅为 43.1%；类似地，孔隙度 60%的沉积物，随着应变速率从 0.1%/min 增至 1.0%/min，强度从 2.89 MPa 增加至 5.31 MPa，增幅为 83.7%。

根据土力学中土的破坏机理，土体在受到荷载作用时，小颗粒被挤入孔隙中，颗粒之间发生相对滑移，颗粒发生变形或破碎，而每种土体在压缩时都会因为土体成分、颗粒级配和外部环境等条件的不同而表现得千差万别。

一般来说，当沉积物受到荷载压缩作用时，首先发生的是沉积物颗粒之间的相对错动，而颗粒只有在克服了颗粒间的相互作用力之后才能发生错动。颗粒间的相互作用力主要包括颗粒间的摩擦力和黏聚力。在低应变速率时，颗粒在克服了黏聚力之后，能够“柔缓”地从其他颗粒表面滑过去，所需要克服的颗粒间的摩擦力较小，因此沉积物易发生滑移破坏，沉积物的强度较低。然而，当应变速率增加时，由于沉积物颗粒的惯性，颗粒与颗粒间开始发生挤压，导致沉积物颗粒间的正应力增加，进而增加了颗粒间的摩擦力，使得颗粒发生滑动更加艰难，致使沉积物的强度增加。当应变速率增加到一定值时，由于巨大的惯性作

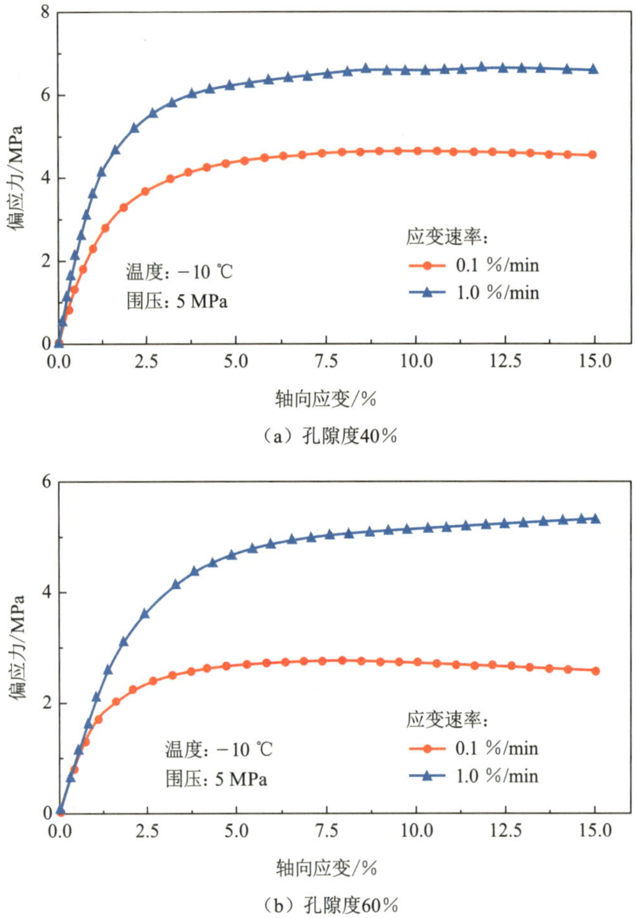

图 7-1-5 CO_2 水合物沉积物在不同应变速率下的应力-应变曲线

用,颗粒无法从其他颗粒表面滑过,颗粒之间发生瞬间挤压,即破坏时的内部裂纹来不及通过颗粒表面进行传递,而是直接通过颗粒,致使颗粒发生变形或破碎。因此,应变速率越大,被破坏的颗粒越多,CO_2 水合物沉积物的强度也便越大。

7.1.3.5 孔隙度对 CO_2 水合物沉积物力学特性的影响

从上述的实验结果中可以发现,在其他条件相同的情况下,孔隙度为 40%的 CO_2 水合物沉积物的强度大于孔隙度为 60%的 CO_2 水合物沉积物的强度。图 7-1-6 给出了在温度 −10 ℃、围压 5 MPa 和应变速率 1%/min 条件下 CO_2 水合物沉积物在不同孔隙度下的应力-应变曲线,进一步证实了沉积物的强度随着孔隙度的减小而增加。可以发现,孔隙度的变化并未对沉积物的硬化趋势造成明显的影响。图 7-1-7 清晰地显示了 CO_2 水合物沉积物强度与孔隙度之间的关系,当孔隙度为 80%时,强度为 4.12 MPa;当孔隙度减小至 60%时,强度增至 5.31 MPa;当孔隙度为 40%时,强度增至 6.61 MPa。在前期关于 CH_4 水合物沉积物的研究中,Li 等[2]也发现了强度随孔隙度减小而增加的规律。此外,还可以发现 CO_2 水合物沉积物的强度与孔隙度呈现出近线性的关系。

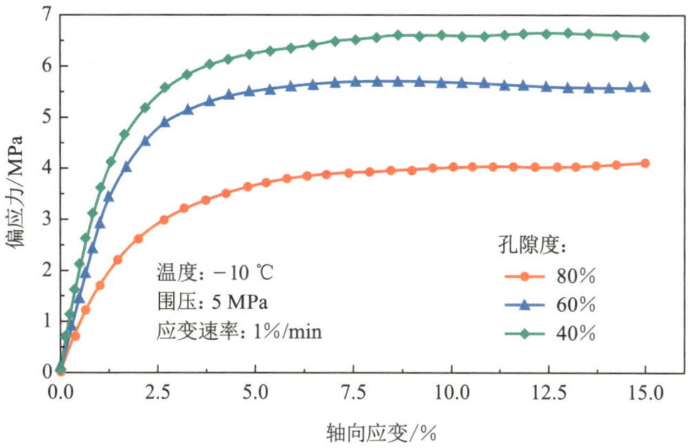

图 7-1-6　不同孔隙度下 CO_2 水合物沉积物的应力-应变曲线

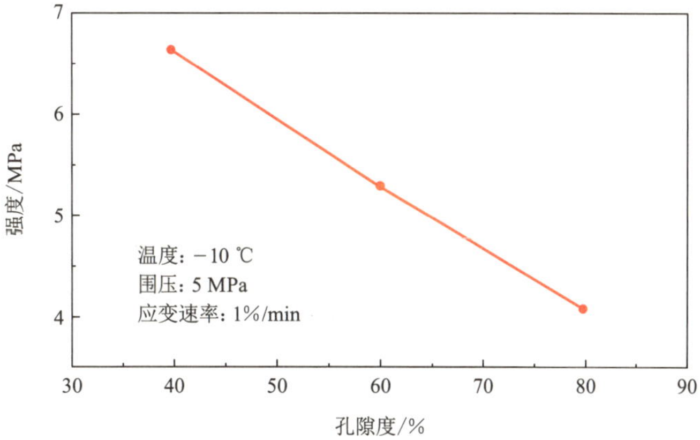

图 7-1-7　CO_2 水合物沉积物强度与孔隙度的关系

本实验中所制备的 CO_2 水合物沉积物的强度主要由沉积物骨架高岭土颗粒的强度、水合物颗粒的强度、冰颗粒的强度以及这些颗粒之间的相互作用力组成。由于水合物沉积物和冻土存在很多相似之处，冻土的理论经常被借鉴用来分析水合物沉积物。在对冻土的研究中发现，冻土的强度主要取决于冻土骨料的强度，冻土的强度总是随着骨料含量的增加而升高[7]。因此，可以推断 CO_2 水合物沉积物的强度主要取决于骨料高岭土并且随着高岭土含量的增加而升高。表 7-1-2 所示为不同孔隙度的 CO_2 水合物沉积物的组成成分。从表中可以看出，随着孔隙度的降低，高岭土的含量增加，因此水合物沉积物的强度也随之增大。

表 7-1-2　不同孔隙度的 CO_2 水合物沉积物的组成成分

孔隙度/%	水合物+冰/g	高岭土/g	总质量/g	总体积/cm^3	密度/($g \cdot cm^{-3}$)
40	77.3	290.0	367.6	196.35	1.872
60	108.6	208.0	316.6	196.35	1.613
80	145.0	105.0	250.0	196.35	1.274

此外，还可以从土的密实度的角度进行解释。沉积物的抗剪强度由沉积物颗粒间的黏聚力和内摩擦力共同决定，而增加沉积物的密实度可以减小土颗粒间的距离，进而导致黏聚

力增大，同时也能够增强土颗粒间的连锁作用，进而增大颗粒间的内摩擦力，因此沉积物的强度便随着密实度的增加而增大。由表 7-1-2 可以发现，当减小孔隙度时，CO_2 水合物沉积物试样的密度反而增大，即沉积物试样的密实度增加，因此沉积物的强度也便随之增大。

7.2 CO_2 与 CH_4 水合物沉积物力学特性对比

7.2.1 CO_2 与 CH_4 水合物沉积物三轴压缩实验结果比较

通过观察三轴压缩实验之后的 CH_4 和 CO_2 水合物沉积物的外观，可以发现它们呈现出一致的失效模式，试样并未发生明显的脆性断裂，都是在试样的中部呈现出明显的突起变形，失效试样呈鼓状破坏，如图 7-2-1 所示。

图 7-2-1 三轴压缩后的 CO_2 水合物沉积物试样

图 7-2-2 所示为孔隙度 40%、温度 −10 ℃、围压 5 MPa、应变速率 1.0%/min 工况下的 CO_2 与 CH_4 水合物沉积物的应力-应变曲线。从图中可以发现，CO_2 与 CH_4 水合物沉积物的应力-应变曲线都呈双曲线形，曲线都可以分为准弹性阶段、硬化阶段以及屈服阶段 3 个阶段，详见 3.3.1 节。同时，可以发现两条曲线都呈现出硬化趋势。由此可见，CH_4 和 CO_2 水合物沉积物的破坏过程基本一致。

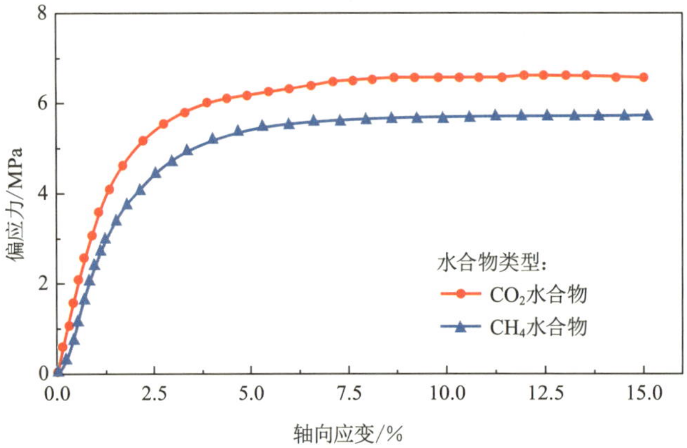

图 7-2-2 CH_4 和 CO_2 水合物沉积物应力-应变曲线对比

图 7-2-3 呈现了围压为 5 MPa 和应变速率为 1%/min 时，孔隙度 40%和 60%的 CO_2 和 CH_4 水合物沉积物的强度与温度的关系。从图中可以发现，CH_4 和 CO_2 水合物沉积物的强度都随着温度的降低而升高，并且随着温度的降低，强度增加速率逐渐减缓，且每个阶段的强度增加速率基本一致。例如，对于孔隙度 60%的 CH_4 和 CO_2 水合物沉积物，当温度从－5 ℃降至－10 ℃时，它们的强度增加速率分别为 0.31 MPa/℃和 0.35 MPa/℃；当温度从－10 ℃降至－15 ℃时，它们的强度增加速率分别为 0.21 MPa/℃和 0.22 MPa/℃；当温度从－15 ℃降至－20 ℃时，它们的强度增加速率分别为 0.11 MPa/℃和 0.14 MPa/℃。同时还可以发现，无论是 CH_4 水合物沉积物还是 CO_2 水合物沉积物，孔隙度为 60%时强度增加速率随温度的降低而减小的趋势比孔隙度为 40%时的更加明显。此外，从图 7-2-3 中还可以明显地观察到，在同样的实验工况下，CO_2 水合物沉积物的强度略微大于 CH_4 水合物沉积物的强度。例如，当孔隙度为 60%，温度分别为－5 ℃，－10 ℃，－15 ℃和－20 ℃时，CO_2 水合物沉积物的强度分别比 CH_4 水合物沉积物的高 20.7%，17.8%，16.0 和 16.4%。

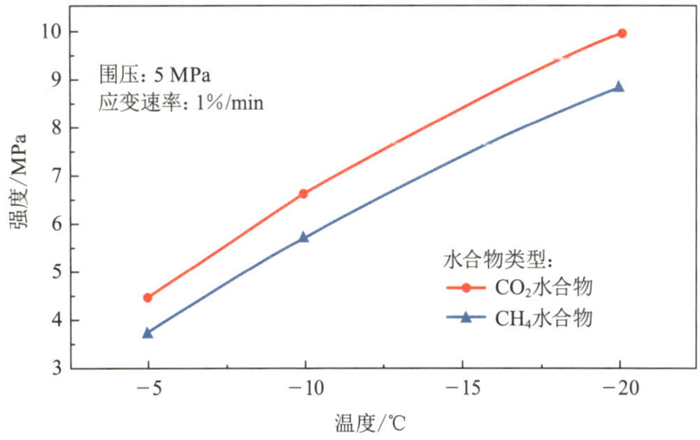

（a）孔隙度40%

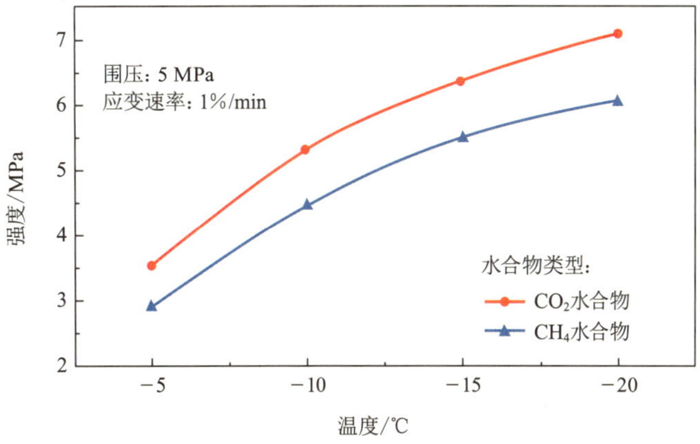

（b）孔隙度60%

图 7-2-3　CH_4 和 CO_2 水合物沉积物强度与温度的关系

图 7-2-4 呈现了温度为－10 ℃和应变速率为 1%/min 时，孔隙度 40%和 60%的 CH_4 和 CO_2 水合物沉积物的强度与围压的关系。由图可以发现，CH_4 和 CO_2 水合物沉积物的

强度随围压的变化趋势基本一致：当围压低于 5 MPa 时，强度随着围压的增加近似线性升高，但当围压进一步升高时，强度反而呈现出下降的趋势。此外，从图 7-2-4 中还可以发现，虽然随着围压的升高，CH_4 和 CO_2 水合物沉积物的强度越来越接近，但是 CO_2 水合物沉积物的强度依旧略大于 CH_4 水合物沉积物的强度。

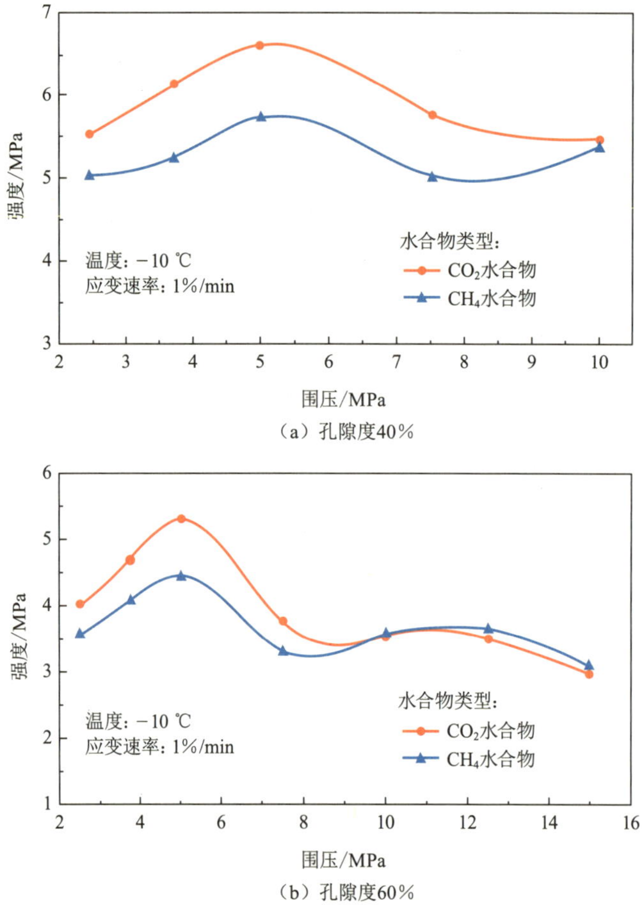

图 7-2-4 CH_4 和 CO_2 水合物沉积物强度与围压的关系

图 7-2-5 呈现了围压为 5 MPa、温度为－10 ℃和应变速率为 1%/min 时 CO_2 和 CH_4 水合物沉积物的强度与孔隙度之间的关系。从图中可以明显地看到，随着孔隙度的减小，CH_4 和 CO_2 水合物沉积物的强度都以几乎相同的斜率增加。此外，从图 7-2-5 中还可以发现，在同样工况下，CO_2 水合物沉积物的强度略大于 CH_4 水合物沉积物的强度。

从以上的讨论可以发现，无论是 CO_2 水合物沉积物还是 CH_4 水合物沉积物，它们的强度都受到温度、围压、应变速率和孔隙度的影响，且强度随影响因素的变化趋势基本一致；在同样的实验工况下，CO_2 水合物沉积物的强度略大于 CH_4 水合物沉积物的强度。

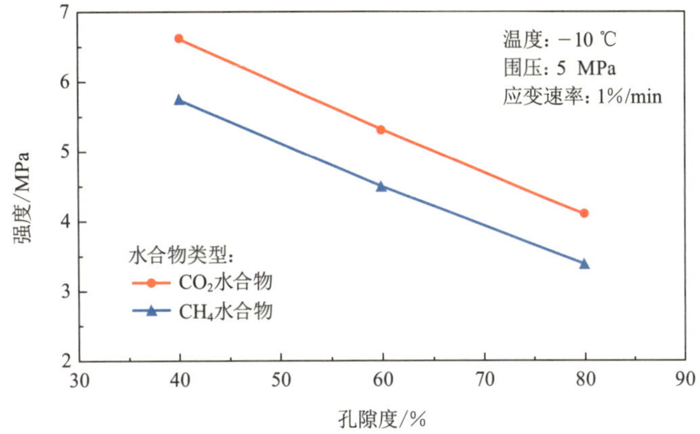

图 7-2-5　CH_4 和 CO_2 水合物沉积物强度与孔隙度的关系

7.2.2　CO_2 与 CH_4 水合物沉积物强度差异原因分析

图 7-2-6 呈现了温度为−10 ℃、围压为 5 MPa 和应变速率为 1%/min 时，孔隙度 40% 和 60%的CO_2水合物沉积物的莫尔圆，从中提取 CO_2 水合物沉积物的黏聚力和内摩擦角

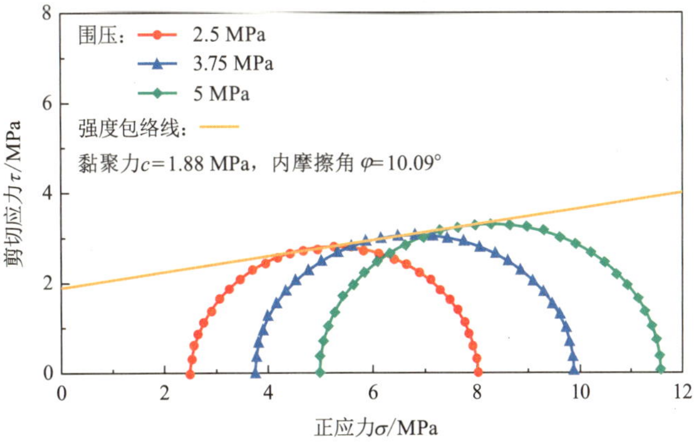

(a) 孔隙度40%

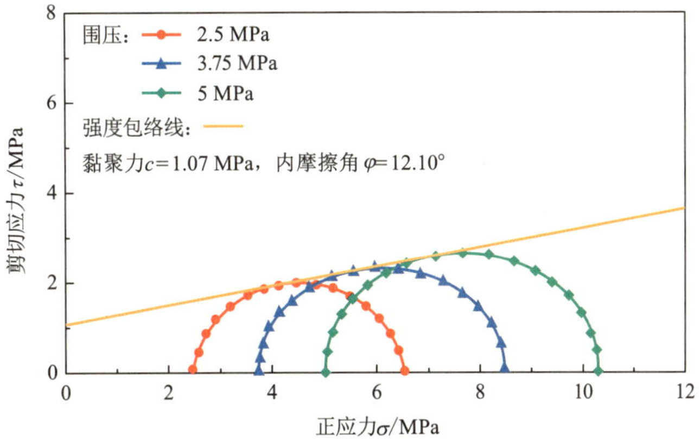

(b) 孔隙度60%

图 7-2-6　CO_2 水合物沉积物莫尔圆

并与前期工作中所获得的 CH_4 水合物沉积物的黏聚力和内摩擦角进行比较，见表 7-2-1。从表 7-2-1 中可以看出，CO_2 水合物沉积物的黏聚力与 CH_4 水合物沉积物的黏聚力非常相近，但是 CO_2 水合物沉积物的内摩擦角却略微大于 CH_4 水合物沉积物的内摩擦角。这个结果造成 CO_2 和 CH_4 水合物沉积物之间强度差异的原因是摩擦强度差异，而不是黏聚力差异，同时一些未知的因素也可能控制着水合物颗粒和沉积物颗粒之间的摩擦效应。

表 7-2-1 CH_4 和 CO_2 水合物沉积物黏聚力和内摩擦角比较

孔隙度/%	水合物类型	黏聚力/MPa	内摩擦角/(°)
40	CO_2 水合物	1.88	10.09
	CH_4 水合物	1.89	7.15
60	CO_2 水合物	1.07	12.10
	CH_4 水合物	1.15	8.78

Sloan 等[3]在对气体水合物进行化学研究时发现，CH_4 和 CO_2 水合物的生成条件存在较大差异。在对土体进行力学研究时发现，土颗粒的物理性质极大程度地影响着土样的强度[8]。因此，由生成条件差异或客体分子特性差异造成的水合物物理性质的差异，如表面粗糙度或者比表面积的差异，很可能是引起 CH_4 和 CO_2 水合物沉积物强度差异的原因。

7.2.3 CH_4-CO_2 置换法力学安全性初步评价

通过比较 CH_4 和 CO_2 水合物沉积物的三轴压缩强度，可以得到关于 CH_4-CO_2 置换前后天然气水合物沉积层力学特性变化的初步认识，为后期的工作奠定坚实的基础。通过研究可以发现，在同样条件下，CO_2 水合物沉积物的强度略大于 CH_4 水合物沉积物的强度。虽然造成此现象的原因还需要进一步调查，但是这个结果是非常令人满意的，因为它表明利用 CH_4-CO_2 置换法从天然气水合物沉积层中开采出天然气之后依旧能够维持沉积层的力学稳定性。

然而，原位的 CH_4-CO_2 置换反应是一个涉及众多反应机理的复杂过程，而本实验只是简单地将 CH_4 和 CO_2 水合物沉积物的强度进行了比较，所得出的结果只能评价置换开采完成之后水合物沉积层的力学稳定性，却无法评价置换反应过程中水合物沉积层的力学稳定性。因此，建议对发生了原位 CH_4-CO_2 置换过程的天然气水合物沉积物进行全反应过程中的力学特性实验研究，以此全面而系统地评价 CH_4-CO_2 置换开采法的力学稳定性，这也是未来研究的重点。

7.3 CO_2 置换过程对水合物沉积物力学行为的影响

7.3.1 实验设备、方法及内容

本实验所用的三轴实验仪在之前的实验中已有详细的介绍[9,10]，这里不再赘述。

已有的钻井实验和生产实验表明，中国南海水合物岩芯骨架主要由黏土、粉砂和银砂组成，其中粉砂是关键成分。Masui 等[11,12]指出，当两种物质的粒径分布相似时，水合物岩芯的强度行为与人工合成水合物沉积物的强度行为一致。中国海洋石油总公司提供的中国南海钻井水合物岩芯粒度分析如图 7-3-1 所示[13,14]。因此，采用商业采购—筛分—筛选—混合的方法获得的泥质重塑沉积物可以替代天然水合物岩芯，用于大型实验室三轴实验。实验采用纯度 99.999%的 CH_4 和 CO_2 气体与通过全自动去离子装置生成的超纯水生成水合物，具体步骤如下：

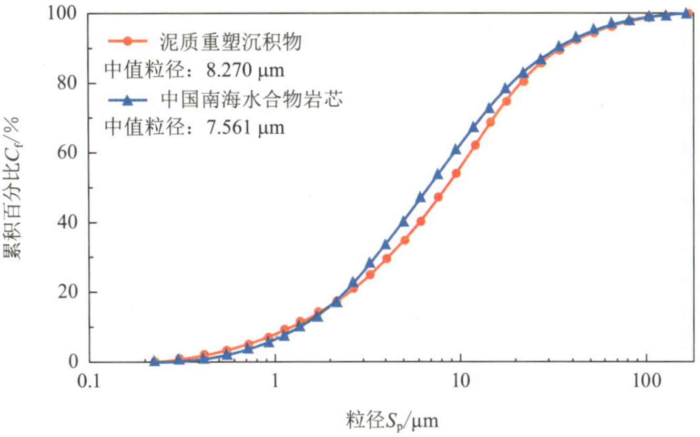

图 7-3-1 泥质重塑沉积物和中国南海水合物岩芯粒径分布曲线

7.3.1.1 生成水合物

将一定质量的泥质重塑沉积物在烘箱中预干燥并根据设计孔隙度（40%）和水合物饱和度（17.5%或 26.5%）称重（约 305.55 g），然后与一定体积的脱气水（初始含水饱和度为 30%或 40%）混合均匀，分 10 次填入三瓣重塑装置并分别击实，形成初始样品（ϕ50 mm×100 mm）。为了确定其初始孔隙度，对初始样品的平均高度和平均直径进行仔细的测量和记录，然后装入丁基膜，两端安装透水石、压板，放入冰箱冷冻。经过短时间的冻结后，将样品置于压力室底座，上压头通过管路与背压阀连接（中间阀打开），下压头与注气泵连接（中间阀关闭）。之后通过连接回压阀的真空泵将样品的孔隙压力降至−30 kPa，排出孔隙空间中的空气，固定样品。随后关闭压力室，注入液压油，加压至设计围压对试样进行固结，且固结过程中使用水浴控制压力室温度为 274.15 K。当液压油不再进入压力室时，视为固结工作完成，通常形成过程超过 16 h。固结后，采用饱和气法生成 CH_4 水合物。将预冷的 CH_4 气体（与样品保持一致）以恒定的速率泵入样品的孔隙空间，直到达到 5 MPa，同时保持样品的有效围压和温度，使水合物形成过程超过 36 h。当耗气量不增加且样品温度不变时，认为 CH_4 水合物生成完成。

7.3.1.2 CH_4-CO_2 置换

维持有效围压和温度不变，通过回压阀将试样的整体孔隙压力降低到 3.05 MPa。然后以 3～5 mL/min 的速率将 3.1 MPa 的 CO_2 气体逐渐泵入试样孔隙中，利用压差将 CH_4 气体驱出。当回压阀的气体流量稳定 0.5 h 后，可认为样品的孔隙空间完全被 CO_2 气体填充,此时使用注气泵维持孔隙压力,关闭回压阀,开始 CH_4-CO_2 置换反应。置换过程中应确保注气泵容积(约 20 mL)比试样体积小一个数量级。试样的孔隙空间、注气泵容积和管道容积可以认为整体是一个高压容器。间隔固定时间,用气体密封袋收集部分孔隙空间气体,用气相色谱仪(3000 Micro GC,瑞士 INFICON 公司)检测,当气体成分不再发生明显变化时,认为 CH_4-CO_2 置换完成(约 72 h)。置换完成后,以 0.1 mm/min 的速率对试样进行剪切实验。剪切实验结束后,将试样整体温度降至 268.15 K,并将试样和泵(含管道)内的整个孔隙气体排空。随后升温至 274.15 K 时,使水合物分解并收集分解气,用气相色谱仪进行检测。试样的温压曲线如图 7-3-2 所示,实验过程如图 7-3-3 所示。

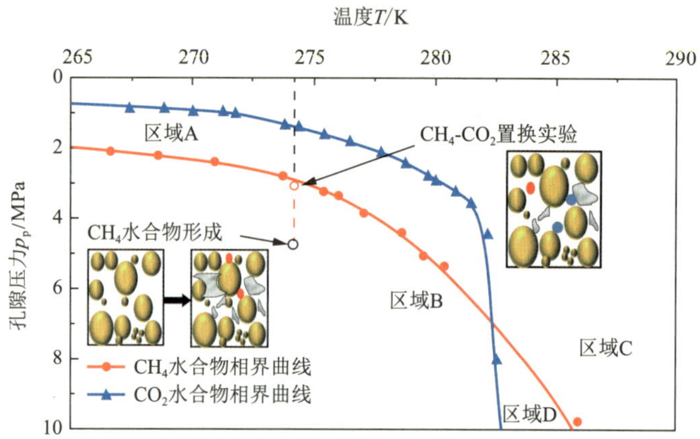

图 7-3-2 试样在水合物生成和置换过程中的温压曲线(Geol,2006;Sloan and Koh,2007)

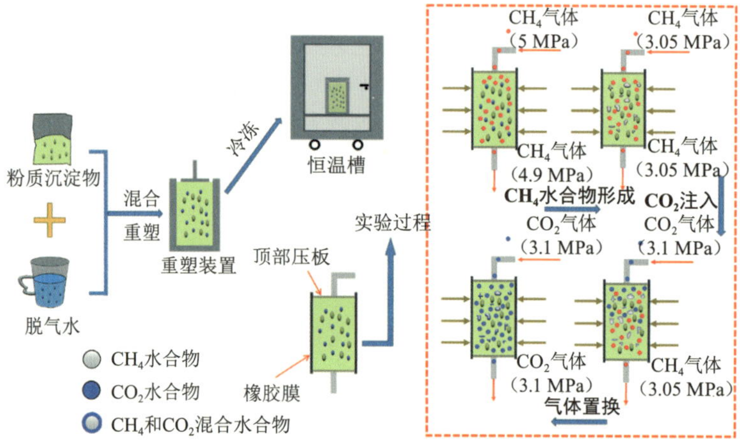

图 7-3-3 实验过程示意图

7.3.1.3 水合物饱和度和置换率计算

初始 CH_4 水合物饱和度(初始水饱和度控制)由注气泵记录的 CH_4 气体消耗量计算。选择设计初始含水饱和度为 30%或 40%的试样,分别形成饱和度约为 17.5%或 26.5%的 CH_4 水合物以减小含水量对泥质重塑沉积物变形行为的影响。因此,所有泥质重塑沉积物在水合物形成后的剩余自由水含量基本相似,可以最大限度地减小含水量差异对泥质重塑沉积物在置换剪切过程中变形行为的影响。CH_4 水合物初始饱和度计算公式如下：

$$S_{hi}^{CH_4}=\frac{V_h^{CH_4}}{V_p}=\frac{\Delta\dfrac{p_g^{CH_4}\cdot V_g^{CH_4}}{Z_g^{CH_4}\cdot R\cdot T_g^{CH_4}}\cdot M_h^{CH_4}}{\rho_h^{CH_4}\cdot V_p} \tag{7-3-1}$$

式中，$S_{hi}^{CH_4}$ 为 CH_4 水合物初始饱和度，$V_h^{CH_4}$ 为 CH_4 水合物的初始体积，V_p 为初始孔隙体积，$p_g^{CH_4}$ 为 CH_4 气体压力，$V_g^{CH_4}$ 为 CH_4 初始气体消耗量，$Z_g^{CH_4}$ 为 CH_4 气体压缩系数，R 为摩尔气体常数，$T_g^{CH_4}$ 为初始水合物形成过程中 CH_4 气体的温度，$M_h^{CH_4}$ 为 CH_4 的摩尔质量，$\rho_h^{CH_4}$ 为 CH_4 水合物的密度。

CH_4 水合物的置换率可由 Zhang 的公式[15]计算。根据物质量守恒原理，CH_4 和 CO_2 的物质的量变化可表示为：

$$n_h^{CH_4}=n_h^{mix,CH_4}+n_g^{mix,CH_4} \tag{7-3-2}$$

$$n_g^{CO_2}=n_h^{mix,CO_2}+n_g^{mix,CO_2} \tag{7-3-3}$$

式中，$n_h^{CH_4}$ 为初始水合物中 CH_4 气体的物质的量，n_h^{mix,CH_4} 为置换后反应容器中 CH_4 水合物的物质的量，n_g^{mix,CH_4} 为置换后反应容器中 CH_4 气体的物质的量，$n_g^{CO_2}$ 为 CO_2 气体注入的物质的量，n_h^{mix,CO_2} 为置换后反应容器中 CO_2 水合物的物质的量，n_g^{mix,CO_2} 为置换后反应容器中 CO_2 气体的物质的量。

根据置换后和水合物解离后采集的样品量，测定气相和水合物相中 CH_4 和 CO_2 的物质的量：

$$n_g^{mix}=n_g^{mix,CH_4}+n_g^{mix,CO_2}=n_g^{mix}\cdot a_g^{mix,CH_4}+n_g^{mix}\cdot a_g^{mix,CO_2}=\frac{p_g^{mix}\cdot V_g^{mix}}{Z_g^{mix}\cdot R\cdot T_g^{mix}} \tag{7-3-4}$$

$$n_h^{mix}=n_h^{mix,CH_4}+n_h^{mix,CO_2}=n_h^{mix}\cdot b_h^{mix,CH_4}+n_h^{mix}\cdot b_h^{mix,CO_2}=\frac{p_h^{mix}\cdot V_h^{mix}}{Z_h^{mix}\cdot R\cdot T_h^{mix}} \tag{7-3-5}$$

式中，a_g^{mix,CH_4} 为置换后反应容器中 CH_4 气体的比例，a_g^{mix,CO_2} 为置换后反应容器中 CO_2 气体的比例，b_h^{mix,CH_4} 为置换后反应容器中 CH_4 水合物的比例，b_h^{mix,CO_2} 为置换后反应容器中 CO_2 水合物的比例。

因此，CH_4 水合物置换率可表示为：

$$R_{CH_4}=\frac{n_g^{mix,CH_4}}{n_h^{CH_4}}\times 100\% \tag{7-3-6}$$

最终 CH_4 水合物置换率由公式(6-6)计算。初始含水饱和度、初始 CH_4 水合物的物质的量、注入样品的 CO_2 的物质的量，以及置换后 CH_4 气体、CH_4 水合物、CO_2 气体、CO_2 水合物的物质的量及置换率见表7-3-1。

表 7-3-1　置换后的 CH_4 气体、CH_4 水合物、CO_2 气体和 CO_2 水合物的物质的量

样　品	S_i/%	S_{hi}^{CH4}/%	n_h^{CH4}	n_g^{CO2}	$n_g^{mix,CH4}$	$n_h^{mix,CO2}$	R_{CH4}/%
第 1 组	30	约 17.5	0.098 9	0.147 3	0.025 7	0.026 5	约 26
第 2 组	30	约 18.5	0.097 7	0.138 7	0.026 4	0.027 1	约 27%
第 3 组	40	约 26.5	0.149 6	0.135 1	0.032 9	0.031 6	约 22
第 4 组	40	约 28.1	0.148 1	0.126 5	0.029 6	0.029 7	约 20

替换后泥质重塑沉积物的 CH_4 水合物饱和度和 CO_2 水合物饱和度见表 7-3-2。

表 7-3-2 泥质重塑沉积物的参数

样　品	S_h^{mix,CH_4} /%	S_h^{mix,CO_2} /%	样　品	S_h^{mix,CH_4} /%	S_h^{mix,CO_2} /%
第 1 组	12.99	4.70	第 3 组	20.71	5.61
第 2 组	13.55	5.15	第 4 组	22.52	5.64

7.3.2 CO_2 置换过程水合物沉积物体变行为研究

在整个 CH_4-CO_2 置换过程中，泥质重塑沉积物的体积应变随时间变化曲线如图 7-3-4 所示。每组 CH_4-CO_2 置换实验均超过 72 h，期间保持施加有效应力。可以发现，所有泥质重塑沉积物在置换后均被压缩，且约 26.5%饱和度时的体积应变大于约 17.5%饱和度时的体积应变，而有效应力高的沉积物体积应变更大。第 1 组和第 4 组中的泥质重塑沉积物首先表现出轻微的压缩行为，然后膨胀，最后被压缩，直到出现稳定阶段，而第 2 组和第 3 组中的泥质重塑沉积物在置换过程中表现出持续的压缩行为。

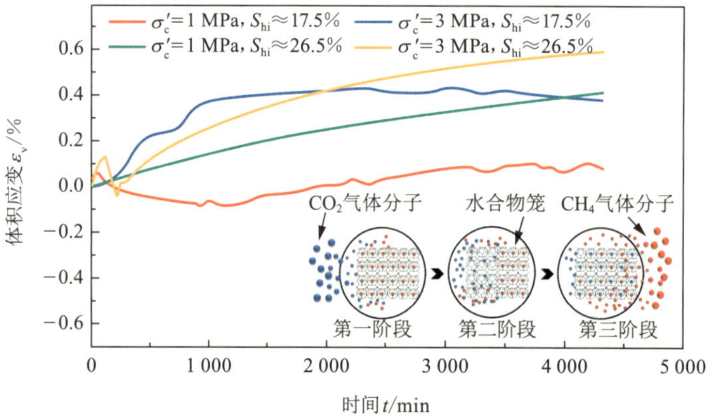

图 7-3-4 不同水合物饱和度(S_{hi})和有效围压(σ_c')下 CH_4-CO_2 置换过程中泥质重塑沉积物的体积应变随时间变化曲线

由图 7-3-4 可知，置换过程分为 3 个阶段。在第一阶段，CO_2 气体分子占据孔隙空间，表层 CH_4 水合物受到扰动，导致部分土壤颗粒中的水合物胶结衰减，所有沉积物在有效应力作用下受到压缩，这种现象在第 1 组和第 4 组样品中更为明显。在第二阶段，部分 CH_4 水合物逐渐解离，CO_2 气体进入水合物结构内部，而 CH_4 水合物解离的物质的量为 0.025 7～0.032 9 mol（表 7-3-1）。对样品分别施加了 CH_4 气体体积增大引起的体积膨胀效应和 CH_4 水合物解离产生的有效应力的压缩效应。因此，在较低的水合物饱和度和有效应力下，第 1 组样品的泥质重塑沉积物表现出轻微的膨胀趋势，水合物解离物质的量为 0.025 7 mol，而其他 3 组样品均表现出压缩趋势。随着 CO_2 气体的不断移动，在 CH_4 水合物颗粒的表面位置迅速形成 CO_2 水合物。在最后阶段，CO_2-CH_4 混合水合物和纯 CO_2 水合物的出现加强了水合物对土壤颗粒的结构支撑作用或胶结作用。CO_2-CH_4 杂化水合物的出现减弱了 CO_2 气体体积减小引起的体积压缩效应，泥质重塑沉积物的变形速率逐渐降低。CO_2 水合物、CH_4 水合物和 CO_2-CH_4 混合水合物的晶格和强度差异可能是泥质重塑沉积物置换过程中变形速率变化的影响因素[16,17]。

7.3.3 CO_2 置换过程水合物沉积物剪切行为研究

图 7-3-5 为泥质重塑沉积物在置换前后以及 Luo 等[14]的应力-应变曲线及体积应变曲线。正如预期的那样，CH_4-CO_2 置换后的泥质重塑沉积物也表现出与纯泥质重塑沉积物一样的应变硬化，同时剪切收缩行为也明显出现。CH_4-CO_2 置换后泥质重塑沉积物的应力-应变曲线主要介于两种纯泥质重塑沉积物之间，说明泥质重塑沉积物对应的偏应力相对依赖于宿主颗粒中沉积的当前 CH_4 和 CO_2 水合物的含量。而在 CH_4-CO_2 置换后，泥质重塑沉积物的体积应变则不那么明显，特别是在较高水合物饱和阶段（水合物饱和度从约 17.5％增加到约 26.5％）。CH_4-CO_2 置换后泥质重塑沉积物的体积应变与纯 CH_4 泥质重塑沉积物的体积应变大致相等，在水合物饱和度约 17.5％时，泥质重塑沉积物的体积变化大于纯 CO_2 泥质重塑沉积物，且随着水合物饱和度的增加，泥质重塑沉积物的体积变化增大。

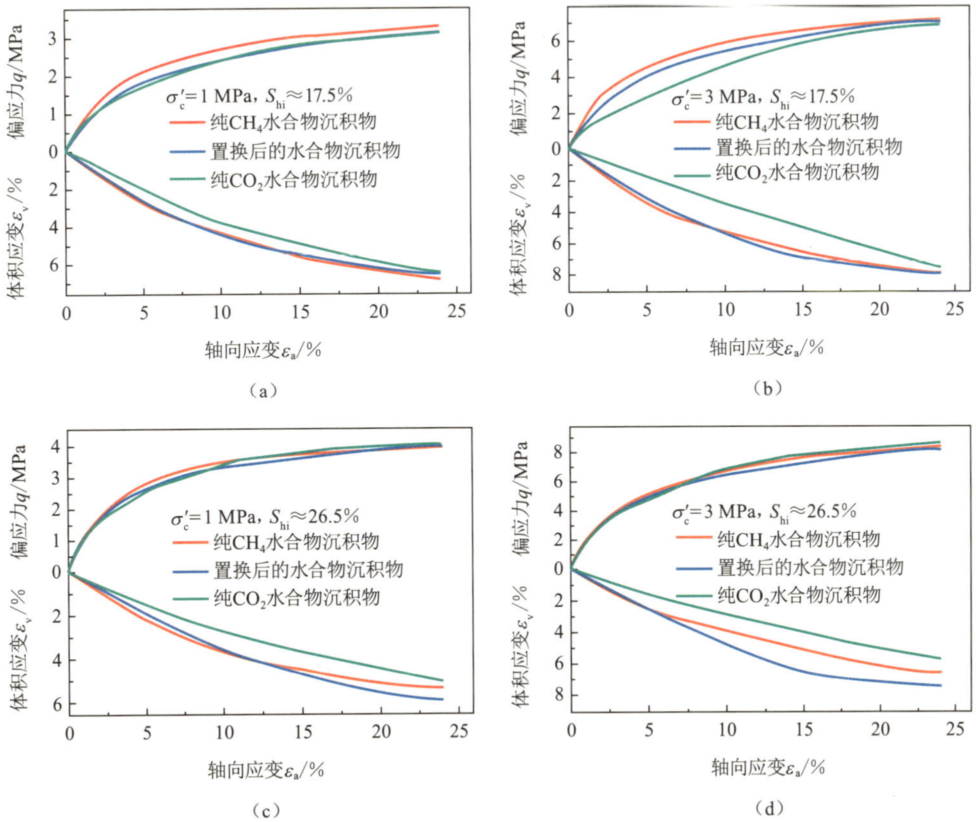

图 7-3-5　不同水合物饱和度(S_{hi})和有效围压(σ'_c)下置换后的粉质含 CH_4-CO_2 水合物以及纯含 CH_4 和 CO_2 水合物沉积物的应力-应变曲线及体积应变曲线

为进一步阐明置换对 CH_4 泥质重塑沉积物力学性能的影响，对弹性模量、峰值强度和最终体积应变进行分析，结果如图 7-3-6～图 7-3-8 所示。CH_4-CO_2 置换后泥质重塑沉积物的弹性模量主要介于纯 CH_4 和 CO_2 泥质重塑沉积物之间，且具有一定的水合物饱和度和有效围压。置换后 CH_4 泥质重塑沉积物的弹性模量逐渐降低，接近 CO_2 泥质重塑沉积物的弹性模量。而在 $\sigma_c'=3$ MPa 时，3 种泥质重塑沉积物的弹性模量的差异更明显。研究发现，纯 CH_4 水合物表现出更大的强度[16,17]，因此在轴向应变较小的条件下，该水合物对宿主沉积物抗剪切变形能力的增强作用大于 CO_2 水合物，这意味着泥质重塑沉积物的刚度更依赖于宿主颗粒中沉积的 CH_4 或 CO_2 水合物的比例。置换后的泥质重塑沉积物的弹性模量也会受到 CO_2 和 CH_4 杂化水合物颗粒的非均质性的影响。可以认为，由于置换比的关系，CO_2 水合物只分布在所有水合物颗粒的表面位置，当部分 CH_4 水合物解离时，可能很少有纯 CO_2 水合物以单颗粒形式存在，而 CH_4 水合物仍然占水合物颗粒的大部分。水合物颗粒的非均质性（CO_2 水合物占据表面位置，CH_4 水合物位于内部）对泥质重塑沉积物的弹性模量影响明显，体现在CO_2水合物的弹性模量比CH_4水合物的弹性模量对泥质重塑沉积

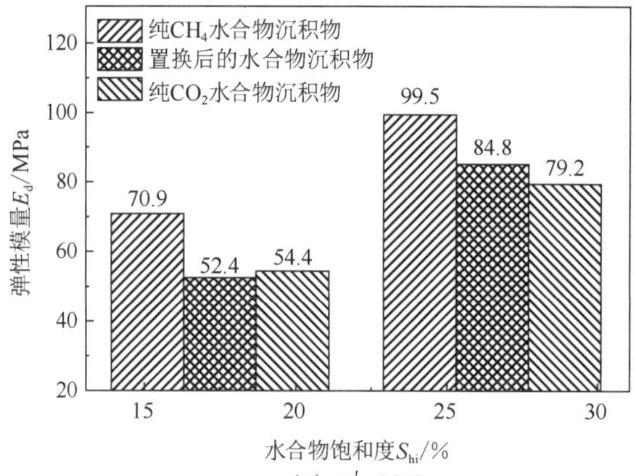

（a）$\sigma_c'=1$ MPa

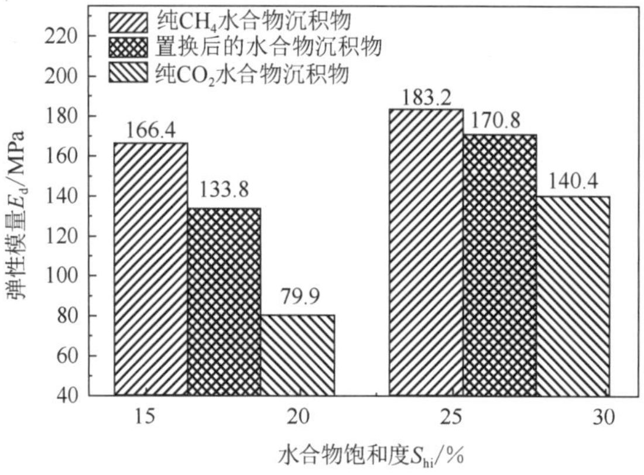

（b）$\sigma_c'=3$ MPa

图 7-3-6 CH_4-CO_2 置换后泥质重塑沉积物的弹性模量、纯 CH_4 和 CO_2 泥质重塑沉积物在不同水合物饱和度(S_{hi})和有效围压(σ_c')下的弹性模量

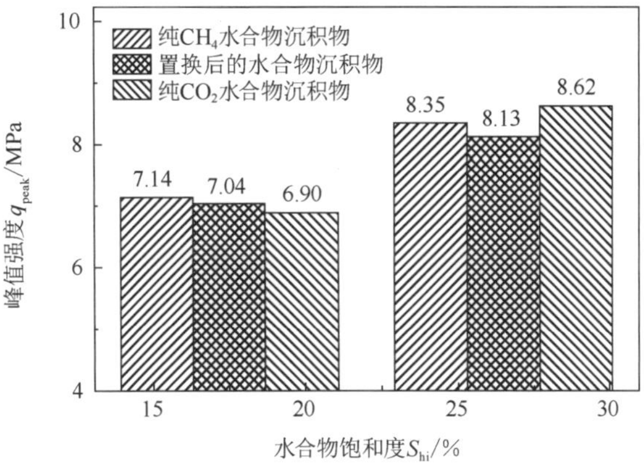

（a）σ_c'=3 MPa

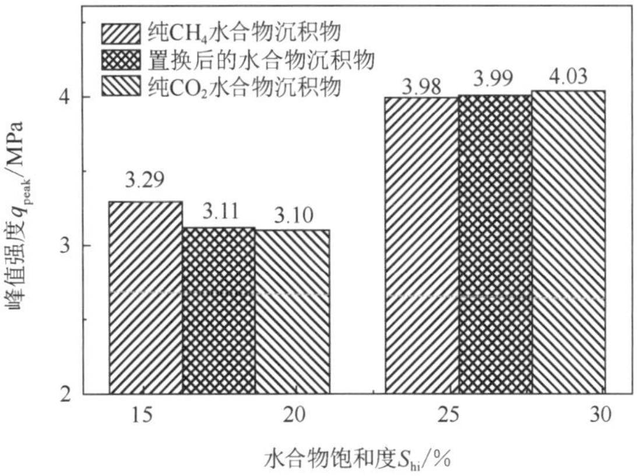

（b）σ_c'=1 MPa

图 7-3-7　CH_4-CO_2 置换后泥质重塑沉积物的峰值强度、纯 CH_4 和 CO_2 泥质重塑沉积物在不同水合物饱和度(S_{hi})和有效围压(σ_c')下的峰值强度

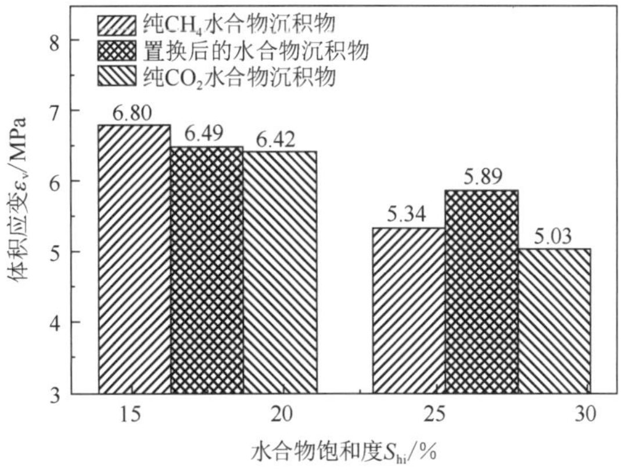

（a）σ_c'=1 MPa

图 7-3-8　CH_4-CO_2 置换后泥质重塑沉积物的体积应变、纯粉质含 CH_4 和 CO_2 水合物沉积物在不同水合物饱和度(S_{hi})和有效围压(σ_c')下的体积应变

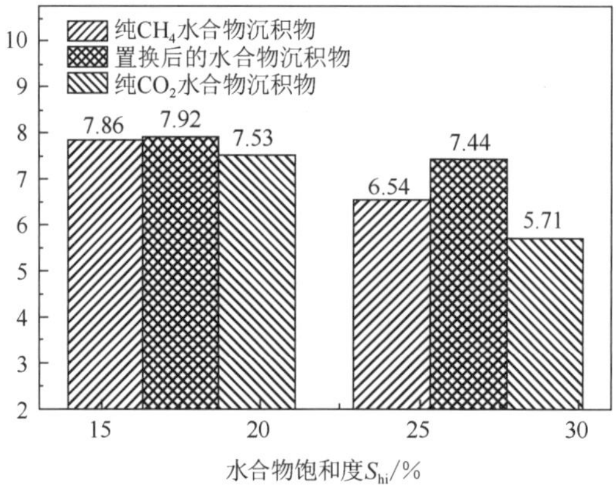

（b）σ'_c=3 MPa

图 7-3-8(续) CH_4-CO_2 置换后泥质重塑沉积物的体积应变、纯粉质含 CH_4 和 CO_2 水合物沉积物在不同水合物饱和度(S_{hi})和有效围压(σ'_c)下的体积应变

物的影响更明显。这可能是在所有整体置换率小于 27%的情况下，泥质重塑沉积物置换后的弹性模量接近纯 CO_2 泥质重塑沉积物的原因。

在一定的水合物饱和度和有效应力下，无论含多大比例的 CH_4 或 CO_2 水合物，大多数泥质重塑沉积物的峰值强度都是相似的，如图 7-3-7 所示。泥质重塑沉积物的强度主要由 3 部分组成：宿主沉积物的强度、宿主沉积物与水合物的相互作用力以及水合物的强度。由于 CH_4 和 CO_2 泥质重塑沉积物的孔隙度相同，宿主沉积物的强度相近，而 CH_4 水合物的强度更大，所以可以发现宿主沉积物与水合物之间的相互作用力主要影响泥质重塑沉积物的强度行为，这说明 CO_2 和 CH_4 混合水合物对泥质重塑沉积物的固井作用与纯 CO_2 和 CH_4 水合物的类似。水合物主要以胶结形态赋存[14,18]，因此，CO_2-CH_4 杂化水合物在部分置换后对粉质储层具有一致的胶结效果，泥质重塑沉积物的峰值强度不会发生明显变化。

如图 7-3-8 所示，当水合物饱和度约为 17.5%时，CH_4-CO_2 置换后泥质重塑沉积物的最终体积应变与纯 CO_2 泥质重塑沉积物 $\sigma'_c=1$ MPa 时的体积应变相差无几，更接近纯 CH_4 泥质重塑沉积物 $\sigma'_c=3$ MPa 时的体积应变。一个有趣的现象是，当水合物饱和度从约 17.5%增长到约 26.5%时，CH_4-CO_2 置换后泥质重塑沉积物的最终体积应变超过了纯 CH_4 泥质重塑沉积物的体积应变。CH_4 水合物和 CO_2 水合物具有不同的热力学稳定性[19]。如图 7-3-1 所示，这两种水合物可以共存，其中 CH_4 水合物在压力-温度条件下有较低的过冷度 ΔT 和更大的不稳定性[20]。由于 CH_4 水合物的稳定性较弱，其被剪切破坏的量可能相对较多[19]，这可能导致 CO_2 泥质重塑沉积物的体积应变较小。

同时，CO_2 气体分子主要存在于较大的笼中，而 CH_4 气体分子主要存在于较小的笼中，因此不同笼中客体分子的占用率可能会影响 CO_2 和 CH_4 杂化水合物的晶体形态，从而导致泥质重塑沉积物的不同变形特性。另外，在置换过程中，部分 CH_4 水合物会先游离，然后在泥质重塑沉积物中进行置换。水合物的饱和度及其分布会改变并影响泥质重塑沉积物的体积应变。即使在相对较低的饱和度阶段，这种变化可能不那么明显，但随着水合物饱和度的增加，部分水合物形态可能从胶结型到支撑型，然后在 CH_4-CO_2 置换过程中这种变化会放大，最终对泥质重塑沉积物的体积应变表现出更大的影响。

如图 7-3-9 所示，CH_4-CO_2 置换后的泥质重塑沉积物与纯 CH_4 泥质重塑沉积物具有相似的应力剪胀行为。如当 $\sigma_c'=1$ MPa 时，可以发现 CH_4-CO_2 置换后的泥质重塑沉积物的最大变形范围为 $\delta\varepsilon_v/\delta\varepsilon_s=0.41\sim0.65$，与 CH_4 泥质重塑沉积物的 $\delta\varepsilon_v/\delta\varepsilon_s=0.4\sim0.6$ 非常接近。这说明 CH_4-CO_2 置换对粉质储层的关键影响可能在于置换过程中泥质重塑沉积物的变形，而对置换后泥质重塑沉积物的弹性模量和强度的影响并不明显。

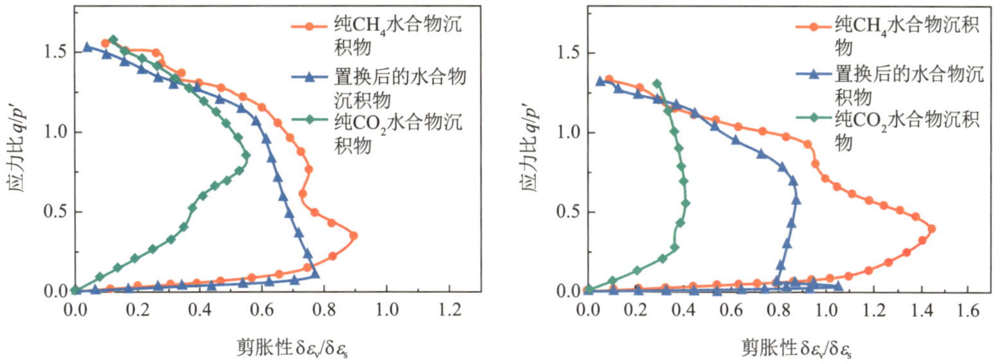

（a）$\sigma_c'=1$ MPa，$S_{hi}\approx17.5\%$　（b）$\sigma_c'=3$ MPa，$S_{hi}\approx17.5\%$

（c）$\sigma_c'=1$ MPa，$S_{hi}\approx26.5\%$　（d）$\sigma_c'=3$ MPa，$S_{hi}\approx26.5\%$

图 7-3-9　不同水合物饱和度(S_{hi})和有效围压(σ_c')下粉质含 CH_4-CO_2 水合物及纯含 CH_4 和 CO_2 水合物沉积物的应力-剪胀曲线

7.4　小　结

通过三轴压缩实验对 CO_2 水合物沉积物进行了研究和分析，对比了 CH_4 和 CO_2 水合物沉积物的强度，并且通过实验对 CH_4-CO_2 置换过程中 CH_4 泥质重塑沉积物的强度和变形行为进行了研究，可以得出以下结论：

（1）温度、围压、应变速率和孔隙度 4 个影响因素并未对 CO_2 水合物沉积物的应力-应变曲线的形状产生影响。不同工况下的应力-应变曲线都呈双曲线形，且都呈现出微弱的硬化趋势，每一条曲线都由准弹性阶段、硬化阶段和屈服阶段 3 个阶段组成。温度对 CO_2 水合物沉积物的变形特性有着非常明显的影响。随着温度的降低，沉积物的应力-应变曲线的硬化趋势越加明显，沉积物的强度也明显增加，但强度提高速率却逐渐减小。围压没有对 CO_2 水合物沉积物的硬化趋势造成明显的影响，却明显地影响着沉积物的强度。当围压小于 5 MPa 时，CO_2 水合物沉积物的强度随着围压的增加呈现出近线性增长的趋势，但是随着围压的进一步增加，强度却呈现下降的趋势。应变速率也是决定 CO_2 水合物沉积物变形特性的一个关键因素。随着应变速率的提高，沉积物的应力-应变曲线的硬化趋势越加明显，沉积物的强度也明显增大。孔隙度对 CO_2 水合物沉积物的硬化趋势影响较小，但明显地影响沉积物的强度。降低孔隙度能够使沉积物的强度明显增加，且强度与孔隙度之间呈现出近似线性的关系。

(2) CH_4 和 CO_2 水合物沉积物的强度受到温度、围压、应变速率和孔隙度的影响，且强度与影响因素的变化趋势基本一致。在同样的条件下，CO_2 水合物沉积物的强度略微大于 CH_4 水合物沉积物的强度，引起这种强度差异的原因可能是生成条件差异或客体分子特性差异而导致的水合物物理性质的差异。实验结果表明，利用 CH_4-CO_2 置换法从天然气水合物沉积层中开采出天然气之后，沉积层的力学稳定性依旧能够维持。

(3) 泥质重塑沉积物在 CH_4-CO_2 置换过程中表现为最终压缩行为，置换初期 CH_4 水合物解离导致孔隙气体体积膨胀，泥质重塑沉积物在有效应力较低的情况下呈现轻微的膨胀趋势。CH_4-CO_2 置换后的泥质重塑沉积物表现出与纯 CH_4 或 CO_2 泥质重塑沉积物相似的应变硬化和剪切收缩行为。置换后泥质重塑沉积物的弹性模量降低，接近纯 CO_2 泥质重塑沉积物的弹性模量，而峰值强度变化幅度不明显。置换后的泥质重塑沉积物的最终体积应变大于纯粉质 CH_4 和 CO_2 含水合物沉积物，且水合物饱和度越大，这一现象越明显。此外，置换后的泥质重塑沉积物表现出与纯 CH_4 泥质重塑沉积物相似的剪胀行为。CH_4-CO_2 置换对粉质储层的关键影响可能在于置换过程中泥质重塑沉积物的变形和置换后弹性模量的降低。

参考文献

[1] ANDERSON R, LLAMEDO M, TOHIDI B, et al. Experimental measurement of methane and carbon dioxide clathrate hydrate equilibria in mesoporous silica[J]. Journal of Physical Chemistry B, 2003, 107(15): 3507-3514.

[2] LI Y H, SONG Y C, YU F, et al. Experimental study on mechanical properties of gas hydrate-bearing sediments using kaolin clay[J]. China Ocean Engineering, 2011, 25(1): 113-22.

[3] SLOAN E D, KOH C A. Clathrate hydrates of natural gases third edition[M]. Boca Raton: CRC Press, 2008: 119.

[4] HYODO M, NAKATA Y, YOSHIMOTO N, et al. Basic research on the mechanical behavior of methane hydrate-sediments mixture[J]. Soils and Foundations, 2005, 45(1): 75-85.

[5] HAWKES I, MELLOR M. Deformation and fracture of ice under uniaxial stress[J]. Journal of Glaciology, 1972, 11(61): 103-131.

[6] BAKER T H W. Strain rate effect on the compressive strength of frozen sand[J]. Engineering Geolo-

gy,1979,13(1-4):223-231.

[7] ARENSON L U,JOHANSEN M M,SPRINGMAN S M. Effects of volumetric ice content and strain rate on shear strength under triaxial conditions for frozen soil samples[J]. Permafrost and Periglacial Processes,2004,15(1):83-92.

[8] TERZAGHI KARL. Theoretical soil mechanics[M]. [S.l.]:[s.n.],1943.

[9] LUO T,LI Y,SUN X,et al. Effect of sediment particle size on the mechanical properties of CH_4 hydrate-bearing sediments[J]. Journal of Petroleum Science and Engineering,2018,171:302-314.

[10] LUO T,SONG Y,ZHU Y,et al. Triaxial experiments on the mechanical properties of hydrate-bearing marine sediments of South China Sea[J]. Marine and Petroleum Geology,2016,77:507-514.

[11] MASUI A,HANEDA H,OGATA Y,et al. Effects of methane hydrate formation on shear strength of synthetic methane hydrate sediments[C]. Seoul:The Fifteenth International Offshore and Polar Engineering Conference,2015.

[12] MASUI A,HANEDA H,OGATA Y,et al. Mechanical properties of sandy sediment containing marine gas hydrates in deep sea offshore Japan[C]. Lisbon:Seventh ISOPE Ocean Mining Symposium,2007.

[13] LIU W,WU Z,LI J,et al. The seepage characteristics of methane hydrate-bearing clayey sediments under various pressure gradients[J]. Energy,2020,191:116507.

[14] LUO T,LI Y,MADHUSUDHAN B N,et al. Comparative analysis of the consolidation and shear behaviors of CH_4 and CO_2 HBSSs[J]. Journal of Natural Gas Science and Engineering,2020,75:103157.

[15] ZHANG L,YANG L,WANG J,et al. Enhanced CH_4 recovery and CO_2 storage via thermal stimulation in the CH_4/CO_2 replacement of methane hydrate[J]. Chemical Engineering Journal,2017,308:40-49.

[16] CIRCONE S,STERN L A,KIRBY S H,et al. CO_2 hydrate:Synthesis,composition,structure,dissociation behavior,and a comparison to structure Ⅰ CH_4 hydrate[J]. Journal of Physical Chemistry B,2003,107:5529-5539.

[17] DURHAM W B,KIRBY S H,STERN L A,et al. The strength and rheology of methane clathrate hydrate[J]. Journal of Geophysical Research-Solid Earth,2003,108(B4):2182.

[18] HYODO M,LI Y,YONEDA J,et al. A comparative analysis of the mechanical behavior of carbon dioxide and methane hydrate-bearing sediments[J]. American Mineralogist,2014,99:178-183.

[19] GOEL N. In situ methane hydrate dissociation with carbon dioxide sequestration:Current knowledge and issues[J]. Journal of Petroleum Science and Engineering,2006,51:169-184.

[20] MEREY S,AL-RAOUSH R I,JUNG J,et al. Comprehensive literature review on CH_4-CO_2 replacement in microscale porous media[J]. Journal of Petroleum Science and Engineering,2018,171:48-62.

第8章
天然气水合物沉积物本构关系研究

水合物沉积物的力学特性的研究主要包括两大方面:一是其强度特性研究,二是其变形特性研究。与其他类型沉积物不同的是,水合物沉积物由于内部含有水合物,其力学特性与其内部的水合物有着密切的联系。国内外已进行了大量的室内实验,对水合物沉积物的力学行为展开了研究,并且发现了它异于其他沉积物的特性。然而,虽然目前已经有很多实验数据发表,但是描述水合物沉积物力学行为的本构模型相对较少。近几年随着水合物开采的大规模实施,将实验数据进行分析和总结,提炼出规律并建立水合物沉积物的本构模型,越来越受到研究者的重视。由于水合物沉积物中包含固、液、气三相物质,并且存在水合物分解与合成,即相变,同时又受压力场、温度场等物理场的共同作用,所以其性质相对于普通的沉积物要复杂得多,数学建模难度大。因此,在进行数学建模之前,需要了解水合物沉积物的物理力学特性。

海底水合物沉积物失稳判断应在水合物沉积物分解和不分解两种情况下分别考虑。在不考虑水合物分解的情况下,水合物沉积物失稳判断依赖于适合水合物沉积物的不考虑相变过程的本构模型,其核心是适应海洋环境荷载的应力-应变关系,依据实际发生的应变与许用应变的大小来判断水合物沉积物某点是否失稳。在考虑水合物分解的情况下,水合物沉积物失稳判断应依赖于能描述相变条件下水合物沉积物的本构模型,其核心为多场多组分的相平衡关系及相转化关系,如相平衡在某种情况下被打破而开始了水合物的分解过程,即可判断该点水合物沉积物失稳。

8.1 基于 Drucker-Prager 理论的水合物沉积物弹塑性本构模型

8.1.1 胶结物对水合物沉积物力学行为的影响

颗粒材料不同于直接由分子或原子构成的材料,如金属、较纯的非金属等。虽然颗粒体自身由矿物分子或原子构成,但是其宏观力学行为取决于颗粒与颗粒、颗粒与周围环境之间的相互作用。沉积物颗粒通过相互接触形成牢固的结构体,这里通常称之为沉积物骨架。颗粒的接触会在颗粒之间形成接触力,而接触力往往会对颗粒运动形成一定的约束。约束提供了沉积物在宏观统计意义上的刚度、强度和沉积物骨架的稳定性。当外荷载施加到沉积物上时,荷载会分散到颗粒上并通过沉积物骨架来传递。基于牛顿力学,可以分析颗粒承担的荷载能否克服来自其他颗粒对其运动的约束，当荷载打破原有的约束时，颗粒便会发生运动，而当许多颗粒都发生这种现象时，原有的骨架将会被破坏，形成新的骨架。从宏观上来看，沉积物发生了变形和屈服。

当沉积物中混合了胶结物时，胶结物会对原有的沉积物骨架产生影响。如图 8-1-1 所示，文献[1-4]的研究表明，对于较低的水合物饱和度(0%～40%)：① 水合物的存在将使水合物沉积物的强度显著增强，甚至极少量的水合物存在于颗粒接触部位，其行为就像水泥一样；② 由于孔隙中水合物的存在，水合物沉积物的刚度会随着胶结的增强而增大；③ 内摩擦角基本上不受水合物饱和度的影响，但是黏聚力会随着水合物饱和度的变化而变化。为了描述水合物沉积物的这些力学性质，本节提出了一个弹塑性模型。对于较低的应变水平(0%～10%)，这反映出剪胀特性。体积应变通过假设材料发生各向同性膨胀，由轴向应变和侧向应变计算得到。通过引入内摩擦角和剪胀角的差异获得非关联的流动法则。胶结物会胶结沉积物颗粒，使其具有很强的接触约束；会填充孔隙，影响孔隙特性；会传递荷载，构成沉积物骨架的一部分。胶结物的存在使沉积物骨架更加牢固和稳定，进而提高了沉积物的宏观强度和刚度。当沉积物受到剪切荷载作用时，原有稳定的可以抵抗外界荷载的结构遭到破坏，结构抵抗剪切的能力会因此而丧失。另外，由于胶结物的胶结作用，原来小的颗粒形成大的颗粒团，而剪胀往往是由颗粒之间的翻滚导致的，较大的颗粒团会产生较大的旋转，所以宏观上表现为更明显的体积膨胀。胶结物填充了孔隙，使得沉积物更加密实，这样原有的颗粒要运动需要翻越更多的颗粒，占据更大的体积。因此，当胶结物的含量发生变化或者在外荷载作用下发生运动或破坏时，由胶结物颗粒和沉积物颗粒共同构成的骨架也会随之发生变化，宏观上表现为沉积物的变形和屈服。因此，含胶结物的沉积物力学特性受到胶结物两个方面的影响：一方面是胶结物的含量变化，另一方面是胶结物在沉积物中的微观运动或者内部结构的变化。水合物沉积物在力学特性上与胶结物有很大的相似性，如图 8-1-2 所示，随着水合物饱和度的提高，沉积物颗粒抵抗外荷载的能力增强，宏观上表现为

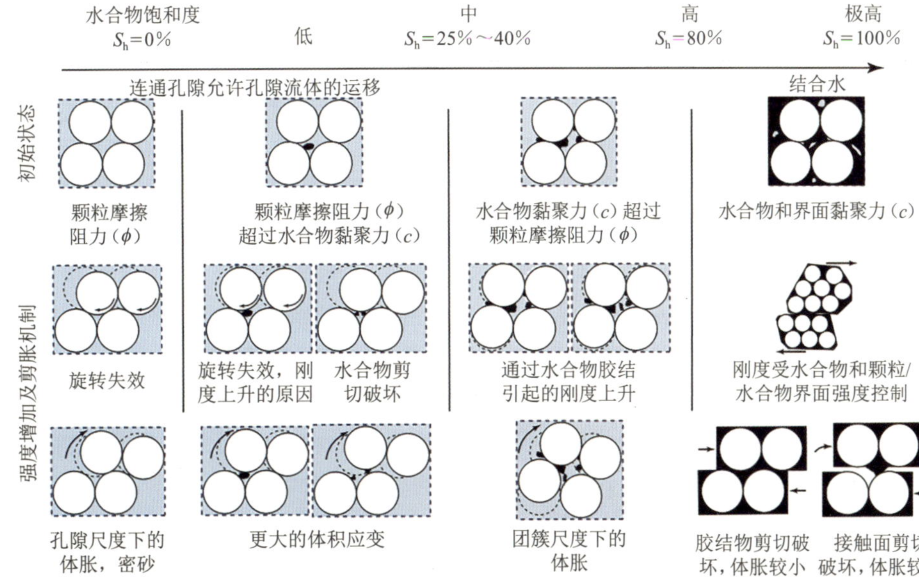

图 8-1-1 水合物饱和度对沉积物剪切与体胀特性的影响[5]

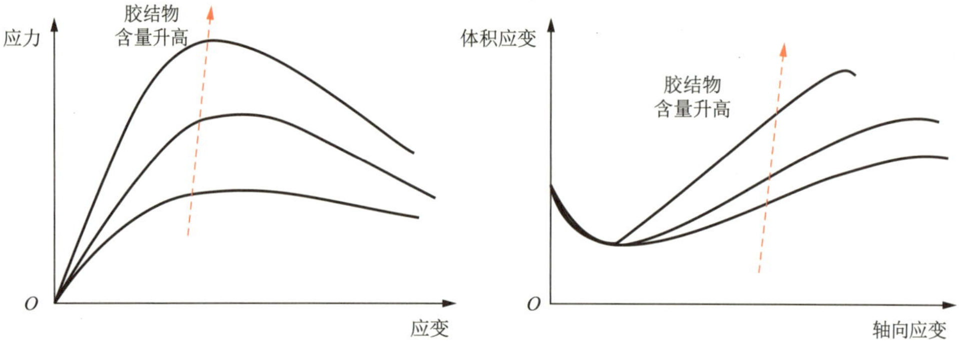

图 8-1-2　胶结物对沉积物的应力-应变和剪胀关系的影响

整体强度的提高。而由于水合物在孔隙中的填充使得沉积物密度变大，颗粒翻滚所需要的空间变大，故剪胀量增大。当水合物饱和度进一步提高时，水合物沉积物的整体刚度和强度受水合物与沉积物颗粒或水合物界面的强度所控制。

宏观上，人们往往使用模量和强度来描述材料的基本力学特性，因而对于含胶结物的沉积物，要描述胶结物对土体的作用，需要能够描述胶结物含量变化的物理量——饱和度和刻画胶结物结构演化的物理量——结构因子，再将这些物理量与模量和强度建立数学关系。目前，已有研究者针对胶结土的力学特性给出了不同饱和度以及结构因子与沉积物力学行为之间的关系。如图 8-1-2 所示，在塑性力学中，通过建立结构因子及饱和度与硬化参数之间的关系，使二者可以用来描述材料的屈服和硬化，进而描述胶结物对沉积物力学行为的影响。水合物沉积物在力学特性上与含胶结物沉积物有很大的相似之处。因此，可以利用分析含胶结物沉积物的方法来分析水合物沉积物在其内部水合物含量及结构发生变化时的应力-应变关系、强度以及剪胀关系的变化。

8.1.2　水合物对水合物沉积物力学行为的影响

8.1.2.1　沉积物中的水合物

不同于一般的沉积物，水合物沉积物中的水合物影响了沉积物的刚度和强度。与不含水合物的沉积物相比，水合物沉积物的刚度、强度和剪胀有显著的提高。与胶结土类似，在细观尺度上，天然气水合物在沉积物中起到的作用包括 3 类：

(1) 胶结。当水合物存在于沉积物颗粒与颗粒之间时，由于颗粒间的表面作用，水合物像水泥一样胶结相邻的颗粒，使得颗粒与颗粒之间具有很强的接触强度，而这种很强的接触强度会使土体在宏观上表现为一种胶结土，往往会有一定的抗拉强度。这部分水合物的含量较少，但是即使是较少的含量也会对强度和刚度起到决定性的影响。

(2) 填充孔隙。存在于沉积物孔隙中的水合物，它们中有的桥接不同的颗粒，有的只是附着在颗粒上，也有的存在于颗粒的接触位置，但无论哪一种都会起到占据孔隙、阻塞孔隙流体通道、降低流体渗透性的作用，同时使沉积物的密度变大，刚度提高。当沉积物受剪切时，相比于不含水合物的沉积物，含水合物的沉积物的剪胀特性更加明显。

(3) 承载。当水合物饱和度超过 25%时，水合物会在沉积物孔隙中形成大颗粒，而这种大颗粒会与沉积物颗粒组合形成一个统一的沉积物骨架。当外荷载作用在水合物沉积物上时，这些颗粒会像沉积物颗粒一样传递荷载，但这些颗粒的刚度要比沉积物颗粒的刚度小得多，因此当传递的荷载较大，接触力大到足以将其破碎时，应力发生释放和调整，在宏观尺度上表现为软化现象。

这 3 种作用并不是孤立存在、相互独立的，而往往会共同影响水合物沉积物的刚度、强度和剪胀关系。在分析水合物沉积物的宏观力学行为时，很难把这些细观上的作用完全界定出来。从宏观的角度来看，也没有必要将它们界定出来，而是将水合物视为沉积物骨架的一部分，分析其变化对水合物沉积物整体骨架强度、刚度和剪胀的影响。

8.1.2.2 水合物对沉积物力学行为的影响

如上所述，类比胶结物对沉积物的作用，水合物饱和度及水合物与沉积物形成的骨架结构是影响沉积物力学行为的两大主要因素，而这两个因素往往并不是孤立的。水合物的饱和度与其分解相关，当温压条件使得水合物不稳定时，水合物会发生分解，其在孔隙中的占比（即水合物的体积饱和度）会降低，同时原有的水合物对沉积物结构产生的胶结作用也会减弱，沉积物的密度变小，内部沉积物颗粒会重新调整，填充因水合物分解而生成的孔隙，宏观的表现为体积收缩，以及应变的软化过程。

沉积物的应力-应变关系以及剪胀关系受到水合物饱和度的影响。当饱和度升高时，沉积物的峰值强度会有明显的提高，而剪胀现象也更明显。对于不同的水合物赋存形式，水合物沉积物表现出来的应力-应变关系也有很大的不同。对于相同水合物饱和度的沉积物，水合物以胶结形式存在为主的沉积物强度与刚度都要大于以孔隙填充形式为主的沉积物。Miyazaki 等[6]通过三轴排水实验发现，与其他的孔隙材料类似，水合物沉积物的强度、刚度、泊松比以及剪胀关系也受有效围压的影响。大量的实验证明，在低饱和度条件下，水合物对沉积物的影响主要体现在改变其黏聚力上，对沉积物内摩擦角的影响很小；而在较高饱和度条件下，随着水合物饱和度的提高，黏聚力会逐渐降低并趋近于 0。这表明对于高水合物饱和度的沉积物，有效围压对其强度的影响非常小。

控制温压条件使水合物保持稳定，然后对沉积物进行剪切，从塑性力学的角度来看，沉积物的应力-应变关系呈现先硬化后软化的过程。这说明在剪切的过程中，在沉积物内部虽然水合物饱和度没有变化，但是沉积物因剪切而发生的结构变化引起了应变的软化现象。对于黏土型水合物沉积物，由于黏土的渗透性差，不易形成排水、排气通道，开采难度大，故目前试采选定的目标均为以渗透性砂土为母体的水合物沉积物。众所周知，纯砂的黏聚力极低，其胶结结构完全是靠水合物链接砂土颗粒形成的。当沉积物受剪切时，原有的胶结结构会发生破坏，宏观上表现为黏聚力降低。砂型储层中的水合物是在孔隙中富含甲烷并具有较高孔压的砂土中形成的，荷载是通过由沉积物颗粒和水合物共同形成的骨架结构传递的。当水合物分解后，原有由水合物传递的部分荷载会转移到沉积物颗粒上，因此整个沉积物骨架结构会发生变化，伴随着沉积物骨架结构的重新调整，沉积物会发生宏观塑性变形和应力松弛现象。类似于含胶结物沉积物的做法，Uchida 等[7]引入了有效饱和度的概念来描述水合物的分解以及剪切引起的沉积物骨架结构变化对水合物沉积物力学行为的影响。本节将利用修正后的基于 Drucker-Prager 屈服理论的本构模型来阐述水合物沉积物应力-应变特性。

8.1.3 基于 Drucker-Prager 屈服理论的弹塑性本构关系

弹塑性本构关系包括 5 个主要部分：弹性规律、屈服面、硬化规律、流动法则以及一致性条件。对于各向同性弹塑性体，弹性规律部分需要知道其弹性模量、泊松比、体积模量以及剪切模量中的 2 个，而硬化规律部分在塑性力学中对应于弹性力学中的模量，它建立了屈服强度与塑性应变之间的关系。流动法则部分在各向同性塑性力学中给出了剪胀比的变化，即对应于弹性力学中的泊松比，建立了塑性应变增量分量或不变量间的关系。屈服面给出了硬化参数和应力状态之间的关系，而一致性条件和弹塑性假设给出了弹性和塑性之间的关系。

8.1.3.1 弹性规律

对于各向同性弹性模型，弹性参数主要有 4 个：弹性模量 E、泊松比 ν、弹性剪切模量 G 和弹性体积模量 K，其中只有 2 个独立量。本小节采用弹性模量和泊松比作为弹性参数。Miyazaki 等[6]给出了初始弹性模量的表达式，认为初始弹性模量 E_i 与应力状态和水合物饱和度存在如下关系：

$$E_i = e_{i0}(1 + m_1 S_h^l)\left(\frac{\sigma_c'}{p_a}\right)^n \tag{8-1-1}$$

式中，e_{i0}，m_1，n，l 为 4 个初始弹性模量的拟合参数；S_h 为水合物饱和度；p_a 为参考压力；σ_c'为有效围压。

初始弹性泊松比与有效围压是半对数关系，即

$$\nu_i = \nu_0 - m\lg\frac{\sigma_c'}{p_a} \tag{8-1-2}$$

式中，ν_i 是初始弹性泊松比，ν_0 是 σ_c'为 p_a 时的泊松比，m 是一个比例系数。本小节采用的卸载再加载弹性模量确定为初始弹性模量的 3 倍左右，这一性质已被 Miyazaki 验证。然而，为了得到更准确的塑性应变，仍然需要更多的实验数据。

8.1.3.2 屈服面

塑性力学的基本假设是代表体元的应变可以分为弹性应变和塑性应变 2 部分。根据塑性力学理论，屈服面应当为凸的，并且应力点需要始终在屈服面上或者内部。由于土体不同于金属，没有明显的屈服点，或者说土体的屈服是从一开始就发生的，所以屈服面的变化与应力状态以及硬化参数有关。等效塑性应变可以用来记录代表体元进入塑性状态后受剪切的历史，因此本小节将其作为硬化参数。Drucker-Prager 屈服面形式为：

$$f = q - Fp' - c = 0 \tag{8-1-3}$$

式中，f 为屈服面函数，p'为平均有效应力，q 为偏应力，F 为 p'-q 应力空间中的斜率，c 为截距，F 和 c 对应于应力空间不变量中屈服面的斜率和截距。

本小节对 Miyazaki 的实验数据进行了重新整理并进行了弹塑性分析。当仅对单参数进行硬化分析时，通常可以假定屈服面为该硬化参数的等值面。图 8-1-3 给出了无水合物存在的试样在不同围压条件下相同等效塑性应变对应的屈服偏应力。图 8-1-4 和图 8-1-5

分别为水合物饱和度为 27％和 41％的水合物沉积物试样所对应的屈服偏应力。从每一幅图中都能看出，当围压升高时，屈服偏应力会变大，这符合颗粒材料的宏观强度规律，同时对比图 8-1-3、图 8-1-4 和图 8-1-5 可以看到，高饱和度的试样对应的峰值强度高，并且对于不含水合物的试样始终呈现硬化的规律，而含水合物试样在剪切后期出现软化。因此，水合物的存在是使得沉积物发生软化的主要原因。当围压较低时，软化现象更加明显，这可能是由于高围压引起的颗粒嵌入在一定程度上破坏了胶结结构，而低围压维持了这种胶结结构，所以当试样受剪切时，低围压对应的试样会表现出因荷载增加以及胶结结构破坏而引起的应变软化现象。

将相同等效塑性应变所对应的屈服偏应力和平均有效应力在应力空间中表示出来，可以得到不同等效塑性应变所对应的屈服面。图 8-1-6、图 8-1-7 和图 8-1-8 显示了不同等效塑性应变 *eps*(equivalent plastic strain)对应的屈服面，用直线进行拟合后，可分别得到直线的斜率、截距与等效塑性应变的关系。

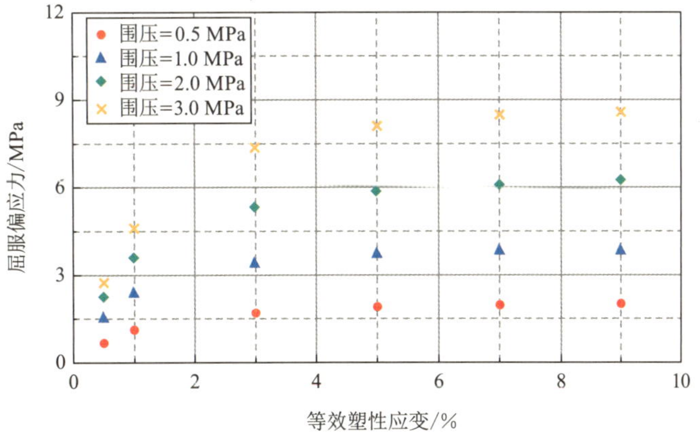

图 8-1-3　不含水合物沉积物的屈服偏应力与等效塑性应变的关系

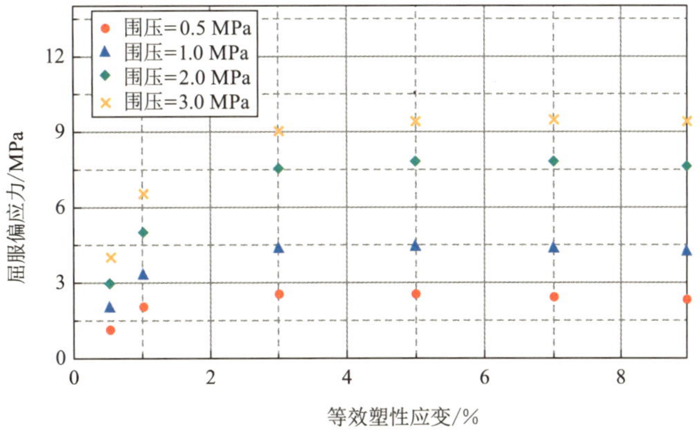

图 8-1-4　水合物饱和度为 27% 时沉积物的屈服偏应力与等效塑性应变的关系

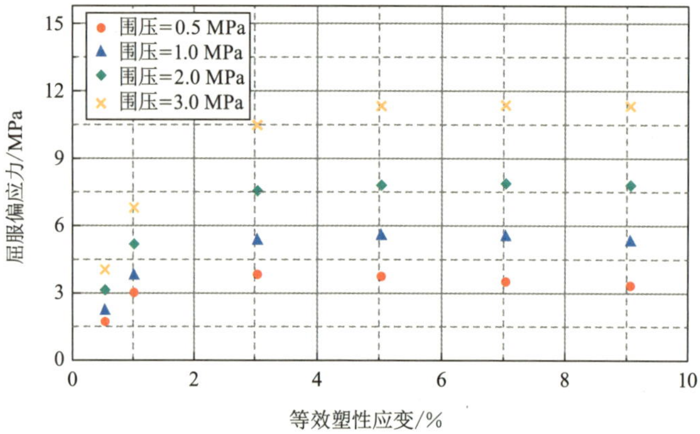

图 8-1-5 水合物饱和度为 41% 时沉积物的屈服偏应力与等效塑性应变的关系

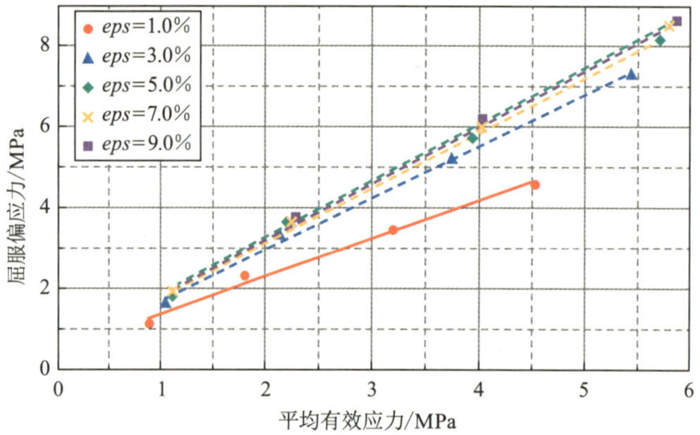

图 8-1-6 不含水合物的沉积物的 Drucker-Prager 屈服面

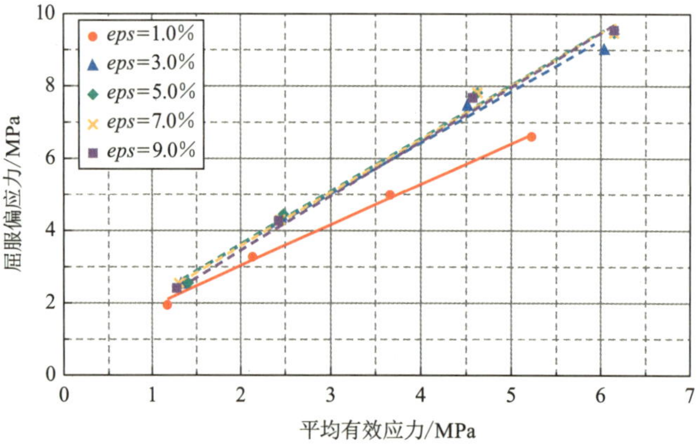

图 8-1-7 水合物饱和度为 27% 的沉积物的 Drucker-Prager 屈服面

通过图 8-1-9 和图 8-1-10 可以看出，随着等效塑性应变的增加，屈服面斜率增加并趋于一个常值，而截距减小。传统的 Drucker-Prager 屈服理论认为截距能够反映颗粒材料的黏聚力而斜率能够反映颗粒材料的摩擦特性。通过图 8-1-10 还可以看出，水合物沉积物的黏聚力随着水合物饱和度的增加而提高，而摩擦特性受水合物饱和度的影响不大。

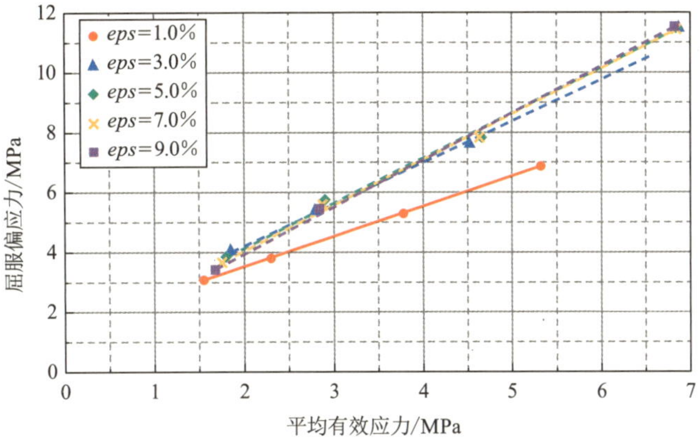

图 8-1-8　水合物饱和度为 41% 的沉积物的 Drucker-Prager 屈服面

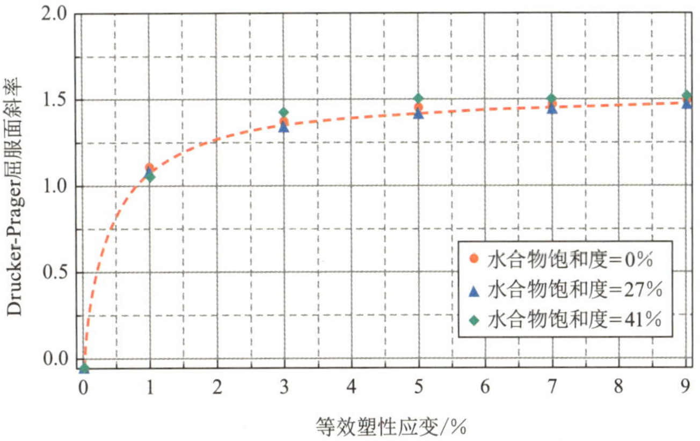

图 8-1-9　不同水合物饱和度试样的屈服面斜率随等效塑性应变的变化

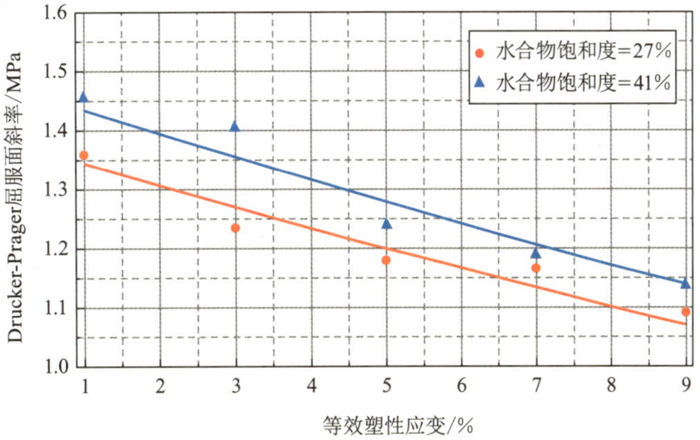

图 8-1-10　不同水合物饱和度试样的屈服面截距随等效塑性应变的变化

8.1.3.3　硬化规律

Uchida 等[7]利用力学饱和度来描述水合物沉积物处于常饱和度条件下，由于沉积物胶结结构的破坏而造成的强度衰减。

$$S_h^{mec} = \chi S_h \tag{8-1-4}$$

式中，力学饱和度 S_h^{mec} 定义为饱和度 S_h 与结构因子 χ 的乘积，而结构因子是等效塑性应变的函数，即

$$\chi = \chi_0 \exp(-mS_h^{mec}) \tag{8-1-5}$$

式中，χ_0 为初始结构因子，一般取为 1；m 为拟合参数。

因此，黏聚力的变化一方面是由常水合物饱和度下水合物结构破坏引起的；另一方面是由于水合物分解，饱和度降低引起的。对 Miyazaki 等提出的饱和度与强度之间的关系加以修正，就可以模拟胶结结构破坏引起的应变软化现象。黏聚力 c 随力学饱和度的变化为：

$$c = c_0 + a(S_h^{mec})^b \tag{8-1-6}$$

式中，c_0 为无水合物时沉积物的黏聚力，对于砂土，其值为 0；a 和 b 是拟合参数。

摩擦强度是以颗粒材料为代表的摩擦型材料的强度指标，即强度会随着正压力的升高而增加。由图 8-1-9 可以看出，随着剪切的进行，屈服面斜率逐渐增大且最后趋于一个稳定的值。因此，笔者提出：

$$F = \frac{F_{cr} h \varepsilon_s^p}{F_{cr} + h \varepsilon_s^p} \tag{8-1-7}$$

式中，F_{cr} 为屈服面斜率的趋近值，h 描述了剪切硬化曲线的曲率，ε_s^p 为广义剪切塑性应变。

8.1.3.4 剪胀关系

对于各向同性材料，剪胀比建立了体积应变 ε_v^p 和广义剪切塑性应变 ε_s^p 之间的关系，即

$$\frac{d\varepsilon_v^p}{d\varepsilon_s^p} = D \tag{8-1-8}$$

式中，D 为剪胀比，它可以是应力的函数或者同时为应力和硬化参数的函数。Miyazaki 根据抛物线公式来定义剪胀比，这里也采用类似的公式：

$$D = -u\varepsilon_s^p - v \tag{8-1-9}$$

式中，u 和 v 是函数的参数，它们同时也是水合物饱和度的函数。图 8-1-11 是不同水合物饱和度条件下函数 u 与有效围压 σ_c' 之间的关系，而图 8-1-12 是函数 v 与有效围压 σ_c' 之间的关系。可以看出，饱和度对函数 u 的影响并不大，而对函数 v 则有明显的影响。根据拟合得到 u 和 v 的表达式分别为：

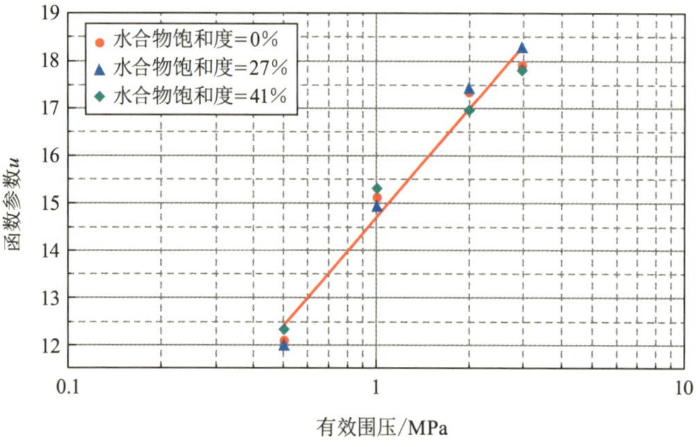

图 8-1-11 不同水合物饱和度条件下有效围压对 u 的影响

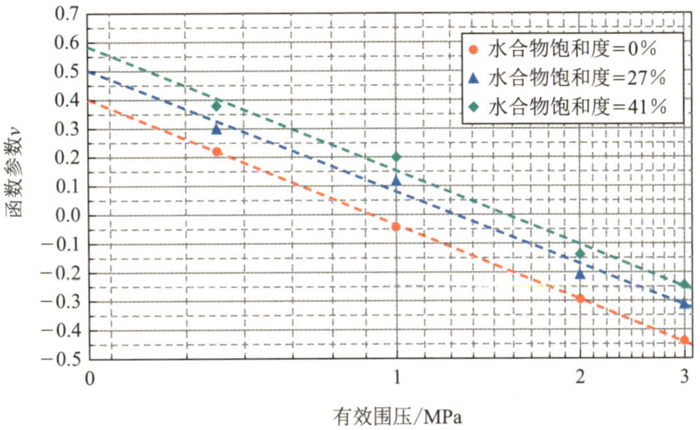

图 8-1-12　不同水合物饱和度时有效围压对 v 的影响

$$u(\sigma_3') = k\lg\frac{\sigma_3'}{p_a} + t \tag{8-1-10}$$

$$v(\sigma_3', S_h) = w\lg\frac{\sigma_3'}{p_a} - d(S_h) \tag{8-1-11}$$

式中，p_a 为标准大气压；σ_c'为小主应力，即固结所采用的有效围压；k，w，t 和 d 为函数参数。

图 8-1-13～图 8-1-15 给出了体积塑性应变与等效塑性应变的关系拟合结果。可以看出，在相同有效围压条件下，饱和度的升高会使剪胀比提高；随着有效围压的升高，剪胀比降低。这主要是由于在小应变条件下，高围压固结会使侧向变形较小，而在较大的应变条件下，如达到临界状态的情况，将在下一章介绍。

弹性规律、屈服面、流动法则和硬化规律构成了整个弹塑性模型。该模型是基于三轴实验数据建立的，用于模拟材料的宏观力学行为。然而，细观力学的相关性质如孔隙分布、组构等对水合物沉积物力学行为同样具有较大的影响，但这些影响因素在该模型中未被考虑，因此将是未来研究的重点。

8.1.3.5　应力-应变关系

通过上述方法标定出所有参数，并且利用返回映射算法给出低中饱和度水合物沉积物的应力-应变关系。具体的应力-应变关系式为：

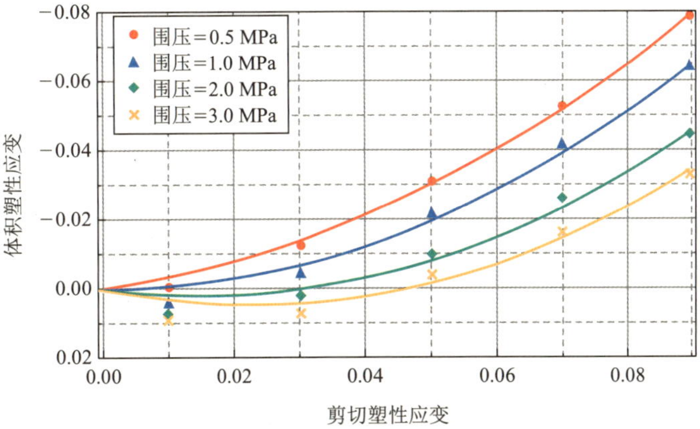

图 8-1-13　不含水合物的沉积物的体积塑性应变与剪切塑性应变关系

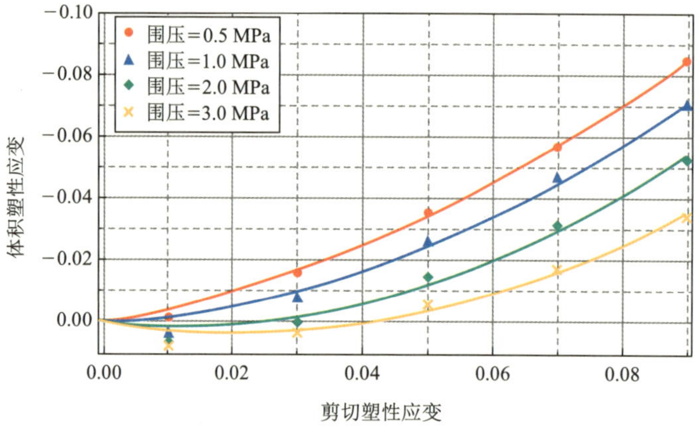

图 8-1-14 水合物饱和度为 27% 的沉积物的体积塑性应变与剪切塑性应变关系

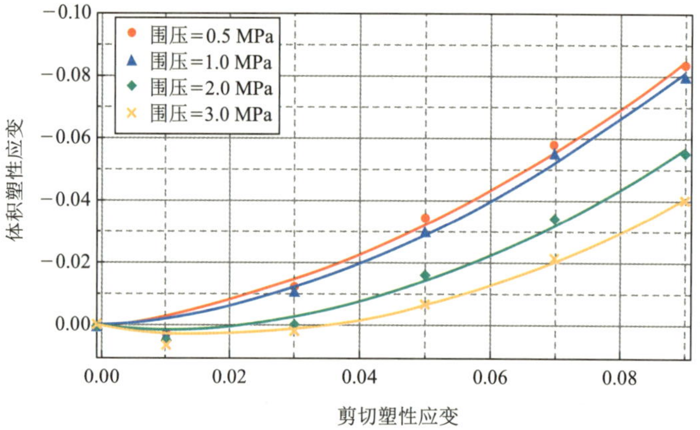

图 8-1-15 水合物饱和度为 41% 的沉积物的体积塑性应变与剪切塑性应变关系

$$\mathrm{d}\boldsymbol{\sigma}=\left(\boldsymbol{E}-\frac{\boldsymbol{E}:\boldsymbol{d}\otimes\partial f/\partial\boldsymbol{\sigma}:\boldsymbol{E}^{\mathrm{T}}}{\partial f/\partial\boldsymbol{\sigma}:\boldsymbol{E}:\boldsymbol{d}-\partial f/\partial\boldsymbol{\varepsilon}_{\mathrm{s}}^{\mathrm{p}}}\right):\mathrm{d}\boldsymbol{\varepsilon}-\frac{\partial f/\partial S_{\mathrm{h}}\boldsymbol{E}:\boldsymbol{d}}{\partial f/\partial\boldsymbol{\sigma}:\boldsymbol{E}:\boldsymbol{d}-\partial f/\partial\boldsymbol{\varepsilon}_{\mathrm{s}}^{\mathrm{p}}}\mathrm{d}S_{\mathrm{h}}\quad(8\text{-}1\text{-}12)$$

式中，$\boldsymbol{d}=D\partial p/\partial\boldsymbol{\sigma}+\partial q/\partial\boldsymbol{\sigma}$，具体参数见表 8-1-1。表中的参数可以利用上述模型对三轴实验数据整理获得。图 8-1-16、图 8-1-17 和图 8-1-18 分别给出了通过模型计算得到的不同固结围压和水合物饱和度影响下的应力-应变曲线以及 Miyazaki 等通过实验得到的应力-应变曲线。对比两条曲线可以看到，模型能准确地描述峰值强度，残余强度和刚度随着围压和水合物饱和度的升高而提高。很明显，不含水合物的沉积物没有应变软化现象，而随着饱和度的升高，水合物沉积物的峰值强度会逐渐提高，同时应变软化现象也会越加明显。常饱和度的水合物沉积物在剪切过程中存在应变软化现象，其原因是在剪切过程中原有的沉积物胶结结构遭到破坏，应力转移到土骨架上所致。对于不同水合物饱和度对应的水合物沉积物，强度会随着饱和度的升高而升高，同时软化现象会随着饱和度的升高而越加明显。这是由于水合物含量提高，一方面使得沉积物更加密实，整体抗剪强度提高；另一方面水合物带来的胶结作用提高了沉积物的黏聚力。

表 8-1-1　Toyoura 砂的材料参数

参　数	值	参　数	值
e_{i0}/MPa	398	a/MPa	0.83
v	0.47(σ_c'=0.5 MPa) 0.4(σ_c'=1 MPa) 0.32(σ_c'=2 MPa) 0.27(σ_c'=3 MPa)	b	0.15
n	0.608	F_{cr}	1.54
p_a/MPa	0.101	h	324.93
c_0/MPa	0.1	k	8.20
m	18.53	t	14.87
χ_0	1	w	−0.83
S_h/%	0,27,41	d	−0.03(S_h=0) 0.08(S_h=27%) 0.15(S_h=41%)

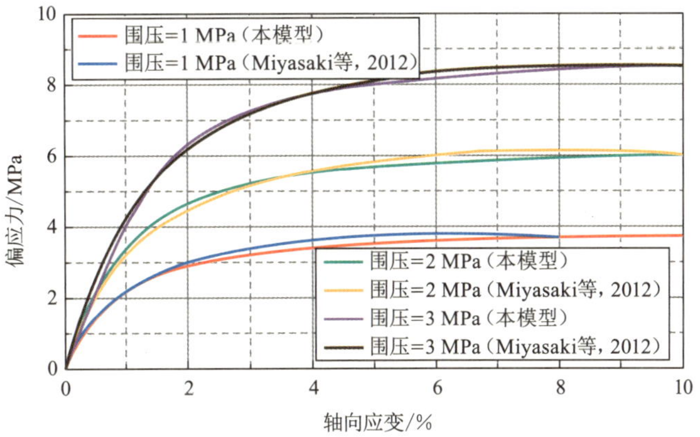

图 8-1-16　不含水合物的沉积物的应力-应变关系

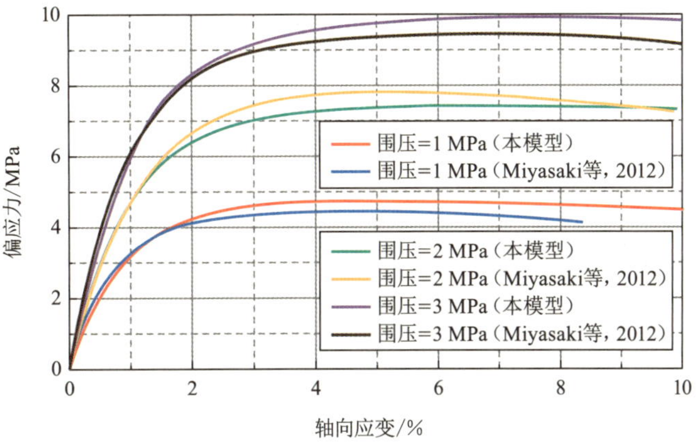

图 8-1-17　水合物饱和度为 27% 的沉积物的应力-应变关系

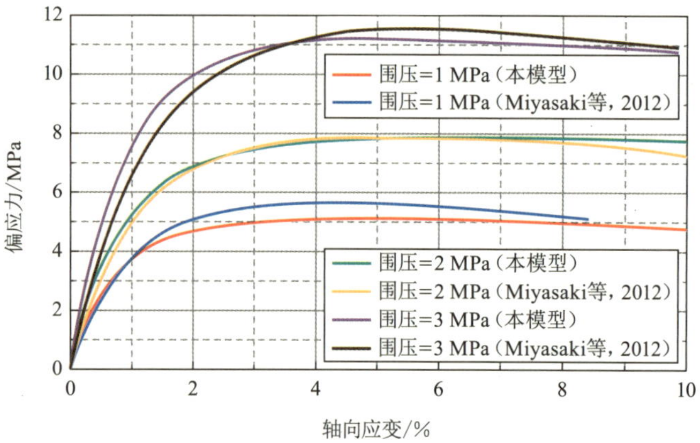

图 8-1-18　水合物饱和度为 41% 的沉积物的应力-应变关系

8.2　基于热力学原理的水合物沉积物临界状态模型

8.2.1　基于热力学方法的土体本构模型研究思路

传统土的本构模型主要有两种构造方法：一种是拟合实验数据得到的经验类模型，这种模型以提高拟合精度为目标，往往缺乏对岩土材料应力-应变本质特性的把握；另一种是理论类模型，以德鲁克假设或伊留申假设以及塑性势理论为基础推导得到。但德鲁克假设或伊留申假设实际上是区分硬化和软化材料的，并不等价于热力学第二定律。经典的弹塑性理论采用屈服函数、塑性势、硬化规律及弹性常数来描述土的力学性质。但这些函数及其系数均独立选择，理论上不够严谨，且实际岩土材料的塑性势面并不总是存在的，这些都限制了传统模型的发展和应用。因此，如果沿用传统方法研究本构关系，无异于在传统模型的基础上再打几块“补丁”，故必须寻找新的研究途径。

基于热力学的方法不需要进行德鲁克和伊留申假设，而是从最基本的 Ziegler 假设出发，利用能量原理给出合理的构造本构关系的理论框架。

8.2.1.1　采用热力学方法构造水合物沉积物弹塑性本构模型的步骤

（1）选择并给出自由能函数和耗散势函数增量 ***d*** 的具体形式。这两个函数以及独立状态变量和内变量的选择需要根据所处理问题的类型及经验和物理意义确定。由于选择状态变量的性质和个数不同，所以对物理现象的描述有的比较细致、精确，有的则较为粗糙。

（2）从自由能函数的弹性部分出发推求弹性规律。

（3）由自由能函数中与内变量相关的项求转移应力。

（4）由耗散函数出发，应用 Ziegler 正交条件推求耗散应力空间中的耗散应力。

（5）将步骤(4)中耗散应力的表达式消去塑性应变增量，形成耗散应力空间中的屈服条件。

（6）构造塑性应变率的流动法则，这个流动法则在耗散应力空间中始终是正交的。

（7）将转移应力项加入耗散应力中，推导出真实应力空间中的屈服条件。如果耗散应力空间的屈服函数没有包含真实应力，则这个过程只移动屈服面的位置，不改变屈服面的形状，真实应力空间的流动法则仍是法向的；如果耗散应力空间的屈服函数包含真实应力，则耗散屈服面迁移并改变形状，塑性应变增量与真实屈服面不正交。

(8) 如果需要，通过微分屈服条件给出一致性条件，从而得出本构关系的增量形式。

8.2.1.2　热力学方法本构框架

采用热力学方法不需要任何额外假设(除热力学定律外)，便可以推导出一整套增量型本构框架。在热力学中主要考虑 4 种不同形式的自由能，见表 8-2-1。

表 8-2-1　变量表

e	u	f	h	g
α_{ij}	σ_{ij}	σ_{ij}	$-\varepsilon_{ij}$	$-\varepsilon_{ij}$
b_{ij}	ε_{ij}	ε_{ij}	σ_{ij}	σ_{ij}
χ	θ	$-s$	θ	$-s$
z	s	θ	s	θ

表 8-2-1 中，e 表示不同自由能形式，u 为内能，f 为亥姆霍兹自由能，h 为焓，g 为吉布斯自由能，σ 为应力，ε 为应变，θ 为温度，s 为熵。

对能量函数进行微分，可得一个对称矩阵：

$$[u''] = \begin{pmatrix} \dfrac{\partial^2 u}{\partial\varepsilon_{ij}\partial\varepsilon_{kl}} & \dfrac{\partial^2 u}{\partial\varepsilon_{ij}\partial\alpha_{kl}} & \dfrac{\partial^2 u}{\partial\varepsilon_{ij}\partial s} \\ \dfrac{\partial^2 u}{\partial\alpha_{ij}\partial\varepsilon_{kl}} & \dfrac{\partial^2 u}{\partial\alpha_{ij}\partial\alpha_{kl}} & \dfrac{\partial^2 u}{\partial\alpha_{ij}\partial s} \\ \dfrac{\partial^2 u}{\partial s\partial\varepsilon_{kl}} & \dfrac{\partial^2 u}{\partial s\partial\alpha_{kl}} & \dfrac{\partial^2 u}{\partial s^2} \end{pmatrix} \tag{8-2-1}$$

同理，可得 $[\bar{u}'']$，$[\bar{f}'']$，$[\bar{h}'']$，$[\bar{g}'']$，$[h'']$，$[f'']$，$[g'']$。

这种增量型关系同样适用于耗散与屈服函数，但是显式的应力-应变关系往往只能从基于屈服函数的 y^e 的形式得到(表 8-2-2)。

表 8-2-2　增量型本构关系表

u 或 $\bar{u}$	f 或 $\bar{f}$	h 或 $\bar{h}$	g 或 $\bar{g}$
$\begin{pmatrix}\dot{\sigma}_{ij}\\ -\dot{\bar{\chi}}_{ij}\\ \dot{\theta}\end{pmatrix} = [u'']\begin{pmatrix}\dot{\varepsilon}_{kl}\\ \dot{\alpha}_{kl}\\ \dot{s}\end{pmatrix}$	$\begin{pmatrix}\dot{\sigma}_{ij}\\ -\dot{\bar{\chi}}_{ij}\\ -\dot{s}\end{pmatrix} = [f'']\begin{pmatrix}\dot{\varepsilon}_{kl}\\ \dot{\alpha}_{kl}\\ \dot{\theta}\end{pmatrix}$	$\begin{pmatrix}-\dot{\varepsilon}_{ij}\\ -\dot{\bar{\chi}}_{ij}\\ \dot{\theta}\end{pmatrix} = [h'']\begin{pmatrix}\dot{\sigma}_{kl}\\ \dot{\alpha}_{kl}\\ \dot{s}\end{pmatrix}$	$\begin{pmatrix}-\dot{\varepsilon}_{ij}\\ -\dot{\bar{\chi}}_{ij}\\ -\dot{s}\end{pmatrix} = [g'']\begin{pmatrix}\dot{\sigma}_{kl}\\ \dot{\alpha}_{kl}\\ \dot{\theta}\end{pmatrix}$
$\begin{pmatrix}\dot{\sigma}_{ij}\\ \dot{\bar{\alpha}}_{ij}\\ \dot{\theta}\end{pmatrix} = [\bar{u}'']\begin{pmatrix}\dot{\varepsilon}_{kl}\\ \dot{\bar{\chi}}_{kl}\\ \dot{s}\end{pmatrix}$	$\begin{pmatrix}\dot{\sigma}_{ij}\\ \dot{\alpha}_{ij}\\ -\dot{s}\end{pmatrix} = [\bar{f}'']\begin{pmatrix}\dot{\varepsilon}_{kl}\\ \dot{\bar{\chi}}_{kl}\\ \dot{s}\end{pmatrix}$	$\begin{pmatrix}-\dot{\varepsilon}_{ij}\\ \dot{\alpha}_{ij}\\ \dot{\theta}\end{pmatrix} = [\bar{h}'']\begin{pmatrix}\dot{\sigma}_{kl}\\ \dot{\bar{\chi}}_{kl}\\ \dot{s}\end{pmatrix}$	$\begin{pmatrix}-\dot{\varepsilon}_{ij}\\ \dot{\alpha}_{ij}\\ -\dot{s}\end{pmatrix} = [\bar{g}'']\begin{pmatrix}\dot{\sigma}_{kl}\\ \dot{\bar{\chi}}_{kl}\\ \dot{\theta}\end{pmatrix}$

写成更一般的增量关系形式为：

$$\begin{pmatrix} \dot{a}_{ij} \\ \dot{\chi}_{ij} \\ \dot{x} \end{pmatrix} = \begin{pmatrix} \dfrac{\partial^2 e}{\partial b_{ij} \partial b_{kl}} & \dfrac{\partial^2 e}{\partial b_{ij} \partial \alpha_{kl}} & \dfrac{\partial^2 e}{\partial b_{ij} \partial z} \\ \dfrac{\partial^2 e}{\partial \alpha_{ij} \partial b_{kl}} & \dfrac{\partial^2 e}{\partial \alpha_{ij} \partial \alpha_{kl}} & \dfrac{\partial^2 e}{\partial \alpha_{ij} \partial z} \\ \dfrac{\partial^2 e}{\partial z \partial b_{kl}} & \dfrac{\partial^2 e}{\partial z \partial \alpha_{kl}} & \dfrac{\partial^2 e}{\partial z^2} \end{pmatrix} \begin{pmatrix} \dot{b}_{kl} \\ \dot{\alpha}_{kl} \\ \dot{z} \end{pmatrix} \tag{8-2-2}$$

由流动法则：

$$\dot{\alpha}_{ij} = \lambda \frac{\partial y^e}{\partial \chi_{ij}} \tag{8-2-3}$$

以及屈服面的微分关系：

$$\dot{y}^e = \frac{\partial y^e}{\partial b_{ij}} \dot{b}_{ij} + \frac{\partial y^e}{\partial \alpha_{ij}} \dot{\alpha}_{ij} + \frac{\partial y^e}{\partial z_{ij}} \dot{z}_{ij} + \frac{\partial y^e}{\partial \chi_{ij}} \dot{\chi}_{ij} = 0 \tag{8-2-4}$$

可以解出：

$$\lambda = -\frac{A_{ij}^{eb}}{B^e} \dot{b}_{ij} - \frac{A^{ez}}{B^e} \dot{z} \tag{8-2-5}$$

其中：

$$A_{ij}^{eb} = \frac{\partial y^e}{\partial b_{ij}} - \frac{\partial y^e}{\partial \chi_{kl}} \frac{\partial^2 e}{\partial \alpha_{kl} \partial b_{ij}} \tag{8-2-6}$$

$$A^{ez} = \frac{\partial y^e}{\partial z} - \frac{\partial y^e}{\partial \chi_{kl}} \frac{\partial^2 e}{\partial \alpha_{kl} \partial z} \tag{8-2-7}$$

$$B^e = \left(\frac{\partial y^e}{\partial \alpha_{ij}} - \frac{\partial y^e}{\partial \chi_{kl}} \frac{\partial^2 e}{\partial \alpha_{kl} \partial \alpha_{ij}} \right) \frac{\partial y^e}{\partial \chi_{ij}} \tag{8-2-8}$$

将式(8-2-4)～式(8-2-8)代入$\dot{\alpha}_{ij} = \lambda \dfrac{\partial y^e}{\partial \chi_{ij}}$，再代入增量关系式(8-2-2)中，得：

$$\begin{pmatrix} \dot{a}_{ij} \\ \dot{x} \\ -\dot{\chi}_{ij} \\ \dot{\alpha}_{ij} \\ \lambda \end{pmatrix} = \begin{pmatrix} \dfrac{\partial^2 e}{\partial b_{ij} \partial b_{kl}} + \dfrac{\partial^2 e}{\partial b_{ij} \partial \alpha_{mn}} C_{mnkl}^{eb} & \dfrac{\partial^2 e}{\partial b_{ij} \partial z} + \dfrac{\partial^2 e}{\partial b_{ij} \partial \alpha_{mn}} C_{mn}^{ez} \\ \dfrac{\partial^2 e}{\partial z \partial b_{kl}} + \dfrac{\partial^2 e}{\partial z \partial \alpha_{mn}} C_{mnkl}^{eb} & \dfrac{\partial^2 e}{\partial z^2} + \dfrac{\partial^2 e}{\partial z \partial \alpha_{mn}} C_{mn}^{ez} \\ \dfrac{\partial^2 e}{\partial \alpha_{ij} \partial b_{kl}} + \dfrac{\partial^2 e}{\partial \alpha_{ij} \partial \alpha_{mn}} C_{mnkl}^{eb} & \dfrac{\partial^2 e}{\partial \alpha_{ij} \partial z} + \dfrac{\partial^2 e}{\partial \alpha_{ij} \partial \alpha_{mn}} C_{mn}^{ez} \\ C_{ijkl}^{eb} & C_{ij}^{ez} \\ -A_{ij}^{eb}/B^e & A^{ez}/B^e \end{pmatrix} \begin{pmatrix} \dot{b}_{kl} \\ \dot{z} \end{pmatrix} \tag{8-2-9}$$

整理得：

$$\begin{pmatrix} \dot{a}_{ij} \\ \dot{x} \\ -\dot{\chi}_{ij} \\ \dot{\alpha}_{ij} \\ \lambda \end{pmatrix} = \begin{pmatrix} D_{ijkl}^{ebb} & D_{ij}^{ebz} \\ D_{kl}^{ezb} & D^{ezz} \\ D_{ijkl}^{eab} & D_{ij}^{eaz} \\ C_{ijkl}^{eb} & C_{ij}^{ez} \\ -A_{ij}^{eb}/B^e & A^{ez}/B^e \end{pmatrix} \begin{pmatrix} \dot{b}_{kl} \\ \dot{z} \end{pmatrix} \tag{8-2-10}$$

$$D_{ijkl}^{e\beta b} = \frac{\partial^2 e}{\partial \beta_{ij} \partial b_{kl}} + \frac{\partial^2 e}{\partial \beta_{ij} \partial \alpha_{mn}} C_{mnkl}^{eb} \tag{8-2-11}$$

$$D_{kl}^{ezb} = \frac{\partial^2 e}{\partial z \partial b_{kl}} + \frac{\partial^2 e}{\partial z \partial \alpha_{mn}} C_{mnkl}^{ez} \tag{8-2-12}$$

$$D_{ij}^{e\beta z} = \frac{\partial^2 e}{\partial \beta_{ij} \partial z} + \frac{\partial^2 e}{\partial \beta_{ij} \partial \alpha_{mn}} C_{mn}^{ez} \tag{8-2-13}$$

$$D^{ez} = \frac{\partial^2 e}{\partial z^2} + \frac{\partial^2 e}{\partial z \partial \alpha_{mn}} C_{mn}^{ez} \tag{8-2-14}$$

$$C_{mnkl}^{eb} = -\frac{A_{kl}^{eb}}{B^e} \frac{\partial y^e}{\partial \chi_{mn}} \tag{8-2-15}$$

$$C_{mn}^{ez} = -\frac{A^{ez}}{B^e} \frac{\partial y^e}{\partial \chi_{mn}} \tag{8-2-16}$$

式中，β 可以取 α 或 b。

矩阵(8-2-10)的前两行描述了应力、应变、温度和熵之间的增量型关系；第三行与第四行表示广义应力、内变量与之前的 4 个状态变量(应力、应变、温度和熵)之间的关系；最后一行表示乘子与 4 个状态变量间的关系。如果 $\lambda=0$，则：

$$\begin{pmatrix} \dot{a}_{ij} \\ \dot{x} \\ -\dot{\chi}_{ij} \\ \dot{\alpha}_{ij} \\ \lambda \end{pmatrix} = \begin{pmatrix} \dfrac{\partial^2 e}{\partial b_{ij} \partial b_{kl}} & \dfrac{\partial^2 e}{\partial b_{ij} \partial z} \\ \dfrac{\partial^2 e}{\partial z \partial b_{kl}} & \dfrac{\partial^2 e}{\partial z^2} \\ \dfrac{\partial^2 e}{\partial \alpha_{ij} \partial b_{kl}} & \dfrac{\partial^2 e}{\partial \alpha_{ij} \partial z} \\ 0 & 0 \\ 0 & 0 \end{pmatrix} \begin{pmatrix} \dot{b}_{kl} \\ \dot{z} \end{pmatrix} \tag{8-2-17}$$

8.2.1.3　水合物沉积物热力学本构框架

热力学本构框架主要用于构造率无关或率相关本构模型。目前已经有很多基于该模型框架下的本构模型。这些本构模型的基本假设等同于热力学的基本假设，因此具有清晰的物理含义，模型强调用内变量描述材料的历史记忆行为。热力学第一、第二定律直接用于本构模型的建立，所以模型可以自动满足热力学定律。这是传统的基于 Druker 假设等的不严格假设的本构模型所不具备的。

根据热力学第一定律，水合物沉积物的内能 U、动能 K、从外界吸收的热量 Q，以及外界对骨架做功 W 的关系为：

$$\mathrm{d}U + \mathrm{d}K = \delta W + \delta Q \tag{8-2-18}$$

这里用 d 和 δ 表示热力学量中路径依赖的增量与状态变化的增量之间的区别。当考虑静态问题时，$\dot{K}=0$，由于很难分离出水合物和土各自所受到的力，所以将水合物和土合并为骨架来考虑时，水合物的体积变化(水合物饱和度的变化)作为描述骨架受力变形的状态变量来分析。对骨架单位体积的输入功率为 $\overline{W}=\sigma_{ij}\dot{\varepsilon}_{ij}$，应用散度定理可得：

$$\mathrm{d}U = \sigma_{ij}\,\mathrm{d}\varepsilon_{ij} + q_{k,k} \tag{8-2-19}$$

式中，$q_{k,k}$ 为流过单位面积的热流量，σ_{ij} 为有效应力，ε_{ij} 为应变。

近似平衡态不可逆热力学过程满足：

$$\delta S^{\mathrm{i}} = \delta S - \delta S^{\mathrm{e}} \tag{8-2-20}$$

式中，δS^{i} 为产熵，表示不可逆的熵增量；δS^{e} 为供熵，$\delta S^{\mathrm{e}} = -\left(\frac{q_k}{\theta}\right)_{,k}$；$\theta$ 为温度。

根据 Clausius 不等式，即 $\delta S^{\mathrm{i}} \geqslant 0$，有：

$$\theta\delta S \geqslant \theta\delta S^{\mathrm{e}} = -q_{k,k} + \frac{q_k\theta_{,k}}{\theta} \tag{8-2-21}$$

为反映系统不可逆过程，在热力学中定义了耗散函数：

$$\delta d = \theta\delta S^{\mathrm{i}} = \theta\delta S + q_{k,k} - \frac{q_k\theta_{,k}}{\theta} \geqslant 0 \tag{8-2-22}$$

这里将 δd 分为两部分，分别为 $\delta\varphi$ 和 δh，其中 $\delta\varphi = \theta\delta S + q_{k,k} \geqslant 0$ 为系统的力学耗散，$\delta h = -\frac{q_k\theta_{,k}}{\theta} \geqslant 0$ 为系统的热耗散。这个假设在很多情况下是可以成立的。

在弹塑性力学中，内变量取为塑性应变 $\varepsilon_{ij}^{\mathrm{p}}$。值得注意的是，这里的 $\delta\varphi$ 可以是 Helmholtz 自由能对应的耗散函数，也可以是 Gibbs 自由能对应的耗散函数，由于对岩土问题人们更关心其应力状态，所以这里的水合物沉积物的耗散函数取为 Gibbs 自由能对应的耗散函数 $\delta\varphi(\sigma_{ij}, \alpha_{ij}, s^{\mathrm{h}}, \mathrm{d}\alpha_{ij}, \theta)$。值得注意的是，耗散函数中存在一个状态变量 s^{h}，该变量最早出现在多相介质热力学中，由于水合物作为沉积物骨架的一部分进行应力平衡分析，所以根据有效应力原理，其有效应力与水合物饱和度有关，在构造关于沉积物骨架的 Helmholtz 自由能函数中，应当引入水合物饱和度的影响，这部分影响体现在其对转移应力和屈服面的影响上，进而给出水合物分解影响的沉积物应力-应变关系。对于非饱和土，Houlsby 导出了状态变量确实存在于自由能函数与耗散函数中，并指出在非饱和土中会对应存在一个共轭变量——基质吸力，而在本节主要考虑水合物分解对沉积物骨架强度的影响，而忽略类似于吸力这种共轭变量的影响，因此只将水合物饱和度作为影响沉积物骨架强度的影响因素来讨论。类似的假设在很多已经发表的水合物沉积物骨架本构关系的文章中被广泛使用并得到很好的结果。

将耗散函数代入热力学第一定律，得：

$$\mathrm{d}U = \sigma_{ij}\mathrm{d}\varepsilon_{ij} + \theta\delta S - \delta\varphi \tag{8-2-23}$$

由勒让德变换给出：

$$\mathrm{d}\psi = \mathrm{d}U - S\mathrm{d}\theta - \theta\delta S \tag{8-2-24}$$

所以：

$$\delta W = \sigma_{ij}\mathrm{d}\varepsilon_{ij} = \mathrm{d}\psi + \delta\varphi + S\mathrm{d}\theta \tag{8-2-25}$$

这里假定水合物沉积物为弹塑性解耦材料，也就是说，材料的弹性模量不随塑性应变的变化而改变，类似于 Collins 本构模型，将自由能分解为两部分：

$$\psi = \psi_1(\varepsilon_{ij}^{\mathrm{e}}, s^{\mathrm{h}}, \theta) + \psi_2(\varepsilon_{ij}^{\mathrm{p}}, s^{\mathrm{h}}, \theta) \tag{8-2-26}$$

$$\delta\varphi = \delta\varphi(\sigma_{ij}, \varepsilon_{ij}^{\mathrm{p}}, s^{\mathrm{h}}, \mathrm{d}\varepsilon_{ij}^{\mathrm{p}}, \theta) \tag{8-2-27}$$

定义弹性功 δW^{e}、塑性功 δW^{p}、相变过程的功 δW^{h}：

$$\delta W^{\mathrm{e}} = \sigma_{ij}\mathrm{d}\varepsilon_{ij}^{\mathrm{e}} = \frac{\partial\psi_1}{\partial\varepsilon_{ij}^{\mathrm{e}}}\mathrm{d}\varepsilon_{ij}^{\mathrm{e}} \tag{8-2-28}$$

$$\delta W^{\mathrm{p}}=\sigma_{ij}\,\mathrm{d}\varepsilon_{ij}^{\mathrm{p}}=\frac{\partial\psi_2}{\partial\varepsilon_{ij}^{\mathrm{p}}}\mathrm{d}\varepsilon_{ij}^{\mathrm{p}}+\delta\varphi \tag{8-2-29}$$

$$\delta W^{\mathrm{h}}=\left(\frac{\partial\psi_1}{\partial s^{\mathrm{h}}}+\frac{\partial\psi_2}{\partial s^{\mathrm{h}}}\right)\mathrm{d}s^{\mathrm{h}} \tag{8-2-30}$$

水合物发生相变后便不能作为骨架的一部分，因此在相变过程中输入系统的功有一部分会因为水合物饱和度的变化而耗散，同时也存在可恢复的相变，这部分相变由自由能控制。这里不去考虑由水合物饱和度变化直接引起的耗散，因为这部分耗散涉及复杂的物理化学机制，而这并不是工程上十分关心的。本节主要考虑饱和度变化对变形的贡献，认为水合物饱和度变化会引起状态的迁移；骨架只存在力学耗散，认为在水合物饱和度较小的情况下，水合物本身的不可逆过程对整体变形影响不大。因此，在式(8-2-25)中并没有水合物本身的耗散项。

假设：温度对水合物沉积物骨架的应力-应变关系的直接影响不大，而是间接地通过改变饱和度进而影响骨架的应力-应变关系。这部分影响是通过水合物分解方程体现的，因此忽略温度对骨架本构方程的直接影响，有：

$$\delta W(\sigma_{ij},\varepsilon_{ij}^{\mathrm{p}},s^{\mathrm{h}},\mathrm{d}\varepsilon_{ij}^{\mathrm{p}},\theta)=\delta W^{e}+\delta W^{\mathrm{p}}+\delta W^{\mathrm{h}} \tag{8-2-31}$$

对于率无关材料，根据欧拉定理：

$$\delta\varphi=\frac{\partial\delta\varphi}{\partial\mathrm{d}\varepsilon_{ij}^{\mathrm{p}}}\mathrm{d}\varepsilon_{ij}^{\mathrm{p}} \tag{8-2-32}$$

定义耗散应力 $\chi_{ij}=\dfrac{\partial\delta\varphi}{\partial\mathrm{d}\varepsilon_{ij}^{\mathrm{p}}}$，背应力 $\rho_{ij}=\dfrac{\partial\psi_2}{\partial\varepsilon_{ij}^{\mathrm{p}}}$，则有：

$$\sigma_{ij}=\rho_{ij}+\chi_{ij} \tag{8-2-33}$$

传统的弹塑性理论认为塑性功全部用于耗散，但对于颗粒类材料，存在一部分塑性功以塑性应变能(自由能的塑性部分)的形式储存起来，因此在一个闭合循环中，转移应力做功为0，其在一个增量步上可以做负功，这与传统的弹塑性模型(比如修正剑桥模型)有很大的不同。

由耗散函数消去塑性应变增量，便得到了描述材料状态的屈服面，该屈服面是在耗散应力空间中描述的屈服面 $f(\sigma_{ij},\chi_{ij},\varepsilon_{ij}^{\mathrm{p}},s^{\mathrm{h}})$，流动法则满足在耗散应力空间中的正交法则：

$$\mathrm{d}\varepsilon_{ij}^{\mathrm{p}}=\mathrm{d}\lambda\,\frac{\partial f}{\partial\chi_{ij}} \tag{8-2-34}$$

通过公式可以将耗散应力空间中的屈服面转移到真实应力空间中，流动法则也相应地转换到真实应力空间中。虽然塑性应变增量方向在耗散应力空间中满足正交条件，但是在真实应力空间中却是非关联的，相对于传统的弹塑性理论，不需要刻意地假设塑性势函数。下面给出了水合物沉积物热力学本构框架的具体推导。

由一致性法则给出：

$$\mathrm{d}f=\frac{\partial f}{\partial\sigma_{ij}}\mathrm{d}\sigma_{ij}+\frac{\partial f}{\partial\varepsilon_{ij}^{\mathrm{p}}}\mathrm{d}\varepsilon_{ij}^{\mathrm{p}}+\frac{\partial f}{\partial\chi_{ij}}\mathrm{d}\chi_{ij}+\frac{\partial f}{\partial s^{\mathrm{h}}}\mathrm{d}s^{\mathrm{h}}=0 \tag{8-2-35}$$

耗散应力 $\chi_{ij}=\sigma_{ij}-\rho_{ij}$，其中 ρ 是转移应力，$\mathrm{d}\rho_{ij}=\dfrac{\partial^2\psi_2}{\partial\varepsilon_{ij}^{\mathrm{p}}\partial\varepsilon_{kl}^{\mathrm{p}}}\mathrm{d}\varepsilon_{kl}^{\mathrm{p}}+\dfrac{\partial^2\psi_2}{\partial\varepsilon_{ij}^{\mathrm{p}}\partial s^{\mathrm{h}}}\mathrm{d}s^{\mathrm{h}}$，所以：

$$\mathrm{d}\chi_{ij}=\mathrm{d}\sigma_{ij}-\mathrm{d}\rho_{ij}=\mathrm{d}\sigma_{ij}-\frac{\partial^2\psi_2}{\partial\varepsilon_{ij}^{\mathrm{p}}\partial\varepsilon_{kl}^{\mathrm{p}}}\mathrm{d}\varepsilon_{kl}^{\mathrm{p}}-\frac{\partial^2\psi_2}{\partial\varepsilon_{ij}^{\mathrm{p}}\partial s^{\mathrm{h}}}\mathrm{d}s^{\mathrm{h}} \tag{8-2-36}$$

$$d\sigma_{ij}=\frac{\partial^2\psi_1}{\partial\varepsilon_{ij}^{e}\partial\varepsilon_{kl}^{e}}d\varepsilon_{ij}^{e}+\frac{\partial^2\psi_1}{\partial\varepsilon_{ij}^{e}\partial s^{h}}ds^{h} \tag{8-2-37}$$

设弹性模量 $E_{ijkl}=\frac{\partial^2\psi_1}{\partial\varepsilon_{ij}^{e}\partial\varepsilon_{kl}^{e}}$，将其代入一致性法则：

$$\frac{\partial f}{\partial\sigma_{ij}}E_{ijkl}(d\varepsilon_{kl}-d\varepsilon_{kl}^{p})+\frac{\partial f}{\partial\sigma_{ij}}\frac{\partial^2\psi_1}{\partial\varepsilon_{ij}^{e}\partial s^{h}}ds^{h}+\frac{\partial f}{\partial\varepsilon_{ij}^{p}}d\varepsilon_{ij}^{p}+\frac{\partial f}{\partial\chi_{ij}}E_{ijkl}(d\varepsilon_{kl}-d\varepsilon_{kl}^{p})+$$
$$\frac{\partial f}{\partial\chi_{ij}}\frac{\partial^2\psi_1}{\partial\varepsilon_{ij}^{e}\partial s^{h}}ds^{h}-\frac{\partial f}{\partial\chi_{ij}}\frac{\partial^2\psi_2}{\partial\varepsilon_{ij}^{p}\partial\varepsilon_{kl}^{p}}d\varepsilon_{kl}^{p}-\frac{\partial f}{\partial\chi_{ij}}\frac{\partial^2\psi_2}{\partial\varepsilon_{ij}^{p}\partial s^{h}}ds^{h}+\frac{\partial f}{\partial s^{h}}ds^{h}=0 \tag{8-2-38}$$

得出：

$$d\lambda=\frac{\mu_{kl}}{\nu}d\varepsilon_{kl}+\frac{\eta}{\nu}ds^{h} \tag{8-2-39}$$

其中：

$$\mu_{ij}=E_{ijkl}\left(\frac{\partial f}{\partial\sigma_{kl}}+\frac{\partial f}{\partial\chi_{kl}}\right)$$

$$\nu=\left(\frac{\partial f}{\partial\sigma_{ij}}+\frac{\partial f}{\partial\chi_{ij}}\right)E_{ijkl}\frac{\partial f}{\partial\chi_{kl}}+\frac{\partial f}{\partial\chi_{ij}}\frac{\partial^2\psi_2}{\partial\varepsilon_{ij}^{p}\partial\varepsilon_{kl}^{p}}\frac{\partial f}{\partial\chi_{kl}}-\frac{\partial f}{\partial\varepsilon_{ij}^{p}}\frac{\partial f}{\partial\chi_{ij}}$$

$$\eta=\frac{\partial f}{\partial\sigma_{ij}}\frac{\partial^2\psi_1}{\partial\varepsilon_{ij}^{e}\partial s^{h}}+\frac{\partial f}{\partial\chi_{ij}}\frac{\partial^2\psi_1}{\partial\varepsilon_{ij}^{e}\partial s^{h}}-\frac{\partial f}{\partial\chi_{ij}}\frac{\partial^2\psi_2}{\partial\varepsilon_{ij}^{p}\partial s^{h}}+\frac{\partial f}{\partial s^{h}}$$

将 $d\lambda$ 代入 $d\sigma_{ij}=E_{ijkl}(d\varepsilon_{kl}-d\varepsilon_{kl}^{p})+\frac{\partial^2\psi_1}{\partial\varepsilon_{ij}^{e}\partial s^{h}}ds^{h}$ 中，得到增量型本构关系为：

$$d\sigma_{ij}=\left(E_{ijkl}-E_{ijmn}\frac{\partial f}{\partial\chi_{mn}}\frac{\mu_{kl}}{\nu}\right)d\varepsilon_{kl}+\left(\frac{\partial^2\psi_1}{\partial\varepsilon_{ij}^{e}\partial s^{h}}-E_{ijmn}\frac{\partial f}{\partial\chi_{mn}}\frac{\eta}{\nu}\right)ds^{h} \tag{8-2-40}$$

式中，等号右边第一项为应变相关项，第二项为水合物饱和度相关项。当应变增量为 0 时，饱和度的变化可以引起应力的变化，可以描述应力的松弛；当应力增量为 0 时，饱和度的变化可以引起应变的变化，可以描述应变的蠕变。

以上为基于热力学方法的水合物沉积物的本构模型框架，值得注意的是，因为岩土常用的本构模型的屈服面都是通过讨论应力空间中的屈服应力得到的，因此本节所推导的屈服面是应力相关的，而不是应变相关的，对于它们之间的转换可以通过勒让德变换实现。另外，该模型是率无关的本构模型，与传统描述蠕变的模型不同，传统模型往往是应变率相关的本构模型，而在本节中应变蠕变现象和应力松弛现象可以通过水合物饱和度的变化来实现。

8.2.2 本构模型的推导

8.2.2.1 屈服面、硬化规律和流动法则

基于 Roscoe 和 Burland 提出的修正剑桥模型的耗散函数形式，假设耗散函数的形式为：

$$\delta\varphi=\left[A^2(d\varepsilon_{v}^{p})^2+B^2(d\varepsilon_{s}^{p})^2\right]^{1/2} \tag{8-2-41}$$

存在塑性应变增量的功共轭项 π 和 τ：

$$\pi=\frac{\partial\delta\varphi}{\partial d\varepsilon_{v}^{p}}=\frac{A^2d\varepsilon_{v}^{p}}{\delta\varphi} \tag{8-2-42}$$

$$\tau=\frac{\partial\delta\varphi}{\partial \mathrm{d}\varepsilon_{s}^{p}}=\frac{B^{2}\mathrm{d}\varepsilon_{s}^{p}}{\delta\varphi} \tag{8-2-43}$$

其中，π 为耗散平均应力，τ 为耗散广义剪切应力，它们与平均应力、广义剪切应力的关系为：

$$\pi=p-\rho,\quad \tau=q-\zeta \tag{8-2-44}$$

式中，ρ 为转移平均应力，与硬化参数有关，具体表达式将在后面介绍；ζ 为转移广义剪切应力，它给出了各向异性硬化参数，本节讨论各向同性硬化，因此 $\zeta=0$；A，B 为关于应力和塑性应变的函数。引入 Collins 本构模型控制屈服面形状的参数 γ 和 α，其中 γ 控制了屈服面形状与临界状态线的关系。为了考虑水合物饱和度对屈服函数的影响，屈服面需要满足当偏应力 $q=0$ 时，拉方向有 $p=-p_{cc}$，压方向有 $p=p_{cc}+p_{cd}+p_{cs}$。处于临界状态 $\left(\frac{\mathrm{d}\varepsilon_{v}^{p}}{\mathrm{d}\varepsilon_{s}^{p}}=0\right)$ 时，$p=\rho$，$q=M(\rho+p_{cc})$。其中，p_{cs} 为土骨架的固结压力，p_{cc} 和 p_{cd} 分别为描述天然气水合物对沉积物黏聚力和剪胀关系的影响的参数。如图 8-2-1 和图 8-2-2 所示，具体硬化规律表达式采用了 MHCS 模型（天然气水合物临界状态模型）中的表达式：

$$p_{cc}=c(S_{h}^{mec})^{d} \tag{8-2-45}$$

$$p_{cd}=a(S_{h}^{mec})^{b} \tag{8-2-46}$$

相对于真实的天然气饱和度，S_{h}^{mec} 表达为对骨架具有黏结作用的天然气水合物的有效饱和度，它的演化行为受损伤因子 χ 控制：

$$S_{h}^{mec}=\chi S_{h}\quad(0\leqslant\chi\leqslant 1) \tag{8-2-47}$$

$$\chi=\chi_{0}\exp(-m\varepsilon_{s}^{p}) \tag{8-2-48}$$

通过表达式(8-2-47)和式(8-2-48)可以看出，天然气水合物对骨架的黏结作用受骨架塑性程度的影响，也就是说，塑性应变越大，骨架的胶结结构的损伤越强，胶结力会随之降低，如图 8-2-1 所示。

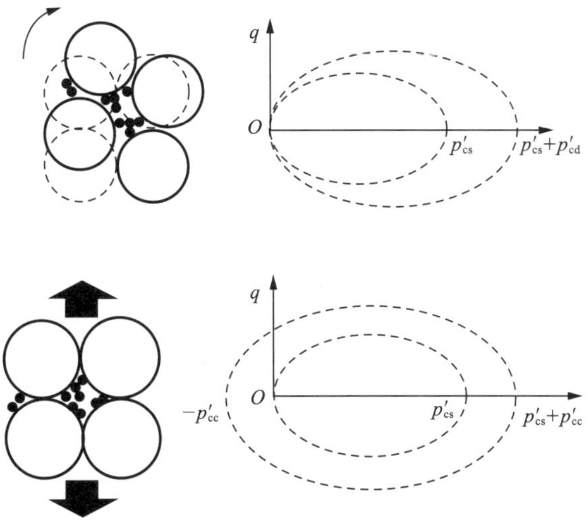

图 8-2-1　胶结结构与屈服面

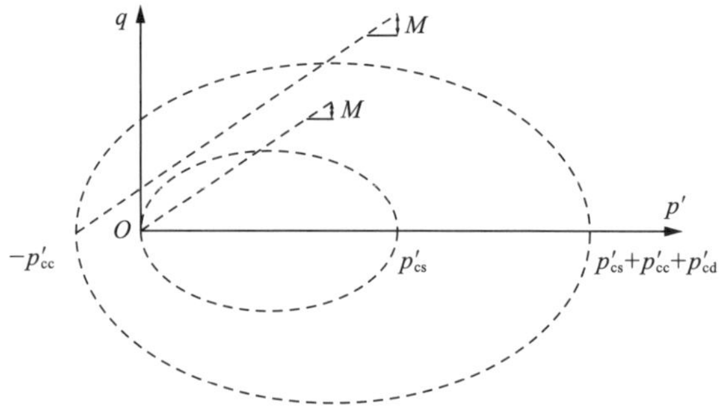

图 8-2-2 椭圆屈服面(M 为沉积物临界状态线的斜率)

在 MHCS 模型中，转移应力等于$\frac{1}{2}(p_{cd}+p_{cs})$，并且屈服面为椭圆形。这里引入应力比参数 γ 来控制干面和湿面的比例。由于应力比的影响，屈服面将不再保持为椭圆，可以更好地模拟实验的屈服面。通过插值的方法定义转移应力为：

$$\rho=\frac{1}{2}\gamma(p_{cc}+p_{cd}+p_{cs})-\left(1-\frac{\gamma}{2}\right)p_{cc} \tag{8-2-49}$$

相应地，为满足屈服面在体积压缩实验中的要求，假设：

$$A=(1-\gamma)p+\frac{1}{2}\gamma(p_{cd}+p_{cs})+p_{cc} \tag{8-2-50}$$

同时，为满足临界状态条件$\frac{d\varepsilon_v^p}{d\varepsilon_s^p}=0$，$p=\frac{q}{M}=\rho+p_{cc}$，假设：

$$B=(1-\alpha)Mp+\Delta Mq+\alpha M\rho+Mp_{cc} \tag{8-2-51}$$

其中，考虑拉、压双向屈服面不等的问题，假设 $\Delta M=\frac{M_c-M_e}{M_c+M_e}$，$M=\frac{2M_cM_e}{M_c+M_e}$，式中 M_c 为压方向临界状态线，M_e 为拉方向临界状态线。根据热力学框架得到耗散应力为：

$$\pi=\frac{\partial\delta\varphi}{\partial d\varepsilon_v^p}=\frac{A^2 d\varepsilon_v^p}{\delta\varphi}=p-\rho \tag{8-2-52}$$

$$\tau=\frac{\partial\delta\varphi}{\partial d\varepsilon_s^p}=\frac{B^2 d\varepsilon_s^p}{\delta\varphi}=q \tag{8-2-53}$$

推导出剪胀关系为：

$$D=\frac{d\varepsilon_v^p}{d\varepsilon_s^p}=\frac{(p-\rho)B^2}{qA^2} \tag{8-2-54}$$

屈服面在真实应力空间中的表达式为：

$$\frac{(p-\rho)^2}{A^2}+\frac{q^2}{B^2}=1 \tag{8-2-55}$$

当 $\gamma=1$，$\alpha=1$ 时，该屈服面将退化为 MHCS 屈服面。

8.2.2.2 弹塑性矩阵推导

套用 8.1 小节提出的本构框架，可以得到水合物沉积物的应力-应变-饱和度的弹塑性关系。根据一致性法则有：

$$df=\frac{\partial f}{\partial p}dp+\frac{\partial f}{\partial q}dq+\frac{\partial f}{\partial p_{cs}}dp_{cs}+\frac{\partial f}{\partial S_h^{mec}}dS_h^{mec}=0 \tag{8-2-56}$$

流动方向的应变$d_{ij}=\left(D\frac{\partial p}{\partial\sigma_{ij}}+\frac{\partial q}{\partial\sigma_{ij}}\right)$，$D$ 为剪胀比，所以塑性应变增量为：

$$d\varepsilon_{ij}^{p}=d\lambda\, d_{ij} \tag{8-2-57}$$

体积塑性应变增量与剪切塑性应变增量为：

$$d\varepsilon_{v}^{p}=d\lambda d_{ij}\delta_{ij} \tag{8-2-58}$$

$$d\varepsilon_{s}^{p}=d\lambda\sqrt{\frac{2}{3}(d_{ij}-d_{ij}\delta_{ij})(d_{ij}-d_{ij}\delta_{ij})} \tag{8-2-59}$$

进行微分后代入式(8-2-56)得：

$$d\lambda=\frac{\dfrac{\partial f}{\partial\sigma_{ij}}E_{ijkl}d\varepsilon_{kl}+\dfrac{\partial f}{\partial\sigma_{ij}}E_{ij}^{h}dS_h+\dfrac{\partial f}{\partial S_h^{mec}}\dfrac{\partial S_h^{mec}}{\partial S_h}dS_h}{\dfrac{\partial f}{\partial\sigma_{ij}}E_{ijkl}d_{kl}-\dfrac{\partial f}{\partial p_{cs}}\dfrac{dp_{cs}}{d\varepsilon_v^p}d_{kl}\delta_{kl}-\dfrac{\partial f}{\partial s_h^{mec}}\dfrac{\partial S_h^{mec}}{\partial\varepsilon_s^p}\sqrt{\dfrac{2}{3}(d_{ij}-d_{kl}\delta_{kl})(d_{ij}-d_{kl}\delta_{kl})}} \tag{8-2-60}$$

将 λ 代入得：

$$d\sigma_{ij}=E_{ijkl}(d\varepsilon_{kl}-d\varepsilon_{kl}^{p})+E_{ij}^{h}dS_h \tag{8-2-61}$$

得到应力-应变-饱和度增量关系为：

$$d\sigma_{ij}=\mu_{ijkl}d\varepsilon_{kl}+\eta_{ij}dS_h \tag{8-2-62}$$

其中：

$$\mu_{ijkl}=E_{ijkl}-\frac{\dfrac{\partial f}{\partial\sigma_{mn}}E_{mnkl}E_{ijab}d_{ab}}{\nu}$$

$$\eta_{ij}=E_{ij}^{h}-\frac{\dfrac{\partial f}{\partial\sigma_{mn}}E_{ijkl}d_{kl}E_{mn}^{h}+\dfrac{\partial f}{\partial S_h^{mec}}E_{ijkl}d_{kl}\dfrac{\partial S_h^{mec}}{\partial S_h}}{\nu}$$

$$\nu=\frac{\partial f}{\partial\sigma_{ij}}E_{ijkl}d_{kl}-\frac{\partial f}{\partial p_{cs}}\frac{dp_{cs}}{\partial\varepsilon_v^p}d_{kl}\delta_{kl}-\frac{\partial f}{\partial S_h^{mec}}\frac{\partial S_h^{mec}}{\partial\varepsilon_s^p}\sqrt{\frac{2}{3}(d_{ij}-d_{kl}\delta_{kl})(d_{ij}-d_{kl}\delta_{kl})}$$

上述式中，δ_{ij} 为 ij 方向的应变，$\boldsymbol{\mu}$ 为应力-应变弹塑性矩阵，而 $\boldsymbol{\eta}$ 为饱和度影响矩阵，$\boldsymbol{E}$ 为弹性矩阵，$\boldsymbol{E}^{h}$ 为饱和度变化对应力-应变弹性关系的影响。

8.2.3　应力积分算法

本小节使用 Simo 图形返回算法框架，给出利用 Collins 本构模型计算高斯点应力的积分算法。图形返回算法分为两步：① 弹性预测，即根据计算得到的弹性应变增量大小预测初始应力对屈服面的偏离值；② 塑性修正，即将偏离的应力利用数值积方法拉回到屈服面上，同时修正内变量的大小。由于该方法在实施过程中利用了可以控制内变量误差的 Newton-Raphson 迭代法，因此相对于单纯只控制屈服面误差的拉回算法更加强健和精确。对于积分算法，为保证积分稳定性，采用向后 Euler 隐式积分，具体格式为：

$$[\varepsilon_i]_{n+1}=[\varepsilon_i]_n+[\Delta\varepsilon_i]_{n+1} \tag{8-2-63}$$

$$[\varepsilon_i^p]_{n+1}=[\varepsilon_i^p]_n+[\Delta\lambda]_{n+1}[r_i]_{n+1} \tag{8-2-64}$$

$$[H_i]_{n+1}=[H_i]_n+[\Delta\lambda]_{n+1}[h_i]_{n+1} \tag{8-2-65}$$

$$[\sigma_i]_{n+1}=[\sigma_i]_n+[\Delta\sigma_i]_{n+1} \tag{8-2-66}$$

$$f_{n+1}=f([\sigma_i]_{n+1},[H_i]_{n+1})=0 \tag{8-2-67}$$

式中，$[\ \ ]_n$ 表示第 n 个平衡迭代步的变量，$H_1=\varepsilon_v^p$，$H_2=\varepsilon_s^p$，$r_i=\dfrac{\partial f}{\partial \chi_i}$，$h_1=r_1+r_2+r_3$，$h_2=\dfrac{1}{3}\sqrt{2\left\{(r_1-r_2)^2+(r_1-r_3)^2+(r_2-r_3)^2+\dfrac{3}{2}[(r_4)^2+(r_5)^2+(r_6)^2]\right\}}$，即第 n 平衡迭代步给出一组（$[\varepsilon_i]_n$，$[\varepsilon_i^p]_n$，$[H_i]_n$）以及增量应变 $[\Delta\varepsilon_i]_{n+1}$，求第 $n+1$ 平衡迭代步的（$[\varepsilon_i]_{n+1}$，$[\varepsilon_i^p]_{n+1}$，$[H_i]_{n+1}$）的非线性代数方程组，使用直接拉回而不去控制内变量误差会导致非物理卸载情况的发生，因此，算法需要构造控制内变量误差的 Newton-Raphson 迭代，误差函数为：

$$a_i=-\varepsilon_i^p+[\varepsilon_i^p]_n+\Delta\lambda r_i \tag{8-2-68}$$

$$b_i=-H_i+[H_i]_n+\Delta\lambda h_i \tag{8-2-69}$$

$$f=f(\sigma_i,H_i) \tag{8-2-70}$$

构造迭代格式：

$$a_i^{(k)}+C_{ij}\Delta\sigma_j^{(k)}+\Delta\lambda^{(k)}\Delta r_i^{(k)}+\delta\lambda^{(k)}r_i^{(k)} \tag{8-2-71}$$

$$b_i^{(k)}-\Delta H_i^{(k)}+\Delta\lambda^{(k)}\Delta h_i^{(k)}+\delta\lambda^{(k)}h_i^{(k)} \tag{8-2-72}$$

$$f^{(k)}+\frac{\partial f}{\partial \sigma_i}\Delta\sigma_i^{(k)}+\frac{\partial f}{\partial H_i}\Delta H_i^{(k)}=0 \tag{8-2-73}$$

式中，$\boldsymbol{C}$ 为弹性柔量，通过上述迭代格式可以解出 $\delta\lambda^{(k)}$，$\Delta\sigma_i^{(k)}$ 以及 $\Delta H_i^{(k)}$。

具体算法如下：

(1) 设置初始值。所有初始值皆为前一个时间步结束时的收敛值。

$k=0$，$\varepsilon_i^{p(0)}=[\varepsilon_i^p]_n$，　$H_i^{(k)}=[H_i]_n$，　$\Delta\lambda^{(k)}=0$，　$\sigma_i^{(0)}=[\sigma_i]_n+E_{ij}[\Delta\varepsilon_i]_{n+1}$

(2) 检查屈服条件和内变量收敛情况，如果 $f^{(k)}<TOL$（收敛容忍度），$\sqrt{[a_i^{(k)}]^2+[b_i^{(k)}]^2}<TOL$，则计算收敛，否则进行步骤(3)。

(3) 根据迭代格式计算 $\delta\lambda^{(k)}$，$\Delta\sigma_i^{(k)}$ 以及 $\Delta H_i^{(k)}$。

(4) 更新内变量和应力：

$$\Delta\lambda^{(k+1)}=\Delta\lambda^{(k)}+\delta\lambda^{(k)} \tag{8-2-74}$$

$$\varepsilon_i^{p(k+1)}=\varepsilon_i^{p(k)}-C_{ij}\Delta\sigma_j^{(k)} \tag{8-2-75}$$

$$H_i^{(k+1)}=H_i^{(k)}+\Delta H_i^{(k)} \tag{8-2-76}$$

$$\sigma_i^{(k+1)}=\sigma_i^{(k)}+\Delta\sigma_i^{(k)} \tag{8-2-77}$$

$k=k+1$，转到步骤(2)。

通过上述算法进行计算直到满足收敛条件，应力被拉回到屈服面上，完成计算。与次阶应力点算法相比，图形返回算法可以自动计算出单元上的局部解，而不必进行弹塑性修正，算法编写上比较容易，但难点是对于流动方向的导数推导，许多模型不能直接给出显式公式，这也是该方法的一个弊端。Collins 临界状态模型能够完整地提供该算法所需的所有公式。

8.2.4　模型参数讨论

所有的模型参数都可以由三轴实验获得。这里主要研究 α 和 γ 两个参数对屈服面形状的影响。由于水合物沉积物的存在,其体积屈服面并不能很标准地给出一个椭圆,而屈服面的形状对模拟应力-应变曲线有很大的影响,因此在很多情况下,即使强度参数相同,因屈服面形状的不同也会引起很大的模拟差异。

控制屈服面形状和大小的另一个参数为 γ。如图 8-2-3 所示,随着 γ 的增加,屈服面的大小不断地增加;γ 对应力-应变关系曲线以及剪胀曲线的影响很大。如图 8-2-4 和图 8-2-5 所示,随着 γ 的增加,软化现象更加明显,体积膨胀也更加明显。

图 8-2-6～图 8-2-8 分别为 $\gamma=0.5$,$\gamma=1.0$ 和 $\gamma=1.5$ 三种情况下排水路径和对应屈服面的演变。可以看出,当 $\gamma=0.5$ 时屈服面收缩得非常小,而当 $\gamma=1.5$ 时屈服面发生了很大的收缩,这说明 γ 的不同会影响屈服过程。

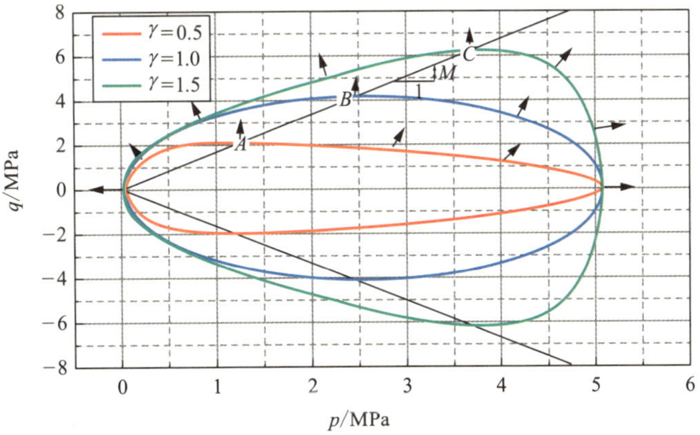

图 8-2-3　参数 γ 对屈服面形状和大小的影响

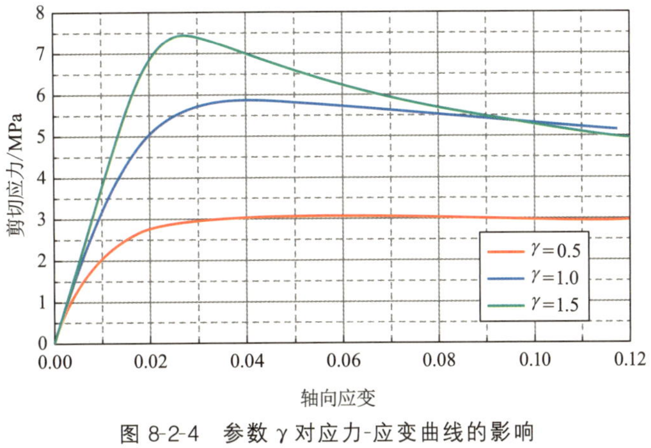

图 8-2-4　参数 γ 对应力-应变曲线的影响

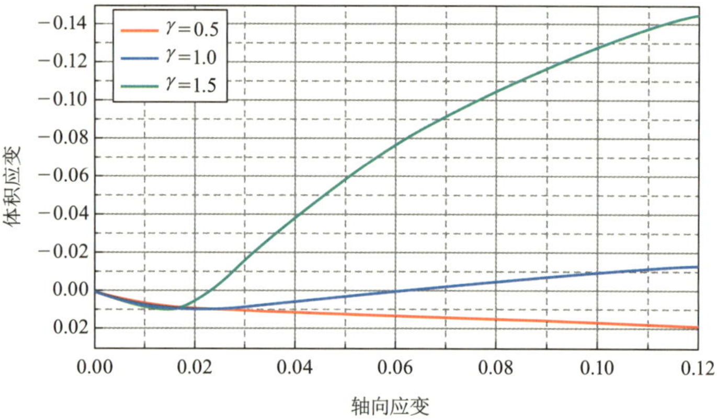

图 8-2-5 参数 γ 对剪胀曲线的影响

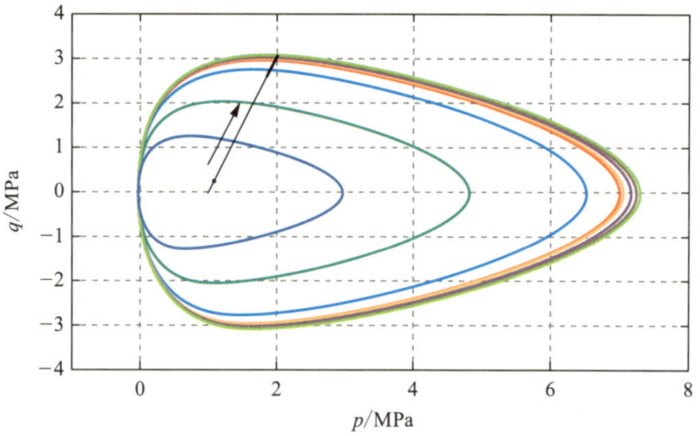

图 8-2-6 γ=0.5 时排水路径和屈服面的演变

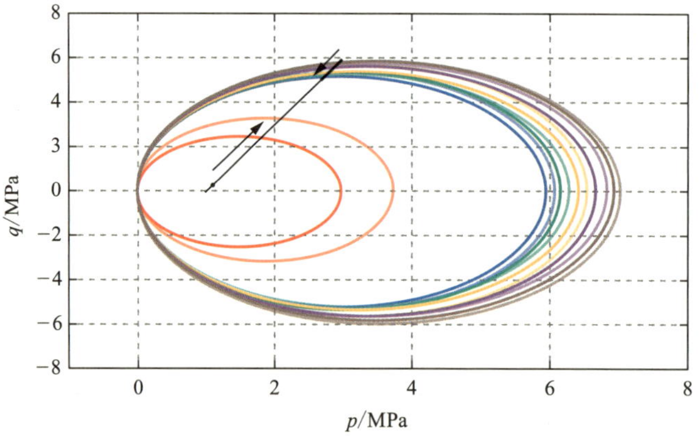

图 8-2-7 γ=1.0 时排水路径和屈服面的演变

图 8-2-9 给出了不同参数 α 时的屈服面形状和大小。图中箭头表示流动方向。可以看出，随着 α 的增加，达到干面所经历的排水路径变长，这使得应力点处于干面时其峰值强度和残余强度的差别会变大，软化程度较大。同时，α 主要影响屈服面的形状而不影响屈服面的大小。

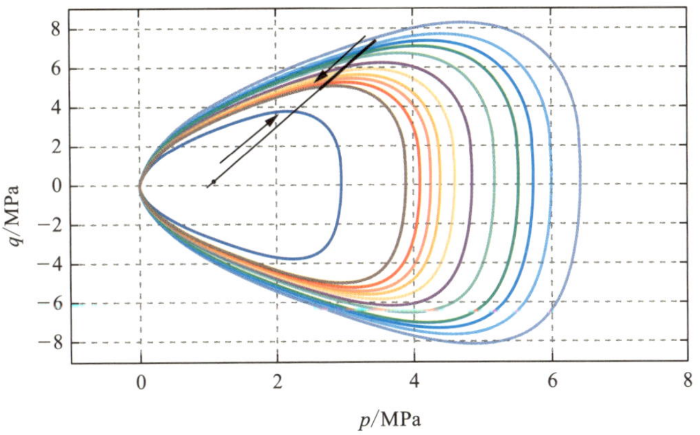

图 8-2-8　$\gamma=1.5$ 时排水路径和屈服面的演变

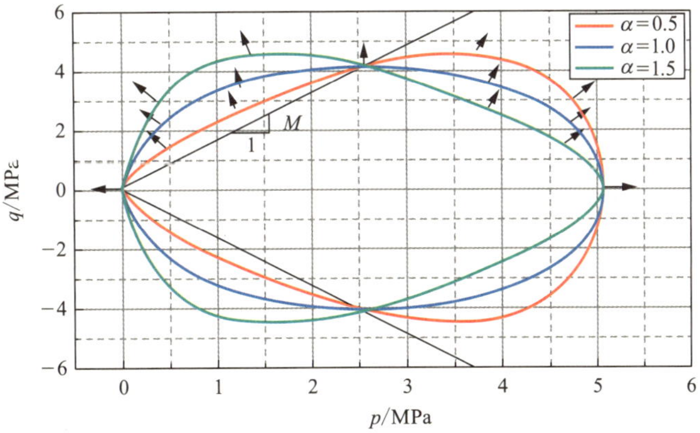

图 8-2-9　$\gamma=1.5$ 时不同 α 情况下排水路径和屈服面的演变

图 8-2-10 和图 8-2-11 分别刻画了 α 的变化对应力-应变曲线和剪胀曲线的影响。可以看出，随着 α 的增加，峰值强度升高，而体积膨胀量缩小；相比于 γ 对应力-应变曲线和剪胀曲线的影响，α 的影响要小得多。

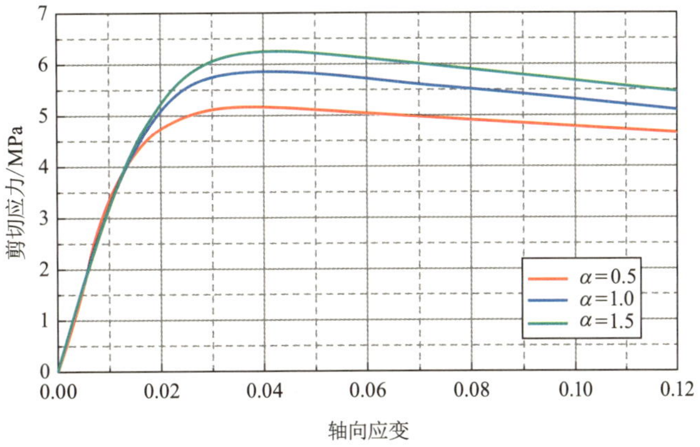

图 8-2-10　参数 α 对应力-应变曲线的影响

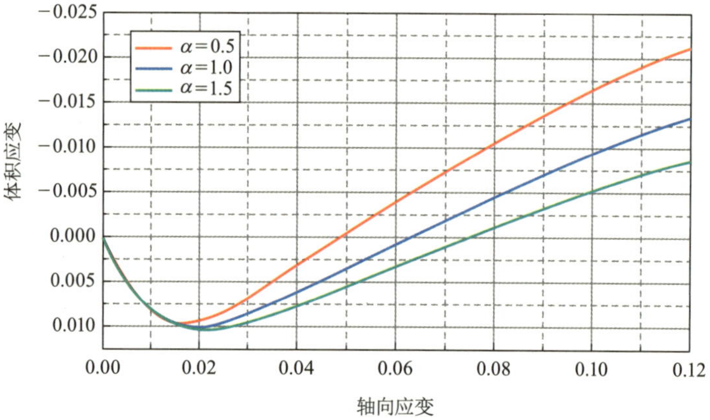

图 8-2-11　参数 α 对剪胀曲线的影响

从排水路径和屈服面的演化(图 8-2-12～图 8-2-14)也可以看出,α 的变化对屈服面的影响只是在形状上,而对其大小的影响很小;随着 α 的增加,屈服面的形状逐渐由 Drucker-Prager 帽盖型模型变为修正剑桥模型再变化到传统剑桥模型。

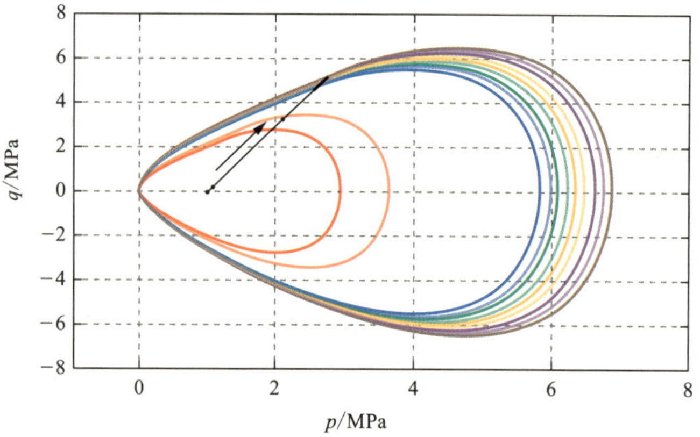

图 8-2-12　α=0.5 时排水路径和屈服面的演变

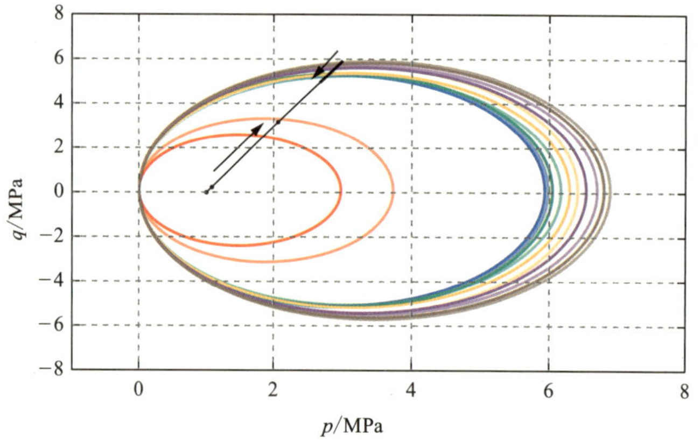

图 8-2-13　α=1.0 时排水路径和屈服面的演变

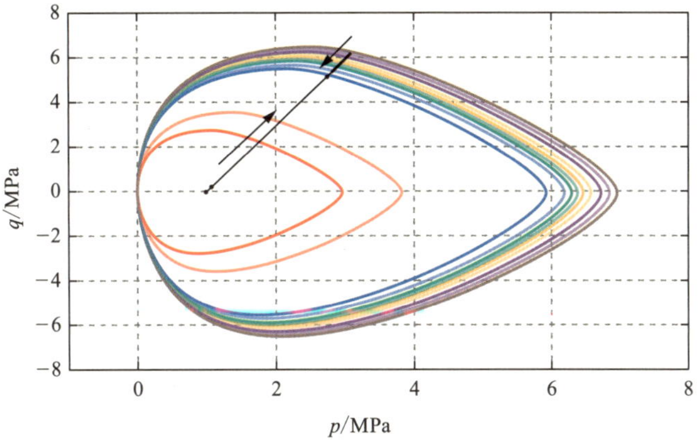

图 8-2-14　$\alpha=1.5$ 时排水路径和屈服面的演变

8.2.5　模型验证

Masui 等[8]利用人工合成的水合物沉积物进行了三轴实验(图 8-2-15)。本节将对该实验结果进行模拟,选取的参数由 Masui 等实验推得。选取两类模拟来验证模型的合理性:一个是在常饱和度下的应力-应变关系,有比较多的实验数据可以用来验证,但是在这里使用了 Masui 等实验数据;一个是由于饱和度变化引起的应变蠕变现象。

如图 8-2-16 和图 8-2-17 所示,与实验数据进行比较后可以看出,应力-应变曲线与剪胀曲线有很好的拟合效果,除了 γ,α,M 这 3 个参数外,其他参数都是由实验获得的,如果有屈服面的实验数据,将得到这 4 个参数的拟合结果。通过结果可以看出,饱和度为 7.7%的试样的剪胀现象要小于饱和度为 37.6%的试样(图 8-2-16)。相对地,高饱和度的试样会获得较高的峰值强度和较大的强度衰减。由结果推测的屈服面的形状为传统剑桥形模型,但具体的形状需要通过实验得到。

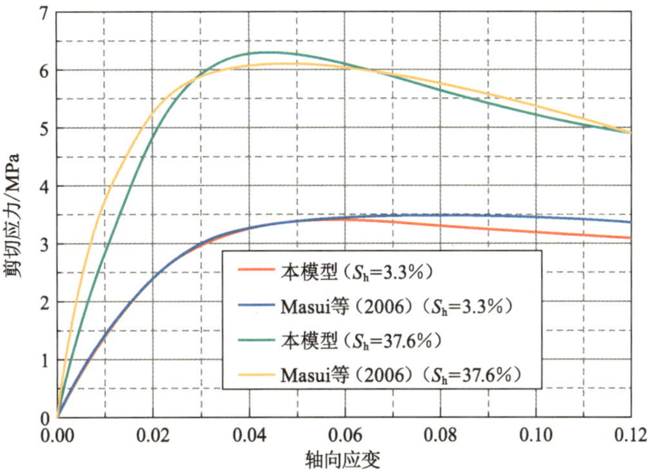

(a) 应力-应变关系

图 8-2-15　模型预测的结果与实验数据的比较

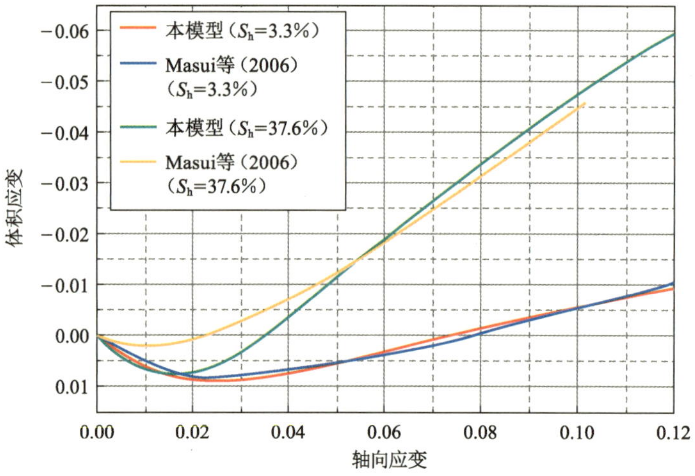

（b）剪胀关系

图 8-2-15(续)　模型预测的结果与实验数据的比较

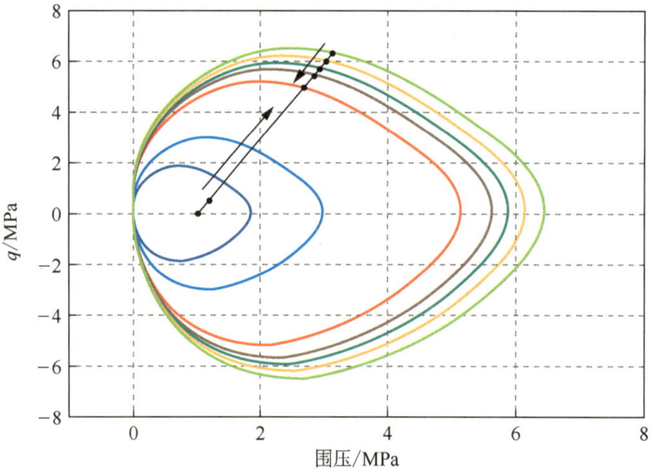

（a）S_h=37.6%

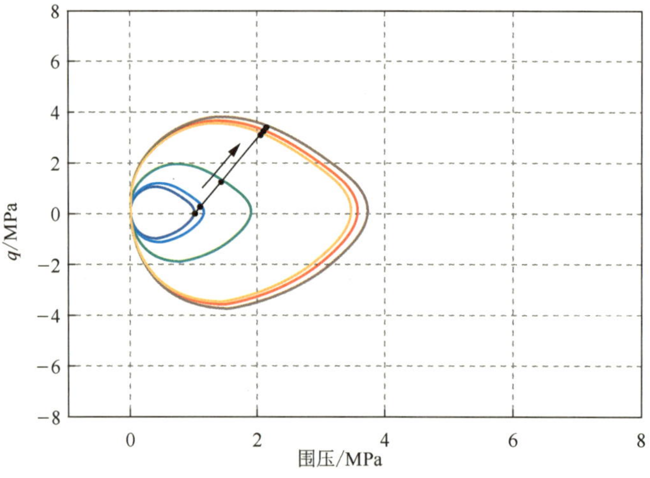

（b）S_h=7.7%

图 8-2-16　三轴排水剪屈服面的形状

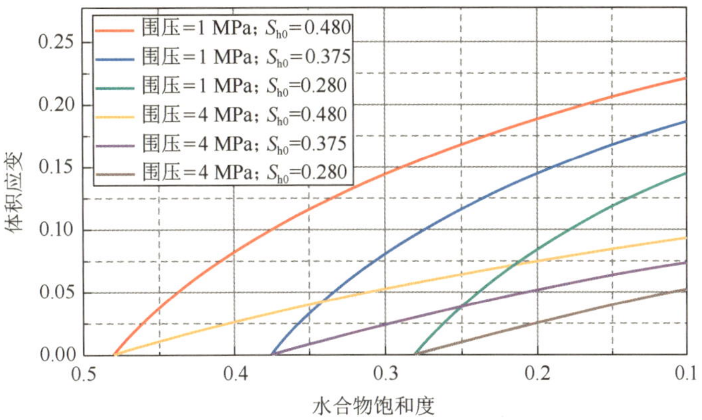

图 8-2-17　水合物饱和度变化引起的体积应变

8.3　小　结

(1) 通过三轴实验数据总结出水合物沉积物力学特性的相关参数变化规律，结合 Drucker-Prager 模型框架，给出 Drucker-Prager 模型参数，再利用这些参数，应用返回映射算法，计算出 Miyazaki 等实验各工况下的应力-应变关系，并与 Miyazaki 等的实验数据进行对比，验证了模型的可靠性。

(2) 通过将水合物力学饱和度引入屈服函数、流动法则和硬化规律中，使模型可以模拟水合物沉积物在常水合物饱和度条件下由于沉积物胶结结构破坏引起的宏观尺度上的应变软化现象。

(3) 通过参数整理得出水合物饱和度对强度的影响规律：在低饱和度条件下，摩擦角受水合物的影响较小，但是黏聚力随着水合物饱和度的增加而增大。

(4) 具体选择什么样的公式，需要考虑使用的方便性和问题的性质。u 和 h 函数在解决绝热问题时比较方便，f 和 g 公式在解决等温问题时比较合适。u 和 f 公式以应变为基础，当应变一定时是非常适用的，相反，h 和 g 以应力空间为基础，当应力一定时是非常方便的。通过合适的数学上的处理，应用任何一种形式的公式都是可能的。例如，g 函数能够直接给柔度矩阵，然后直接通过求逆可以给出刚度矩阵。

(5) 基于临界状态的概念，提出了可以考虑体变影响的本构模型。与传统的模型相比，该模型建立在更广义的耗散假定基础上并且能描述水合物沉积物特有的力学性质，如随胶结结构破坏而引起的应力软化、剪胀以及非椭圆屈服面等。胶结行为在模型中是通过引入两个随有效饱和度变化的参量来描述的，非关联流动通过 Ziegler 假定导出，屈服面的椭圆性由两个具有物理意义的参数给出。另外，还发现体积蠕变是由水合物饱和度变化引起的。

(6) 提出了一个基于 Druker-Prager 模型的水合物沉积物的本构模型。采用该模型，水合物沉积物的更多力学性质可被模拟，包括水合物饱和度对沉积物强度、刚度和应变软化的影响。将水合物饱和度引入弹性规律、屈服准则、流动法则和硬化规律中，模拟水合物饱和度对水合物沉积物应力-应变关系的影响。力学水合物饱和度的概念被借用来模拟胶结结构衰减所引起的软化现象。在孔隙中填充的水合物对摩擦角基本无影响，而黏聚力受水合物饱和度的影响。比较非线性弹性模型，由力学水合物饱和度减少所引起的软化也能被模拟。所有的模型参数都很容易通过水合物沉积物的三轴实验获得。

参考文献

[1] WAITE W F, WINTERS W J, MASON D H. Methane hydrate formation in partially water-saturated Ottawa sand[J]. American Mineralogist, 2004, 89(8-9): 1202-1207.

[2] HYODO M, NAKATA Y, YOSHIMOTO N, et al. Basic research on the mechanical behavior of methane hydrate-sediments mixture[J]. Soils and Foundations, 2005, 45(1): 75-85.

[3] HYODO M, LI Y, YONEDA J, et al. Mechanical behavior of gas-saturated methane hydrate-bearing sediments[J]. Journal of Geophysical Research: Solid Earth, 2013, 118(10): 5185-5194.

[4] SOGA K, LEE S L, NG M Y A, et al. Characterisation and engineering properties of Methane hydrate soils[J]. Characterisation and Engineering Properties of Natural Soils, 2006, 4: 2591-1642.

[5] WINTERS W J, DALLIMORE S, COLLETT T, et al. Physical properties of sediments from the JAPEX/JNOC/GSC Mallik 2L-38 gas hydrate research well[J]. Geol Surv Can Bull, 2003, 544: 95-100.

[6] MIYAZAKI K, TENMA N, AOKI K, et al. A nonlinear elastic model for triaxial compressive properties of artificial methane-hydrate-bearing sediment samples[J]. Energies, 2012, 5(10): 4057-4075.

[7] UCHIDA S, SOGA K, YAMAMOTO K. Critical state soil constitutive model for methane hydrate soil [J]. Journal of Geophysical Research: Solid Earth, 2012, 117(B3): B03209.

[8] MASUI A, MIYAZAKI K, HANEDA H, et al. Mechanical characteristics of natural and artifical gas hydrate bearing sediments[C]. Vancouver: The 6th International Conference on Gas Hydrates, 2008.

第 9 章 天然气水合物开采过程储层稳定性评价

水合物分解过程涉及力学-热-化学耦合问题，若水合物分解产生的水和气不能及时排出，将会导致孔隙压力急剧增大，很大程度上扰动天然气水合物沉积物的结构，使沉积物的模量和强度大大降低，极有可能引发海底滑坡以及海洋结构物的严重破坏或失稳。本章旨在开发能够分析水合物分解力学特性和滑坡流滑体力学特性的有限元程序，为定量分析水合物分解导致的海底滑坡对结构物的影响提供一个稳定、高效的数值分析工具。采用自主开发的有限元程序 GEODYNA 以及大变形分析程序 RITSS，考虑水合物分解引起的强度衰减和模量软化，模拟水合物分解引起的地层应力和变形的发展规律及边坡失稳破坏机理，以期为水合物中海底基础稳定性安全控制提供参考。另外，水合物分解会导致沉积层强度参数的降低，从而导致海洋平台和结构物的基础承载力降低。通过分析不同形式海洋平台基础在具有软弱下伏层的双层地基中的承载力，形成一套水合物沉积层对海底结构物地基稳定性影响的评价方法。

9.1 天然气水合物分解对海底边坡稳定性和变形影响的数值分析

9.1.1 软化模量法和应力释放法

海洋中天然气水合物的分解会在很大程度上扰动蕴含天然气和水的沉积物的结构，往往使沉积物模量和强度大大降低，极有可能引发海底大面积滑坡和海洋结构物的严重失稳和破坏(表 9-1-1)。这种力学过程的模拟不仅要考虑计算过程中土体密度 ρ、模量(包括弹性模量 E 和泊松比 ν 等)、强度(包括内摩擦角 φ 和黏聚力 c)随时间变化对荷载、刚度矩阵以及屈服面的影响，还要考虑模量软化和强度退化的应力调整。这种应力调整可以采用软化模量法和应力释放法。

软化模量法是先采用分解前的材料参数进行加载计算，得到单元的应力、应变以及结点的位移，然后采用分解后的材料参数进行同样的计算，用分解后的计算结果减去分解前的计算结果，得到的应力、应变以及位移的差值即分解导致的应力调整增量。这种方法的优点是比较简单，一般程序即可模拟；缺点是不能考虑复杂的应力路径，很难模拟随时间变化的复杂分解过程。

表 9-1-1 分解前后水合物的材料参数变化[1]

参 数	E/Pa	ν	φ/(°)	c/kPa	ρ/(g·cm^{-3})
分解前	186.0	0.2	39.4	0	1.98
分解后	26.8	0.2	34.0	0	1.92

应力释放法是同时输入分解前和分解后的材料参数，运用分解前的材料参数和应力-应变关系求出各单元的初始状态（应力 $\boldsymbol{\sigma}_A$、应变 $\boldsymbol{\varepsilon}_A$），然后对单元进行约束，固定其应变，再根据分解后的材料参数和应力-应变关系重新计算单元应力。这样，必然会产生不平衡力。把不平衡力 $\boldsymbol{F}$ 加到土体上，按分解后的材料参数和应力-应变关系，可以求出分解产生的附加应力和变形。分解软化计算过程可表示成图 9-1-1 所示的 $A\to B\to C$ 过程（实际路径为 $A\to C$）。其中，不平衡力 $\boldsymbol{F}$ 表示为：

$$\boldsymbol{F}=\int_V \boldsymbol{B}^{\mathrm{T}}[\boldsymbol{\sigma}_A-\boldsymbol{\sigma}_B(\boldsymbol{\varepsilon}_A)]\mathrm{d}V \tag{9-1-1}$$

式中，$\boldsymbol{B}$ 为应变-位移矩阵；$\boldsymbol{\sigma}_A$ 为分解前的应力；$\boldsymbol{\sigma}_B$ 为与分解前的应变 $\boldsymbol{\varepsilon}_A$ 对应的按分解后应力-应变关系计算得到的应力。

应力释放法的优点是可以模拟复杂的分解过程，缺点是一般程序没有应力释放的功能，需要进行二次开发或重新开发。

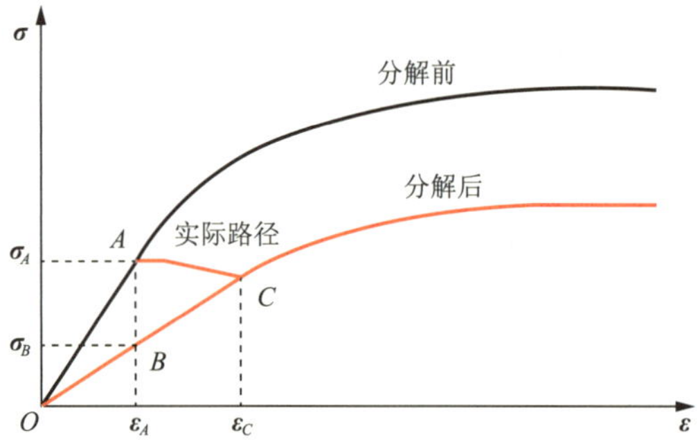

图 9-1-1 应力释放法示意图

9.1.2 应力释放法的程序实现过程

考虑到水合物分解的复杂过程，通过特殊的本构模型和荷载组合实现了应力释放法。一方面，通过随时间变化参数的本构模型类来考虑分解过程材料属性的变化。目前，在 GEODYNA 程序中实现了随时间变化的 Mohr-Coulomb 模型，其参数（包括密度、剪切模量、体积模量、泊松比、内摩擦角和黏聚力）均定义了一条随时间变化的曲线，程序在进行计算时可根据时间步进行模型参数插值，跟踪屈服面的变化。另一方面，开发了应力释放荷载类来控制随时间变化的水合物分解产生的不平衡力。

为了验证计算程序的准确性，首先设计一个水平海底地基沉降的算例。假设天然气水合物厚度为 100 m，上覆 50 m 砂土覆盖层，如图 9-1-2 所示，计算天然气水合物全部分解造成的地基竖向沉降。砂土覆盖层、分解前后的天然气水合物的强度参数见表 9-1-1。

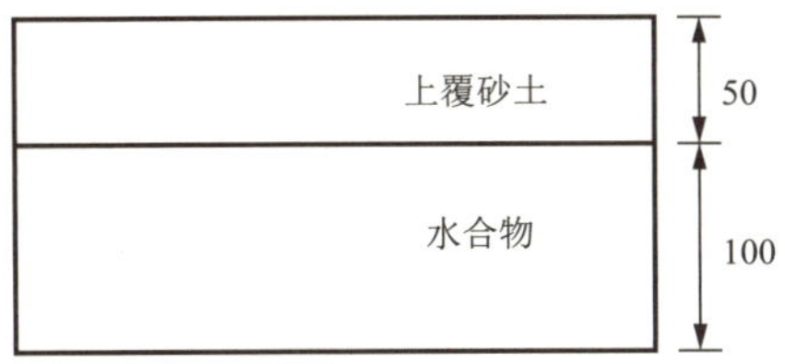

图 9-1-2　含天然气水合物的水平海底地基(单位:m)

在水合物分解过程中,弹性模量 E、黏聚力 c、内摩擦角的正切 $\tan\varphi$ 以及土的浮容重 γ' 均线性折减。由分解前参数到分解后参数共有 100 次折减。

假定上覆砂土层的沉降不计,海底沉降完全由水合物分解导致的弹性模量的降低所引起。根据弹性理论,假定海底土层为一维土柱(图 9-1-3),其变形可由式(9-1-2)计算。

$$\left.\begin{aligned} ds &= \frac{p_1 + p_2}{E}dz \\ s &= \int_0^{100} \frac{p_1 + p_2}{E}dz \end{aligned}\right\} \tag{9-1-2}$$

式中,p_1 为上覆砂土层的荷载,p_2 为水合物层的荷载,s 为土体沉降,z 为土柱高度变量。

根据公式(9-1-2)计算得到沉降 $s_1 = 3.54$ m(水合物容重取分解后容重),根据有限元计算得到的土层沉降 $s_2 = 3.42$ m,它们的误差约为 3%,在工程允许范围内。

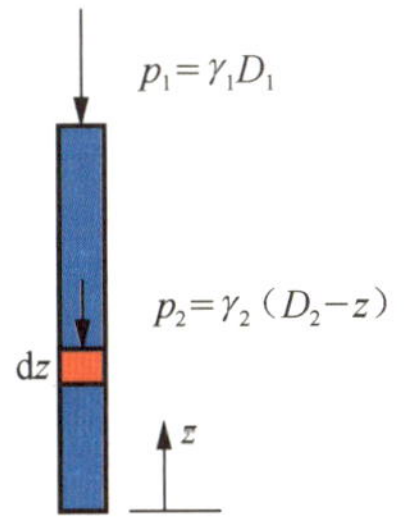

D_1——一维上覆砂土柱的高度;D_2——一维水合物土柱的高度;
z—土柱高度变量;γ_1—上覆砂土的重度;γ_2—水合物的重度。

图 9-1-3　水平海底地基简化为一维土柱

9.1.3　RITSS 大变形有限元方法

采用有限元法解决土工大变形问题有多种手段,根据其考虑土体变形过程中的构形变化(几何非线性)的方法不同,对几何非线性的处理可概括为 3 种方法:全量拉格朗日列式法(total Lagrangian formulation,简称 TL)、增量拉格朗日列式法(updated Lagrangian formulation,简称 UL)和欧拉列式法(Euler formulation)。由于拉格朗日法的坐标附着在物质点上,易于引入本构关系和处理自由表面外载问题,所以土工分析中多采用此种方法[2]。

TL 列式和 UL 列式在算法上的主要区别有两点:一是 TL 列式中所有的变形均参考初始构形,其计算矩阵包含初位移应变矩阵,因此比 UL 列式中计算矩阵的工作量要多一些。二是 TL 列式参考位形坐标不更新,插值函数的导数只需计算一次,而 UL 列式参考坐标更新，每步均需重新计算插值函数的导数。一般来讲，对于二维问题，二者的计算时间相差不大，具体选择哪种列式通常取决于所采用的本构关系。

尽管有些研究成果[3]指出，对于黏弹性大变形问题，TL 法简化了平衡方程，从而节省了计算时间，比 UL 方法更具优势，但是更多的研究表明，UL 法比 TL 法的适用性更强。Hibbitt 等[4]最先在大变形方法中考虑了有限转动和荷载变化的影响。Thoms 和 Arman[5]假设土体为弹性材料，采用有限元方法分析了软土地基上路基的有限变形情况。Fernandez 和 Christian[6]同样用有限元法分析了条形基础在不排水黏土中的承载力问题，并考虑了材料非线性和几何非线性。McMeeking 和 Rice[7]以一阶非对称 Piola-Kirchhoff 应力张量为基础，给出了 UL 列式的详细过程。Davidson 和 Chen[8]分别采用大变形和小变形有限元法，分析了基础在理想弹塑性地基上的承载力情况。Carter 等[9]提出了一个求有限变形控制方程近似解的数值方法，实质上属于 UL 法，并分析了不同荷载条件下条形基础在弹塑性黏土和砂土中的承载力。在这些早期的研究之后，一些学者基于二阶对称 Piola-Kirchhoff 应力应变速率提出了更有效的 UL 法。Banerjee 和 Fathallah[10]应用修正剑桥模型分析了不排水条件下的贯桩过程。Desai 等[11]给出了计算三维土与结构相互作用的方法。Kiousis 等[12]给出了弹塑性大变形材料的 UL 列式并用于分析静力触探问题。20 世纪 90 年代中期，大变形有限元方法在岩土工程方面得到了更为广泛且深入的发展和应用。Chopra 和 Dargush[13]发展了时间相关的有限变形固结 UL 方程，考虑了塑性大变形和转动的影响，细致分析了贯桩问题。对于大变形固结问题，Zienkiewicz 等[14]、周正明[15]、Advani 等[16]、谢永利等[17]、谢新宇等[18]、蒋明镜等[19]分别发展了饱和条件下土体大变形固结有限元方程，Meroi 等[20]将其拓展到非饱和土领域。陈铁林等[21]采用 TL 大变形有限元法和简单的接触面理论模拟了静力触探的探入过程。戚科骏等[22]用 UL 大变形有限元法对静力压桩问题进行了分析。张永生等[23-25]在 UL 法的基础上建立了非线性有限元方程，并对条形基础承载力问题进行了分析。蒋鹏等[26]、高广运等[27]、蔡袁强等[28]进一步采用弹塑性大变形动力有限元方法分析了强夯法地基处理动力问题。另外，施斌等[29]、周翠英等[30]、谭晓慧等[31]用大变形方法对边坡稳定问题进行了分析。

如上文所述，拉格朗日描述在岩土工程大变形数值分析中得到了广泛的应用，取得了显著的成果，但是 TL 和 UL 方法仍有一些不足之处。第一，在特大变形情况下，网格有可能严重扭曲，变形后的形状可能会导致体积为负，影响有限元计算的精度甚至导致计算失败。第二，在显式时间步计算中，时间增量必须随着计算的推进而越来越小，导致计算效率降低[32]。为了减小网格失真带来的误差，Zienkiewicz，Cheng 和 Kikuchi 曾提出一些网格重新布置的方法。然而，UL 方法中接触边界的精确性始终有待商榷。

另外，欧拉列式法针对某些类型的问题也有其独特的优势，比如特定空间中的大变形流动、扰动和材料混合等问题。欧拉法网格固定在空间中，即计算网格在物体的变形过程中保持不变，因此很容易处理物质的扭曲。但对运动界面需要引入非常复杂的数学映射，可能会导致较大的误差[33]。

如果能将拉格朗日法和欧拉法有机地结合，充分吸收各自的优势，克服各自的缺点，就可解决一大批只用纯拉格朗日和纯欧拉描述所解决不了的问题。任意拉格朗日-欧拉方法(ALE)就是基于此目的最早由 Noh 以耦合欧拉-拉格朗日的术语提出的，并用有限差分法求解带有移动边界的二维流体动力学问题。20 世纪 80 年代，一批学者发展了 ALE 方法并将其用于固体力学大变形计算，取得了很好的效果[34-36]。之后，ALE 方法得到了广泛的发展和应用，具体发展过程可以参见相关文献[33,37]。计算网格可以在空间中以任意的形式运动，即可以独立于物质坐标系和空间坐标系运动。这样通过规定合适的网格运动形式可以准确地描述物体的移动界面，并维持单元的合理形状。ALE 方法在岩土工程大变形分析中也得到了广泛的应用。Van den Berg 及其合作者用 ALE 方法模拟了均质和成层地基中的静力触探问题，他们使用的方法实际上偏于欧拉法，网格相对于贯入仪固定，令土体单元流过贯入仪。

1998 年，Hu 和 Randolph[38,39]在传统小变形有限元的基础上发展了一种简便、高效的网格重剖分和插值技术(remeshing and interpolation technique with small strain model，简称 RITSS)，以实现大变形分析。近年来，RITSS 方法在基础大变形分析中得到了成功的应用，包括条形、圆形基础贯入问题[40-42]，各种形状贯入仪静力触探问题(锥形[43]、T 形条[44]、圆柱形和球形[45])，纺锤形海洋平台基础贯入问题[46,47]，吸力式沉箱承载力问题，锚板基础的拔出过程，等等。在这些文献中，有些研究者针对某些特定工况进行了离心机实验，得到的实验结果与 RITSS 数值分析结果吻合得很好，这说明采用 RITSS 方法模拟土工大变形问题是准确可靠的。

近年来，刘开富[48]采用 ALE 大变形方法分析了土质边坡的渐进破坏、软土地基上的基坑放坡开挖过程、软土地基上路堤填筑过程以及碎石桩锚承载力等一系列岩土工程问题。Nazem 等[49]以条形基础承载力问题为算例，比较了 UL，TL 和 ALE 方法的计算结果，指出基于算子分离技术的 ALE 方法是一种适应性更强、效率更高的大变形分析方法。Di 等[50]给出了可以考虑渗流的二维动力大变形分析算子分离 ALE 方法，并用来计算防波堤的抗震动力反应。丁峻宏等[51]、汤华等采用 ALE 方法对三维土壤切削过程进行了模拟。需要指出的是，对于三维问题，计算自由度非常庞大，计算耗时相当惊人。丁峻宏的研究模拟的刀盘切削黏土的过程是在上海超级计算中心的“曙光 4000A”超级计算机上进行的，当使用 32 个 CPU 时，刀盘每旋转一周(60 s)需要耗时 50 h。

另外，在金属塑性成型领域，二维和三维大变形有限元法也得到了广泛的应用。金属同饱和不排水黏土一样，都是弹塑性材料，因此金属材料领域内取得的大变形数值分析方法的相关成果对岩土工程领域有着重要的借鉴意义。

RITSS 方法实质上属于 ALE 方法的范畴，它将小变形计算模型同全自动网格重划分和平面线性应力插值技术相结合，每进行一定步骤的小变形计算后，就根据变形后的计算边界重新划分网格并插值应力变量，这样就避免了计算网格的进一步扭曲。RITSS 大变形分析的主要过程如下：

(1) 生成优化的初始网格。

(2) 进行 n 步小变形计算。

(3) 更新计算域边界。

(4) 将旧网格中的应力变量和材料参数插值到新网格中。

(5) 检查位移是否达到指定要求。如果是，则中止计算，否则回到步骤(2)。

在每一次重划网格周期内要进行 n 步小变形计算，通常控制 n 步小变形计算的累积位移小于单元最小边长的一半。

RITSS 方法实际上是基于小变形有限元计算的，在每段小变形计算内，并没有考虑刚体转动对应力变化的影响。刚体转动同边界作用力相关,因此一定步长小变形计算后刚体转动导致边界荷载重新分配,这造成了计算域内部应力的不平衡。在基础承载力问题中,这就导致基础或锚板承载力系数-位移曲线在每次重新剖分之后发生微幅跳跃,如图 9-1-4 所示。但通过控制计算增量步长和重剖分间隔,荷载-位移曲线在接下来的一两步小变形计算后重新趋于平稳。实质上,RITSS 方法将每次网格重剖分后的计算作为一个新的边值问题对待,不考虑应变的连续性。经过这样的简化,RITSS 方法不必对传统小变形有限元应力和应变列式进行修改,大大提高了计算效率。

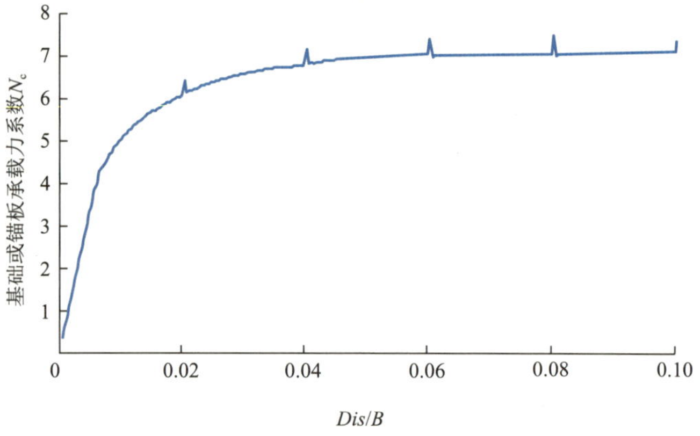

Dis—有限元计算累计加载位移;*B*—基础或锚板宽度;*Dis*/*B*—归一化加载位移。

图 9-1-4 条形基础或锚板承载力系数-位移曲线

然而,目前 RITSS 的应用仅限于二维问题,还未见到应用于三维分析的任何报道。三维 RITSS 分析的主要困难有两点:一是三维网格自动剖分和变形后边界的自动追踪比较困难;二是三维情况下对应力插值的精度要求较高。另外,三维问题单元较多,巨大的计算量也是不得不考虑的因素。

本研究开发了一种适用于 20 节点六面体单元的三维应力插值技术,利用 ANSYS 中的 B 样条曲线拟合变形后的自由面,将 RITSS 方法推广到三维问题,并通过一些算例验证了三维 RITSS 方法的稳定性和可靠性。

开发了一种基于 Herrmann 原则的弹塑性节点节理单元来模拟土与基础的接触面。假定节点 1 和 2 分别是土体和结构单元上的节点,它们具有相同的坐标,如图 9-1-5 所示。节理元的法向和切向分别用弹簧连接,刚度分别为 k_n 和 k_τ,切向弹簧满足莫尔-库仑准则,界面的莫尔-库仑参数为 c 和 φ,则单元的变形能 Π 可以表示为:

$$\left.\begin{aligned} \Pi &= (k_\tau d_X^2 + k_\tau d_Y^2 + k_n d_Z^2)/2 \quad (\text{屈服前}) \\ \Pi &= k_n d_Z^2/2 - k_n d_Z \tan\varphi \sqrt{d_X^2 + d_Y^2} \quad (\text{屈服后}) \end{aligned}\right\} \tag{9-1-3}$$

式中,d_X,d_Y,d_Z 分别为节点 1 与节点 2 在局部坐标系下的相对位移。由势能最小化得到单元的刚度矩阵和结点力向量分别加到总体平衡方程的两边。受压时,设置法向弹簧刚度为一个极大值来约束材料嵌入;受拉时,法向刚度设为零以允许材料分离。土与结构之间的摩擦通过切向弹簧的抗剪切强度 τ 来控制,用 $\tau=0$ 模拟光滑接触面,$\tau=c$ 模拟粗糙接触面(其中 c 为黏聚力)。

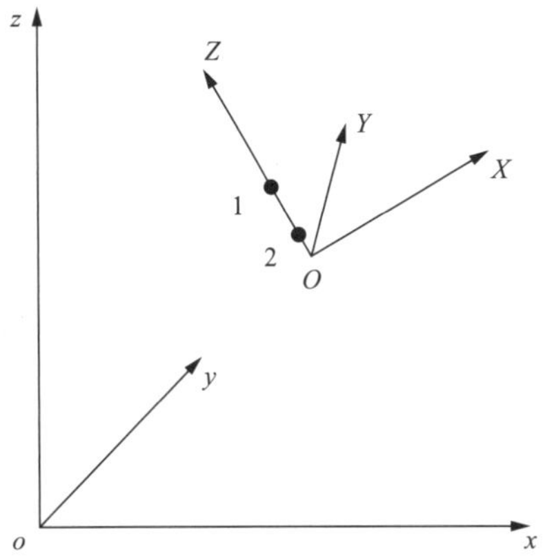

图 9-1-5　三维节点节理元

对于不排水弹塑性地基承载力问题，所有土体单元都是近乎不可压缩的。对于不可压缩材料，泊松比 $\nu \to 0.5$，体积应变 $\varepsilon_v \to 0$，但常规有限元不能保证体积应变为零，这时将会出现体积闭锁现象。目前，国内外学者已提出不少解决体积闭锁问题的方法，例如减缩积分或减缩/选择积分法、罚函数法、混合/杂交/非协调元法等，其中减缩积分法的应用较多。体积闭锁现象在土木工程计算中常常导致极限承载力被大幅度高估甚至得不到极限承载力的情况。Sloan 和 Randolph[52] 给出了一种判断单元是否适合不可压缩土工问题的原则，并分析了不同类型二维单元的适用性。Bell 等[53] 采用类似的原则分析了不同类型三维单元的适用性，并指出常规单元中只有 2 次以上四面体单元才适用于计算不可压缩弹塑性材料。Los 等[54] 给出了一种改进三维 10 节点四面体单元使之适用于不可压缩材料的方法。Taiebat 和 Carter[55] 给出了 8 节点六面体单元的非协调模式，并指出这种非协调单元同 20 节点六面体单元都能够在基础承载力问题中得到比较精确的结果。

为了能够准确地得到地基极限承载力，考察了 10 节点四面体单元、结构化的和非结构化的六面体单元，对其中六面体单元又考察了文献中提到的 8 节点非协调模式以及 20 节点常规模式，共 5 种单元形式。相对于四面体单元，结构化六面体单元一般具有较高的计算精度。但结构化的六面体网格自动生成算法还没有很好地实现，一般还是采用映射法。但对于复杂的计算问题，尤其是大变形问题，因自由面形状变化剧烈，所以映射法剖分网格往往无法实现。比较而言，四面体网格的自动生成算法已很成熟，可以应用的程序很多。如果将四面体单元按照图 9-1-6 的方式分解成 4 个六面体，则可以实现全自动剖分的非结构化六面体网格。

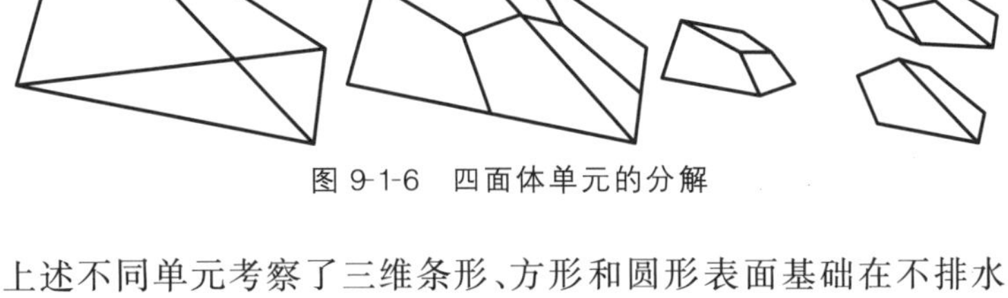

图 9-1-6　四面体单元的分解

本节采用上述不同单元考察了三维条形、方形和圆形表面基础在不排水黏土地基上的承载力，计算网格如图 9-1-7 所示。土体单元采用弹性-完全塑性模型，屈服准则采用 Tresca 准则。由于是不排水分析，所以摩擦角和剪胀角均取 0，泊松比取 0.49。弹性模量 E 与黏聚力 c 的比取 $E/c=500$。计算中没有考虑土体重量，基础假定为刚性基础。基础与土体单元之间施加上文所述的节点节理单元。土体计算范围在 3 个方向都取为基础宽度的 10 倍（条形基础在 z 方向取单位宽度）。

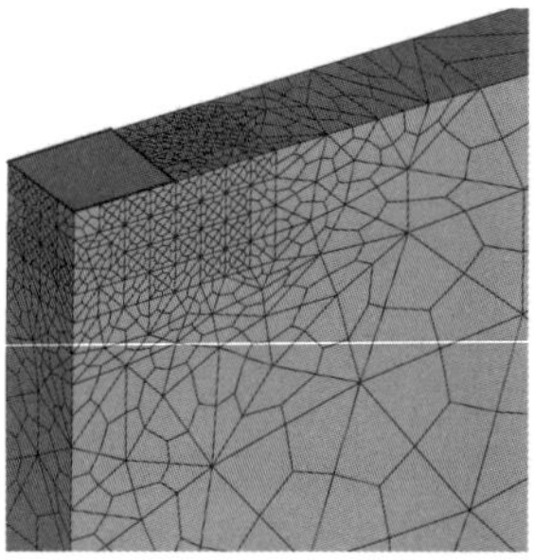

（a）条形基础（非结构化六面体网格）

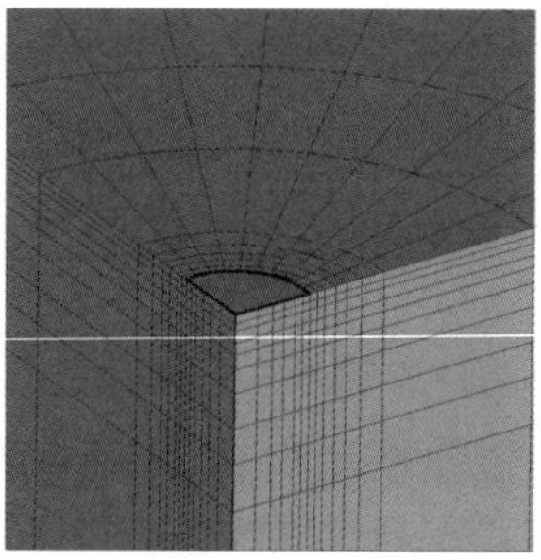

（b）圆形基础（结构化六面体网格）

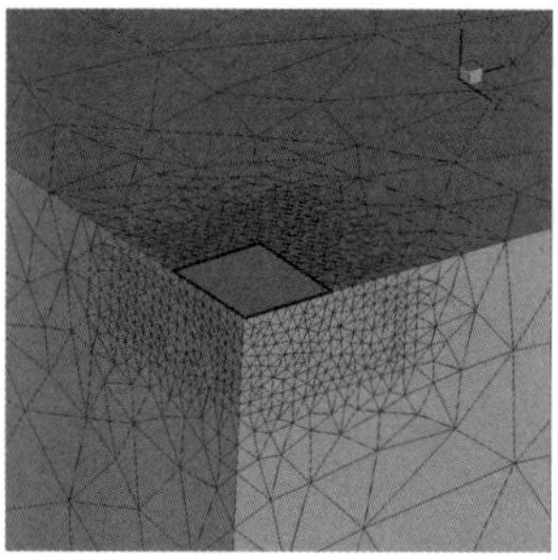

（c）方形基础（非结构化10节点四面体网格）

图 9-1-7　不同网格形式

采用不同单元类型计算得到的基础承载力结果如图 9-1-8 和表 9-1-2 所示。可以看出，对条形基础来说，5 种单元类型都可以得到极限承载力系数（理论解为 5.14）。但对于方形和圆形基础，只有 20 节点六面体单元可以得到比较准确的极限承载力（本小节计算圆形基础承载力系数为 6.21，仅比理论解 6.05 高 2.6%），结构化网格和非结构化网格的计算结果基本相同。虽然结构化网格的节点数要少于非结构化网格的节点数，但结构化网格的全自动生成比较困难，一般需要很多的人为干预，很难应用到大变形分析中。因此，对于大变形分析来说，采用非结构化的 20 节点六面体单元是可行的，既可以满足计算精度的要求，又可以实现全自动的网格生成。

本研究的程序开发是在已有的大变形有限元程序包的基础上进行的，该程序已有 8 年的开发经验积累，经过了大量的验证，已在自升式海洋平台基础的安装过程分析、深海锚板基础的安装过程分析、筒形基础的承载力分析、边坡的失稳滑移过程分析等方面得到了广泛的应用。该程序包括 3 个模块：前处理模块、计算分析模块、后处理模块。前处理是大变形自动计算的关键一环。前处理模块能快速生成二维和三维网格并能跟踪物理边界以及材料边界的变化过程，依据变形后的边界自动生成新的网格，无须人为干预。计算分析模块是核心，它包括多种本构模型（线弹性模型、理想弹塑性模型、剑桥模型、莫尔-库仑模型、MIT-S1

模型等)以及多种单元类型(杆单元、平面实体单元、三维实体单元、接触单元等)。RITSS 大变形计算前处理及后处理程序界面如图 9-1-9 所示。

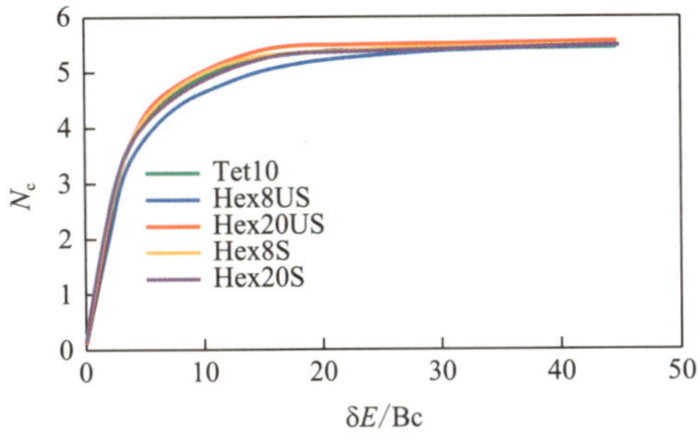

(a) 条形基础

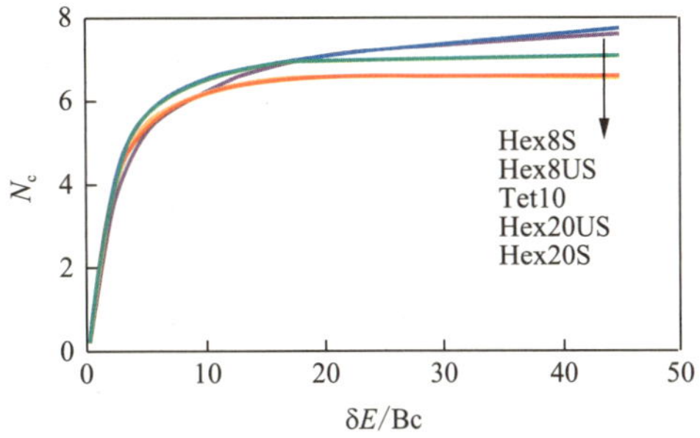

(b) 圆形基础

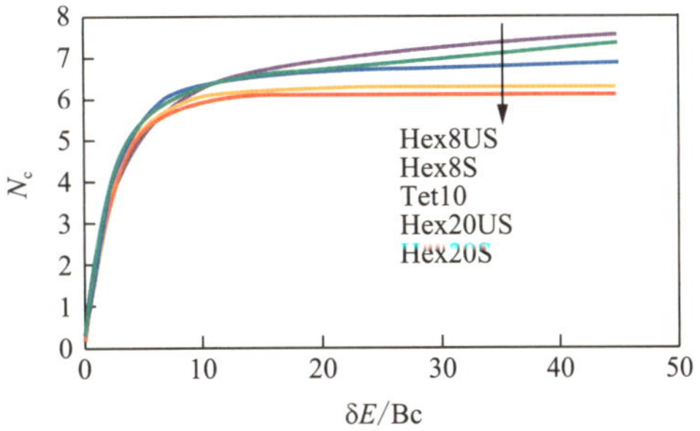

(c) 方形基础

US—非结构化网格;S—结构化网格;Tet10—10 节点四面体单元;

Hex8—8 节点非协调模式六面体单元;Hex20—20 节点常规六面体单元。

图 9-1-8　归一化承载力系数-位移曲线

表 9-1-2　承载力系数、单元类型和节点数比较

项　目		Tet10	Hex8US	Hex20US	Hex8S	Hex20S
条形基础	节点数	41 201	23 770	46 664	456	1 520
	单元数	29 518	20 735	10 783	206	225
	N_c	5.37	5.34	5.20	5.31	5.27
圆形基础	节点数	23 600	22 840	27 341	2 508	9 386
	单元数	16 775	20 047	6 299	1 997	2 133
	N_c	6.66	7.16	6.21	7.28	6.21
方形基础	节点数	31 088	24 204	27 784	3 806	14 430
	单元数	22 212	21 337	6 409	3 121	3 205
	N_c	6.42	7.13	5.91	6.91	5.84

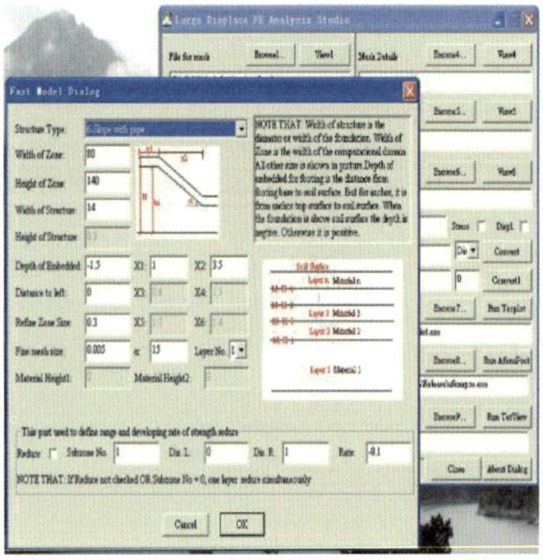

（a）前处理窗口

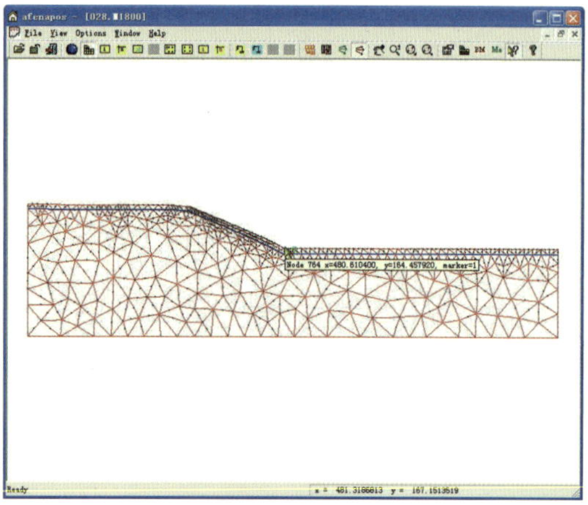

（b）后处理窗口

图 9-1-9　RITSS 大变形计算前后处理程序界面

9.1.4　大变形分析过程

随着基础的贯入，地基表面起伏越来越不规则，且难以自动拟合，这也是三维大变形分析的一个难点。本节利用 ANSYS 程序实现了不规则边界自动追踪和网格自动剖分。三维大变形分析的主要过程如下：

（1）生成优化的初始网格。

（2）进行 n 步小变形计算。

（3）更新计算域边界，用一系列 B 样条曲线拟合土体表面，再用 ANSYS 程序中的 ASKIN 命令生成曲面，最后剖分整个计算域，如图 9-1-10 所示。

（4）将旧网格中的应力变量和材料参数插值到新网格中。

（5）检查位移是否达到指定要求。如果是，则中止计算，否则回到步骤(2)。

在每一次重划网格周期内要进行 n 步小变形计算，控制 n 步计算的累积位移小于单元最小边长的一半。

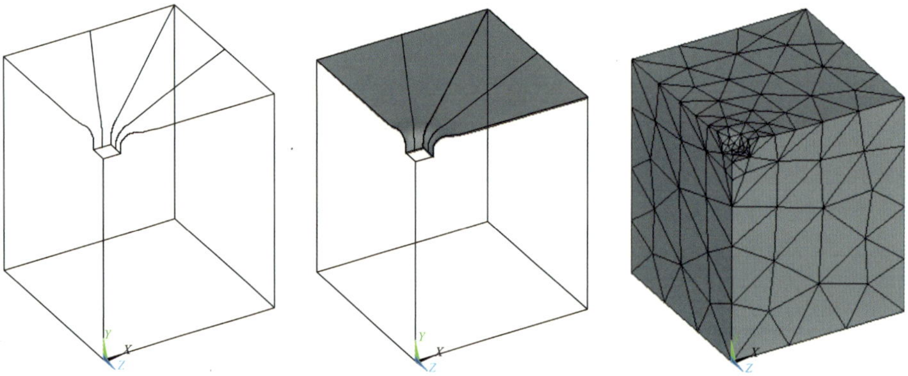

图 9-1-10　利用 ANSYS 生成新网格

在大变形分析的步骤(4)中，新网格高斯点上的应力变量(目标域)将由已知旧网格高斯点或节点应力(源域)插值得到。对于 20 节点六面体单元，每个单元有 8 个高斯点，应力在单元内线性分布但在单元之间不连续。注意，高斯点应力比节点应力具有更高一阶的精度。考虑到这些因素，考察了如下 4 种插值方法。

(1) 节点过渡法(node transition method，NTM)。首先由旧网格高斯点应力外推得到旧网格节点应力场；其次判断新网格的节点在旧网格中的哪个单元内，由旧网格节点应力场内插得到新网格节点应力；最后由新网格节点应力场内插得到新网格高斯点应力。新网格节点在应力传递过程中起过渡作用，因此得名。

(2) 距离倒数加权平均法(inverse distance algorithm，IDA)。这是一种应用非常广泛的插值方法，目标应力场 ϕ_d 由旧网格中邻近的高斯点应力 ϕ_r 按距离平方的倒数加权平均得到，即

$$\phi_d = \frac{\sum(\omega_r\phi_r)}{\sum\omega_r} \tag{9-1-4}$$

式中，ω_r 为权重系数。

$$\omega_r = d^{-e} \tag{9-1-5}$$

式中，d 为两点间距离，指数 e 取 2.0。

(3) 分片超收敛磨平法(superconvergent patch recovery method，SPR)。假定目标应力场函数 $\boldsymbol{\sigma}_p^*$ 为坐标多项式展开函数，即

$$\boldsymbol{\sigma}_p^* = \boldsymbol{Pa} \tag{9-1-6}$$

式中，$\boldsymbol{P}$ 为多项式向量，$\boldsymbol{a}$ 为一组待定系数。这里采用类似 Zienkiewicz 和 Zhu 给出的多项式向量 $\boldsymbol{P}$，即

$$\boldsymbol{P} = [1, x, y, z, xy, yz, zx, xyz] \tag{9-1-7}$$

待定系数 $\boldsymbol{a}$ 可由片内距离最近的 8 个源高斯点通过最小二乘法得到，这样便得到整个目标域应力场。

(4) 特定单元分区法(unique element divisional method，UED)。该方法从 Hu 和 Randolph 给出的二维 MUED(modified form of the unique element method)方法推广得到，其优点是较大程度地利用了具有高阶精度的高斯点，并且尽量避免了外推，过程如下：

① 用单元形函数外推并平均的方法得到旧网格节点应力。

② 找到目标高斯点在旧网格中所在的单元。

③ 进一步判断该目标高斯点在该单元中的位置。如图 9-1-11 所示，8 个高斯点和 8 个角节点将六面体单元分为 7 个部分。如果目标高斯点在由 8 个高斯点组成的块体内(图 9-1-11 中位于中心的块体)，则可由这 8 个高斯点内插得到该点应力；如果不在中心块体内，则必包含于某个由 4 个高斯点(例如 A,B,C,D)和 4 个节点(相应为 E,F,G,H)组成的块体内。进一步判断该目标高斯点是否位于 $ABCDabcd$ 块体内，其中 a,b,c 和 d 为邻近单元的 4 个对应高斯点。如果是，则由 $ABCDabcd$ 插值得到高斯点的应力，否则由 $ABCDEFGH$ 插值得到高斯点的应力。

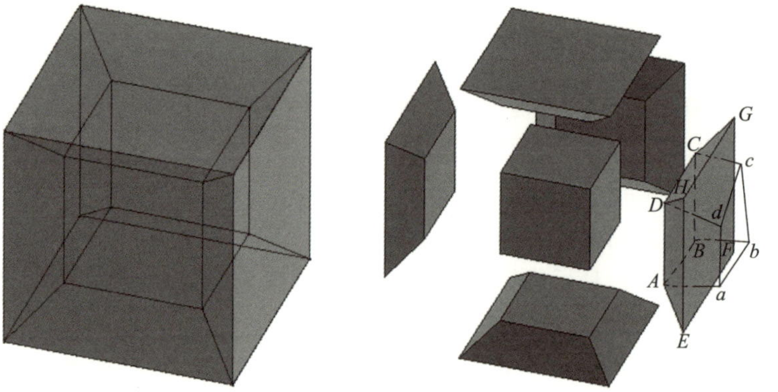

图 9-1-11　六面体单元分成 7 个部分(最前面一部分隐去)

图 9-1-12 给出了分别采用以上 4 种方法进行插值得到的承载力系数-位移曲线。由于进行插值方法测试时选用较粗糙的网格，归一化有限元计算步长 $\delta(Inc/B)$ 取稍大的数值，所以承载力系数-位移曲线波动较大，便于比较。由图 9-1-12 可以看出，每次插值后承载力系数-位移曲线都有明显的波动，这是因为节点力的平衡被重划分网格和应力插值打乱了。新网格中每个单元的高斯点有可能位于旧网格不同的单元之中，因此几种插值方法都没有考虑单元力的平衡和整体力的平衡。从图 9-1-12 中还可以看出，NTM 法波动最大幅度为 45%，而且不稳定。这是因为 NTM 方法在得到旧网格应力场的时候采用外推的方法，精度得不到保证。其他 3 种方法的承载力系数-位移曲线近似，波动均比较稳定，增幅均约为

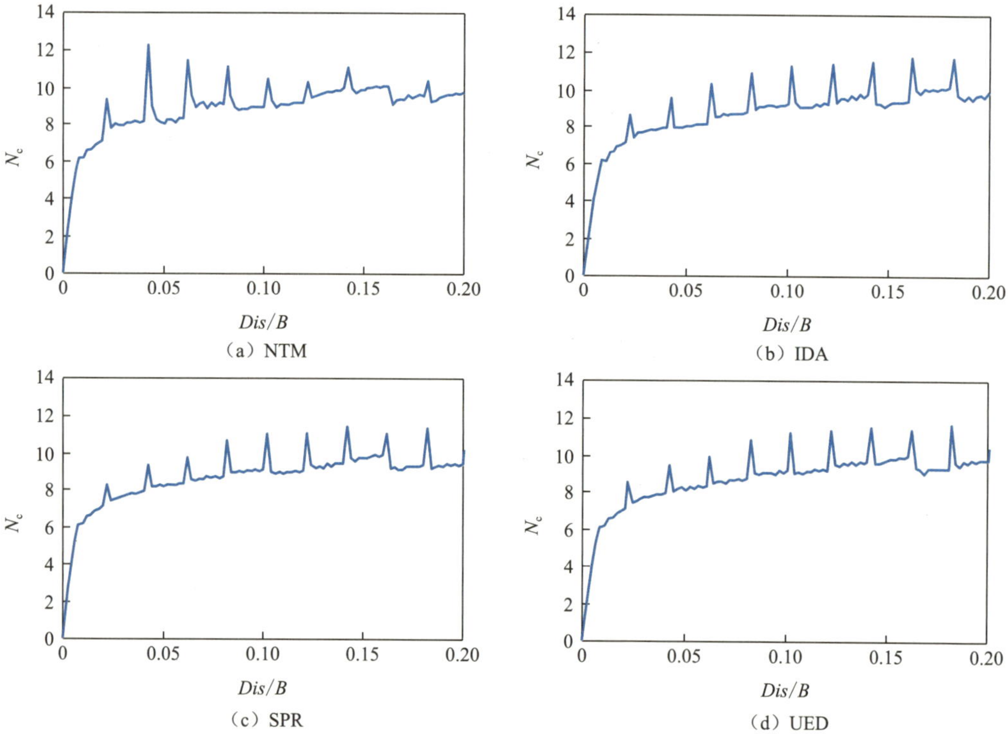

图 9-1-12　4 种插值方法计算结果比较

20%。IDA 方法按距离选取插值源点，选点位置不确定，不能完全保证内插，无法保证插值精度（尤其在边界处）。SPR 方法需要解方程组，大大增加了计算时间。UED 方法给出了比较可靠和稳定的结果，而且保证选取插值源点位于目标点所在单元或邻近单元内，稳定性好，计算效率较 SPR 方法要高。因此，本节的大变形分析均采用 UED 方法进行插值。

图 9-1-13 比较了相同归一化增量步长 $\delta=0.002$、不同重剖分间隔 Δ 时的计算结果。可以看出，两组曲线整体趋势几乎一致，跳跃幅度不相上下，可认为重剖分间隔对计算结果影响很小。这与二维 RITSS 方法的结论一致。图 9-1-13 中的曲线整体趋势较稳定，因此重剖分间隔 $\Delta=0.02$ 可以满足大变形分析的需要。

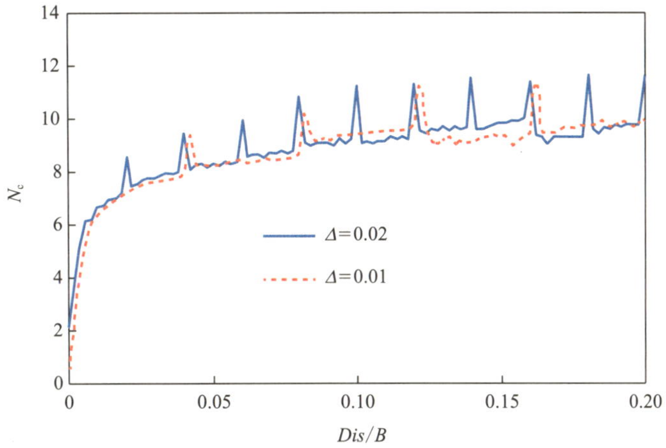

图 9-1-13　不同重剖分间隔的影响

图 9-1-14 比较了重剖分间隔 Δ 保持不变时不同增量步长 δ 的计算结果。可以看出，步长 δ 对承载力系数-位移曲线的跳跃幅度有较大影响，δ 越小，跳跃幅度越小。这是合理的现象，因为 δ 越小，重划分网格之后产生的不平衡力修正得越快。从图 9-1-14 中还可以看出，δ 对承载力系数曲线的总体趋势也有一定的影响，δ 越小，计算结果越精确，但计算量成倍增加。

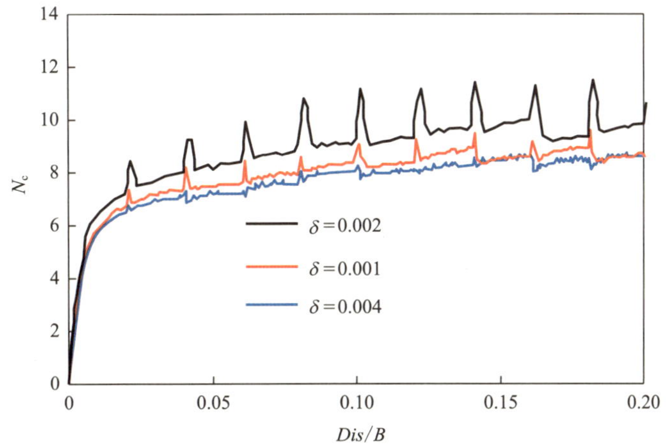

图 9-1-14　不同计算增量步长的影响

网格密度也是影响计算精度的重要因素。网格越密，精度越高，但计算效率越低。尤其对于三维问题，计算效率是必须考虑的因素。方形基础的计算网格是这样得到的：先生成粗糙的网格，再加密基础所在的面。图 9-1-15 比较了 4 种不同密度的网格计算得到的承载力系数-位移曲线。4 种不同加密策略网格的详细信息见表 9-1-3。

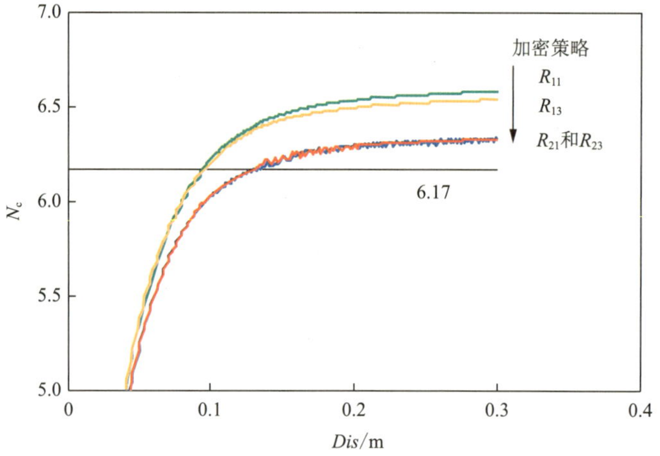

图 9-1-15 网格密度的影响

表 9-1-3 网格密度测试结果

加密策略	R_{11}	R_{13}	R_{21}	R_{23}
加密等级 l	1	1	2	2
加密深度 d	1	3	1	3
节点数/个	13 991	23 817	24 134	54 425
h_{min}/B	1/16	1/16	1/24	1/24
N_c	6.60	6.52	6.35	6.35
误差(相对于 6.17)/%	6.0	5.7	2.9	2.9

网格密度由 Rld 控制，其中参数 l 表示加密等级，控制加密面邻近单元的边长(h_{min})；参数 d 为加密深度。表 9-1-3 中的加密范围为由该面向外的 d 个单元长度。网格密度测试采用小变形计算。采用 Hansen 的形状系数，得到的方形基础承载力系数 $N_c=6.17$。假定 N_c 为准确解，则可以看出加密等级 l 对承载力计算结果有一定的影响。由表 9-1-3 还可以看出，R_{21} 的精度比 R_{11} 提高了近 3%。而对于 l 相同的情况，R_{13} 的精度仅比 R_{11} 提高了 0.3%，但网格节点数却增加了近一倍。而 R_{21} 和 R_{23} 的计算结果基本重合。对比结果表明，计算精度主要取决于基础附近较小范围内的网格密度，加密深度取 $d=1$ 就可以了。R_{21} 的计算误差只有 2.9%，可以达到数值分析的精度要求。综合衡量精度和效率，对于 20 节点六面体网格，推荐归一化增量步长 δ 和最小单元尺寸 h_{min} 满足：

$$\delta = Inc/B \leqslant 0.000\,4 \tag{9-1-8}$$

$$h_{min}/B \leqslant 0.042 \tag{9-1-9}$$

式中，Inc 为有限元计算增量步长，B 为基础宽度。

9.1.5　水合物分解对海底斜坡变形和稳定性的影响

采用有限元应力释放法，考虑水合物分解过程中密度、模量和强度的变化，对含水合物层斜坡进行应力和变形分析。图 9-1-16 为计算的斜坡模型尺寸示意图，其中水合物层厚度为 95 m，上覆黏土层厚度为 5 m，坡比为 1∶2。

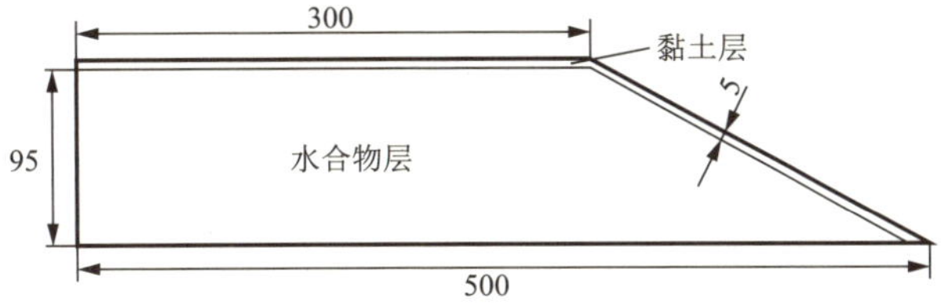

图 9-1-16　计算模型示意图(单位：m)

表 9-1-4 给出了数值模拟的计算工况。计算模型网格如图 9-1-17 所示。下面针对计算模型中不同位置特征点(A,B,C)的位移情况，说明水合物分解导致的密度、模量和强度变化对斜坡稳定性的影响规律。

表 9-1-4　计算工况

工　况	模量软化	强度衰减
1	考　虑	考　虑
2	考　虑	不考虑
3	不考虑	考　虑

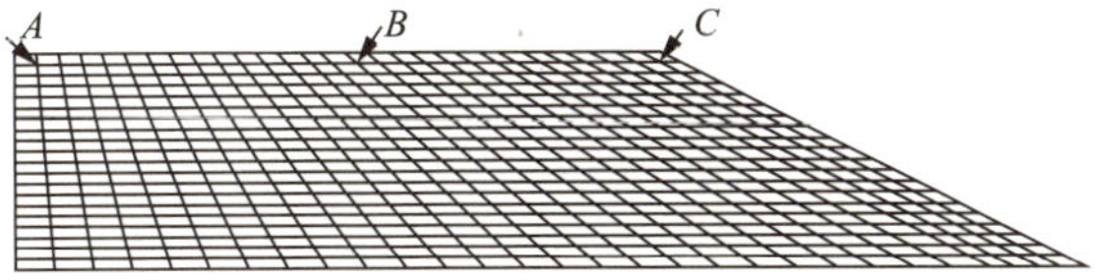

图 9-1-17　计算模型网格图

图 9-1-18 为水合物分解过程中弹性模量、内摩擦角和密度的变化规律。计算共分为 20 步，假定随计算步数按线性规律变化，上覆土层参数取为 $\rho=1.98\ \mathrm{g/cm^3}$，$\varphi=30°$，$c=10\ \mathrm{kPa}$。

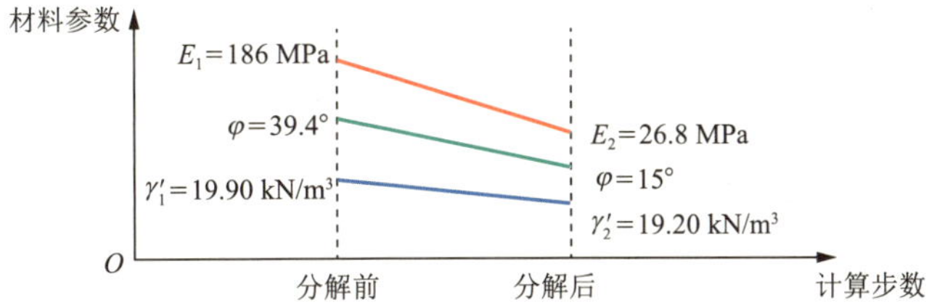

图 9-1-18　材料参数变化规律

图 9-1-19 和图 9-1-20 给出了水合物分解过程中不同模量和强度时斜坡水平和竖向位移等值线图，可以看出，斜坡水平和竖向位移均随着水合物的模量软化和强度衰减而增大。图 9-1-21 给出了不同计算步时斜坡的位移矢量图，可以看出，随着水合物的分解，斜坡逐渐出现滑动。

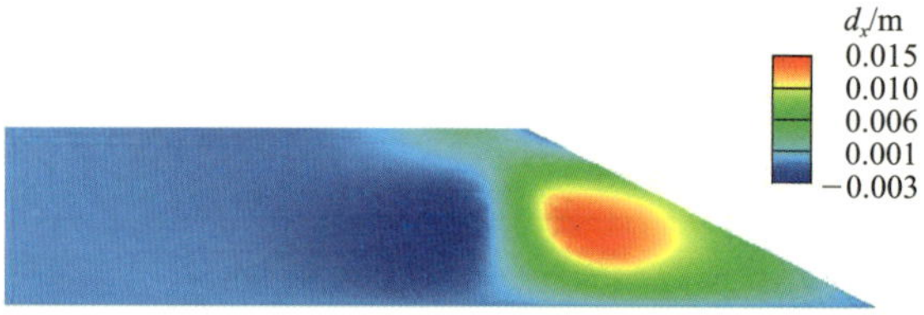

（a）计算第5步（E=152.3 MPa，ρ =1.967 g/cm³，φ =34.3°）

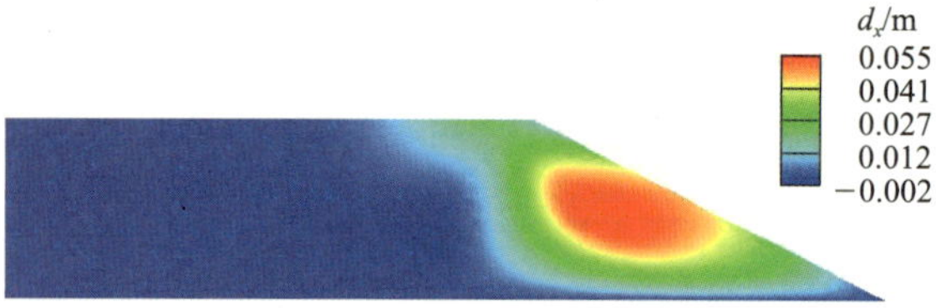

（b）计算第10步（E=110.2 MPa，ρ =1.951 g/cm³，φ =27.8°）

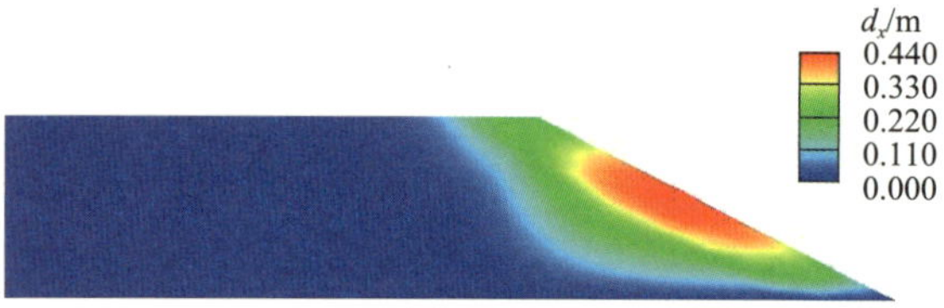

（c）计算第15步（E=68.12 MPa，ρ =1.935 g/cm³，φ =21.4°）

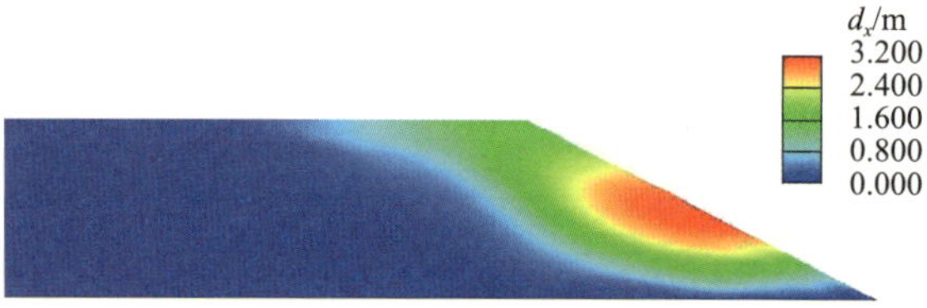

（d）计算第20步（E=26 MPa，ρ =1.920 g/cm³，φ =15°）

图 9-1-19　斜坡水平位移随水合物分解变化规律

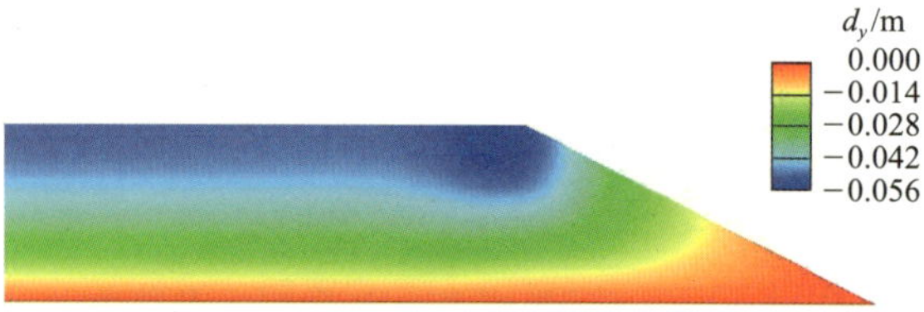

（a）计算第5步（E=152.3 MPa，ρ =1.967 g/cm³，φ =34.3°）

图 9-1-20　斜坡竖向位移随水合物分解变化规律

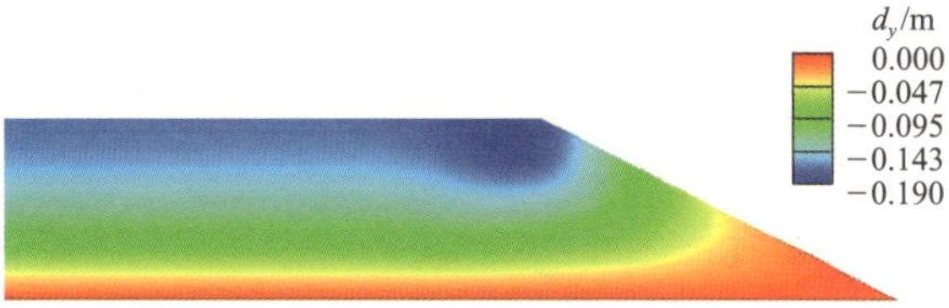

(b) 计算第10步 (E=110.2 MPa, ρ =1.951 g/cm³, φ =27.8°)

(c) 计算第15步 (E=68.12 MPa, ρ =1.935 g/cm³, φ =21.4°)

(d) 计算第20步 (E=26 MPa, ρ =1.920 g/cm³, φ =15°)

图 9-1-20(续) 斜坡竖向位移随水合物分解变化规律

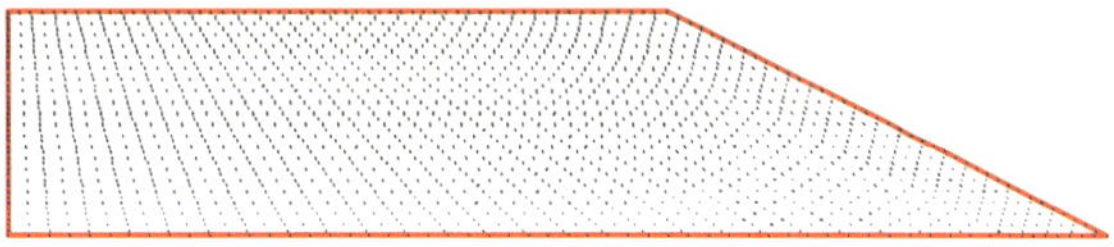

(a) 计算第5步 (E=152.3 MPa, ρ =1.967 g/cm³, φ =34.3°)

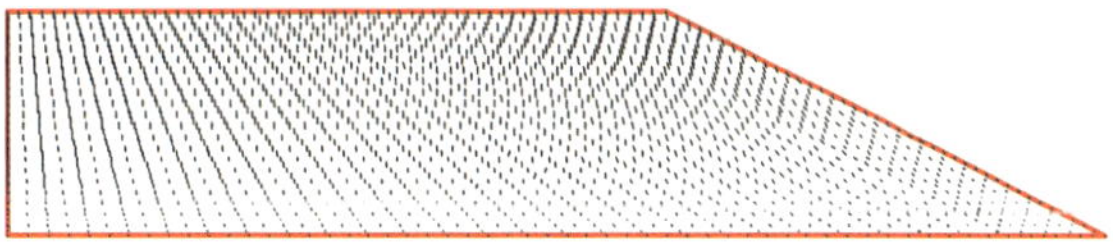

(b) 计算第10步 (E=110.2 MPa, ρ =1.951 g/cm³, φ =27.8°)

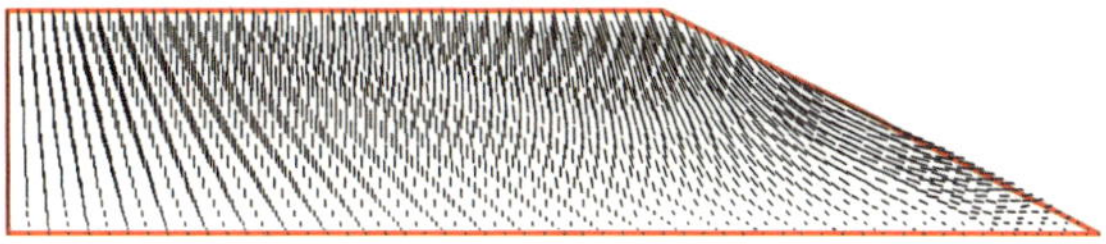

(c) 计算第15步 (E=68.12 MPa, ρ =1.935 g/cm³, φ =21.4°)

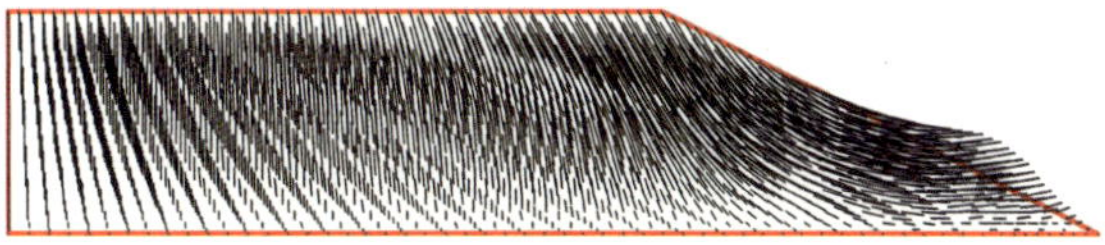

(d) 计算第20步 (E=26 MPa, ρ =1.92 g/cm³, φ =15°)

图 9-1-21 斜坡位移矢量图

图 9-1-22 和图 9-1-23 为计算模型中 A,B,C 点的水平位移及竖向位移和计算步数的关系曲线。可以看出,A 点(距坡顶 300 m)基本未发生水平位移,变形主要表现为竖向沉降;

B 点(距坡顶 150 m)竖向位移与 *A* 点基本一致，但发生了 0.3 m 左右的水平位移；而位于坡顶的 *C* 点随着水合物的分解其水平位移和竖向位移均有较大的增长。

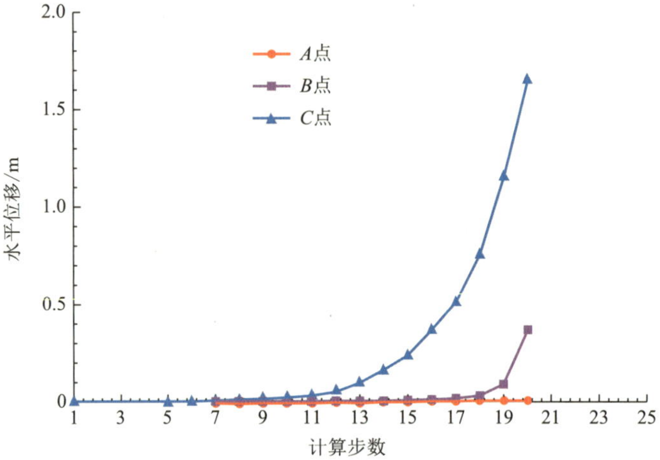

图 9-1-22　关键点水平位移(同时考虑密度降低、模量软化、强度衰减)

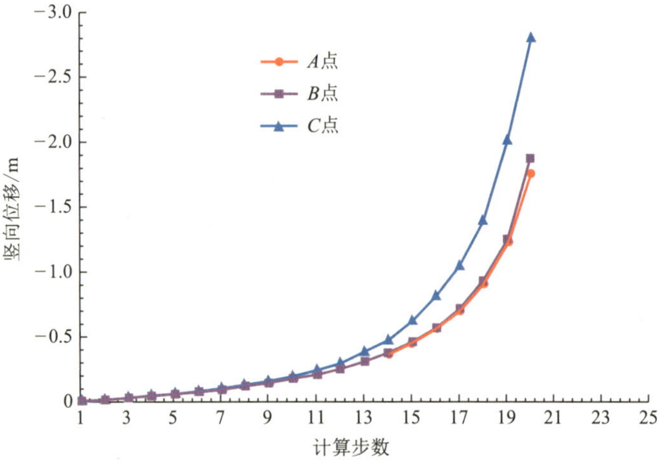

图 9-1-23　关键点竖向位移(同时考虑密度降低、模量软化、强度衰减)

图 9-1-24 和图 9-1-25 分别给出了表 9-1-4 中不同计算工况下的斜坡水平位移和竖向位移等值线。从图 9-1-24 和图 9-1-25 中可以看出，同时考虑模量软化和强度衰减时，第 10 步计算得到的最大水平位移为 0.055 m，此时仅考虑模量软化和仅考虑强度衰减计算得到的最大水平位移分别为 0.01 m 和 0.05 m；同时考虑模量软化和强度衰减时，第 10 步计算得到的最大竖向位移为 0.19 m，此时仅考虑模量软化和仅考虑强度衰减计算得到的最大竖向位移分别为 0.145 m 和 0.042 m。上述结果表明，水合物分解导致的强度衰减和模量软化分别是斜坡发生水平位移和竖向沉降的主要原因。

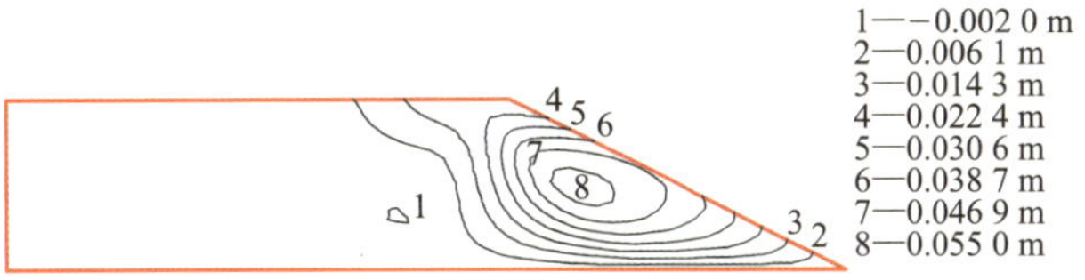

（a）同时考虑模量软化、强度衰减计算第10步

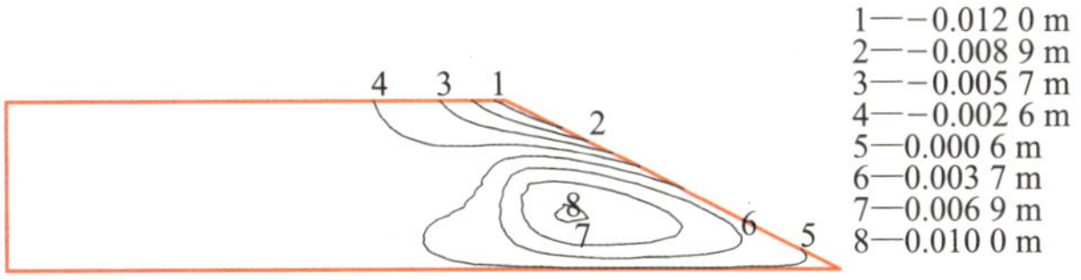

（b）仅考虑模量软化计算第10步

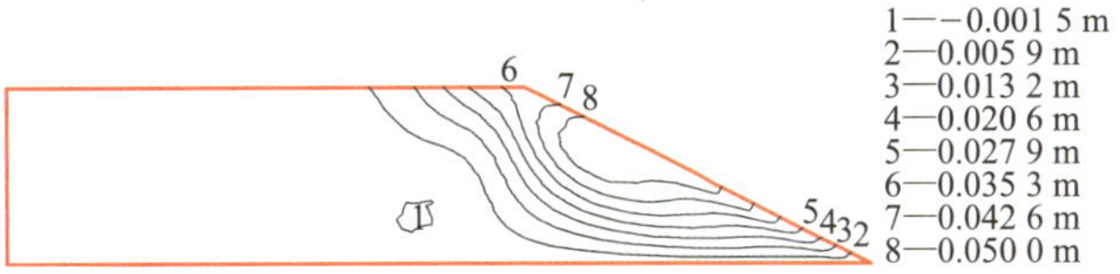

（c）仅考虑强度衰减计算第10步

图 9-1-24　不同工况下模型水平位移等值线

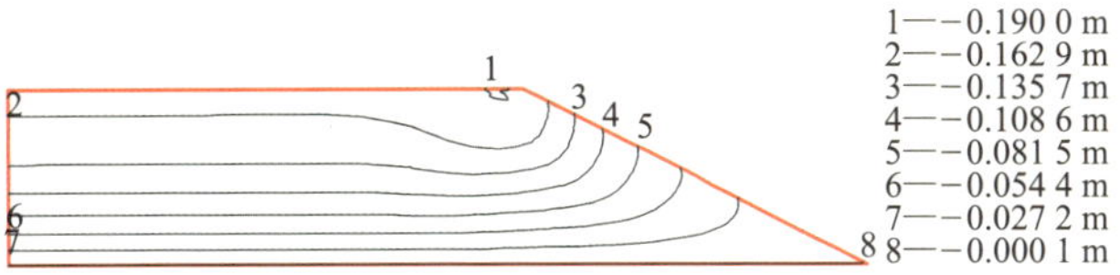

（a）同时考虑模量软化、强度衰减计算第10步

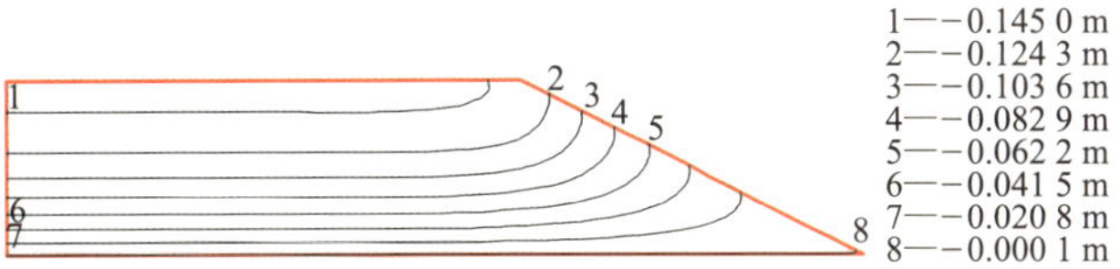

（b）仅考虑模量软化计算第10步

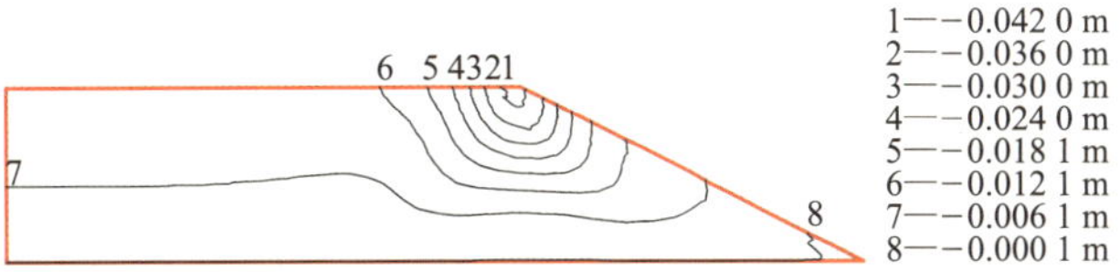

（c）仅考虑强度衰减时计算第10步

图 9-1-25　不同工况下模型竖向位移等值线

计算时设定每步不平衡力<1%为收敛标准，当迭代 500 步时，若不平衡力仍大于 1%，则认为该步计算不收敛，斜坡发生破坏。图 9-1-26 给出了表 9-1-4 中工况 1 计算时每步计算收敛的迭代步数与计算步数的关系。从图中可以看出，计算到第 14 步时，收敛的迭代步数从 32 步增加到 151 步，第 15 步不再收敛。根据第 13 步($E=85$ MPa，$\rho=1.942$ g/cm^3，$\varphi=24°$)和第 14 步($E=76.5$ MPa，$\rho=1.939$ g/cm^3，$\varphi=22.7°$)时水合物层弹性模量、密度和内摩擦角，采用极限平衡简化 Bishop 法计算斜坡安全系数分别为 1.025 和 0.98，此时斜坡处于临界失稳状态，说明可以根据收敛所需迭代步数来判断斜坡是否达到极限平衡状态。这也表明本研究开发的有限元程序不仅可以分析水合物分解对海底基础应力和变形的影

响,还可以用于判别海底边坡的稳定分析。图 9-1-27 和图 9-1-28 给出了临界滑弧与水平位移等值线分布,可以看到临界滑弧的穿过部分,斜坡水平位移达到 15 cm 左右。图 9-1-29 为第 14 步网格变形图,可以认为此时已发生滑移破坏。

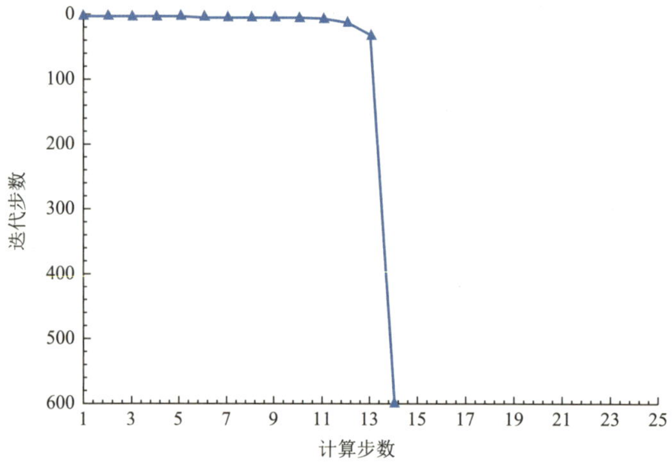

图 9-1-26 每步计算收敛所需迭代步数(同时考虑密度降低、模量软化、强度衰减)

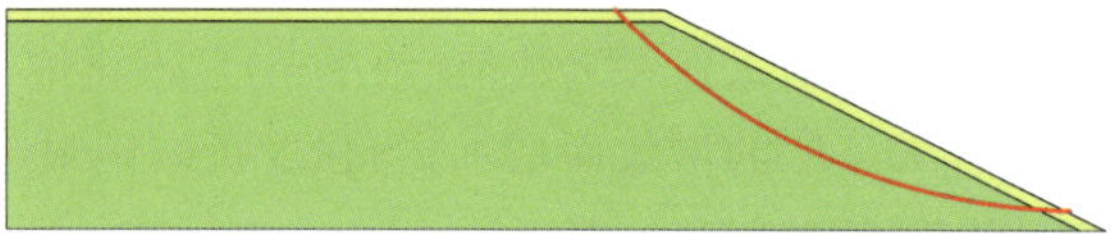

图 9-1-27 Bishop 法计算得到的临界滑弧位置

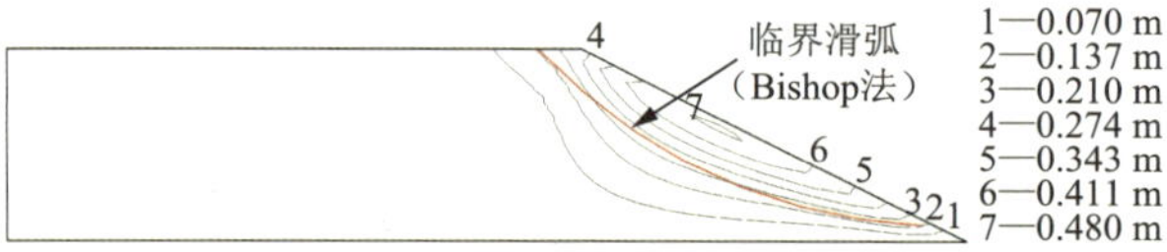

图 9-1-28 第 14 步位移等值线与临界滑弧

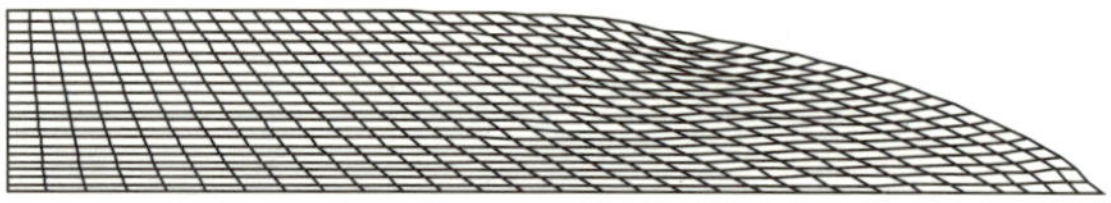

图 9-1-29 第 14 步网格变形图(放大 50 倍)

9.1.6 大变形边坡流滑

采用大变形方法模拟海底水合物边坡由于水合物分解导致强度降低产生滑坡的过程。所算边坡如图 9-1-30 所示。边坡右侧留有足够的流滑距离。海底边坡强度参数见表 9-1-5。

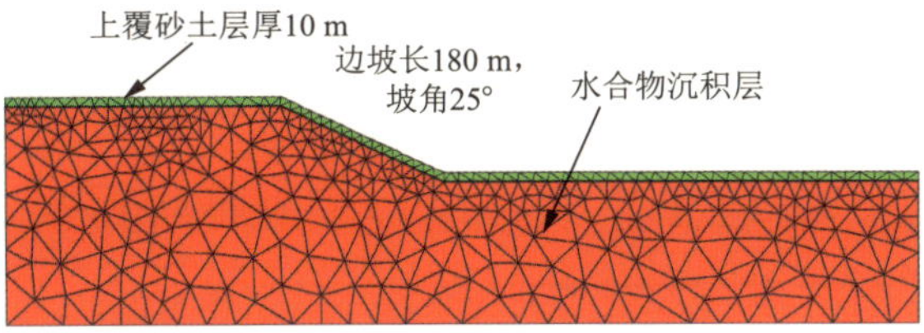

图 9-1-30　海底边坡网格剖分

表 9-1-5　海底边坡强度参数

项　目	E/MPa	ν	φ/(°)	c/MPa	γ'/(kN·m^{-3})
水合物分解前	186	0.2	30	0	9.8
水合物分解后	26.8	0.2	15	0	9.2
上覆砂土	18.9	0.2	30	0	9.8

图 9-1-31 给出了随着水合物分解（模量和强度参数折减）过程中边坡关键位置处的变形情况。图中，E_0 为水合物初始弹性模量，E 为水合物折减一定程度后的当前弹性模量，例如 $E_0/E=7$ 意味着当前模量折减为初始模量的 1/7。由图 9-1-32 可以看出，随着水合物的分解，海底地层整体发生一定的竖向位移；左边界处竖向位移同弹性模量折减程度近似呈线性关系；坡脚处竖向位移在折减初期达到一定数值（约 1 m）后不再继续增加，而是转为水平流滑，且水平流滑的距离随着 E_0/E 的增大而增加；当强度折减到最终值（$E=26.8$ MPa，$\varphi=15°$）时，水平流滑距离可达坡高的 31%。

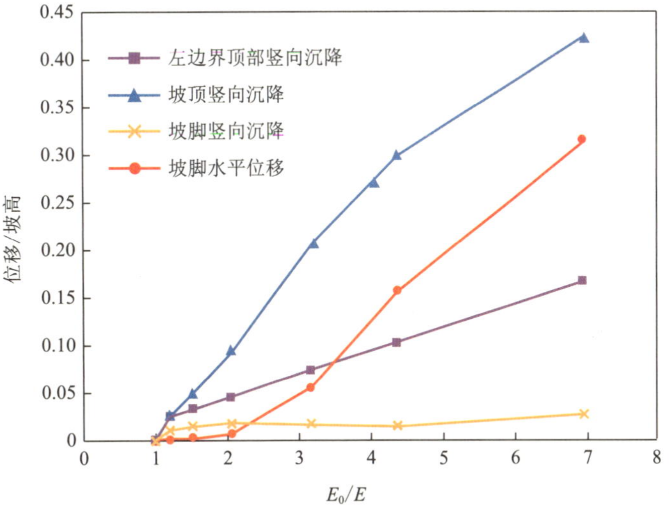

图 9-1-31　边坡关键位置位移

图 9-1-32 给出了海底边坡的流滑过程。随着下层水合物的分解，水合物材料强度参数和模量均线性折减。当内摩擦角折减至小于边坡天然休止角时，边坡开始逐渐呈现较明显的滑动。图 9-1-32(a) 虽然已经折减至小于坡角 25°，但由于上覆薄层砂土的加固作用，边坡并没有呈现明显的滑裂面；当水合物内摩擦角折减至 $\varphi=21.4°$ 时，如图 9-1-32(b) 所示，坡

顶处的土体开始有向下滑动的趋势；当水合物内摩擦角折减到 $\varphi=18.3°$ 时，可以看出明显的圆弧滑动面(图 9-1-32c)；当水合物摩擦角折减至最终状态($\varphi=15°$)时，边坡发生较大的水平滑移，此时坡角约为 17°。

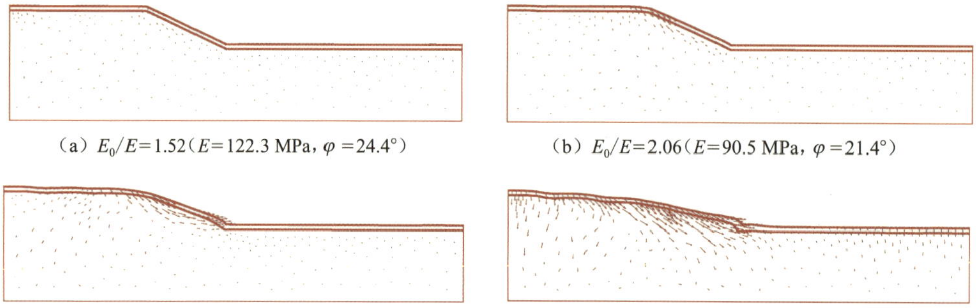

(a) $E_0/E=1.52(E=122.3$ MPa, $\varphi=24.4°)$　(b) $E_0/E=2.06(E=90.5$ MPa, $\varphi=21.4°)$

(c) $E_0/E=3.17(E=58.6$ MPa, $\varphi=18.3°)$　(d) $E_0/E=6.94(E=26$ MPa, $\varphi=15°)$

图 9-1-32　边坡整体变形

9.2　天然气水合物分解对桩基应力和变形的影响

9.2.1　天然气水合物分解对桩基土变形的影响

9.2.1.1　有限应力法分析

采用有限元应力释放法，考虑水合物分解过程中密度、模量和强度的变化，分析水合物分解对桩基变形的影响规律。计算考虑了混凝土桩底部位于水合物层和穿过水合物层两种工况。图 9-2-1 为计算模型尺寸示意图，其中水合物层厚度为 30 m，上部和下部假定为黏土层，厚度均为 30 m。

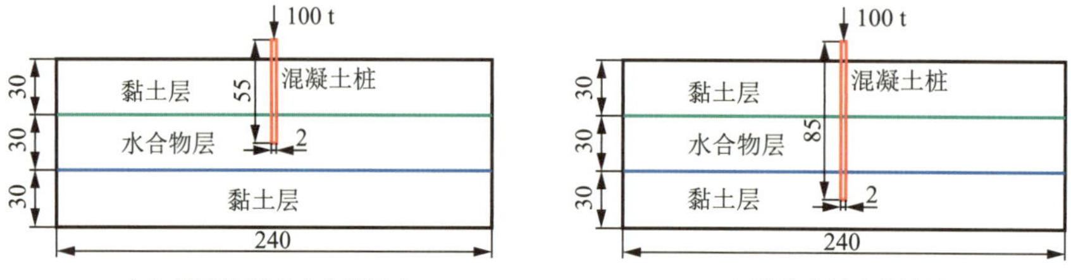

(a) 桩底放置在水合物层中　(b) 桩底穿过水合物层

图 9-2-1　计算模型示意图(单位:m)

水合物分解过程中模量、摩擦角和重度的变化规律如图 9-1-18 所示，计算共分为 20 步，假定计算步数按线性规律变化，上覆和下卧土层参数均取 $\rho=1.98$ g/cm^3，$\varphi=30°$，$c=30$ kPa。计算有限元网格如图 9-2-2 所示。

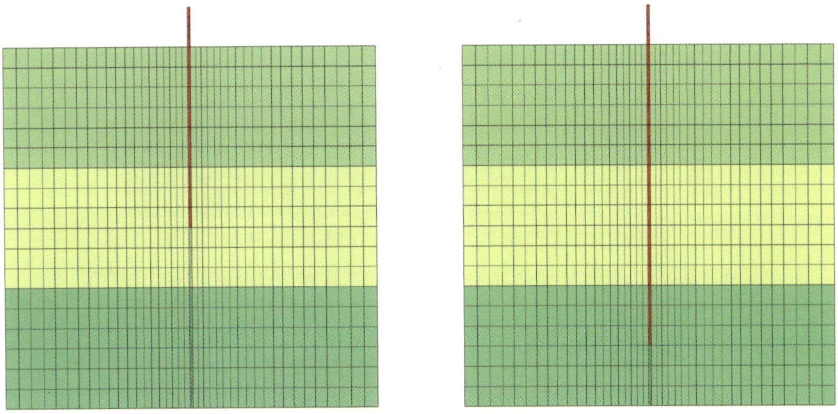

（a）桩底部位于水合物层　　　　（b）桩底部穿过水合物层

图 9-2-2　计算有限元网格

图 9-2-3 和图 9-2-4 给出了桩底部位于水合物层工况下，水合物分解过程中不同模量和强度时水平和竖向位移等值线图。可以看出，水平和竖向位移均随着水合物的模量软化和强度衰减而增大，由于地基水平，土体没有驱动剪应力，水平位移增加得不大，地基和混凝土桩主要表现为竖向沉降。图 9-2-5 给出了不同计算步数时的位移矢量图。从图中也可以看出，随着水合物的分解，混凝土桩主要表现为竖向沉降。

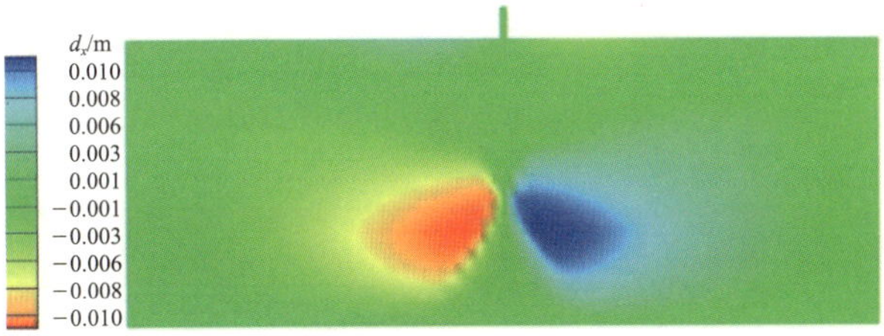

（a）计算第5步（E=152.3 MPa，ρ =1.967 g/cm^3，φ =34.3°）

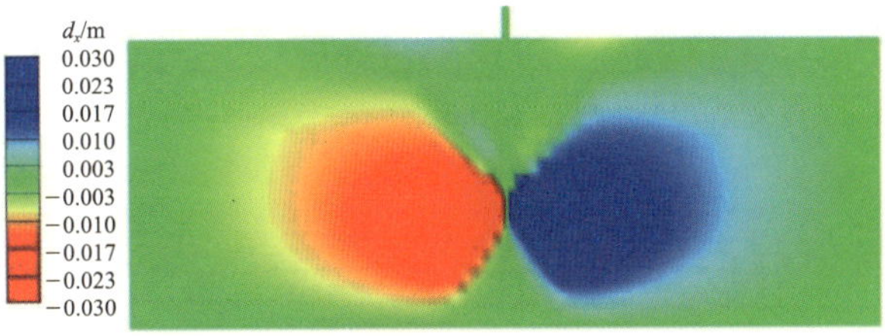

（b）计算第10步（E=110.2 MPa，ρ =1.951 g/cm^3，φ =27.8°）

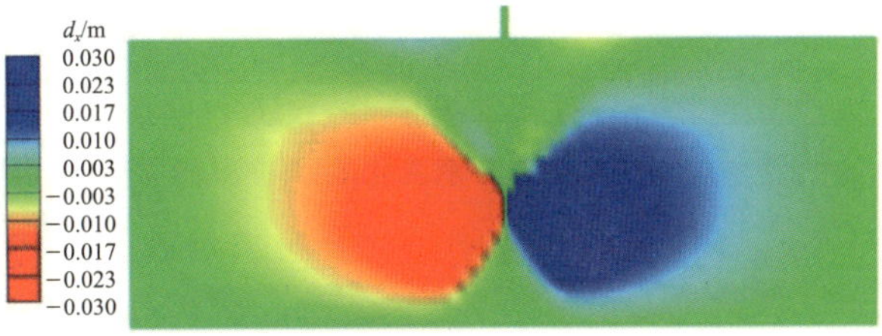

（c）计算第15步（E=68.12 MPa，ρ =1.935 g/cm^3，φ =21.4°）

图 9-2-3　水平位移随水合物分解变化规律(桩底部位于水合物层)

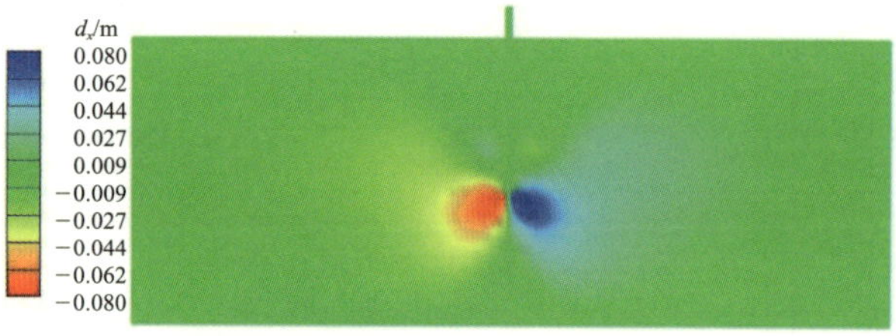

（d）计算第20步（E=26 MPa，ρ=1.92 g/cm^3，φ=15°）

图 9-2-3(续)　水平位移随水合物分解变化规律(桩底部位于水合物层)

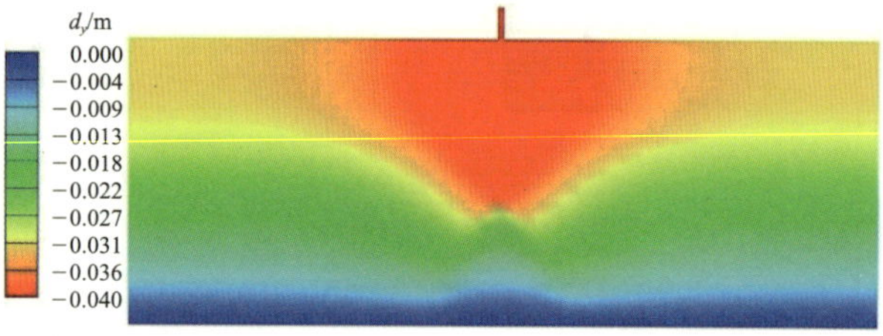

（a）计算第5步（E=152.3 MPa，ρ=1.967 g/cm^3，φ=34.3°）

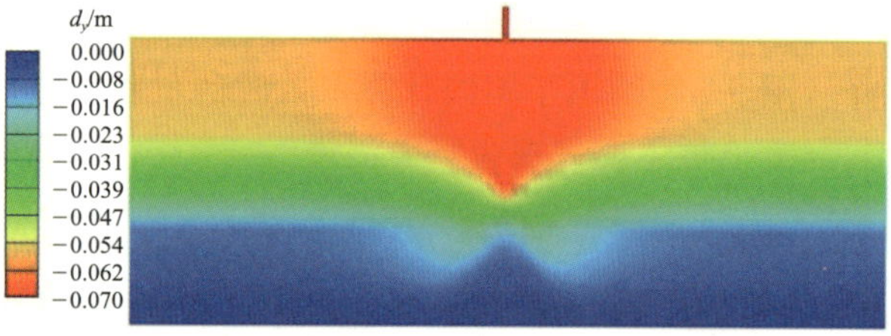

（b）计算第10步（E=110.2 MPa，ρ=1.951 g/cm^3，φ=27.8°）

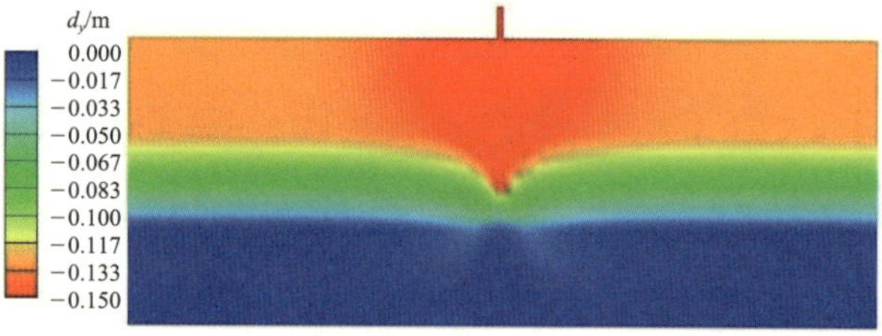

（c）计算第15步（E=68.12 MPa，ρ=1.935 g/cm^3，φ=21.4°）

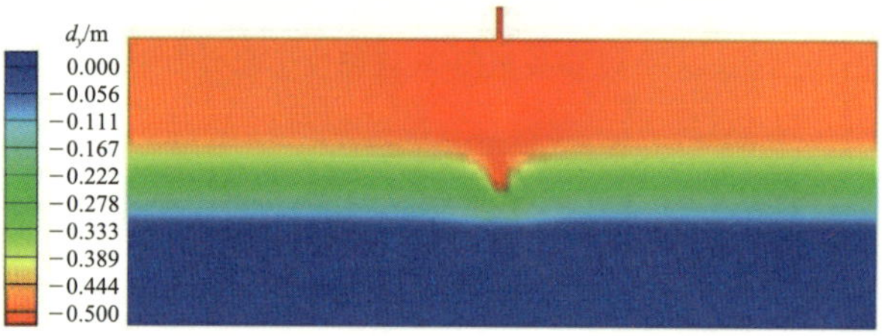

（d）计算第20步（E=26 MPa，ρ=1.92 g/cm^3，φ=15°）

图 9-2-4　竖向位移随水合物分解变化规律(桩底部位于水合物层)

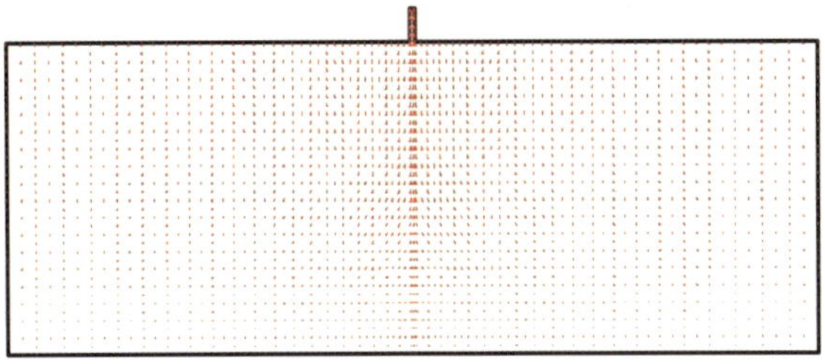

（a）计算第5步（E=152.3 MPa，ρ =1.967 g/cm³，φ =34.3°）

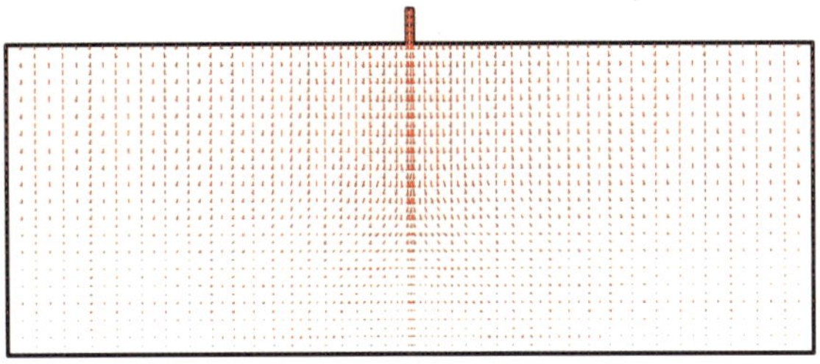

（b）计算第10步（E=110.2 MPa，ρ =1.951 g/cm³，φ =27.8°）

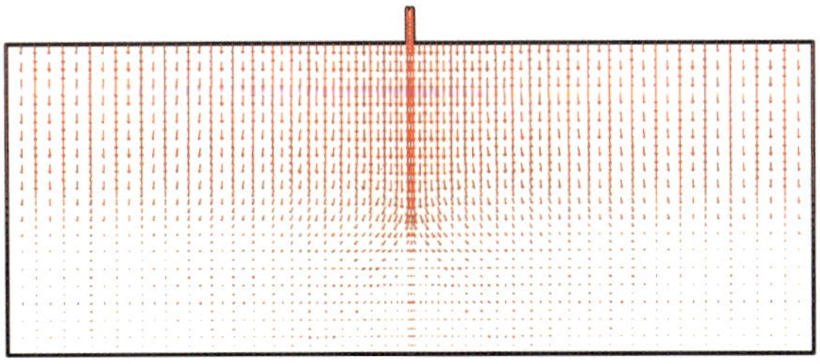

（c）计算第15步（E=68.12 MPa，ρ =1.935 g/cm³，φ =21.4°）

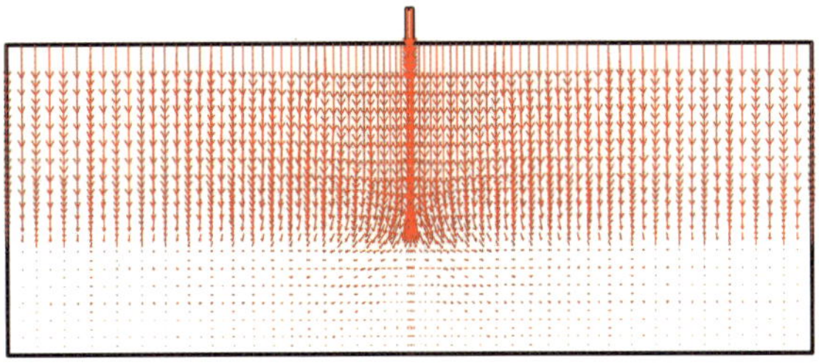

（d）计算第20步（E=26 MPa，ρ =1.92 g/cm³，φ =15°）

图 9-2-5　位移矢量图(桩底部位于水合物层)

图 9-2-6 和图 9-2-7 分别为桩底部位于水合物层和穿过水合物层时地基水平位移和竖向位移。图 9-2-8 给出了桩底部在水合物层中和穿过水合物层两种工况下桩竖向位移与计算步数关系曲线。从图中可以看出，当桩底部位于水合物层时，由于水合物分解后强度和模量降低，导致桩端土体承载力下降，并且水合物上部土层随着水合物的沉降变形整体下沉，桩的变形较大，最大竖向位移为 51 cm；当桩底部穿过水合物层时，下部土体强度保持不变，能够为桩提供所需承载力，桩的沉降较小，最大竖向位移为 19.6 cm。

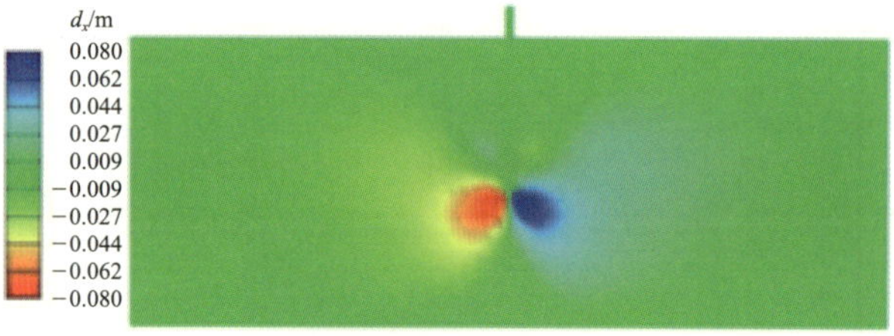

（a）计算第20步（桩底部位于水合物层）

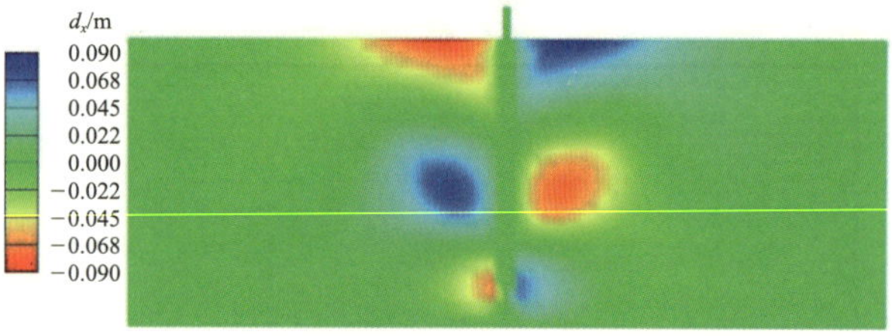

（b）计算第20步（桩底部穿过水合物层）

图 9-2-6　水平位移随水合物分解变化规律

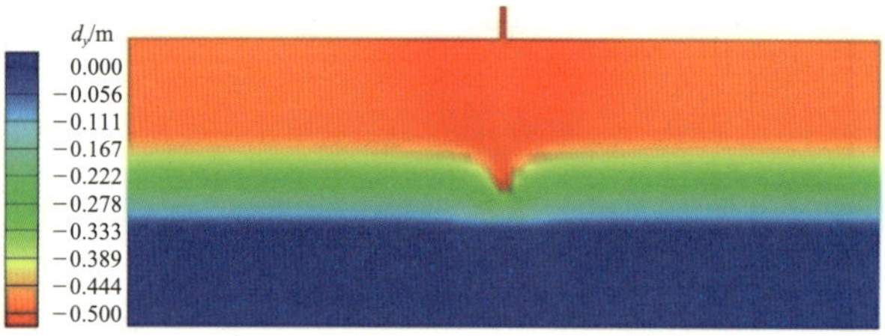

（a）计算第20步（桩底部在水合物层中）

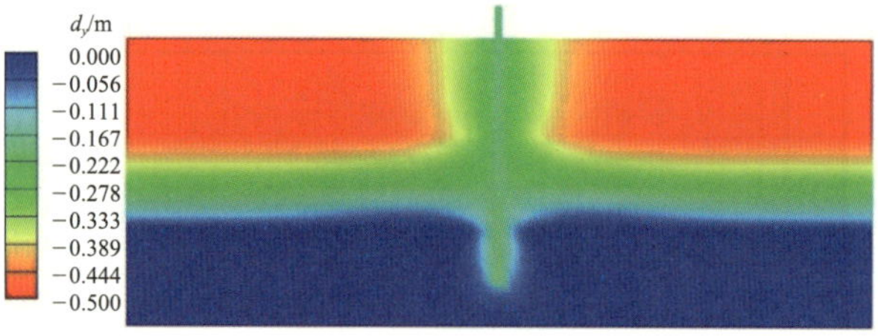

（b）计算第20步（桩底部穿过水合物层）

图 9-2-7　竖向位移随水合物分解变化规律

9.2.1.2　有限元模型及材料参数

针对荔湾 3-1 气田工程情况，着重考虑打入桩和吸力桩两种基础形式。打入桩长度（L）为 95 m，桩径（D）为 2.438 m，入土深度为 90 m；吸力桩长度（L）为 18 m，直径（D）为 3 m，壁厚为 0.03 m，入土深度为 17.5 m。有限元网格如图 9-2-9 所示。计算所用海底土层参数见表 9-2-1，水合物材料参数见表 9-2-2，打入桩和吸力桩的计算工况分别见表 9-2-3 和表 9-2-4。

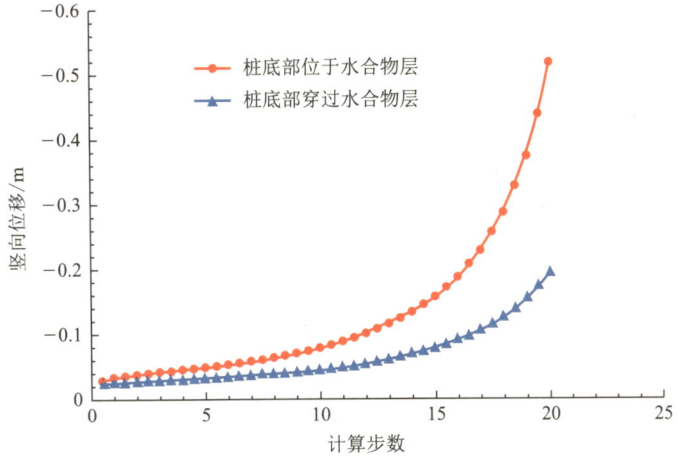

图 9-2-8　桩竖向位移与计算步数关系

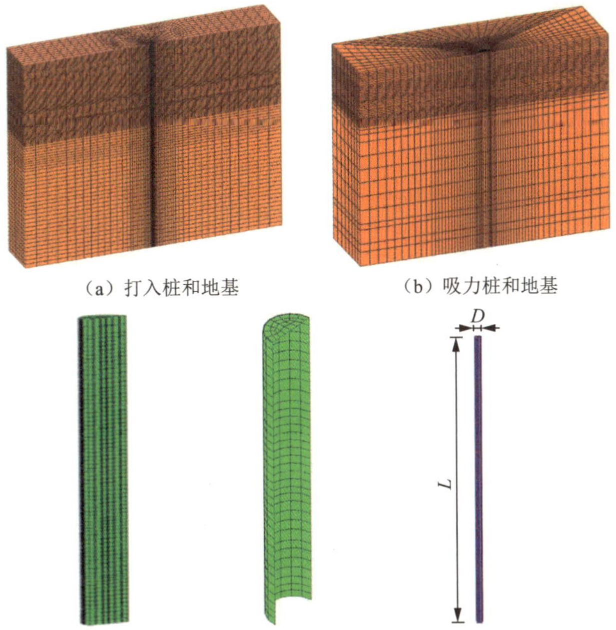

（a）打入桩和地基　（b）吸力桩和地基

（c）打入桩　（d）吸力桩　（e）桩加载示意图

图 9-2-9　结构物基础与地基的有限元网格

表 9-2-1　海底土层材料参数

土　层	厚度/m	重度/(kN·m^{-3})	内摩擦角/(°)	黏聚力/kPa
中密实细到中砂	2.4	8.2	25	0
软到稍硬的粉质黏土	8.5	8.1	0	22.5
中密实到密实粉质细砂	3.0	8.5	25	0
砂质粉土与粉质黏土互叠	2.8	8.6	0	60
中密实到密实粉质细砂到砂质粉土	3.3	8.6	25	0
硬的粉质黏土	5.4	8.6	0	50

续表

土　层	厚度/m	重度/(kN·m^{-3})	内摩擦角/(°)	黏聚力/kPa
密实的细砂和粉质细砂	10.0	8.5	30	0
硬到非常硬的粉质黏土砂质粉土互叠	21.6	8.3	0	60
硬到非常硬的粉质黏土砂质粉土互叠	5.1	9.3	0	140
中密实砂质粉土	2.8	8.3	25	0
硬到非常硬粉质黏土	6.2	8.8	0	95
硬到非常硬粉质黏土	4.6	8.9	0	145
中密实粉土	4.3	8.7	25	0
硬到非常硬粉质黏土	10.9	8.8	0	102.5
硬到非常硬粉质黏土	22.1	8.9	0	140
非常硬到坚硬粉质黏土	6.2	9.4	0	140
非常硬到坚硬粉质黏土	12.6	9.3	0	190
密实到非常密实细到中砂	38.8	9.7	35	0

表 9-2-2　水合物层材料参数

分解时间/h	K	n	R_f	c/kPa	φ/(°)	φ_0/(°)	$\Delta\varphi$/(°)	K_{ur}	n_{ur}
0	4 250	0.243	0.901	960.82	14.82	68.53	30.0	5 792.2	0.54
6	3 600	0.242	0.894	831.48	14.18	65.69	29.47	—	
24	3 200	0.262	0.903	615.92	14.45	59.54	26.88	—	
48	2 450	0.249	0.929	529.92	14.14	56.13	25.52	—	

注：K 为初始变形模量 E_i 的系数，n 为反映 E_i 与 σ_2 增量关系的系数，R_f 为反映破坏偏应力 $(\sigma_1-\sigma_3)_f$ 与极限偏应力 $(\sigma_1-\sigma_3)_u$ 之间关系的系数，K_{ur}和 n_{ur}为反映土体卸载的参数。

表 9-2-3　打入桩计算工况

<table>
<tr><th>工　况</th><th>水合物埋深/m</th><th>水合物层厚度/m</th><th>水合物分解时间/h</th></tr>
<tr><td>1</td><td>20,50,100,200</td><td>25</td><td rowspan="2">24</td></tr>
<tr><td>2</td><td rowspan="2">50</td><td>10,25,40</td></tr>
<tr><td>3</td><td>25</td><td>0,24,48</td></tr>
</table>

表 9-2-4　吸力桩计算工况

<table>
<tr><th>工　况</th><th>水合物埋深/m</th><th>水合物层厚度/m</th><th>水合物分解时间/h</th></tr>
<tr><td>1</td><td>5,10,50</td><td>5</td><td rowspan="2">24</td></tr>
<tr><td>2</td><td rowspan="2">10</td><td>2,5,10</td></tr>
<tr><td>3</td><td>5</td><td>0,24,48</td></tr>
</table>

9.2.1.3　结果分析——打入桩

计算时，水合物层厚度取 25 m，考虑水合物埋深为 25 m，50 m，100 m 和 200 m 这 4 种情况，水深均为 1 200 m。首先模拟地基和桩在自重及水压力作用下的应力场，然后在距桩顶 10 m 处施加 12 000 kN 荷载，与水平方向成 5°，以此作为水合物分解计算的初始应力状态。下面以水合物层厚度 25 m、埋深 50 m 的情况为例，说明水合物层分解对打入桩位移的影响。

在水合物赋存状态下，可以认为水合物层为不透水层。图 9-2-10 为施加自重及水压力后的模型竖向应力云图，其中水合物层最大竖向应力为 13 MPa。图 9-2-11 为施加桩顶荷载后打入桩及桩顶土体网格变形图。图 9-2-12 为水合物分别分解 12 h，24 h，36 h 和 48 h 竖向位移等值线图。图 9-2-13 为水合物分解 48 h 后的网格变形图。由图可以看出，在水合物分解过程中，打入桩及桩周土体发生相对位移，分解 48 h 时土体最大竖向位移达到 0.65 m，

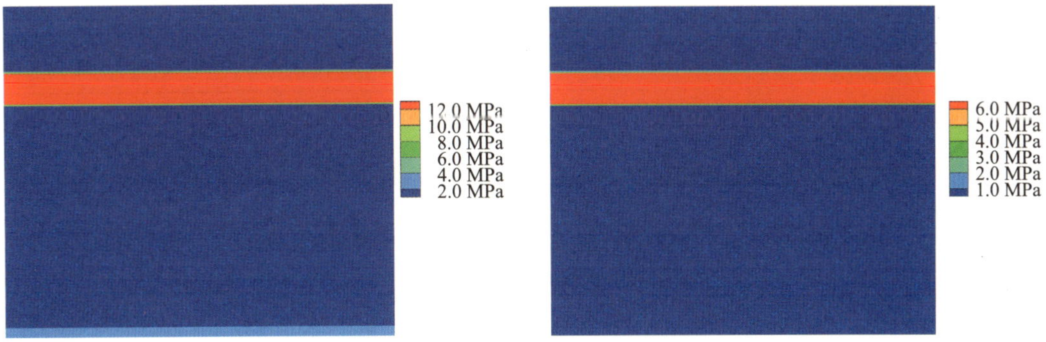

(a) 最大主应力　　(b) 最小主应力

图 9-2-10　施加自重和水压力后的主应力分布(压为正)

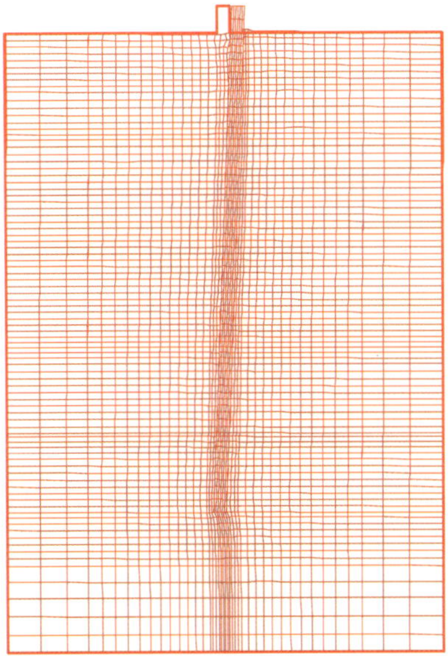

图 9-2-11　施加桩顶荷载后网格变形图(变形放大 300 倍)

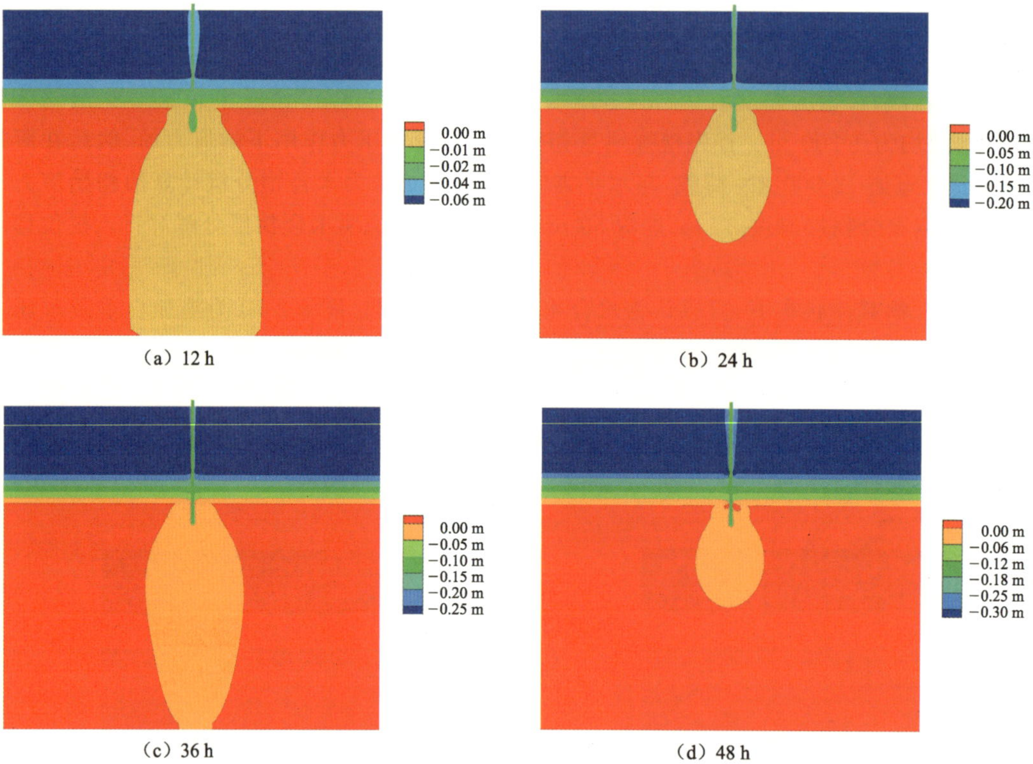

图 9-2-12 水合物分解过程中结构物基础和地基竖向位移云图

(水合物层厚度 25 m、埋深 50 m)

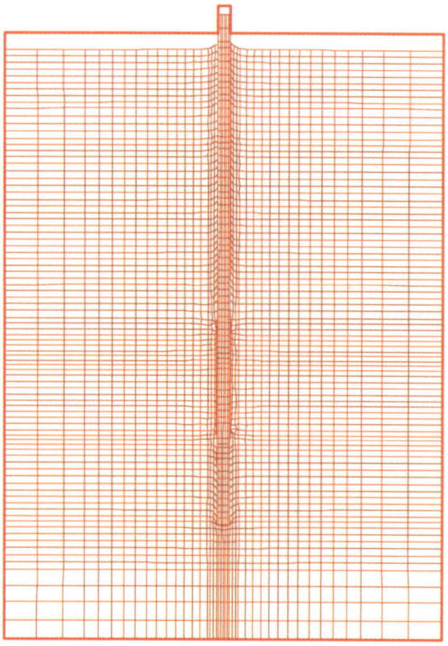

图 9-2-13 水合物分解 48 h 后地基和结构物基础的变形图(变形放大 10 倍)

(水合物层厚度 25 m、埋深 50 m)

而桩顶竖向位移只有 0.16 m,这是由于水合物层下伏土层对桩下沉起到约束作用,桩顶的相对位移可能会使土体受力增大而发生破坏,导致打入桩承载力降低。

图 9-2-14(a)给出了埋深分别为 20 m,50 m,100 m 和 200 m,水合物层厚度为 25 m 情况下水合物分解过程中的桩顶竖向位移变化。可以看出,随着水合物埋深的增加,桩顶竖向位移逐渐增大,在埋深 100 m 和 200 m 时桩顶竖向位移相较水合物层浅埋时明显增大,这是因为桩没有穿过水合物层,水合物分解软化过程中上部土层和桩发生整体沉降,桩顶竖向位移较大。而当水合物埋深较浅时,桩体穿过水合物层,由于水合物层下伏土层保持对桩底的约束作用,使得桩及周围土体位移较小。图 9-2-14(b)给出了水合物在 50 m 埋深、不同厚度情况下的桩顶竖向位移曲线。可以看出,当水合物层厚度由 10 m 增加到 40 m 时,桩顶竖向位移由 0.05 m 增加到 0.26 m。

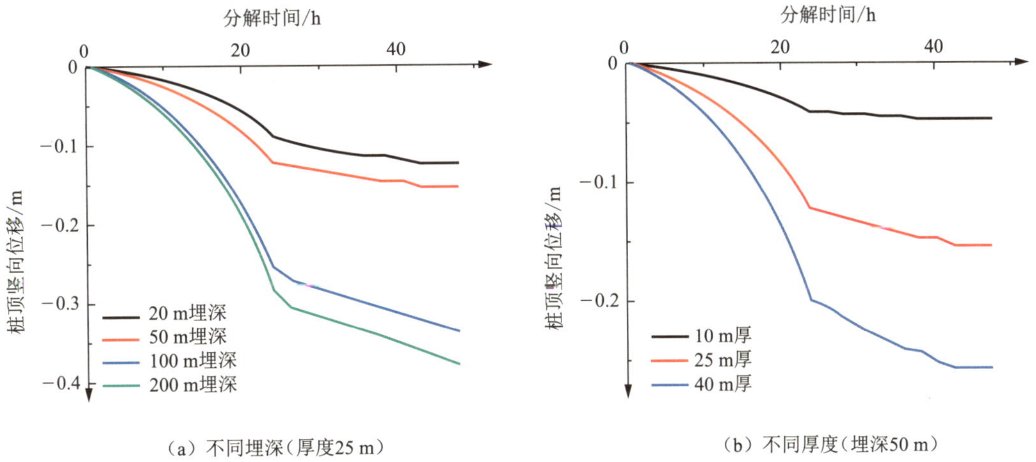

图 9-2-14　水合物分解过程中桩顶竖向位移曲线

9.2.1.4　结果分析——吸入桩

计算时,取水合物层厚度为 5 m,分别考虑水合物埋深 5 m,10 m 和 50 m 这 3 种情况,水深均为 1 200 m。

首先模拟土体和桩在自重及水压力作用下的应力场,然后在距桩顶 3 m 处施加 25 000 kN 与竖向呈 45°的荷载 Q,以此作为水合物分解计算的初始应力状态。加载角度 θ 如图 9-2-15 所示。下面以水合物层厚度 5 m、埋深 10 m 为例,说明水合物层分解对吸力桩位移的影响。

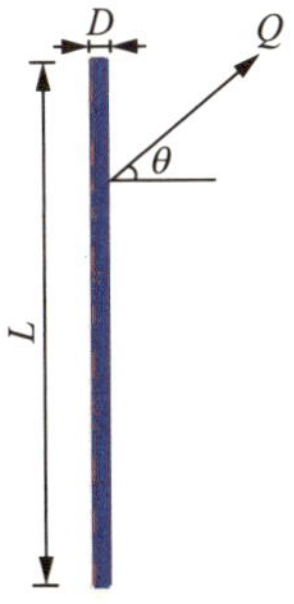

图 9-2-15　吸力桩尺寸和加载方向示意图

在水合物赋存状态下，可以认为水合物层是不透水层。图 9-2-16 为施加自重及水压力后的大、小主应力云图，水合物层的最大主应力为 11 MPa。图 9-2-17 为施加桩顶荷载后吸力桩及桩周土体变形图。

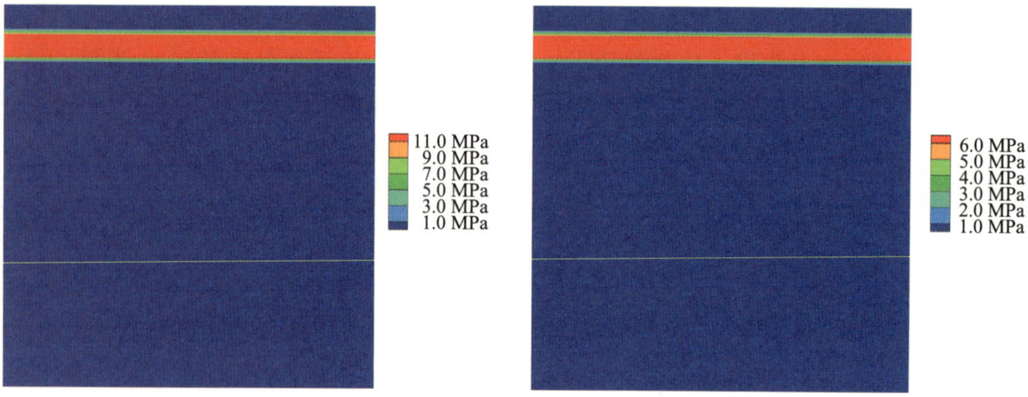

（a）最大主应力　　（b）最小主应力

图 9-2-16　自重及水压力作用下主应力云图(压为正)

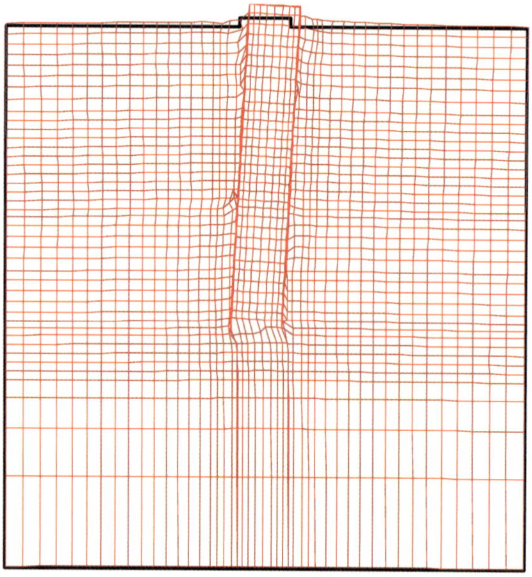

图 9-2-17　施加竖向荷载后桩及桩周土体变形图(变形放大 30 倍)

图 9-2-18 为水合物层厚度 5 m、埋深 5 m，水合物分解过程中桩及桩周土体的竖向位移变化图。可以看出，随着水合物分解程度的增加，桩及桩周土体沉降逐渐增大，桩和周围土体存在相对位移，分解 48 h 时土体竖向位移最大达到 0.3 m，桩的位移为 0.01 m。

图 9-2-19(a)与(b)分别为水合物在不同埋深(5 m，10 m 和 50 m)和不同厚度(2 m，5 m 和 50 m)情况下，桩顶竖向位移随水合物分解的变化曲线。可以看出，水合物层的厚度和埋深对桩顶沉降均有较大影响；随着水合物层厚度和埋深的增加，竖向位移值逐渐增大。当水合物埋深较浅时，桩体穿过水合物层，由于水合物层下伏土层保持对桩底的约束作用，桩及周围土体的位移较小；随着水合物层埋深的增加，水合物层位于吸力桩下方，水合物分解过

程中桩和上部土体发生整体沉降。

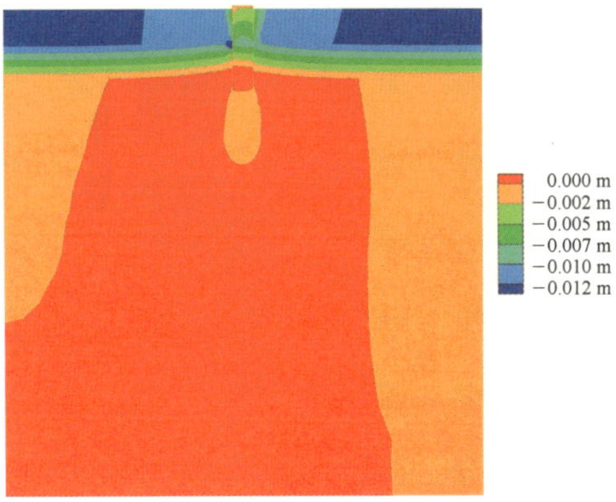

（a）12 h

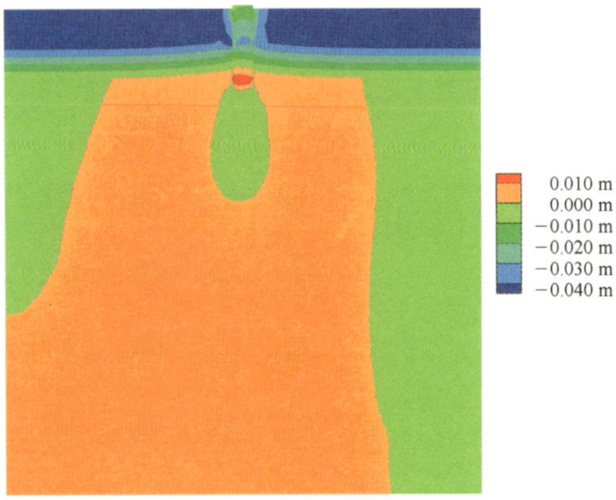

（b）24 h

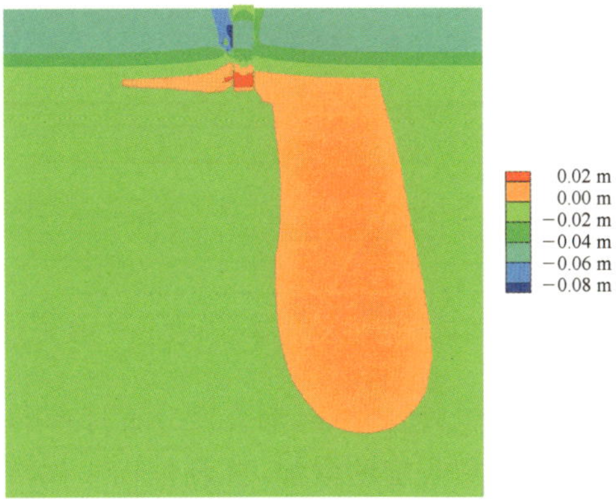

（c）36 h

图 9-2-18　水合物分解过程中桩及桩周土体竖向位移云图

(水合物厚度 5 m、埋深 5 m)

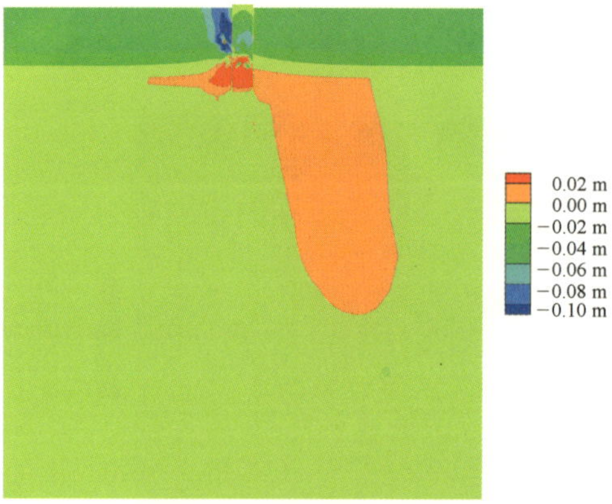

（d）48 h

图 9-2-18(续) 水合物分解过程中桩及桩周土体竖向位移云图
(水合物厚度 5 m、埋深 5 m)

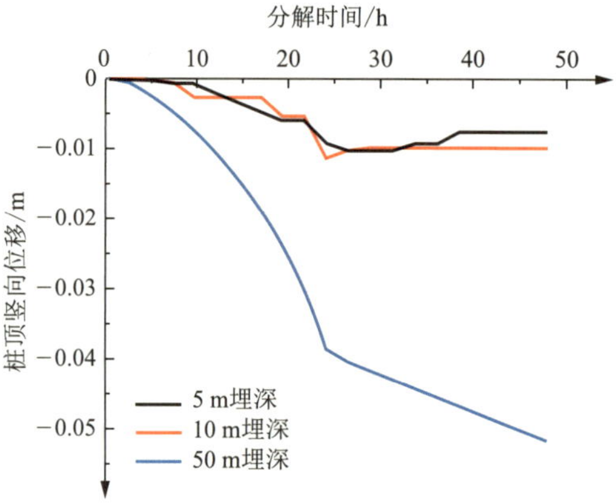

（a）不同埋深（厚度5 m）

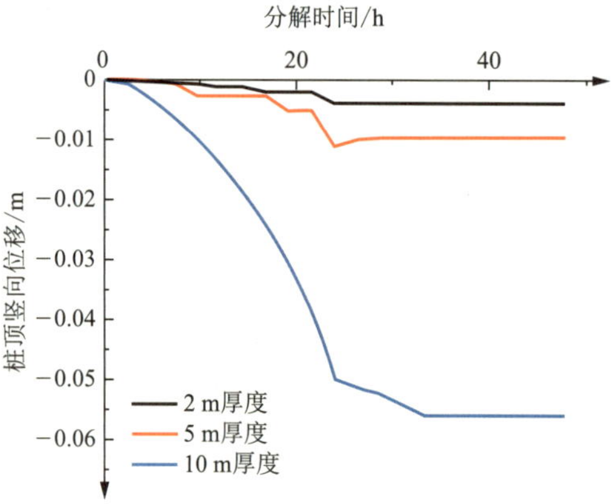

（b）不同厚度（埋深10 m）

图 9-2-19 桩顶竖向位移随水合物分解变化曲线

9.2.2　天然气水合物分解对桩应力和变形的影响

针对桩与水合物层距离不同时水合物分解对桩基础应力与变形特性的影响进行了数值模拟。计算采用有限元应力释放法，考虑水合物分解过程中密度、模量和强度的变化，分析了当桩与水合物层距离不同时，水合物分解对桩基应力和变形影响的规律。

图 9-2-20 为计算的模型尺寸示意图，其中水合物层高度为 60 m，上覆土层厚度为 30 m，桩基础高度为 45 m，桩直径为 2 m。图 9-2-21 是计算模型网格图。表 9-2-5 给出了本次研究的计算工况。针对桩基础离水合物层的不同距离（10 m，50 m，70 m 和 80 m），研究水合物分解对桩基础的应力和变形的影响规律。

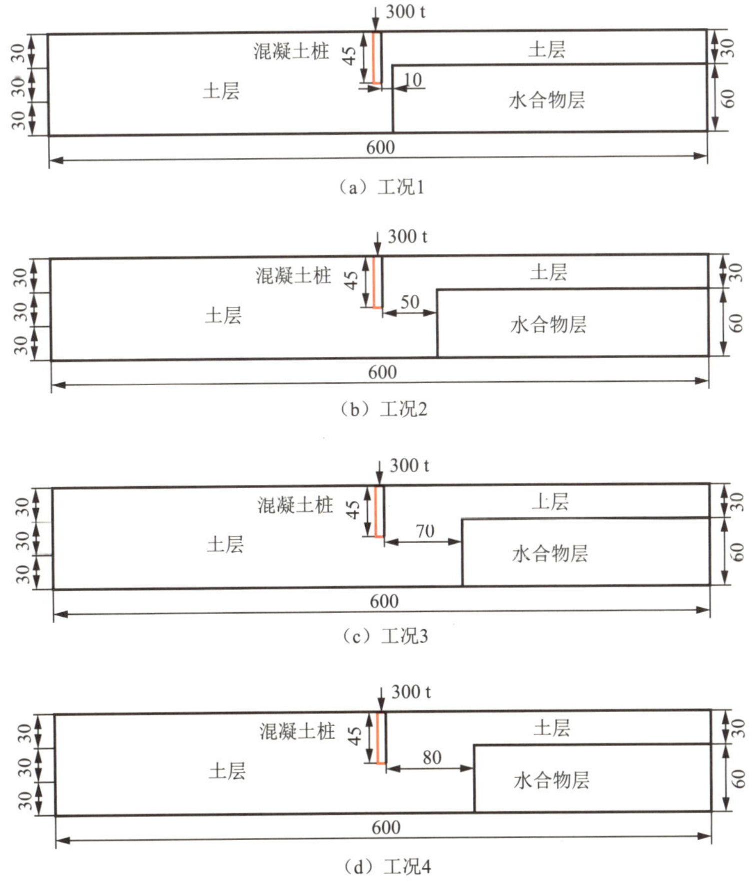

图 9-2-20　计算模型示意图(单位：m)

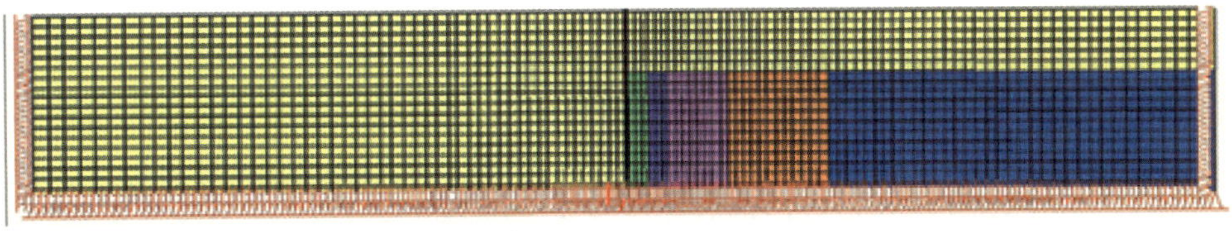

图 9-2-21　计算模型网格图

表 9-2-5 计算工况

工　况	桩与水合物层之间的距离/m
1	10
2	50
3	70
4	80

水合物分解过程中模量、内摩擦角和密度的变化规律如图 9-1-18 所示。计算共分为 40 步，假定参数按线性规律变化。土层参数均取为 $\rho=1.98\ g/cm^3$，$\varphi=30°$，$c=30\ kPa$。混凝土桩的密度 $\rho=2.40\ g/cm^3$，$\nu=0.167$，$E=2.55\times10^4\ MPa$。

9.2.2.1 水合物分解过程中桩的变形趋势

图 9-2-22 给出了工况 1 时不同计算步下的桩位移矢量图。从图中可以看出，随着水合物的分解，混凝土桩逐渐产生水平位移和竖向位移，桩的上部产生较大的向右的水平位移，桩的下部逐渐产生向左的水平位移。

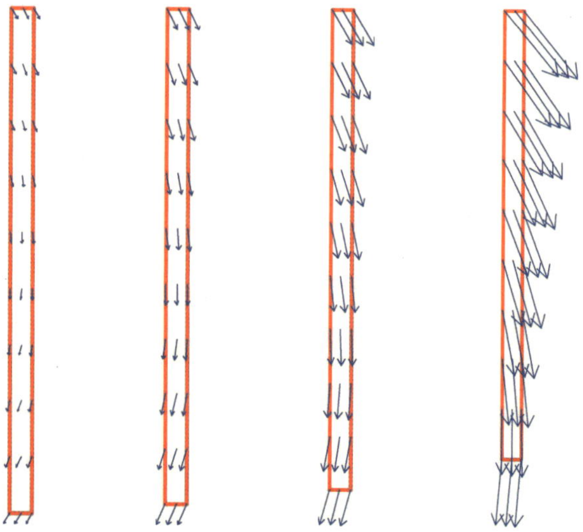

（a）计算第10步　（b）计算第20步　（c）计算第30步　（d）计算第40步

图 9-2-22 水合物的分解过程中桩位移矢量图(桩基础距水合物层 10 m)

9.2.2.2 水合物分解对桩基础的应力和变形的影响

图 9-2-23 给出了工况 1 时水合物分解过程中桩的水平位移等值线图。从图中可以看出，随着水合物的分解，桩的上部向右水平位移逐渐增大，当水合物完全分解时，产生 55.0 cm 的水平位移，桩的下部产生向左的水平位移。图 9-2-24 和图 9-2-25 给出了工况 1 时，随着水合物的分解，桩的最大主应力和最小主应力的等值线图。可以看出，随着水合物的分解，最大主应力和最小主应力的值逐渐增加。图 9-2-26 为工况 1 时，随着水合物的分解，桩的网格变形图。

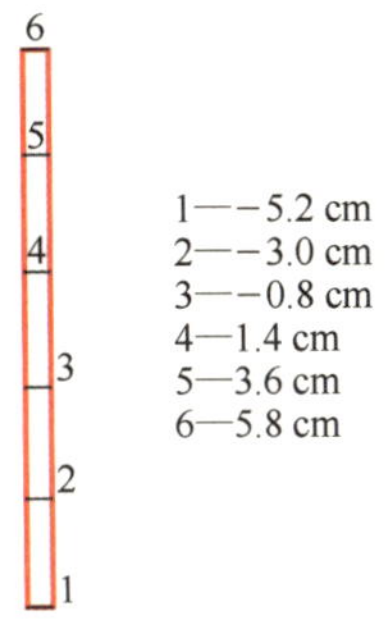

（a）计算第10步（E=152.5 MPa，ρ =1.967 g/cm^3，φ =34.3°）

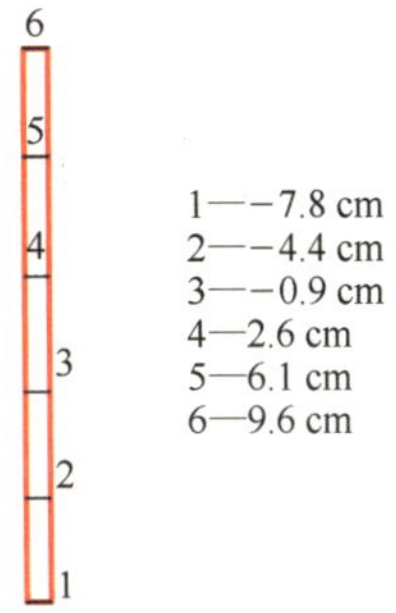

（b）计算第20步（E=110.6 MPa，ρ =1.951 g/cm^3，φ =27.8°）

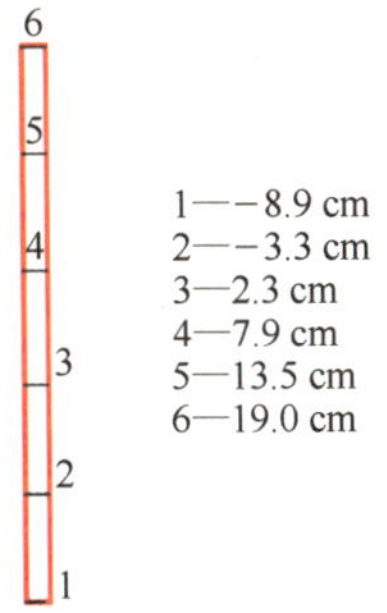

（c）计算第30步（E=68.7 MPa，ρ =1.935 g/cm^3，φ =21.4°）

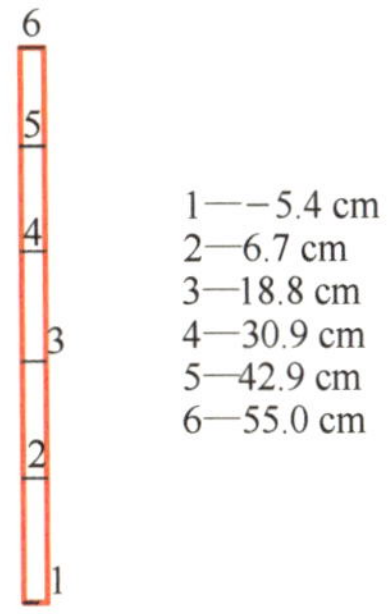

（d）计算第40步（E=26.8 MPa，ρ =1.920 g/cm^3，φ =15°）

图 9-2-23　工况 1 时桩水平位移随水合物分解变化规律

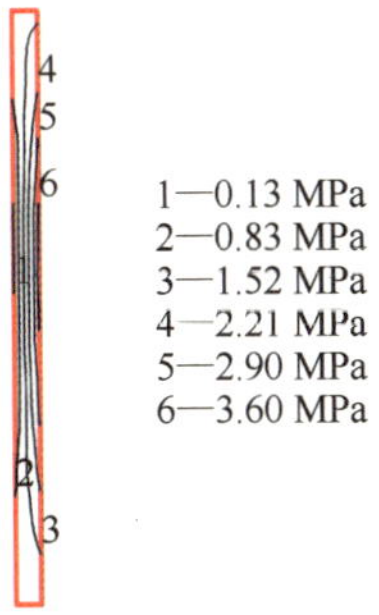

（a）计算第10步（E=152.5 MPa，ρ =1.967 g/cm^3，φ =34.3°）

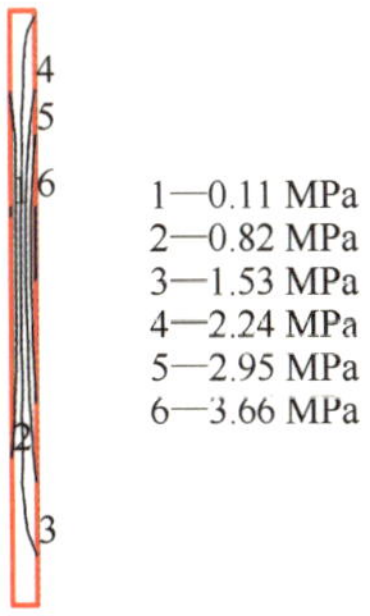

（b）计算第20步（E=110.6 MPa，ρ =1.951 g/cm^3，φ =27.8°）

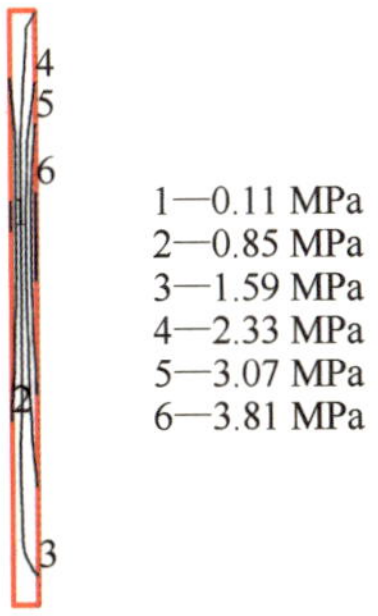

（c）计算第30步（E=68.7 MPa，ρ =1.935 g/cm^3，φ =21.4°）

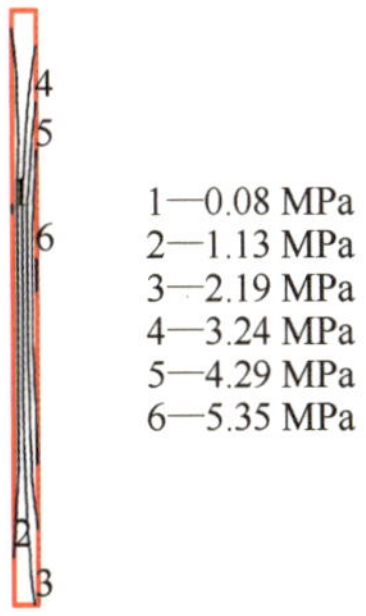

（d）计算第40步（E=26.8 MPa，ρ =1.920 g/cm^3，φ =15°）

图 9-2-24　工况 1 时桩的最大主应力随水合物分解变化规律

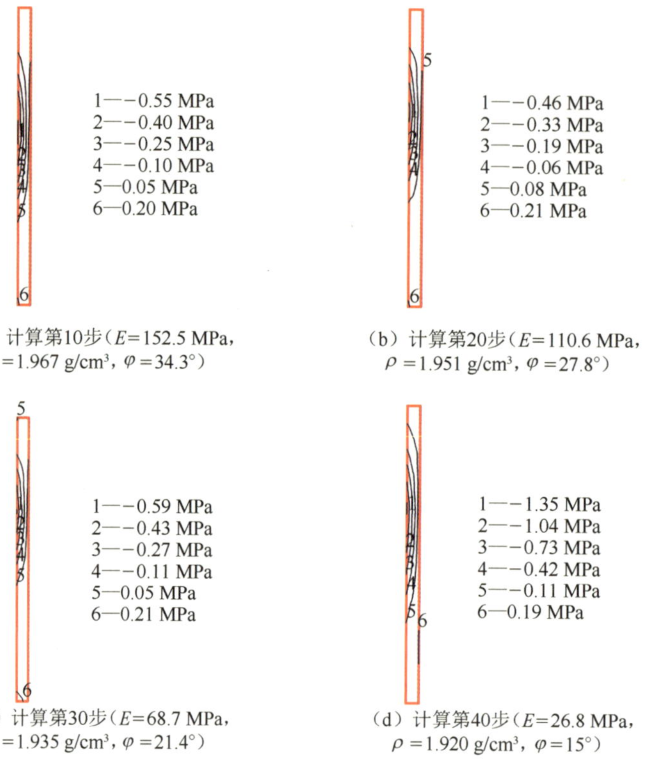

(a) 计算第10步（E=152.5 MPa，ρ =1.967 g/cm³，φ =34.3°）

(b) 计算第20步（E=110.6 MPa，ρ =1.951 g/cm³，φ =27.8°）

(c) 计算第30步（E=68.7 MPa，ρ =1.935 g/cm³，φ =21.4°）

(d) 计算第40步（E=26.8 MPa，ρ =1.920 g/cm³，φ =15°）

图 9-2-25　工况 1 时桩的最小主应力随水合物分解变化规律

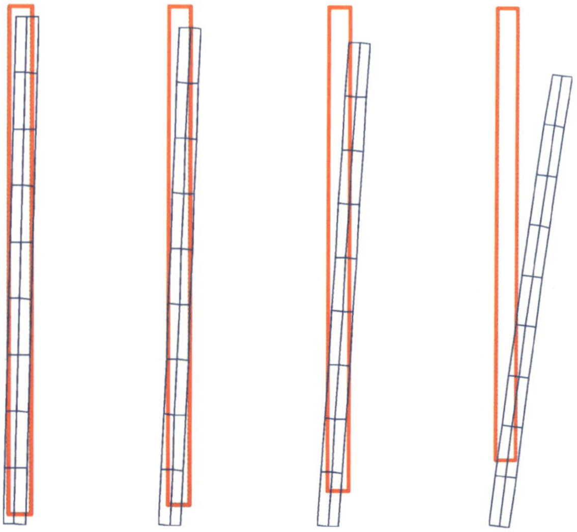

(a) 计算第10步　(b) 计算第20步　(c) 计算第30步　(d) 计算第40步

图 9-2-26　工况 1 时随水合物的分解桩的网格变形图(放大 10 倍)

表 9-2-6 汇总了不同工况下桩的应力和位移变化规律。从表中可以看出，在工况 1 时，桩的初始最大主应力为 3.80 MPa，当水合物完全分解后，桩的最大主应力为 5.40 MPa，水合物的分解使得桩的最大主应力增加了 43%，最小主应力增加了 67%；在工况 2 时，桩的最大主应力增加了 38%，最小主应力增加了 2%；在工况 3 时，桩的最大主应力增加了 10%，

最小主应力增加了 0.7%；在工况 4 时，桩的最大主应力增加了 2%，最小主应力基本没受影响。

表 9-2-6　不同工况下桩的应力和位移变化规律

工　况	最大主应力/MPa			最小主应力/MPa			位移/cm	
	分解前	分解后	影响率/%	分解后	分解后	影响率/%	水　平	竖　向
1(10 m)	3.80	5.40	43	−0.83	−1.39	67.0	55.0	−68.2
2(50 m)	2.10	2.92	38	0.15	0.15	2.0	29.8	−11.8
3(70 m)	1.94	2.16	10	0.14	0.14	0.7	19.2	−3.0
4(80 m)	1.88	1.93	2	0.13	0.13	0	16.0	−1.2

9.2.2.3　水合物与桩不同距离分解后的桩基应力与变形比较

图 9-2-27、图 9-2-28 和图 9-2-29 为不同工况下桩的水平位移、最大主应力和最小主应力变化规律。可以看出，随着桩与水合物层间距离的不断增加，水平位移不断减小，最大主应力和最小主应力也不断减小。当水合物层距离桩 10 m 时，在桩的顶部产生的水平位移是 55.0 cm，最大主应力为 5.40 MPa，最小主应力为−1.39 MPa；当水合物层距离桩 50 m 时，桩的水平位移为 29.8 cm，最大主应力为 2.92 MPa，最小主应力为 0.15 MPa；当水合物层距离桩 70 m 时，桩的水平位移为 19.2 cm，最大主应力为 1.95 MPa，最小主应力

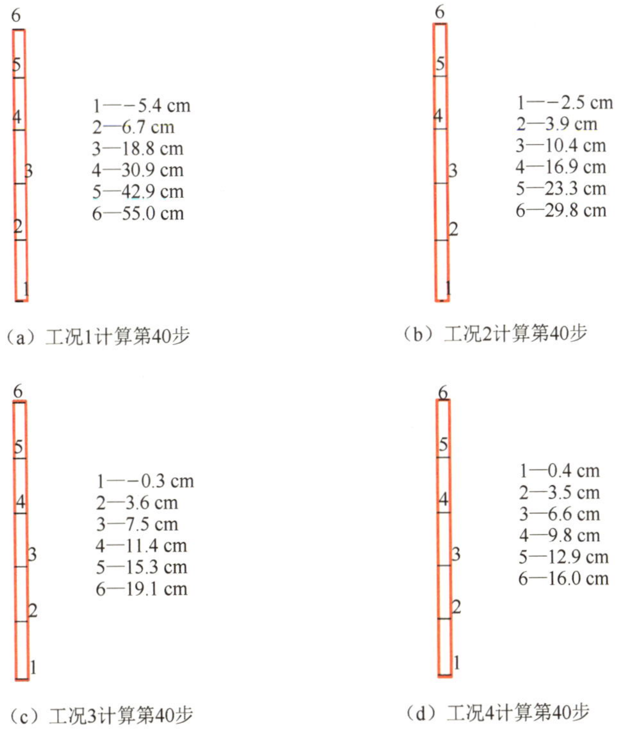

图 9-2-27　计算第 40 步时桩基础的水平位移变化规律

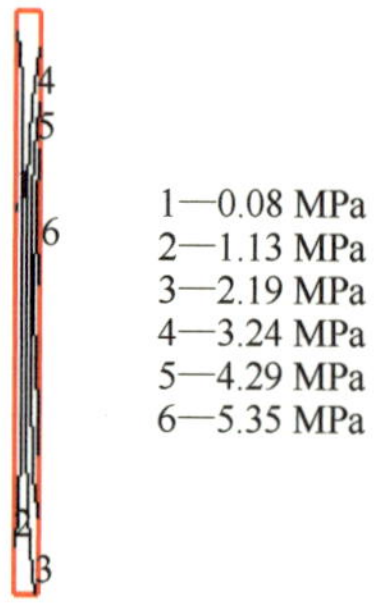

（a）工况1计算第40步

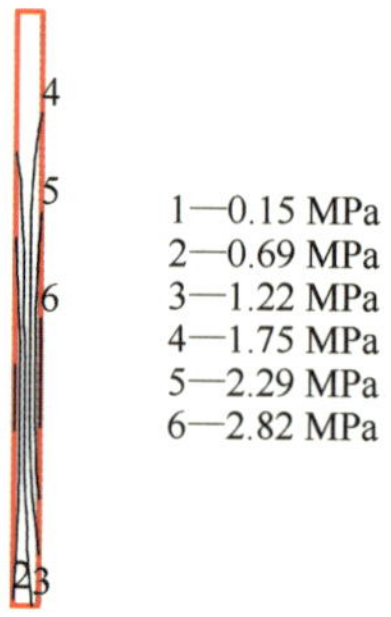

（b）工况2计算第40步

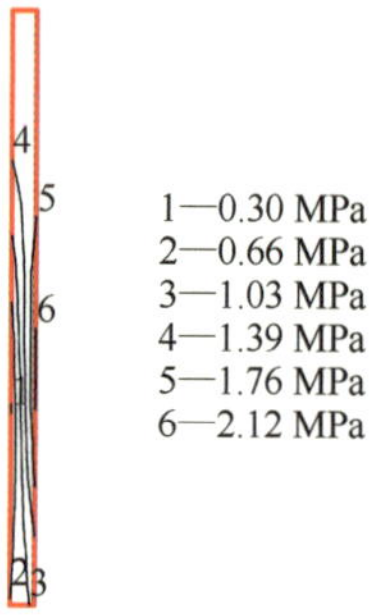

（c）工况3计算第40步

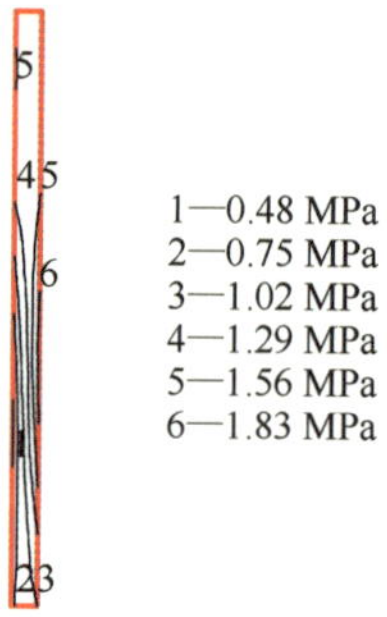

（d）工况4计算第40步

图 9-2-28　计算第 40 步时桩基础的最大主应力变化规律

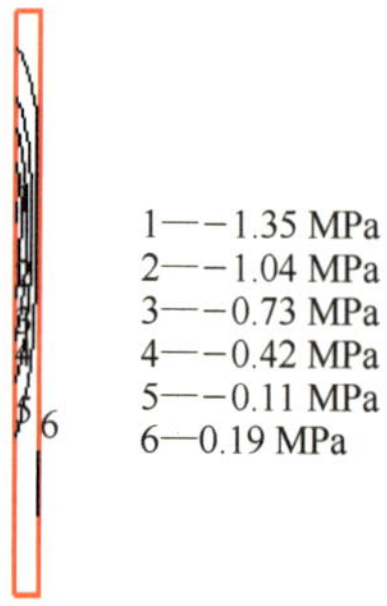

（a）工况1计算第40步

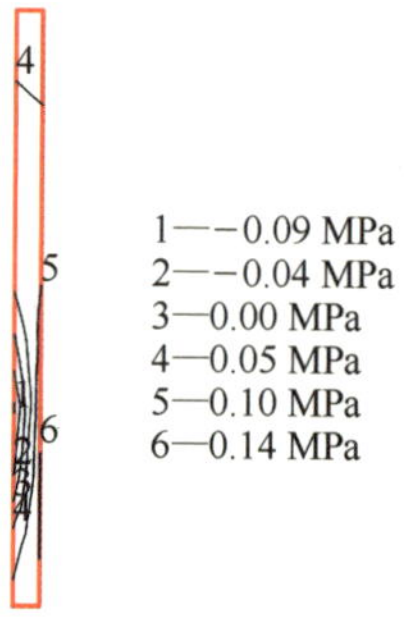

（b）工况2计算第40步

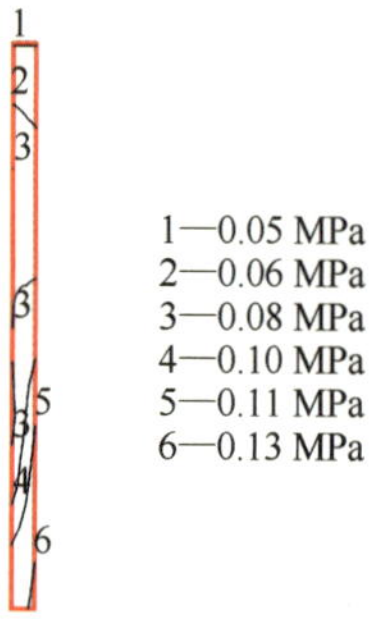

（c）工况3计算第40步

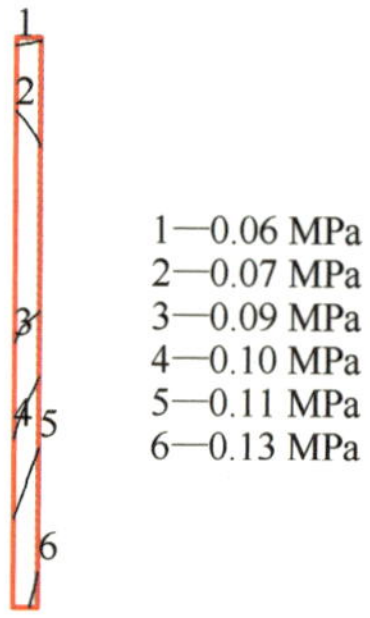

（d）工况4计算第40步

图 9-2-29　计算第 40 步时桩基础的最小主应力变化规律

为 0.14 MPa；当水合物层距离桩 80 m 时，桩的水平位移为 16.0 cm，最大主应力为 1.93 MPa，最小主应力为 0.13 MPa。图 9-2-30 给出了不同工况下计算第 40 步时桩的网格变形图。

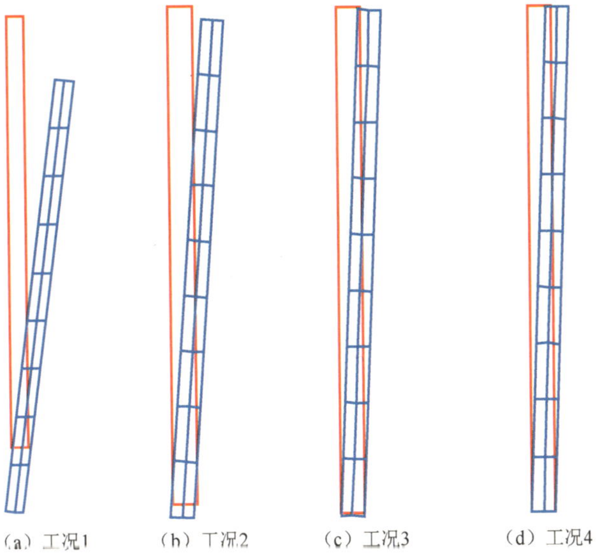

图 9-2-30　不同工况时桩的网格变形图(计算第 40 步，放大 10 倍)

图 9-2-31 给出了不同工况下桩顶部中心点(特征点 A)的水平位移和竖向位移随水合物分解的变化规律。可以看出，随着水合物的分解，水平位移和竖向位移逐渐增加，完全分解后，在工况 1 时，特征点 A 的水平位移为 55 cm，竖向位移为 66.6 cm；在工况 2 时，水平位移为 29.8 cm，竖向位移为 11.0 cm；在工况 3 时，水平位移为 19.2 cm，竖向位移为 2.6 cm；在工况 4 时，水平位移为 16.0 cm，竖向位移为 0.8 cm。

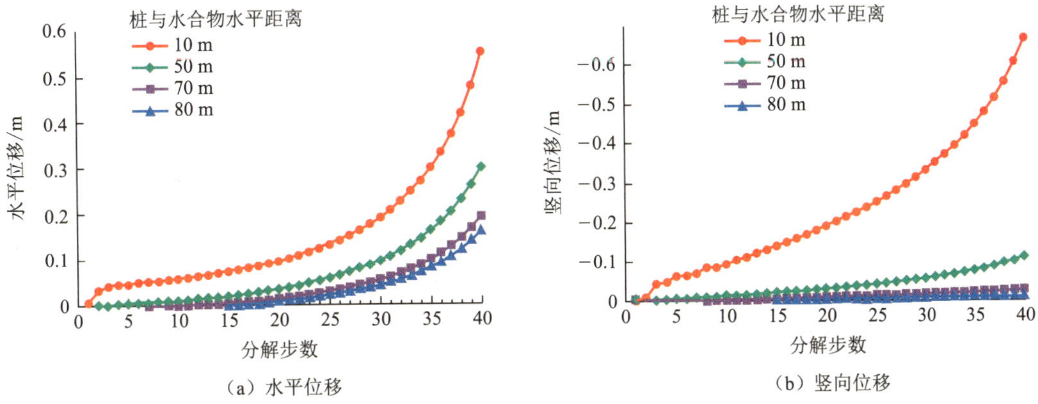

图 9-2-31　不同工况桩的水平位移和竖向位移与分解步数的关系

图 9-2-32 给出了桩与水合物层间距离对桩的最大主应力和水平位移、竖向位移的影响。可以看出，随着水合物层与桩之间距离的增加，水合物分解对桩的影响变小，最大主应力增加百分比、最大水平位移和竖向位移均逐渐减小。

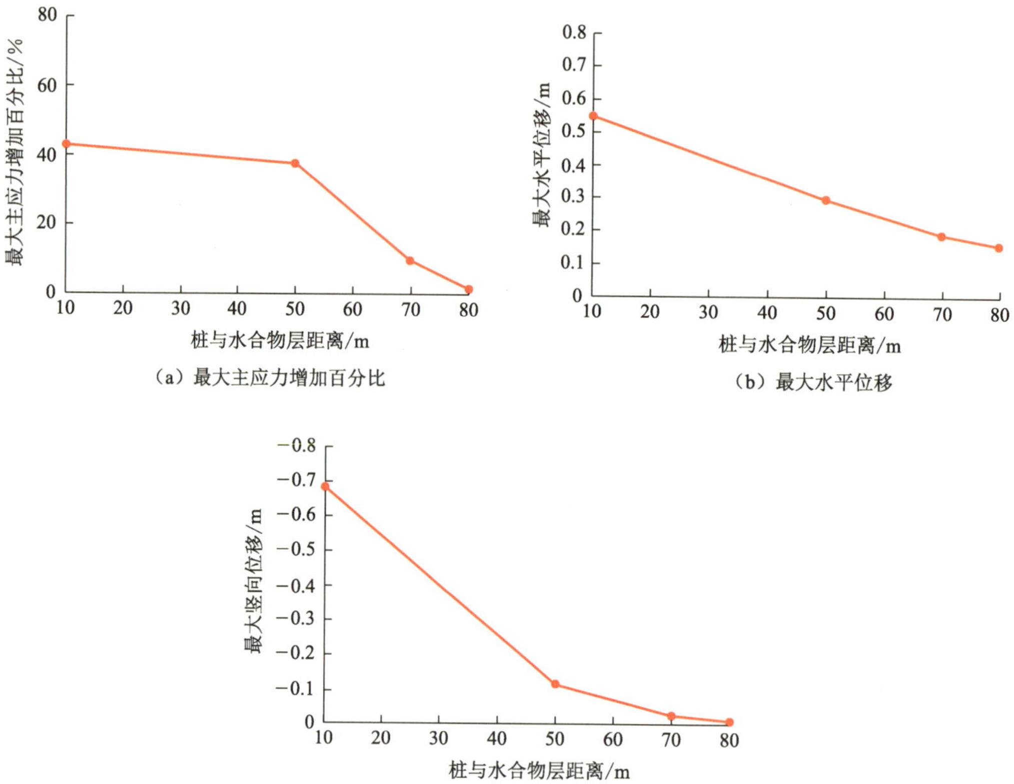

(a) 最大主应力增加百分比

(b) 最大水平位移

(c) 最大竖向位移

图 9-2-32　桩与水合物层间距离与桩的位移和应力关系

可见,随着水合物层与桩水平距离的增加,水合物分解对桩基础应力的影响越来越小。在本研究条件下,当水合物层离桩 80 m 左右时,水合物的分解对桩基础应力的影响在 2%以内。

9.3　小　结

(1) 自主开发了有限元软件 GEODYNA,通过采用应力释放法和强度折减法,实现了考虑水合物分解过程的海底基础应力与变形数值模拟,并在此基础上研究了水合物分解对海底斜坡变形和稳定的影响,为进一步进行实际工程的数值模拟奠定了基础。

(2) 开发的 RITSS 大变形有限元方法能够模拟海底边坡的流滑过程,在海洋工程边坡稳定分析中有着较广阔的应用前景。

(3) 建立了水合物分解模型及其模型参数,采用自主开发的水合物分解和结构物相互作用非线性有限元程序,开展了水合物分解对海洋平台结构打入桩和吸力桩两种基础形式在上拔荷载作用下变形的影响研究。

① 对于打入桩,在水合物分解过程中,桩身沉降逐渐增加。当水合物层厚度为 25 m 时,埋深由 20 m 增大到 200 m,桩顶位移由 10 cm 增大到 38 cm。当水合物位于桩底部时,桩体沉降明显大于桩穿过水合物的情况。当水合物埋深为 50 m 时,厚度从 10 m 增加到

40 m,桩体沉降由 5 cm 增加到 26 cm。

② 对于吸力桩,在水合物分解过程中,桩身沉降逐渐增加。当水合物层厚度为 5 m 时,埋深由 5 m 增大到 50 m,桩身沉降由 0.8 cm 增大到 5.2 cm。当水合物位于桩底部时,桩体沉降明显大于桩穿过水合物时的桩体沉降。当水合物埋深为 10 m 时,厚度从 2 m 增加到 10 m,桩体沉降由 0.4 cm 增加至 5.6 cm。随着水合物层厚度的增加,沉降值增大。

③ 影响打入桩或吸力桩的桩身沉降的主要因素是水合物层的厚度。随着水合物层厚度的增加,桩和土体的沉降值增大。埋深是影响沉降值的另一个因素,当埋深大于桩底深度时,桩顶沉降明显增大。

④ 打入桩和吸力桩两种基础形式对上部结构的拉力主要由桩周围局部区域土体对桩产生的摩擦力提供。当水合物层距离桩底较远时,其分解主要引起桩和土整体变形,不会明显影响桩的承载力。

参考文献

[1] WINTERS W J,PECHER I A,WAITE W F,et al. Physical properties and rock physics models of sediment containing natural and laboratory-formed methane gas hydrate[J]. American Mineralogist, 2004,89(8-9):1221-1227.

[2] 何开胜,沈珠江,彭新宣. 两种 Lagrangian 大变形比奥固结有限元法及其与小变形法的比较[J]. 岩土工程学报,2000(1):33-37.

[3] SHEN Y P, HASEBE N, LEE L X. The finite element method of three-dimensional nonlinear viscoelastic large deformation problems[J]. Computers and Structures,1995,55(4):659-666.

[4] HIBBITT H D,MARCAL P V,RICE J R. Finite element formulation for problems of large strain and large displacement[J]. Int. J. Solids Struct.,1970,6(8):1069-1086.

[5] THOMS R L,ARMAN A. Photoelastic and finite element analysis of embankments constructed over-soft ground[J]. Highway Research Record,1970:71-86.

[6] FERNANDEZ R M,CHRISTIAN J T. Finite element analysis of large strains in soils[J]. Research Report MI. T,1971:37-71.

[7] McMEEKING R M,RICE J R. Finite-element formulations for problems of large elastic-plastic deformation[J]. International Journal of Solids and Structures,1975,11(5):601-616.

[8] DAVIDSON H L,CHEN W F. Elastic-plastic,large deformation response of soft clay to footing load [C]. Bangkok:Symposium on Soft Clay,1977.

[9] CARTER J P,BOOKER J R,DAVIS E H. Finite deformation of an elasto-plastic soil[J]. International Journal for Numerical Analytical Methods in Geomechanics, 2010,1(11):25-43.

[10] BANERJEE P K,FATHALLAH R C. An Eulerian formulation of the finite element method for predictingthe stresses and pore water pressures around a driven pile[C]. Aachen: Proceeding of the Third Int. Conf. on Numerical Methods in Geomechanics,1979.

[11] DESAI C S,PHAN H V,PERUMPRAL J V. Mechanics of three-dimensional soil-stucture interaction[J]. J.Eng. Mech. Div.,ASCE,1982,108(EM5):731-747.

[12] KIOUSIS P D, VOYIADJIS G Z, TUMAY M T. A large strain theory and its application in the analysis of the cone penetration mechanism[J]. Int. J. Numer. Anal. Meth. Geomech., 1988, 12:45-60.

[13] CHOPRA M B, DARGUSH G F. Finite-element analysis of time-dependent large-deformation problems[J]. International Journal for Numerical and Analytical Methods in Geomechanics, 1992, 16(2): 101-130.

[14] Zienkiewicz O C. Basic formulation of static and dynamic behaviour of soil and other porous media[J]. Numerical Methods in Geomechanics, 1982.

[15] 周正明. 饱和土体大变形固结有限元分析[J]. 水利水运科学研究, 1992(1):105-110.

[16] ADVANI S H, LEE T S, LEE J K, et al. Hygrothermomechanical evaluation of porous media under finite deformation. Part Ⅰ-Finite element formulations[J]. International Journal for Numerical Methods in Engineering, 1993, 36(1):147-160.

[17] 谢永利, 潘秋元, 曾国熙. 物质描述的大变形固结理论及有限元法[J]. 浙江大学学报: 自然科学版, 1995, 29(4):476-485.

[18] 谢新宇, 朱向荣, 谢康和, 等. 饱和土体一维大变形固结理论新进展[J]. 岩土工程学报, 1997(4):30-38.

[19] 蒋明镜, 沈珠江. 饱和软土的弹塑性大变形有限元平面固结分析[J]. 河海大学学报: 自然科学版, 1998, 26(1):73-77.

[20] MEROI E A, SCHREFLER B A, ZIENKIEWICZ O C. Large strain static and dynamic semi-saturated soil behaviour[J]. International Journal for Numerical and Analytical Methods in Geomechanics, 1995, 19(2):81-106.

[21] 陈铁林, 沈珠江, 周成. 用大变形有限元对土体静力触探的数值模拟[J]. 水利水运工程学报, 2004(2):1-6.

[22] 戚科骏, 宰金珉, 王旭东, 等. 静力压桩的拉格朗日法模拟与桩周土体固结分析[J]. 南京工业大学学报(自然科学版), 2005(3):8-11.

[23] 张永生, 梁立孚, 周健生. 条形基础稳定性弹塑性大变形有限元分析[J]. 哈尔滨工程大学学报, 2005(2):205-209.

[24] 张永生, 刘庆华. 大变形有限元法计算水闸地基稳定性(Ⅰ)——基本原理[J]. 东北农业大学学报, 2006, 37(2):232-234.

[25] 张永生, 刘庆华. 大变形有限元法计算水闸地基稳定性(Ⅱ)——数值算例[J]. 东北农业大学学报, 2006, 37(4):500-502.

[26] 蒋鹏, 李荣强, 孔德坊. 强夯大变形冲击碰撞数值分析[J]. 岩土工程学报, 2000, 22(2):222-226.

[27] 高广运, 顾中华, 周群利. 强夯加固地基大变形动力有限元数值模拟[J]. 地下空间, 2004, 24(2):143-147.

[28] 蔡袁强, 陈仁伟, 徐长节. 强夯加固机理的大变形数值分析[J]. 浙江大学学报(工学版), 2005, 39(1):65-69.

[29] 施斌, 吴智深, 李琦, 等. 边坡大变形弹塑性有限元分析(Ⅱ)[J]. 水文地质工程地质, 1999, 26(3):20-24.

[30] 周翠英, 刘祚秋, 董立国, 等. 边坡变形破坏过程的大变形有限元分析[J]. 岩土力学, 2003, 24(4):644-647, 652.

[31] 谭晓慧, 王建国, 张洪涛. 边坡稳定的大变形有限元可靠度分析[J]. 岩石力学与工程学报, 2005, 24(s2):5308-5312.

[32] LIU W K, BELYTSCHKO T, CHANG H. An arbitrary Lagrangian-Eulerian finite element method for path-dependent materials[J]. Computer Methods in Applied Mechanics and Engineering, 1986, 58

(2):227-245.

[33] 张雄,陆明万,王建军. 任意拉格朗日-欧拉描述法研究进展[J]. 计算力学学报,1997,14(1):91-102.

[34] LIU W K,HERMAN C,JIUN-SHYAN C,et al. Arbitrary Lagrangian-Eulerian Petrov-Galerkin finite elements for nonlinear continua[J]. Computer Methods in Applied Mechanics and Engineering,1988,68(3):259-310.

[35] GHOSH S. Finite element simulation of some extrusion processes using the arbitrary Lagrangian-Eulerian description[J]. Journal of Materials Shaping Technology,1990,8(1):53-64.

[36] SOMNATH G,NOBORU K. An arbitrary Lagrangian-Eulerian finite element method for large deformation analysis of elastic-viscoplastic solids[J]. Computer Methods in Applied Mechanics and Engineering,1991,86(2):127-188.

[37] 刘开富. 若干土工问题工程性状的大变形有限元分析[D]. 杭州:浙江大学,2006.

[38] HU Y,RANDOLPH M F. H-adaptive FE analysis of elasto-plastic non-homogeneous soil with large deformation[J]. Computers and Geotechnics,1998,23(1-2):61-83.

[39] HU Y,RANDOLPH M F. A practical numerical approach for large deformation problems in soil[J]. International Journal for Numerical and Analytical Methods in Geomechanics,1998,22(5):327-350.

[40] HU Y,RANDOLPH M F. Deep penetration of shallow foundations on non-homogeneous soil[J]. Soils and Foundations,1998,38(1):241-246.

[41] HU Y,RANDOLPH M F,Watson P G. Bearing response of skirted foundation on nonhomogeneous soil[J]. Journal of Geotechnical and Geoenvironmental Engineering,1999,125(11):924-935.

[42] WANG C X,CARTER J P. Deep penetration of strip and circular footings into layered clays[J]. International Journal of Geomechanics,2002,2(2):205-232.

[43] LU Q, RANDOLPH M F, HU Y, et al. A numerical study of cone penetration in clay[J]. Géotechnique,2004,54(4):257-267.

[44] RANDOLPH M F,ANDERSEN K H. Numerical analysis of T-bar penetration in soft clay[J]. International Journal of Geomechanics,2006,6(6):411-420.

[45] ZHOU H,RANDOLPH M F. Computational techniques and shear band development for cylindrical and spherical penetrometers in strain-softening clay[J]. International Journal of Geomechanics,2007,7(4):287-295.

[46] HOSSAIN M S,HU Y,RANDOLPH M F,et al. Limiting cavity depth for spudcan foundations penetrating clay[J]. Géotechnique,2005,55(9):679-690.

[47] 刘君,胡玉霞,孔宪京. Deep penetration of spudcan foundation into double layered soils[J]. China Ocean Engineering,2005(2):309-324.

[48] 刘开富,陈阶亮,谢新宇,等. 基坑放坡开挖破坏性状大变形有限元分析[J]. 岩土工程学报,2006,28:1406-1410.

[49] NAZEM M,SHENG D,CARTER J P. Stress integration and mesh refinement for large deformation in geomechanics[J]. International Journal for Numerical Methods in Engineering,2006,65(7):1002-1027.

[50] DI Y,YANG J,SATO T. An operator-split ALE model for large deformation analysis of geomaterials[J]. International Journal for Numerical and Analytical Methods in Geomechanics,2007,31(12):1375-1399.

[51] 丁峻宏,金先龙,郭毅之,等. 土壤切削大变形的三维数值仿真[J]. 农业机械学报,2007,38(4):118-121.

[52] SLOAN S W,RANDOLPH M F. Numerical prediction of collapse loads using finite element meth-

ods[J].International Journal for Numerical and Analytical Methods in Geomechanics,1982,6(1): 47-76.

[53] BELL R W,HOULSBY G T,BURD H J. Suitability of three-dimensional finite elements for modelling material incompressibility using exact integration[J].Communications in Numerical Methods in Engineering,1993,9(4):313-329

[54] LOS H,LING C. Improvement on the 10-node tetrahedral element for three-dimensional problems [J].Computer Methods in Applied Mechanics and Engineering,2000,189(3): 961-974.

[55] TAIEBAT H H,CARTER J P. Three-dimensional non-conforming elements[R]. Sydney:Centre for Geotechnical Research, The University of Sydney,2001.